"十三五"江苏省高等学校重点教材

（编号：2018-1-075）

工程流体力学

（第三版）

归柯庭　汪　军　王秋颖　编

科学出版社

北　京

内 容 简 介

本书是高等学校工科使用的流体力学教材,力求反映最新教学改革的成果,与国际发展趋势一致,突出重点、强化基础、联系实际、学以致用.本书主要内容有流体及其物理性质,流体静力学,流体流动特性,流体动力学分析基础,量纲分析与相似原理,不可压缩流体的无黏流动,不可压缩黏性流体的内部、外部流动,可压缩流体的流动,计算流体力学简介等.除第 10 章外其他章均附有习题,供读者练习.

本书可供高等学校的土建、机械、环境、能源、动力等专业的本科生使用.

图书在版编目(CIP)数据

工程流体力学 / 归柯庭,汪军,王秋颖编.—3 版.—北京:科学出版社,2020.10

"十三五"江苏省高等学校重点教材

ISBN 978-7-03-066588-1

Ⅰ.①工… Ⅱ.①归…②汪…③王… Ⅲ.①工程力学-流体力学-高等学校-教材 Ⅳ.①TB126

中国版本图书馆 CIP 数据核字(2020)第 211363 号

责任编辑:罗 吉 赵 颖 / 责任校对:杨聪敏
责任印制:赵 博 / 封面设计:蓝正设计

科 学 出 版 社 出版
北京东黄城根北街 16 号
邮政编码:100717
http://www.sciencep.com

涿州市般润文化传播有限公司印刷
科学出版社发行 各地新华书店经销

＊

2003 年 7 月第 一 版 开本:787×1092 1/16
2020 年 10 月第 三 版 印张:23 1/4
2024 年 7 月第二十八次印刷 字数:548 000

定价:69.00 元
(如有印装质量问题,我社负责调换)

第三版前言

为适应教学改革发展的新形势，提升高等学校教材质量，充分发挥优秀教材在高校人才培养中的基础性作用，江苏省教育厅组织开展了"十三五"江苏省高等学校重点教材立项建设. 经省教材遴选专家委员会评审，新修订的《工程流体力学(第三版)》入选"十三五"江苏省高等学校重点教材，使本教材建设达到了一个新的境界.

党的二十大报告指出："教育、科技、人才是全面建设社会主义现代化国家的基础性、战略性支撑."而工程流体力学是诸多工程专业的基础课程，其基础性和重要性不言而喻. 根据前两版教材教学中的反馈情况，我们重新梳理了相关的教学内容，围绕章节的调整、内容的修改与动画影像资料的增添三个方面对《工程流体力学》作了修订，形成了新修订的《工程流体力学(第三版)》，努力实现教材内容与教学实践的和谐统一.

首先是章节的调整. 将第二版第 8 章"不可压缩流体的无黏流动"调至第 6 章，相应地将第二版第 6 章"不可压缩黏性流体的内部流动"和第 7 章"不可压缩黏性流体的外部流动"分别调至第 7 章、第 8 章，从而将不可压缩无黏流体(理想流体)流动的介绍放在不可压缩黏性流体流动的前面，让读者在学习不可压缩黏性流体流动中接触到势流流动等概念时，不会感到陌生，使教材的系统性更强，表达更顺畅.

其次是内容的增补与修改. 主要有：第 1 章增加了流体力学的发展、应用与研究方法，让读者在卷首就了解学习本课程的目的、意义；将第二版"1.5 流体的密度"和"1.6 流体的压缩性和膨胀性"合并，构成"1.4 流体的可压缩性"，突出对流体三大特性——易流动性、可压缩性和黏性的介绍. 在第 2 章讨论有关作用在倾斜平面上的作用力时，将原来位于液面的坐标原点移至形心，避免了求解总压力作用点时的移轴计算，不但简化了计算，而且使求解过程的物理概念更加清晰. 第 3 章强化了用拉格朗日法和欧拉法描述流场的运动，从泰勒级数展开导出流体质点的加速度，并由此进一步分析欧拉法与拉格朗日法的异同点，使读者看到从随体(拉格朗日法)到空间(欧拉法)的转换；将原位于后面章节的湍流流动的时均值等相关内容移至第 3 章，充实了对黏性流体流动形态的分析. 在第 4 章讨论动量定理中的表面力时，删去了黏性应力的影响，主要考虑凸出于控制面的固体表面的作用力和周围流体的压力，在不影响动量定理应用的前提下，简化了分析. 第 5 章增补了有关量纲与单位间的联系与差别的分析；增加了"瑞利法"作为"白金汉法"的补充，充实了量纲分析的内容；将第二版"5.4 方程分析法"并入相似原理与相似准则，强化了对相似准则导出的介绍. 将第二版"4.9 定常欧拉运动微分方程的积分求解"移至 6.1 节；并增加了斯托克斯定理中有关多连通域的分析，充实了流函数物理意义的讨论；给出了库塔-茹科夫斯基公式的矢量表达式，并增加了叶栅的库塔-茹科夫斯基公式，为学习汽轮机原理等动力机械知识打下基础. 第 8 章增加了边界层名义厚度、位移厚度、动量损失厚度三种厚度的介绍；修改了卡门动量积分关系式推导中的部分内容,使其和动量损失厚度能前后呼应,并将边界层内的速度分布由原来的二次多项式修改成三次多项式,减小了与布拉休斯精确解的误差;修改了卡门涡街的介绍,给出了在不同雷诺数下绕流圆柱体的尾迹所呈现的流动特性. 第9章充实了马赫数与气体宏观流动动能、气体分子热运动内能间的关系,揭示了超音速流动中必须考虑系统热力状态的变化、热力学定律成为气体动力学研究基础的原因;增加了摩擦绝热管流中沿管长气流参数的公式,将原来所推导的临界截面上的气流状态参数公式纳入其中,拓展了公式的应用范围. 第 10 章增加了计算流体力学的概念与方法,并给出了计算流体力学的一些新成果. 此外,还更新了部分例题和习题,使读者能进一步增强对所学知识点的理解.

工程流体力学是一门以实验为基础的科学,实验对于课程理论的理解和掌握极为重要. 为了将实验结果更好地呈现给读者,本书利用信息化教学手段,以二维码链接的形式,增添了一些演示视频资料,包括:雷诺实验、皮托管和文丘里管内的流动、不同雷诺数下的卡门涡街、绕流流线型物体和非流线型物体的流场、不同流速下的微弱扰动波的传播等. 希望这些演示资料能发挥直观、逼真的视觉效果,增强读者对流体流动的感性认识,为学好流体力学奠定坚实的基础.

本书修订工作分工如下:第 1～2 章由王秋颖负责,第 3～8 章由归柯庭负责,第 9～10 章由汪军负责,并由归柯庭统稿. 邓梓龙博士、顾少宸博士、任冬冬博士、徐梓栋博士、陈鑫硕士、许夏硕士参与了动画影像资料的制作,魏钰靓硕士绘制了部分插图,哈尔滨工业大学陆慧林教授、东南大学钟文琪教授、南京航空航天大学张靖周教授、南京师范大学赵孝保教授、南京工业大学李菊香教授详细审阅了本书,提出了宝贵的意见,在此表示衷心的感谢.

在本书第二版出版时我们曾指出,按照东南大学“止于至善”的校训,质量的提高永无止境. 在第三版修订完成之时,我们怀有同样的感受,恳请得到广大读者的批评指正.

归柯庭

2020 年 3 月

2023 年 7 月修改

第二版前言

光阴似箭，日月如梭. 转眼间本书出版已十多年了. 承蒙出版社的鼎力推荐与广大读者的厚爱，本书出版十年来，年年加印，使其拥有大量的读者，不少高校还将其作为研究生入学考试的参考教材，这对我们编者是莫大的鼓舞与鞭策.

虽然流体力学是一门成熟的学科，不像信息、生物类学科那样突飞猛进、日新月异，但近十年来，在其他新兴学科的影响下，也有不少发展变化. 希望能将流体力学的最新发展概况呈现给读者，是我们对该教材进行修改再版的初衷之一. 初衷之二，就是通过这几年的教学实践，我们感到虽然该教材起点较高，理论系统比较完整，但作为面向工科学生的工程流体力学，工程两字还强调不够，希望能在新版的教材中充实工程应用的实例，使读者加强工程应用的训练，满足工科学生学习的需要.

正是在这两个初衷的驱动下，我们对本书做了修改. 首先，增加了计算流体力学新进展一节，介绍当今流体力学的若干最新研究成果. 其次，在工程应用方面，增加了一定数量的例题与习题，特别是书中的例题，由原来的 51 个增加到 82 个，使读者通过这些例题，一方面巩固所学的知识点，另一方面也能熟悉在工程中如何应用这些知识，培养应用基础理论分析问题、解决问题的能力，从而为今后从事工程实践打下坚实的基础.

本书的修改再版工作，主要由汪军、王秋颖两位老师完成. 其中汪军完成第 6~10 章的修改，王秋颖完成第 1~5 章的修改，并由归柯庭审核定稿. 汪军、王秋颖两位老师自本书编写出版至今十多年间，一直在教学一线从事工程流体力学的教学工作，积累了丰富的教学经验，也发现了原教材中的一些问题，所以纠正这些问题，反映教与学两方面的心得体会，并使书中各物理量的表述都符合国家标准，是本书修改再版的第三个初衷.

虽然经过这次修改再版，本书的质量有了较大的提高，但按照我们东南大学的校训——止于至善，质量的提高永无止境，我们殷切期待着广大读者的批评与建议.

归柯庭

2014 年 9 月

第一版前言

流体力学是人类在利用流体过程中逐步创建的一门学科，它的发展始终与人类的生产实践紧密相连. 从水利工程中的大坝建设到土建施工中的给水、排水、采暖、通风；从机械工业中的液压传动、润滑冷却到动力工程中的各类热工机械；从金属冶炼中金属的熔融到石化工业中油、气、水的流动；从飞机、导弹在空中的飞行到船舶、潜艇在水中的航行；从海洋中的波浪、潮汐到大气环流，只要涉及流体的流动和流体与固体的相互作用，都离不开流体力学的知识. 因此，流体力学在水利、机械、动力、化工、石油、土建、冶金、航空、航海、气象、环境等工程技术中，都有广泛的应用. 在这些专业中，都把流体力学作为主干技术基础课程.

长期以来，我国高等教育受计划经济影响，专业划分过细. 与此相对应，已有的工科类流体力学教材大多是围绕各专业需要编写的，课程体系过分强调为专业服务，对流体力学的基本理论和基本方法介绍不够. 随着我国经济体制由计划经济向社会主义市场经济转变，各高校纷纷拓宽专业口径，减少专业设置，加强对学生基本理论的教育和创新能力的培养. 本书正是为适应我国高等教育的这一历史性转变而编写的，力求准确阐述流体力学的基本理论，科学讲解流体力学的基本概念，与国际上流体力学的发展趋势保持一致，做到突出重点、强化基础、联系实际、学以致用. 主要特点是：

(1) 突出流体力学三种基本分析方法 (即控制体分析、微分分析、量纲分析) 的介绍. 让读者举一反三，掌握流体力学的基本分析方法和基本理论.

(2) 采用知识点互补对比的编排方式. 即通过黏流与无黏流、内部流动与外部流动、可压缩流动与不可压缩流动等内容的对比分析，使学生对各种流态的条件、特点及流动规律有较深入的了解，建立较为扎实的流体力学理论基础.

(3) 将简单的工程应用实例穿插进教学内容. 让学生得到分析、计算工程问题的训练，培养用所学知识分析、解决工程问题的能力.

(4) 将应用计算机求解流体力学问题引入教学内容. 专门列出一章简单介绍计算流体力学的方法，使学生了解计算流体力学发展的最新学科前沿，受到用计算机求解流体力学问题的基本训练，提高计算机应用能力.

本书由归柯庭(第 3，4，6，7 章)、汪军(第 8，9，10 章)、王秋颖(第 1，2，5 章)编写，由归柯庭统稿. 南京理工大学袁亚雄教授详细审阅了本书并提出了许多宝贵意见，在此深表谢意.

限于编者水平，书中难免存在不妥之处，恳请读者批评指正.

编　者

2002 年 8 月

目　　录

第 1 章

流体及其物理性质

从生产到生活, 流体与我们密切相关. 自然界中, 从包围着整个地球的大气到江河湖海中的水, 都是流体. 可以说, 人类生活在一个被流体包围着的世界里. 流体力学是力学的一个分支, 它专门研究流体在静止和运动时的受力情况与运动规律, 研究流体在静止和运动时的压强分布、流速变化、流量大小、能量损失以及与固体壁面之间的相互作用力等问题. 为了使读者明确学习流体力学的目的、意义, 提高学习自觉性, 本章首先介绍流体力学的发展、应用及研究方法; 同时为了给读者全面、透彻地理解这些流体力学的基本知识打下基础, 本章也对流体的定义和物理性质以及用于流体力学研究的基本简化假设作了介绍, 包括流体的三大特性——易流动性、可压缩性和黏性; 流体的连续介质假设; 气液相接触时的表面特性等.

1.1 流体力学的发展、应用与研究方法

1.1.1 流体力学的发展简史

流体力学的发展经历了漫长的岁月. 远在两三千年前, 人们已经开始建造了水利工程和最简单的水利机械. 例如, 秦朝李冰父子领导修建了都江堰水利工程, 用于防洪和灌溉; 公元前 4 世纪古罗马修筑复杂的城市供水系统; 公元前 250 年阿基米德(Archimedes)精确地给出了 "阿基米德定律", 建立了包括浮力定律和浮体稳定性在内的液体平衡理论, 奠定了流体静力学的基础. 但在其后的一千多年中, 流体力学的研究几乎没有新的进展.

15 世纪初, 伴随着欧洲的文艺复兴, 流体力学的研究繁荣兴起. 达·芬奇(Da Vinci)研究了水波、管流、水力机械、鸟的飞翔原理等问题; 伽利略(Galileo)在流体静力学中应用虚位移原理, 提出运动物体的阻力随着流体介质密度和速度的增加而增大; 帕斯卡(Pascal)提出了密闭流体能传递压强的帕斯卡原理.

到了 18 世纪, 伴随欧洲资本主义蓬勃兴起, 流体力学也有了长足进步, 流体力学最基本、最主要的理论都是在这一时期建立起来的. 牛顿(Newton)研究流体中运动物体所受到的阻力, 建立了流体内摩擦定律, 为黏性流体力学奠定了理论基础; 伯努利(Bernoulli)从能量守恒出发, 建立了反映流体位势能、压强势能和动能之间能量转换关系的伯努利方程; 欧拉(Euler)提出了流体的连续介质模型, 建立了用微分方程组描述无黏流体运动

的欧拉方程；拉格朗日(Lagrange)论证了速度势的存在，并提出了流函数的概念，为分析流体的平面无旋运动开辟了道路；亥姆霍兹(Helmholtz)则提出了表征旋涡基本性质的旋涡定理等. 上述研究是从理论上或数学上研究理想的、无摩擦的流体运动，建立描写流体运动的方程，称为流体动力学.

19 世纪，工程师们迫切需要解决带有黏性影响的工程问题. 纳维(Navier)和斯托克斯(Stokes)提出了著名的描述黏性流体基本运动的纳维-斯托克斯方程(简称 N-S 方程)，为流体动力学的发展奠定了基础. 然而 N-S 方程数学复杂，不能满意地解决工程问题，所以人们采取实验先行的办法，对理论不足部分反复实验，总结规律，形成了以实验方法来定制经验公式的流体水力学. 弗劳德(Froude)提出了船模实验的相似准则数——弗劳德数，建立了现代船模实验技术的基础；雷诺(Reynolds)用实验证实了黏性流体的两种流动状态，为流动阻力的研究奠定了基础.

现代意义上的流体力学形成于 20 世纪初. 1904 年普朗特(Prandtl)提出了流体边界层的概念，即在流体接近固体边界的一个薄层(边界层)内，摩擦力起主要作用；在边界层以外，流体运动更像无摩擦的理想流体. 这个相当简单的概念为形成理论与实践并重的现代流体力学奠定了基础. 另外，20 世纪初，飞机的出现极大地促进了空气动力学的发展. 茹科夫斯基(Joukowsky)找到了翼型升力和绕翼型的环流之间的关系，为近代高效能飞机设计奠定了基础；卡门(Kármán)提出了卡门涡街，并在湍流边界层理论、超音速空气动力学、火箭及喷气技术等方面做出了巨大的贡献. 同时，以普朗特等为代表的一批科学家，建立了以黏性流体为基础的机翼理论，阐明机翼受到升力，所以空气能把很重的飞机托上天空. 机翼理论的正确性，使无黏性流体的理论被人们重新认识，它的工程设计指导作用也得到了肯定.

机翼理论和边界层理论的建立是流体力学发展史上的一次重大飞跃. 20 世纪 40 年代以后，由于喷气推进和火箭技术的应用，飞行器速度超过音速，实现了航天飞行；关于炸药或天然气等介质中发生爆炸形成的爆炸波理论，为研究原子弹、炸药等起爆后，激波在空气或水中的传播奠定了基础.

从 20 世纪 50 年代起，电子计算机技术不断进步与完善，计算技术被引入流体力学领域，使以前因计算过于繁杂而影响进一步探讨的流体力学问题逐步得以解决，计算流体力学在今天已成为研究流体力学的重要方法. 同时，流体力学与其他学科相互渗透，形成了许多边缘学科，如生物流体力学、地球流体力学、电磁流体力学、高温气体动力学、两相流体力学、流变学等. 这些新型学科的出现和发展，使流体力学这一古老学科更富有活力.

1.1.2　流体力学的应用

从流体力学的发展过程可以看出，它的产生和发展始终是与社会生产实践紧密地联系在一起的. 只要工程中涉及流体的运动及流体和固体的相互作用，就要以流体力学为基础来进行分析和研究，所以在水利、机械、动力、化工、能源、环境、建筑、冶金、交通、航海、航空、气象、生物、医学等许多领域，流体力学都有广泛的应用.

在水利工程中，流体力学为水工和港工建筑的设计提供水压载荷计算依据，为兴建大型水利枢纽工程和防洪大坝创造了条件. 在机械工业中,流体力学为设计制造大型汽轮机、水轮机、涡喷发动机等动力机械提供设计思路,为人类提供单机达百万千瓦的强大动力;为润滑、冷却、液压传动、液压和气动控制等提供流体力学理论支撑. 在动力、化工、石油工业中,需要通过流体力学解决普遍存在的动力机械的作用原理和油、气、水、烟气的流动问题. 在建筑工程和路桥工程中,利用流体力学解决风对超高层建筑、大跨度桥梁的荷载作用和风振作用;基坑排水、地基抗渗稳定处理、桥梁设计等都必须进行大量的水力计算;给排水系统的结构设计、运行控制和采暖、通风的设计等都需要大量的流体力学知识. 在冶金工业中,也有炉内气体动力学、液态金属的流动问题. 航海的舰船和潜艇在水中航行,航空的飞机和导弹在空气中的飞行,海洋中的波浪、潮汐,大气中的气旋、环流的季风等都是流体力学问题. 人体内也存在如呼吸和血液循环这样的流体流动系统,呼吸机、心肺机、人工心脏等的设计也离不开流体力学的基本原理. 流体力学涉及的工程应用真是不胜枚举,所以流体力学是诸多工业技术部门必须研究和应用的重要学科.

21 世纪,人类面临许多涉及生存和发展的重大问题,这些问题的解决需要流体力学的进一步发展. 流体力学既是一门重要的应用技术学科,又有很强的基础学科性质. 许多近代科学的重大成就都源于流体力学的研究. 国家自然科学基金委员会《自然科学学科发展战略调研报告》中指出:"……由流体力学中发现的规律逐渐渗透到其他科学领域并最终形成具有普遍意义的理论的科学发展道路,今后仍将在整个自然科学的发展中继续起着重要作用. "

1.1.3 流体力学的研究方法

流体力学的研究同其他科学研究一样,也经历了从实践到理论,再从理论到实践,相互促进,不断提高的过程. 因此,流体力学的研究方法也是围绕解决流体力学研究中碰到的理论与实践问题进行划分,目前主要有理论分析、科学实验和数值模拟等方法.

1. 理论分析方法

理论分析方法是通过对流体的流动特性分析,建立合理的力学模型;根据物理学基本定律(如质量守恒定律、动量守恒定律、能量守恒定律和牛顿第二定律等),推导控制流体运动的数学方程,将原来的流动问题转化为数学问题;在一定的边界条件和初始条件下,用数学方法求解方程;检验和解释结论的物理含义和流动机理,分析流体的流动过程.

理论分析方法的关键在于提出流体运动的物理模型,并能运用数学方法求解. 理论分析结果能揭示流动的内在规律,解释已知的现象,预测可能发生的结果,具有普遍适用性. 但由于数学上的困难,许多实际流动问题难以精确求解,分析范围有限.

2. 科学实验方法

科学实验方法包括现场观测实验和实验室模拟方法两种.

现场观测实验是对自然界固有的流动现象或已有工程的全尺寸流动现象,利用各种仪器进行系统观测,从而总结出流体运动的规律.

实验室模拟方法通常根据相似理论，建立模拟实验装置，借助流体测量技术测量流动参数，通过处理分析实验数据，获得反映流动规律的特定关系，发现新现象，检验理论结果. 它是通过具体实验来描述流体的运动状况,用具有代表性的流动来近似代表一般流动. 典型的流体力学实验有风洞实验、水洞实验、水池实验等.

流体力学研究离不开科学实验. 实验现象和测试结果真实可靠,通过实验可以检验理论分析的正确性,显示流体的实际流动特点. 但实验结果普适性较差,存在观测实验可重复性差,实验室建设成本高、周期长、运行费用高,模拟流动问题困难、实验测量数据有限、测量困难等问题.

3. 数值模拟方法

数值模拟方法是对描述流体运动的控制方程，采用各种离散化方法(有限差分法、有限元法等),建立各种数值模型,通过计算机进行数值计算,获得定量描述流场的数值解,最终得到流体运动的时空物理特性,进而揭示流体运动的物理规律.

随着计算机技术、计算方法的迅速发展,过去无法求解的流体力学偏微分方程组可以用计算机数值方法求解. 近年来这一方法发展很快,形成一个专门的学科——计算流体力学. 利用计算流体力学解决流动问题的能力越来越强,广泛应用在涉及流体作用的各个领域,使科学技术的研究和工程设计的速度大大加快,并节省了开支.

数值模拟方法的优点是能计算理论分析方法无法求解的数学方程；通过数值模拟方法可以找出满足工程设计需要的数值解；借助各种数值实验,可以对工程设计进行优化；不受物理模型和实验条件的限制,可以得到详细和完整的计算资料；比实验方法省钱、省时、省人力. 其缺点是它是一种离散近似求解算法,不能提供解析表达式,只是给出有限离散节点上的数值结果,并有一定的计算误差；适用范围受数学模型的正确性和计算机性能的限制；数值模拟结果需要实验验证.

总之,三种研究方法各有优缺点,它们相辅相成,互为补充. 流体力学问题的研究应该理论与实践结合,理论分析、科学实验和数值模拟三者并重.

1.2　流体的定义和特征

流体是能流动的物质. 从其力学特征看,流体是一种受任何微小剪切力作用都能连续变形的物质. 只要这种力持续作用,流体就将持续变形,直到外力停止作用为止. 固体则不同,当受到剪切力作用时,仅产生一定程度的变形,只要作用力保持不变,固体的变形也就不再变化. 由此可见,易流动(易变形)性是流体区别于固体的第一大特性,因而也可确认为是对流体的定义.

流体和固体具有上述不同性质是由组成物质的分子结构和分子间的作用力不同造成的. 流体分子间的作用力小,分子运动强烈,决定了流体具有易流动、不能保持一定形状的特性. 流体本身并没有特定的形状,能够被装进任何形状的容器中,就像风和河流一样,能够自由流动.

流体按其状态不同又可分为液体和气体,如图 1-1 所示.液体和气体除具有上述流体的共同特性外,还分别具有以下各自特有的不同特征.

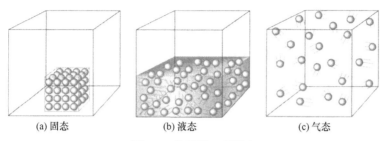

(a) 固态　　　　　　　(b) 液态　　　　　　　(c) 气态

图 1-1　物质的三种形态

气体的分子间距较大,在标准大气压下,0℃时气体的平均分子距约为 $3.3×10^{-9}$m,其分子平均直径约为 $2.5×10^{-10}$m,分子距比分子平均直径约大 10 倍.因此气体分子间的吸引力很小,气体分子可以自由运动,故气体极易变形和流动.此外,气体没有一定的体积,也没有一定的形状,总是充满容纳它的容器,如图 1-1(c)所示.

液体的分子间距和分子的有效直径差不多相等,约为气体分子间距的 1/10,故分子间的吸引力较大,所以液体分子不能像气体分子那样自由运动,液体的流动性不如气体.此外,液体具有一定的体积,并取容器的形状.当容器的容积大于液体的体积时,液体不能充满容器,在重力的作用下,液体总保持一个自由表面(液面),如图 1-1 (b)所示.

1.3　流体的连续介质假设

从微观角度看,流体和其他物质一样,都是由大量分子组成的,分子之间存在着间隙,因此,流体并不是连续分布的物质.但是流体力学所要研究的并不是个别分子的微观运动,而是由大量分子组成的流体的宏观运动.

流体的宏观运动由大量分子运动的统计平均值来体现.正因为如此,在流体力学中,取流体质点来代替流体的分子作为研究流体的基元.所谓流体质点是一块体积为无穷小的微量流体.流体质点虽小,却包含有数量众多的分子,因而它能反映大量分子运动的统计平均值,所以从微观角度看,流体质点应为无穷大.另外,流体质点在宏观上应为无穷小,即与所研究的整个流动空间相比,流体质点应是无穷小,应能通过流体质点及其所属物理量在空间的变化来反映流体的运动.所以简单来说,流体质点就是宏观无穷小、微观无穷大的微量流体.对于流体质点而言,我们假定它们之间没有间隙,在空间连续分布.因此,将流体视为由无数连续分布的流体质点所组成的连续介质,这就是流体的连续介质假设.

把流体看成是由连续介质组成的物质,即由微观无穷大、宏观无穷小的流体质点组成的连续介质,流体质点间没有空隙地、连续地充满其所在的空间.这样,只要我们在研究流体运动时所取的质点足够小,但它包含了足够多的分子,从而使各个物理量的统计平均值有意义，我们就可以不去研究无数分子的瞬时状态，而只研究由流体质点代表的描述流体宏观运动的某些属性. 此外，将流体视为连续介质来处理，则表征流体宏观属性的物理量(如密度、速度、压强、温度、黏度、应力等)在流体中也是连续变化的. 这样可将流体及其各物理量看作是时间和空间坐标的单值连续可微函数，从而可以利用微分方程等数学工具来研究流体的平衡和运动规律.

例如，我们定义流体密度 $\rho = \lim\limits_{\delta\mathscr{V} \to 0} \dfrac{\delta m}{\delta\mathscr{V}}$，其中 δm 是微元体积 $\delta\mathscr{V}$ 内的流体质量. 这里的 $\delta\mathscr{V} \to 0$ 必须符合流体质点的"微观无穷大、宏观无穷小"的特点. 如果 $\delta\mathscr{V}$ 太小，会使 $\delta\mathscr{V}$ 中的流体质量起伏不定，不能反映物理量的统计平均特性，如图 1-2 所示. 实际上，密度定义式中的 $\delta\mathscr{V} \to 0$ 应换成 $\delta\mathscr{V} \to \delta\mathscr{V}^{*}$，如果低于 $\delta\mathscr{V}^{*}$，连续介质假设不再成立.

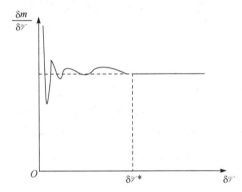

图 1-2   连续介质中任一点的流体密度

连续介质假设是流体力学的根本假设之一，我们依据这个假设，才能把微观问题转化为宏观问题来处理. 对于大部分工程技术中的流体力学问题，该假设都是适用的. 例如，在标准状态下，1mm^3 的空气中有 2.7×10^{16} 个分子；若取 $1\mu\text{m}$ 作为流体质点的特征尺寸，则在体积为 $1\mu\text{m}^3$ 的流体质点中，还包含有 2.7×10^7 个空气分子，完全能得到与个别分子运动无关的统计平均值. 另外，$1\mu\text{m}$ 相对于一般工程问题又是一个非常小的量，完全可以将其视为一宏观无穷小量. 但对一些特殊问题，该假设不适用. 例如，火箭在高空非常稀薄的气体中飞行以及高真空技术中，由于分子间距与有效尺寸到了可以比拟的程度，就必须舍弃宏观的连续介质的研究方法，代之以分子动力论的微观方法.

本书只研究连续介质的运动规律.

1.4 流体的可压缩性

可压缩性是流体的第二大特性. 流体受压体积减小、密度增大；受热体积增大、密度减小，这就是流体的可压缩性. 因此，流体的可压缩性是以流体的密度变化来表示的.

1.4.1 流体的密度

流体的密度是流体的重要属性之一，它所表征的是流体在空间某点质量的密集程度.

若某点的体积为 $\delta \mathscr{V}$，其中的流体质量为 δm，则该点的密度

$$\rho = \lim_{\delta \mathscr{V} \to 0} \frac{\delta m}{\delta \mathscr{V}} \tag{1-1}$$

式中，ρ 表示单位体积流体所具有的质量(kg/m^3).

这里 $\delta \mathscr{V} \to 0$，从物理上理解为体积缩小为无穷小的流体质点，从宏观角度看，该点的体积同整个流场的流体体积相比是完全可以忽略不计的；但从微观角度看，$\delta \mathscr{V}$ 内必须包含足够多的分子，而不失去把流体当作连续介质处理的基础.

假如流体是均匀的，那么流体密度为

$$\rho = \frac{m}{\mathscr{V}} \tag{1-2}$$

式中，m 为流体的质量(kg)；$\mathscr{V}$ 为流体的体积(m^3).

密度 ρ 是流体力学中一个重要的物理标量，不同的流体有不同的密度；同一种流体，特别是气体的密度通常随压力和温度的变化而变化. 换言之，不管流体运动与否，同一时刻同一点上流体的密度 ρ 与压强 p 和温度 T 都应满足热力学平衡态的状态方程，即 $\rho = \rho(p, T)$.

表 1-1 列出了水、空气和水银这三种最常用流体在标准大气压下不同温度时的密度. 表 1-2 列出了在标准大气压下几种常用流体的密度.

表 1-1　不同温度时水、空气和水银的密度　　　　　　(单位：kg/m^3)

流体名称	温度						
	0℃	10℃	20℃	40℃	60℃	80℃	100℃
水	999.87	999.73	998.23	992.24	983.24	971.83	958.37
空气	1.293	1.248	1.205	1.128	1.060	1.000	0.946
水银	13600	13570	13550	13500	13450	13400	13350

表 1-2　常用流体的密度

流体名称	温度/℃	密度/(kg/m^3)	流体名称	温度/℃	密度/(kg/m^3)
水	4	1000	氧气	0	1.429
海水	15	1020~1030	氮气	0	1.251
润滑油	15	890~920	氢气	0	0.0899
酒精	15	790~800	烟气	0	1.34
水银	0	13600	二氧化碳	0	1.976
水蒸气	0	0.804	一氧化碳	0	1.25
空气	0	1.293	二氧化硫	0	2.927

工程上，流体的密度还有流体的相对密度、流体的比体积和混合气体的密度三种表达方式.

1. 流体的相对密度

流体的相对密度通常是指某流体的密度与在特定的温度和压力下的另一参考流体的密度之比,用 S 表示. 对于液体,通常选标准大气压下 4℃时的纯水的密度 ρ_{w_0} 作为参考流体的密度;对于气体,通常选标准状态下的空气的密度 ρ_{a_0} 作为参考流体的密度,即

$$S_l = \frac{\rho_l}{\rho_{w_0}} \tag{1-3a}$$

$$S_g = \frac{\rho_g}{\rho_{a_0}} \tag{1-3b}$$

例如,水银的相对密度 $S_{Hg} = 13600/1000 = 13.6$,即水银的质量是标准状态下同体积水的质量的 13.6 倍. 工程实际中,人们发现这种用纯数字表示的量纲一量比实际的流体密度数值更容易记忆(关于量纲一量的定义,详见第 5 章),故被广泛应用. 在以前的教材中,常将流体的重量与标准参考流体的重量之比,定义为流体的比重. 可见,流体的比重与相对密度在数值上是相同的.

2. 流体的比体积

流体密度的倒数称为比体积,即单位质量的流体所占有的体积,用 υ 表示

$$\upsilon = 1/\rho \tag{1-4}$$

式中,υ 的单位为 m^3/kg.

3. 混合气体的密度

混合气体的密度可按各组分气体所占体积百分数计算,即

$$\rho = \rho_1\alpha_1 + \rho_2\alpha_2 + \cdots + \rho_n\alpha_n = \sum_{i=1}^{n} \rho_i\alpha_i \tag{1-5}$$

式中,ρ_i 为混合气体中各组分气体的密度;α_i 为混合气体中各组分气体所占的体积百分数.

例 1-1 测得锅炉烟气各组分气体的体积百分数分别为 $\alpha_{CO_2} = 13.6\%$,$\alpha_{SO_2} = 0.4\%$,$\alpha_{O_2} = 4.2\%$,$\alpha_{N_2} = 75.6\%$,$\alpha_{H_2O} = 6.2\%$,试求烟气的密度.

解 由表 1-2 查得在标准状态下,$\rho_{CO_2} = 1.976kg/m^3$,$\rho_{SO_2} = 2.927kg/m^3$,$\rho_{O_2} = 1.429kg/m^3$,$\rho_{N_2} = 1.251kg/m^3$,$\rho_{H_2O} = 0.804kg/m^3$. 代入式(1-5),得烟气在标准状态下的密度:

$$\rho = 1.976 \times 0.136 + 2.927 \times 0.004 + 1.429 \times 0.042 + 1.251 \times 0.756 + 0.804 \times 0.062 \approx 1.34(kg/m^3)$$

1.4.2 流体的压缩性

在一定的温度下,流体的体积随压强升高而缩小的性质称为流体的压缩性,如图 1-3 所示. 流体压缩性的大小用体积压缩系数 β_p 来表示,它表示当温度保持不变时,单位压强增量所引起的流体体积变化率,即

$$\beta_p = -\frac{1}{\delta p}\frac{\delta \mathscr{V}}{\mathscr{V}} \tag{1-6}$$

式中，β_p 为流体的体积压缩系数(m²/N)；δp 为流体压强的增加量(Pa)；$\mathscr{V}$ 为流体原有的体积(m³)；$\delta\mathscr{V}$ 为流体体积的缩小量(m³).

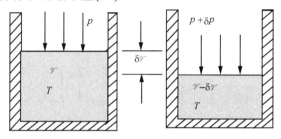

图 1-3 流体的压缩性示意图

由于压强增加时，流体体积减小，δp 与 $\delta\mathscr{V}$ 异号，故在上式右侧加负号，以使体积压缩系数 β_p 永为正值. 式(1-6)表明，对于同样的压强增量，β_p 值大的流体，其体积变化率大，较易压缩；β_p 值小的流体，其体积变化率小，较难压缩.

液体的体积压缩系数很小. 表 1-3 列出水在不同压强下的体积压缩系数. 由表中可见，水的 β_p 值很小，即它的压缩性很小.

表 1-3 水的体积压缩系数 β_p （单位：10^{-9}Pa^{-1}）

温度 T	压强 p				
	0.49MPa	0.98MPa	1.96MPa	3.92MPa	7.85MPa
0℃	0.539	0.537	0.531	0.523	0.515
10℃	0.523	0.517	0.507	0.497	0.481
20℃	0.515	0.505	0.495	0.481	0.460

气体的压缩性要比液体的压缩性大很多. 气体的 β_p 可由状态方程(T=常数)求得

$$\beta_p = -\frac{1}{\mathscr{V}}\frac{\mathrm{d}}{\mathrm{d}p}\left(\frac{mRT}{p}\right) = -\frac{mRT}{\mathscr{V}}\left(-\frac{1}{p^2}\right) = \frac{1}{p} \tag{1-6a}$$

式(1-6a)说明气体的 β_p 与 p 成反比，压强越高，β_p 越小，压缩越困难；反之，压强低时容易被压缩.

体积压缩系数的倒数称为体积模量，用 K_p 表示.

$$K_p = \frac{1}{\beta_p} = -\frac{\mathscr{V}\delta p}{\delta\mathscr{V}} \quad (\text{N}/\text{m}^2\text{或Pa}) \tag{1-7}$$

K_p 的单位与压强单位相同，工程上常用体积模量去衡量流体压缩性的大小. 显然，K_p 值大的流体的压缩性小，K_p 值小的流体的压缩性大.

1.4.3 流体的膨胀性

在一定的压强作用下，流体的体积随温度升高而增大的性质称为流体的膨胀性，如

图 1-4 所示. 流体膨胀性的大小用温度膨胀系数 β_T 来表示. 它表示当压强不变时, 单位温升所引起的流体体积变化率, 即

$$\beta_T = \frac{\delta \mathscr{V} / \mathscr{V}}{\delta T} = \frac{\delta \mathscr{V}}{\mathscr{V} \delta T} \tag{1-8}$$

式中, β_T 为流体的温度膨胀系数(℃$^{-1}$ 或者 K^{-1}); δT 为流体温度的增加量(℃或 K); $\mathscr{V}$ 为流体原有的体积(m^3); $\delta \mathscr{V}$ 为流体体积的增加量(m^3).

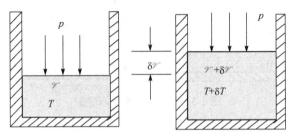

图 1-4　流体的膨胀性示意图

由于温度升高, 体积膨胀, 故 δT 与 $\delta \mathscr{V}$ 同号. 实验指出, 液体的温度膨胀系数很小, 例如, 在一个标准大气压下, 温度在 1~10℃ 范围内, 水的温度膨胀系数为 $\beta_T = 0.14 \times 10^{-4}$℃$^{-1}$. 水的温度胀系数 β_T 与温度的关系如表 1-4 所示. 在常温下, 温度每升高 1℃, 水的体积相对增量仅为万分之 1.5, 其他液体的 β_T 也是很小的.

表 1-4　水的温度膨胀系数 β_T　　　　　(单位: 10^{-4}℃$^{-1}$)

压强 p	温度 T				
	1~10℃	10~20℃	45~50℃	60~70℃	90~100℃
0.1MPa	0.14	1.50	4.22	5.56	7.19
10MPa	0.43	1.65	4.22	5.48	7.04
20MPa	0.72	1.83	4.26	5.39	—
50MPa	1.49	2.36	4.29	5.23	6.61
90MPa	2.29	2.89	4.37	5.14	6.21

气体的膨胀系数可由状态方程(p = 常数)求得

$$\beta_T = \frac{\delta \mathscr{V} / \mathscr{V}}{\delta T} = \frac{1}{\mathscr{V}} \frac{\mathrm{d}}{\mathrm{d}T}\left(\frac{mRT}{p}\right) = \frac{mR}{\mathscr{V}p} = \frac{1}{T} \tag{1-8a}$$

式(1-8a)说明, 气体的 β_T 与 T 成反比. 当 $T = 273$K 时, $\beta_T = \dfrac{1}{273}$. 这实际上就是盖吕萨克(Gay-Lussac)定律: 在等压过程中, 温度每升高 1K, 气体膨胀原体积的 1/273.

流体的 β_p、β_T、K_p 的数值随温度 T 和压强 p 而变. 在一定的 T 和 p 之下, 它们应按微分式计算. 对液体来说, 这些系数变化不大, 所以常常根据 T 和 p 的变化范围, 选取它们的实验平均值.

例 1-2　体积为 5m^3 的水, 在温度不变的条件下, 压强从 9.8×10^4Pa 增加到 4.9×10^5Pa, 体积减小 1.0×10^{-3}m^3, 求水的体积模量 K_p.

解　由式(1-7)得

$$K_p = -\frac{\delta p}{\delta \mathscr{V} / \mathscr{V}} = -\frac{(4.9 - 0.98) \times 10^5}{(-1.0 \times 10^{-3}) / 5} = 1.96 \times 10^9 \ (\text{N/m}^2)$$

例 1-3　如图 1-5 所示,有一水暖系统,为防止水温升高时体积膨胀使水管胀裂,拟在顶部设一膨胀水箱. 若系统内水的总体积为 8m³,加温前后温差为 51℃,在其温度变化范围内水的温度膨胀系数为 0.0005℃⁻¹,试求膨胀水箱的最小容积.

解　由式(1-8)得

$$\frac{\delta \mathscr{V}}{\mathscr{V}} = \beta_T \delta T = 5 \times 10^{-4} \times 51 = 0.0255$$

$$\delta \mathscr{V} = \mathscr{V} \times 0.0255 = 8 \times 0.0255 = 0.204 (\text{m}^3)$$

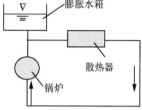

图 1-5　例 1-3 示意图

故膨胀水箱的最小体积应为 0.204m³,但在工程设计中,应注意按照设计规范增加一定的余量,以确保系统安全.

1.4.4　可压缩流体和不可压缩流体

流体的膨胀系数和压缩系数全为零的流体叫不可压缩流体. 实际上任何流体,不论是液体还是气体,都是可以压缩的,压缩性是流体的基本属性,不可压缩流体并不存在. 但为了研究问题方便,人们提出了不可压缩流体的概念. 流体受压体积不减小,受热体积不膨胀,那么其密度为常数. 或者可以理解,密度保持为常数的流体叫不可压缩流体. 这样,在讨论流体的平衡和运动规律时就简单了.

由表 1-3 和表 1-4 可以看出,水的压缩系数和膨胀系数都很小,其他的液体也有类似的特性. 因此,在多数情况下,可以忽略液体压缩性和膨胀性的影响,认为液体的密度是常数,于是通常把液体看成是不可压缩的流体.

气体不同于液体,压强和温度的变化对气体密度的变化影响很大. 从热力学中可知,当温度不变时,完全气体(热力学中的理想气体在这里称为完全气体,以便与无黏性的理想流体相区别)的体积与压强成反比. 若压强增加一倍,则体积减小为原来的一半;当压强不变时,温度升高 1℃,体积比 0℃时的膨胀 1/273. 因此,通常把气体看成是可压缩流体,即它的密度不能作为常数,而是随着压强和温度的变化而变化的.

在工程实际中,是否考虑流体的压缩性,要视具体情况而定. 例如,在水击现象和水下爆炸时,水中的压强变化较大,而且变化过程非常迅速,这时水的密度变化就不可以忽略,即要考虑水的压缩性,把水当作可压缩流体来处理;在气体流速不高,压强变化较小的场合,则可以忽略压缩性的影响,把气体视为不可压缩流体. 例如,在一个标准大气压下,当空气的流速等于 68m/s 时,不考虑压缩性所引起的相对误差约为 2%,这在工程计算中一般是可以忽略的.

1.5　流体的黏性

黏性是流体的第三大特性,是流体质点运动发生相对滑移时产生切向阻力的性质,是流体的基本属性，也是流体运动产生能量损失的根本原因.

1.5.1　流体黏性的例子

自然界中的流体都具有黏性. 为了增强对流体黏性的感性认识, 让我们先观察如图 1-6

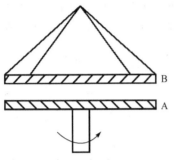

所示的一个现象. 圆盘 A 由马达带动, 圆盘 B 通过金属丝悬挂在圆盘 A 上方. A 盘和 B 盘都浸在某种液体中, 并保持一定距离. 开动马达, A 盘开始转动. 可以发现, B 盘也随 A 盘转动, 当转到一定角度时就不再转动了. 此时, 使 B 盘扭转的力矩与金属丝给予 B 盘的反向扭力矩正好平衡. 当马达停止转动后, B 盘将回复到原来位置, 金属丝的扭转也随之消失.

图 1-6　流体黏性的例子

　　A 盘与 B 盘没有直接接触, 为什么 B 盘会随着 A 盘转动呢? 因为 A 盘和 B 盘与液体接触的面上都附着一层薄薄的液体, 称为贴壁边界层. 当 A 盘转动时, A 盘上边界层将随 A 盘以同样的速度转动. 但紧靠着 A 盘边界层外的一层流体原来是静止的, 此时与边界层之间出现了速度差, 速度大的就带动速度小的流体层, 这样由下至上一层一层地带动, 直到把 B 盘也带动起来.

当流体中发生了层与层之间的相对运动时, 速度快的流体层对速度慢的流体层产生了一个拖动力使它加速, 而速度慢的流体层对速度快的流体层就有一个阻止它向前运动的力, 即阻力. 拖动力和阻力是一对大小相等、方向相反的力, 分别作用在两个紧挨着, 但速度不同的流体层上, 这就是流体黏性的表现, 称为内摩擦力或黏性力. 因此, 流体的黏性指的是当流体层间发生相对滑移时产生切向阻力的性质, 是流体在运动状态下所具有的抗拒剪切变形、阻碍流体流动的能力. 为了维持流体的运动, 就必须消耗能量来克服由黏性产生的能量损失.

1.5.2　牛顿内摩擦定律

流体运动时的黏性力与哪些因素有关? 牛顿经过大量的实验研究, 于 1686 年提出了确定黏性力的"牛顿内摩擦定律".

如图 1-7 所示, 取两块相互平行的平板. 假设它们相距 h, 其间充满着流体, 上板以 V 的速度沿 x 轴正方向运动, 下板静止不动. 由于黏性, 流体将黏附于它所接触的固体表面. 与上板接触的流体将以 V 的速度运动, 而与下板接触的流体则静止不动. 它们中间的流体做平行于平板的运动, 且其速度均匀地由下板的 $u=0$ 变化到上板的 $u=V$. 可见, 各流层之间都有相对运动. 若在流场中取一流体微元体 $\Delta x \times \Delta y$, x 方向受力分析如图 1-7 所示, 微元体上层受到其他流体的拖动力使它加速, 下层受到其他流体的切向阻力(内摩擦阻力)使它减速, 所以要维持平板运动, 必须在上板施加与内摩擦阻力 F 大小相等而方向相反的切向力 F'.

实验证明流体内摩擦阻力 F 的大小与速度 V 和接触面积 A 成正比, 而与两板之间的距离 h 成反比, 可以写成

$$F = \mu AV / h \qquad (1\text{-}9)$$

式中，F 为内摩擦力(N)；A 为流体与平板接触面积(m^2)；h 为运动平板与静止平板间的垂直距离(m)；V 为运动平板的移动速度(m/s)；μ 为与流体性质及温度、压强有关的比例系数，称为动力黏度或黏度(Pa·s 或 kg/(m·s)或 N·s/m^2).

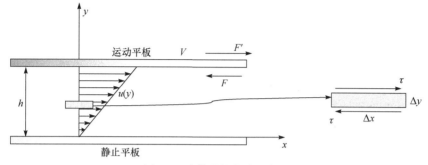

图 1-7   流体黏性实验示意图

单位面积上的摩擦阻力称为切向应力，用 τ 表示

$$\tau = F / A = \mu V / h \quad (\text{Pa}) \tag{1-10}$$

一般情况下，流体流动的速度并不按直线变化. 如图 1-8 所示，取一厚度为 dy 的无限薄的流体层，坐标 y 处的流体流速为 u，坐标 $y+$dy 处的流体流速为 $u+$du. 显然在厚度为 dy 的薄层中速度梯度为 $\dfrac{\mathrm{d}u}{\mathrm{d}y}$，则切应力为

$$\tau = \mu \frac{\mathrm{d}u}{\mathrm{d}y} \tag{1-11}$$

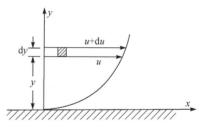

图 1-8   黏性流体速度分布示意图

式中，$\dfrac{\mathrm{d}u}{\mathrm{d}y}$ 为垂直于流动方向上的速度梯度(s^{-1}). 这就是牛顿内摩擦定律的数学表达式，它的物理意义是：作用在流层上的切向应力与速度梯度成正比，其比例系数为流体的动力黏度.

显然，流体的内摩擦定律与两固体之间的摩擦定律大不相同. 前者摩擦力与速度成正比，而与压强关系甚微；后者与速度的关系甚微，而与两固体间的压强成正比. 对流体而言，当 $\dfrac{\mathrm{d}u}{\mathrm{d}y}=0$，即两层流体相对静止时，$\tau=0$，不存在内摩擦力.

1.5.3 黏度

黏性和黏度在一些情况下是两个可以互换的概念，前者反映属性，后者反映量值. 黏度越大的流体越难以流动，黏度越小的流体越容易流动. 将式(1-11)改写成

$$\mu = \frac{\tau}{\mathrm{d}u/\mathrm{d}y} \tag{1-12}$$

μ 实际上表征流体抵抗变形的能力，称为流体的动力黏度或黏度. 由式(1-12)可知，当速度梯度为 1 时，μ 表示单位面积上摩擦力的大小. μ 值越大，流体的黏性也越大.

工程计算中常采用动力黏度与密度的比值来表示黏性，称为运动黏度，用 ν 表示，其单位为 m^2/s. 运动黏度没有明确的物理意义，ν 的大小不是流体黏性大小的直接度量，它的引入只是为了使公式书写简便而已.

$$\nu = \mu / \rho \tag{1-13}$$

黏性是流体的根本属性之一. 不同种类的流体，黏性有很大的不同. 把手放在空气中来回摇动，并不能感觉到空气的阻力；但如果把手放在水中来回摇动，就能感觉到阻力. 用勺子舀蜂蜜，会觉得黏糊糊的很沉，用同一把勺子舀水就没有这样的沉重感. 水的黏度在 0℃时约为空气的 100 倍，在 20℃时约为空气的 60 倍，蜂蜜的黏度是水的 5000～6000 倍.

流体的黏度除了与流体的种类有关外，还与温度和压强有关. 普通的压强对流体的黏度几乎没有影响，可以认为，流体的黏度只随温度变化. 但在高压作用下，气体和液体的黏度均将随压强的升高而增大. 例如，水在 10^{10}Pa 下的黏度可以增大到水在 10^5Pa 下黏度的 2 倍.

温度对流体黏度的影响很大. 液体的黏度随着温度的上升而减小，气体的黏度随着温度的上升而增大. 之所以会出现这种情况，是因为构成它们黏性的机理不同. 液体分子间的吸引力是构成液体黏性的主要因素. 当温度上升时，分子间的空隙增大，吸引力减小，所以液体的黏度下降；相反，气体分子间的吸引力是微不足道的，构成气体黏性的主要因素是气体分子做随机运动时，在不同流速流层间的流体所进行的动量交换. 温度越高，气体分子的随机运动越强烈，动量交换越频繁，气体的黏度越大.

水的动力黏度与温度的关系，可用下列经验公式近似计算：

$$\mu = \frac{\mu_0}{1 + 0.0337t + 0.000221t^2} \quad (\text{Pa·s}) \tag{1-14}$$

式中，μ_0 为水在 0℃时的动力黏度(Pa·s)；t 为水的温度(℃).

气体的动力黏度与温度的关系，可用下述经验公式近似计算：

$$\mu = \mu_0 \frac{273 + C}{T + C} \left(\frac{T}{273} \right)^{\frac{3}{2}} \quad (\text{Pa·s}) \tag{1-15}$$

式中，μ_0 为气体在 0℃时的动力黏度(Pa·s)；T 为气体的热力学温度(K)；C 为依气体种类而定的系数(K). 式(1-15)只适用于压强不太高的场合，这时可视气体的黏度与压强无关.

大气压下水和空气的黏度列在表 1-5 中. 气体在标准大气压下 0℃时的黏度 μ_0 和系数 C 列于表 1-6. 表 1-7 是常见气体在标准大气压下 20℃时的物理参数. 表 1-8 是常见液体在标准大气压下 20℃时的物理参数.

表 1-5　水和空气的黏度值

温度	水		空气	
	$\mu/(\text{Pa·s})$	$\nu/(\text{m}^2/\text{s})$	$\mu/(\text{Pa·s})$	$\nu/(\text{m}^2/\text{s})$
0℃	1.792×10^{-3}	1.792×10^{-6}	0.0172×10^{-3}	13.3×10^{-6}
10℃	1.308×10^{-3}	1.308×10^{-6}	0.0176×10^{-3}	14.2×10^{-6}
20℃	1.005×10^{-3}	1.007×10^{-6}	0.0181×10^{-3}	15.1×10^{-6}
30℃	0.801×10^{-3}	0.804×10^{-6}	0.0186×10^{-3}	16.0×10^{-6}
40℃	0.656×10^{-3}	0.661×10^{-6}	0.0191×10^{-3}	16.9×10^{-6}

温度	水		空气	
	$\mu/(Pa \cdot s)$	$\nu/(m^2/s)$	$\mu/(Pa \cdot s)$	$\nu/(m^2/s)$
50℃	0.549×10^{-3}	0.556×10^{-6}	0.0195×10^{-3}	17.9×10^{-6}
60℃	0.469×10^{-3}	0.477×10^{-6}	0.0201×10^{-3}	18.9×10^{-6}
70℃	0.406×10^{-3}	0.415×10^{-6}	0.0205×10^{-3}	19.9×10^{-6}
80℃	0.357×10^{-3}	0.367×10^{-6}	0.0209×10^{-3}	20.9×10^{-6}
90℃	0.317×10^{-3}	0.328×10^{-6}	0.0213×10^{-3}	21.9×10^{-6}
100℃	0.284×10^{-3}	0.296×10^{-6}	0.0217×10^{-3}	23.6×10^{-6}

表 1-6　气体在 0℃时的黏度 μ_0 和系数 C

气体名称	$\mu_0/(Pa \cdot s)$	C/K
空气	17.10×10^{-6}	111
水蒸气(H_2O)	8.93×10^{-6}	961
氧气(O_2)	19.20×10^{-6}	125
氮气(N_2)	16.60×10^{-6}	104
氢气(H_2)	8.40×10^{-6}	71
一氧化碳(CO)	16.80×10^{-6}	100
二氧化碳(CO_2)	13.80×10^{-6}	254
二氧化硫(SO_2)	11.60×10^{-6}	306

表 1-7　常见气体在标准大气压下 20℃时的物理参数

气体名称	分子量	密度 ρ /(kg/m³)	黏度 μ /(10^{-6}Pa·s)	气体常数 R /[J/(kg·K)]	定压比热 C_p /[J/(kg·K)]	定容比热 C_V /[J/(kg·K)]	绝热系数 $k = C_p/C_V$
干空气	29.0	1.205	18.0	287	1003	716	1.40
二氧化碳(CO_2)	44.0	1.84	14.8	188	858	670	1.28
一氧化碳(CO)	28.0	1.16	18.2	297	1040	743	1.40
氦气(He)	4.0	0.166	19.7	2077	5220	3143	1.66
氢气(H_2)	2.02	0.084	9.0	4120	14450	10330	1.40
甲烷(CH_4)	16.0	0.668	13.4	520	2250	1730	1.30
氮气(N_2)	28.0	1.16	17.6	297	1040	743	1.40
氧气(O_2)	32.0	1.33	20.0	260	909	649	1.40
水蒸气(H_2O)	18.0	0.747	10.1	462	1862	1400	1.33

表 1-8　常见液体在标准大气压下 20℃时的物理参数

液体	密度 ρ /(kg/m³)	相对密度 S	黏度 μ /(Pa·s)	表面张力系数 σ /(N/m)	蒸发压强 p_v /Pa
氨水	608	0.61	2.20×10^{-4}	0.0213	9.10×10^5
苯	876	0.90	6.51×10^{-4}	0.029	1.01×10^4
四氯化碳	1588	1.59	9.67×10^{-4}	0.026	1.20×10^4
乙醇	789	0.79	1.20×10^{-3}	0.0228	5.70×10^3

续表

液体	密度 ρ /(kg/m³)	相对密度 S	黏度 μ /(Pa·s)	表面张力系数 σ /(N/m)	蒸发压强 p_v /Pa
乙二醇	1117	1.12	2.14×10^{-2}	0.0484	1.20×10^{1}
汽油	678	0.68	2.92×10^{-4}	0.0216	5.51×10^{4}
甘油	1258	1.26	1.49	0.0633	1.40×10^{-2}
煤油	804	0.8	1.92×10^{-3}	0.028	3.11×10^{3}
水银	13550	13.56	1.56×10^{-3}	0.484	1.1×10^{-3}
甲醇	791	0.79	5.98×10^{-4}	0.023	1.34×10^{4}
水	998	1.00	1.01×10^{-3}	0.073	2.34×10^{3}
海水 (30%)	1025	1.03	1.07×10^{-3}	0.073	2.34×10^{3}

混合气体的动力黏度可用下列近似公式计算：

$$\mu = \frac{\sum_{i=1}^{n} \alpha_i M_i^{\frac{1}{2}} \mu_i}{\sum_{i=1}^{n} \alpha_i M_i^{\frac{1}{2}}} \tag{1-16}$$

式中，α_i 为混合气体中 i 组分气体所占的体积百分数；M_i 为混合气体中 i 组分气体的分子量；μ_i 为混合气体中 i 组分气体的动力黏度($i = 1, 2, \cdots, n$).

1.5.4　牛顿流体和非牛顿流体

大量实验证明：大多数气体、水和许多润滑油类以及低碳氢化合物都能很好地遵循牛顿内摩擦定律，称这种流体为牛顿流体. 当温度一定时，流体的黏度 μ 保持不变，即流体的内摩擦力与速度梯度的比例系数为常数，在 τ-$\frac{\mathrm{d}u}{\mathrm{d}y}$ 图上是一条通过原点、斜率为 μ 的直线，如图 1-9 所示.

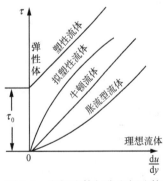

图 1-9　牛顿流体与非牛顿流体

不服从牛顿内摩擦定律的流体统称为非牛顿流体. 此时内摩擦力 τ 和速度梯度 $\frac{\mathrm{d}u}{\mathrm{d}y}$ 并不是简单的直线关系. 例如，对于塑性流体

$$\tau = \tau_0 + \mu \frac{\mathrm{d}u}{\mathrm{d}y} \tag{1-17}$$

它们有一个保持不产生剪切变形的初始应力 τ_0，克服 τ_0 后切应力 τ 才与 $\frac{\mathrm{d}u}{\mathrm{d}y}$ 成正比. 凝胶、牙膏均属于此类流体.

拟塑性流体

$$\tau = K \left(\frac{\mathrm{d}u}{\mathrm{d}y} \right)^n \tag{1-18}$$

式中，$n<1$，K 为比例常数，$\tau\text{-}\dfrac{\mathrm{d}u}{\mathrm{d}y}$ 曲线的斜率随 $\dfrac{\mathrm{d}u}{\mathrm{d}y}$ 的增大而减小. 纸浆液、高分子溶液等属于此类流体.

胀流型流体：这类流体与拟塑性流体的不同之处在于式(1-18)中 $n>1$，即随着 $\dfrac{\mathrm{d}u}{\mathrm{d}y}$ 的增大，$\tau\text{-}\dfrac{\mathrm{d}u}{\mathrm{d}y}$ 曲线的斜率也增大. 乳化液、油漆、油墨等属于此类流体.

非牛顿流体在化工、石油、轻工、食品等工业中常见，是流变力学的研究对象. 本书只讨论牛顿流体.

1.5.5 黏性流体和理想流体

黏度为零的流体称为理想流体或无黏流体.

在现实世界中，实际流体都是有黏性的，所以都是黏性流体. 黏性的存在给流体运动的数学描述和处理带来很大困难. 因此，在实际流体的黏性作用反映不出来的场合，用理想流体代替黏性流体，可以简化求解过程. 那么，在哪些情况下，实际流体的黏性作用反映不出来呢？

由牛顿内摩擦定律 $\tau=\mu\dfrac{\mathrm{d}u}{\mathrm{d}y}$ 可见，黏度相同的流体，速度梯度大，切向应力大；速度梯度小，切向应力小；没有速度梯度，切向应力为零，流体的黏性作用反映不出来. 因此，当流体处于静止状态，或以相同的速度流动(即速度梯度为零)时，流体的黏性作用反映不出来，此时就可用理想流体代替.

而对一些速度梯度较小的场合，由于黏性的作用较弱，则可以先将其视为理想流体或无黏流体处理，再对黏性的影响进行修正，使问题由繁变简.

例 1-4　如图 1-10 所示，两块相距 H 的平板，其间充满着某种黏度为 μ 的流体，上板以速度 V 运动，下板静止不动. 当断面流速为直线分布时，各点的黏滞切应力 τ 如何分布？当流体静止时，黏滞切应力 τ 为多少？此时流体是否具有黏性？

解　(1)当断面流速为直线分布时，速度梯度为

$$\frac{\mathrm{d}u}{\mathrm{d}y}=\frac{V}{H}$$

根据牛顿内摩擦定律，得到

$$\tau=\mu\frac{\mathrm{d}u}{\mathrm{d}y}=\mu\frac{V}{H}$$

图 1-10　例 1-4 示意图

(2) 当流体静止时，$u=0$，$\dfrac{\mathrm{d}u}{\mathrm{d}y}=0$，所以 $\tau=\mu\dfrac{\mathrm{d}u}{\mathrm{d}y}=0$.

(3) 虽然黏滞切应力为零，但流体仍然具有黏性，只是不流动就没有表现出来.

例 1-5　有一矩形断面的宽渠道，其水流速度分布为 $u=0.002\rho g(hy-0.5y^2)/\mu$，试求水深 $h=0.5\mathrm{m}$ 时，渠底 $y=0$ 处的切应力.

解

$$\frac{\mathrm{d}u}{\mathrm{d}y} = 0.002\rho g(h-y)/\mu$$

当 $y=0$ 时，

$$\tau_0 = \mu\frac{\mathrm{d}u}{\mathrm{d}y} = 0.002\rho g(h-y) = 0.002\rho gh = 9.8(\mathrm{N}/\mathrm{m}^2)$$

例1-6　图1-11是滑动轴承示意图，直径 $d=60\mathrm{mm}$，长度 $L=140\mathrm{mm}$，间隙 $\delta=0.3\mathrm{mm}$. 间隙中充满了运动黏度 $\nu=35.28\times10^{-6}\ \mathrm{m}^2/\mathrm{s}$，密度 $\rho=890\mathrm{kg/m}^3$ 的润滑油. 如果轴的转速 $n=500\mathrm{r/min}$，求轴表面摩擦阻力 F_f 和所消耗的功率 P 的大小.

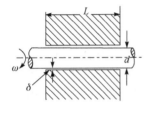

图1-11　例1-6示意图

解　假设间隙是同心环形，且 $\delta\ll d$，可将间隙中润滑油的速度分布 $u=u(r)$ 近似看成线性分布规律，则轴表面的速度梯度为

$$\frac{\mathrm{d}u}{\mathrm{d}r} = \frac{r\omega}{\delta} = \frac{d}{2\delta}\cdot\frac{2\pi n}{60} = \frac{\pi dn}{60\delta}$$

动力黏度为

$$\mu = \rho\cdot\nu = 890\times35.28\times10^{-6} = 3.14\times10^{-2}\ (\mathrm{Pa}\cdot\mathrm{s})$$

摩擦表面积为

$$A = \pi dL$$

根据牛顿内摩擦定律，作用在轴表面的摩擦阻力为

$$F_\mathrm{f} = A\cdot\mu\frac{\mathrm{d}u}{\mathrm{d}r} = \pi dL\cdot\mu\cdot\frac{\pi dn}{60\delta} = \frac{\pi^2 d^2 Ln\mu}{60\delta}$$

$$= \frac{3.14^2\times0.06^2\times0.14\times500\times3.14\times10^{-2}}{60\times0.3\times10^{-3}} = 4.33(\mathrm{N})$$

摩擦所消耗的功率为

$$P = F_\mathrm{f}r\omega = F_\mathrm{f}\cdot\frac{d}{2}\cdot\frac{2\pi n}{60} = F_\mathrm{f}\cdot\frac{\pi dn}{60} = 4.33\times\frac{3.14\times0.06\times500}{60} = 6.8(\mathrm{W})$$

例1-7　某锅炉烟气各组分气体的体积百分数分别为 $\alpha_{CO_2}=13.6\%$，$\alpha_{SO_2}=0.4\%$，$\alpha_{O_2}=4.2\%$，$\alpha_{N_2}=75.6\%$，$\alpha_{H_2O}=6.2\%$，烟气温度为800℃，试求其动力黏度.

解　由表1-6和式（1-15）可以确定，在800℃下，各组分气体的黏度分别为

$$\mu_{CO_2} = 4.27\times10^{-5}\mathrm{Pa}\cdot\mathrm{s}$$

$$\mu_{SO_2} = 3.80\times10^{-5}\mathrm{Pa}\cdot\mathrm{s}$$

$$\mu_{O_2} = 4.97\times10^{-5}\mathrm{Pa}\cdot\mathrm{s}$$

$$\mu_{N_2} = 4.14\times10^{-5}\mathrm{Pa}\cdot\mathrm{s}$$

$$\mu_{H_2O} = 4.22\times10^{-5}\mathrm{Pa}\cdot\mathrm{s}$$

各组分气体的分子量为 $M_{CO_2}=44, M_{SO_2}=64, M_{O_2}=32, M_{N_2}=28, M_{H_2O}=18$，因此

$$\mu = \frac{\sum_{i=1}^{n} \alpha_i M_i^{\frac{1}{2}} \mu_i}{\sum_{i=1}^{n} \alpha_i M_i^{\frac{1}{2}}}$$

$$= 10^{-5}$$

$$\times \frac{13.6 \times \sqrt{44} \times 4.27 + 0.4 \times \sqrt{64} \times 3.80 + 4.2 \times \sqrt{32} \times 4.97 + 75.6 \times \sqrt{28} \times 4.14 + 6.2 \times \sqrt{18} \times 4.22}{13.6 \times \sqrt{44} + 0.4 \times \sqrt{64} + 4.2 \times \sqrt{32} + 75.6 \times \sqrt{28} + 6.20 \times \sqrt{18}}$$

$$= 4.20 \times 10^{-5} (\text{Pa} \cdot \text{s})$$

1.6 液体的表面张力

液体不能自由膨胀,当液体与其他液体或气体接触时,会出现自由表面(交界面),表面张力等液体的表面性质必须加以考虑.

1.6.1 表面张力

如图 1-12 所示,液体内部的分子在各个方向同时受到其他液体分子的吸引力作用,分子间吸引力的作用半径 r 为 $10^{-10} \sim 10^{-8}$m. 如果液体内某分子距自由液面的距离大于或等于半径 r,如图中的 A、B 分子,则其他液体分子对该分子的吸引力刚好平衡,合力为零. 气-液分界面上的液体分子则同时受到气体分子和液体分子的引力作用,但后者大于前者,其合力使分界面上的液体分子有被拉向液体中的趋势. 对于图 1-12 中的分子 C,由于自由表面上面的部分没有液体分子,则液体分子对分子 C 的吸引力上下不平衡,从而构成一个从自由液面向下作用的合力. 对分子 D 来说,这种向下作用的合力达到最大. 在自由表面厚度小于半径 r 的液面薄层内,所有液体分子均受到向下的吸引力,把表面层紧紧地拉向液体内部.

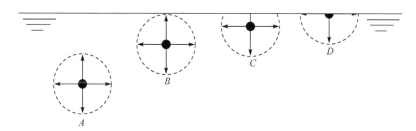

图 1-12 表面张力的产生

既然表面层中的液体分子都受到指向液体内部的引力作用,则任何液体分子要进入表面层都必须克服该引力,即必须给这些分子施以机械功,所以自由表面上液体分子的能量要大于液体内部的分子,而这些机械功将以自由表面能的形式储存起来. 因此,自由表面的增加便意味着自由表面能的增加;相反,自由表面的减少便意味着自由表面能的减少，即它要向周围释放能量. 因此，当自由表面收缩时，在收缩的方向上必定有力对自由表面做负功，也即作用力的方向与自由表面收缩的方向相反，这种力必定是拉力. 在本节中，这种拉力被定义为表面张力 F_{st}，单位长度上的表面张力值称为表面张力系数，用 σ 表示，它的单位为 N/m.

图 1-13　表面张力作用实例

表面张力是分子力的一种宏观表现，它是促使液体的自由表面向液体内部收缩的切向力. 由于任何系统都趋于处在势能最小的稳定平衡状态，所以在表面张力的影响下，气-液分界面都呈现收缩的趋势，总是取表面积(表面能)最小时的形状. 如图 1-13 中树叶上的小水滴总是呈表面积最小的球形. 如图 1-14 所示，把一根棉线拴在铁丝环上，然后把环浸到肥皂水里再拿出来，环上出现一层肥皂薄膜(图 1-14(a))；如果用针刺破棉线左侧的薄膜，则棉线会被右侧的薄膜拉向右弯，见图 1-14(b)；如果刺破棉线右侧的薄膜，则棉线会被左侧的薄膜拉向左弯，见图 1-14(c).

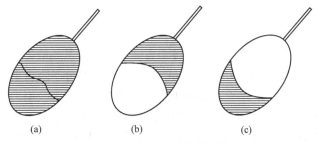

(a)　　　　　(b)　　　　　(c)

图 1-14　表面张力作用实验

由于存在表面张力，液体的自由表面处于拉伸状态，表层就像绷紧的弹性薄膜一样，到处存在沿切向方向的拉力. 如果将自由表面切开，如图 1-15 所示，在切面周线上必有张力 F_{st} 连续均匀分布在周线上，与自由表面相切. 若周线长度为 L，则表面张力为

$$F_{st} = \sigma L \tag{1-19}$$

如果自由表面为曲面，则在曲面两侧存在压强差. 因为曲面的表面张力有一个指向凹面的合力，要平衡这一合力，凹面的压强必须高于凸面的压强. 如果不考虑液体的重量，如图 1-15(a)所示，圆柱形表面的压强差与两侧的表面张力平衡

$$2RL\Delta p = 2\sigma L$$

$$\Delta p = \frac{\sigma}{R} \tag{1-20}$$

如图 1-15(b)所示，球形液滴内表面的压强差与圆周的表面张力平衡

$$\pi R^2 \Delta p = 2\pi R \sigma$$

$$\Delta p = \frac{2\sigma}{R} \tag{1-21}$$

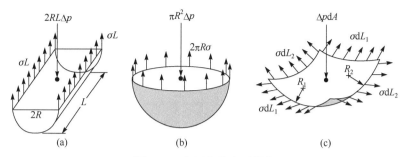

图 1-15　曲面上的表面张力

我们可以利用这个结果预测肥皂泡内的压强增量. 肥皂泡有两个自由表面, 由于泡膜很薄, 可以认为内、外表面的半径都近似为 R, 则肥皂泡内、外空气的压强差为

$$\Delta p_{\text{bubble}} = \frac{4\sigma}{R} \tag{1-22}$$

如图 1-15(c)所示, 对于任意曲面, 如果曲面在相互垂直的两平面的曲率半径分别为 R_1 和 R_2, 则曲面的凹面的压强高于凸面的压强, 其压强差为

$$\Delta p = \sigma \left(\frac{1}{R_1} + \frac{1}{R_2} \right) \tag{1-23}$$

实际上, 式(1-23)是个通用关系式, 由它可以推导出式(1-20)～式(1-22)的全部关系式. 例如, 令 $R_1 = R, R_2 = \infty$, 则可以导出式(1-20), 令 $R_1 = R_2 = R$, 则可以得到球形液滴内外压强差.

通常液体的表面张力系数 σ 随着温度的上升而下降. 在液体中添加某些有机溶液或盐类, 也可以改变它们的表面张力. 例如, 把少量的肥皂溶液加入水中, 可以显著地降低它的表面张力, 使水表面的活性增加, 从而使清洗变得更容易; 而把食盐溶液加入水中, 却可以提高它的表面张力. 常见液体的表面张力系数列于表 1-9 中.

表 1-9　常见液体的表面张力系数(20℃, 与空气接触)

液体名称	表面张力系数 σ/(N/m)	液体名称	表面张力系数 σ/(N/m)
酒精	0.0223	原油	0.0234～0.0379
水	0.073	煤油	0.0233～0.0321
水银	0.5137	四氯化碳	0.0267
苯	0.0288	润滑油	0.0350～0.0379

在大多数工程实际中, 表面张力的影响是可以忽略不计的, 但是在小尺寸的模型试验、某些液柱式测压计等小尺寸仪器的使用、水滴和气泡的形成、液体的雾化以及气-液两相传热与传质的研究中, 表面张力是不可忽略的重要影响因素.

1.6.2　毛细现象

当液体与固体接触时, 接触面上的液体分子同时受到固体分子和液体分子的引力作用. 液体分子间的吸引力称为内聚力, 液体与固体分子间的吸引力称为附着力.

若内聚力小于附着力,接触面上的液体分子有被固体拉动沿接触面扩散的倾向,此时接触角 $\theta < 90°$,液体将润湿、附着固体壁面,沿壁面向外伸展,称为液体浸润固体表面(亲水性、亲和性).例如,把水倒在玻璃板上就是这种情况,如图 1-16(a)所示.接触角 θ 为通过液-固表面的交线并和液体表面相切的面与固体表面构成的二面角,接触角内包含液体.

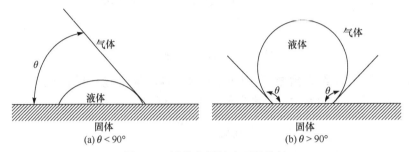

图 1-16　液体与固体表面的接触

若内聚力大于附着力,情况与气-液分界面相似,接触面上的液体分子有被拉回到液体内的趋势,此时接触角 $\theta > 90°$,液体将不湿润壁面,而是自身抱成一团,称为液体不浸润固体表面.例如,把水银倒在玻璃板上将形成椭球形状,而不浸润玻璃板,如图 1-16(b)所示.水也不浸润石蜡或油腻的壁面,这是因为水的内聚力比水与石蜡或油腻壁面的附着力大.

20℃时,对于水和玻璃,$\theta = 0° \sim 9°$;对于水银和玻璃,$\theta = 130° \sim 135°$.

液体与固体壁面接触时的这种性质,可以解释毛细管中液面的上升或下降现象.图 1-17(a)是玻璃管插在水中的情况,水就像被向上吸着一样,玻璃管内的水面会上升,玻璃管越细,管内水面上升的高度就越高.这是因为水的内聚力小于水与玻璃壁面的附着力,水浸润玻璃管壁面并沿壁面伸展,致使水面向上弯曲,表面张力把管内液面向上拉高 h.图 1-17(b)是玻璃管插在水银中的情况,因为水银内聚力大于水银与玻璃壁面间的附着力,水银不浸润管壁面并沿壁面收缩,致使水银面向下弯曲,表面张力把管内液面向下拉低 h.这种在细管中液面上升或下降的现象称为毛细现象,能发生毛细现象的细管称为毛细管.

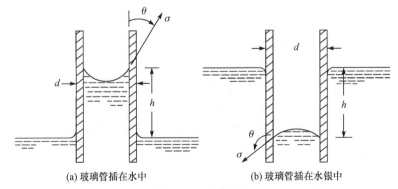

(a) 玻璃管插在水中　　　　　　(b) 玻璃管插在水银中

图 1-17　毛细现象

毛细管中液面上升或下降的高度显然与表面张力有关. 以图 1-17(a)为例，假设液体密度为 ρ，毛细管直径为 d，液面与固体壁面的接触角为 θ，当表面张力与上升液柱重量相等时，液柱便在某一高度 h 下达到力的平衡. 这时

$$\pi d \sigma \cos\theta = \rho g \frac{\pi d^2}{4} h$$

$$h = \frac{4\sigma\cos\theta}{\rho g d} \tag{1-24}$$

式中，h 为毛细高度(m).

当利用式(1-24)计算不浸润液体在毛细管中的下降高度时，$\theta > \dfrac{\pi}{2}$，$\cos\theta$ 为负值，所以 h 也为负值，表示液面是下降的，如图 1-17(b)所示.

例 1-8　内径为 $d = 2\text{mm}$ 的开口玻璃管分别垂直插入水和水银中，此时两个玻璃管的毛细高度分别为多少？已知水的表面张力系数 $\sigma_1 = 0.073\text{N/m}$，密度 $\rho_1 = 1000\text{kg/m}^3$，水银的表面张力系数 $\sigma_2 = 0.48\text{N/m}$，密度 $\rho_2 = 13600\text{kg/m}^3$，水和水银与玻璃管的接触角分别为 $\theta_1 = 0°$，$\theta_2 = 130°$.

解　(1)　$h_1 = \dfrac{4 \times 0.073 \times \cos 0°}{1000 \times 9.81 \times 0.002}\text{m} = 0.015\text{ m} = 15\text{ mm}$；

(2)　$h_2 = \dfrac{4 \times 0.48 \times \cos 130°}{13600 \times 9.81 \times 0.002}\text{m} = -0.0046\text{ m} = -4.6\text{ mm}$.

液柱上升或下降的高度与管径成反比，与液体种类、管子材料、液面上气体(或不相溶液体)的种类及温度等参数有关. 通常对于水，当玻璃管的内径大于 20mm，对于水银，玻璃管的内径大于 12mm 时，毛细现象的影响可以忽略不计.

毛细现象在日常生活和工农业生产中都起着重要的作用. 例如，煤油沿着灯芯上升，地下水分会沿着土壤中的毛细孔道上升到地表面蒸发等. 在多数工程实际问题中，由于固体的边界足够大，毛细现象的影响可以忽略不计. 但当用直径很小的管子作测压计时，则必须考虑毛细现象的影响，否则会引起较大的测量误差.

平板间线性速度分布演示

习 题 一

1-1　一个装满机油的桶，直径 $D = 0.6\text{m}$，高 $H = 1.2\text{m}$，机油质量为 286.36kg，问机油的密度和相对密度各是多少？

1-2　若气体的比体积是 0.72m^3/kg，试求它的密度.

1-3　若空气的压强 $p = 3\text{MPa}$，温度 $T = 323\text{K}$，试求它的密度.

1-4　体积为 2.5m^3 的容器，在 25℃下储存着 20kg 的空气，问容器中空气的密度、比体积和压强各是多少？

1-5　化学分析用酒精, 在标准大气压下 15℃时的密度为 790kg/m³, 试求此状态下酒精的相对密度.

1-6　某种液体的相对密度为 1.8, 问它的比体积是多少?

1-7　在标准大气压下 20℃时, 混合气体的体积百分数分别为 $\alpha_{CO_2} = 12.8\%$, $\alpha_{CO} = 0.6\%$, $\alpha_{O_2} = 4.8\%$, $\alpha_{N_2} = 76.0\%$, $\alpha_{H_2} = 5.8\%$, 试求该混合气体的密度.

1-8　当压强增量为 50000N/m² 时, 某种液体的密度增长 0.02%, 试求该液体的体积模量.

1-9　流体中音速的表达式为 $a = \sqrt{dp/d\rho}$, 试证明也可写成 $a = \sqrt{K_p/\rho}$.

1-10　某流体在圆柱形容器中, 当压强为 2MPa 时, 体积为 $0.995 \times 10^{-3} m^3$, 当压强为 1MPa 时, 体积为 $1 \times 10^{-3} m^3$, 求它的体积压缩系数.

1-11　压强 $p_1 = 1.95MPa$ 时, 水的体积 $\mathscr{V}_1 = 1.0 m^3$; 当压强升高到 $p_2 = 4.03MPa$ 时, 水的体积减小到 $\mathscr{V}_2 = 0.999 m^3$. 如果压强再升高到 $p_3 = 8.0MPa$, 则水的体积 $\mathscr{V}_3$ 是多少?

1-12　在 $t = 25℃$, $p_1 = 10^5 Pa$ 时, 空气在等温和绝热条件下的体积模量各为多少? 在等压条件下的温度膨胀系数又是多少?

1-13　把绝对压强 $p_1 = 1atm$[①], 温度 $t_1 = 20℃$ 的水密封在体积 $\mathscr{V} = 1m^3$ 的高压容器中进行水压试验. 欲使容器中水的绝对压强 $p_2 = 80atm$, 试问需用高压泵向容器中注入多少体积的水? 假设高压容器是不变形刚体, 水受压后温度不变. 已知 80atm, 20℃ 的水 $K_p = 2.17 \times 10^9 N/m^2$.

1-14　20℃的水在温度保持不变的条件下, 要使其压强从 $p_1 = 4.9 \times 10^5 Pa$ 增加到多大, 才能使其体积减小 1%? 设水的体积压缩系数 $\beta_p = 5.15 \times 10^{-10} m^2/N$.

1-15　有一个容器体积 $\mathscr{V} = 0.25m^3$, 对其进行水压试验. 当水压达到 $p_1 = 80MPa$ 时停止加压, 0.5h 后水压降到 $p_2 = 75MPa$. 如果水的体积压缩系数 $\beta_p = 4.9 \times 10^{-9} m^2/N$, 则从容器中渗出多少升水?

1-16　某液体的黏度为 $\mu = 0.005 Pa \cdot s$, 相对密度为 0.85, 求它的运动黏度.

1-17　某烟气组分的体积百分数为 $\alpha_{CO_2} = 14\%$, $\alpha_{SO_2} = 0.5\%$, $\alpha_{O_2} = 5\%$, $\alpha_{N_2} = 76\%$, $\alpha_{H_2O} = 4.5\%$, 试求标准状态下烟气的动力黏度和运动黏度.

1-18　一块可动平板与另一块不动平板同时浸在某种流体中, 它们之间的距离为 0.5mm. 若可动板以 0.25m/s 的速度移动, 为了维持这个速度, 需要单位面积上的作用力为 2N/m², 求这两块平板间流体的动力黏度.

1-19　旋转式黏度计由两个同心圆筒组成, 如图 1-18 所示, 液体充满两个圆筒之间的环形空间. 待测液体的深度 $h=300mm$, 内筒外半径 $R_1 = 100mm$, 外筒内半径 $R_2 = 105mm$. 外筒固定不动, 内筒旋转. 如果内筒的转速 $n = 60r/min$, 需要的转矩 $M = 0.12N \cdot m$. 试求该液体的动力黏度. 不考虑圆筒底部的切应力.

---

① 1atm=1.013 25×10⁵Pa.

1-20　如图 1-19 所示，活塞在缸筒中以匀速 $V = 2\text{m/s}$ 做直线运动，带动同心环形间隙中的润滑油也做直线运动. 润滑油的黏度 $\mu = 3.53\text{Pa·s}$，活塞长度 $L = 40\text{mm}$，直径 $d = 200\text{mm}$，间隙 $\delta = 0.2\text{mm}$，求活塞的摩擦阻力 F 和克服摩擦所消耗的功率 P.

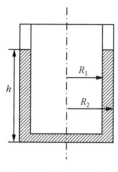

图 1-18　题 1-19 示意图

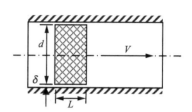

图 1-19　题 1-20 示意图

1-21　某流体的动力黏度 $\mu = 5 \times 10^{-2}\text{Pa·s}$，流体在管内的流动速度分布如图 1-20 所示，速度的表达式为 $u = 100 - C(5 - y)^2$. 试问切向应力 τ 为多少？最大切向应力 $\tau_{\max}$ 为多少？发生在何处？

1-22　如图 1-21 所示，要使一个半径为 r_1 的圆盘在厚度为 δ、黏度为 μ 的润滑油表面上绕其轴以 ω 的速度转动，求所需施加的力矩.

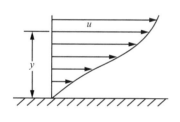

图 1-20　题 1-21 示意图

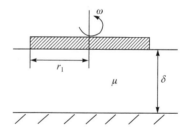

图 1-21　题 1-22 示意图

1-23　如图 1-22 所示，在两块相距 20mm 的平板间充满动力黏度为 0.065Pa·s 的油，如果以 1m/s 速度拉动距上平板 5mm，面积为 0.5m² 的薄板(不计厚度)，求需要的拉力.

1-24　如图 1-23 所示，一圆锥体绕其中心轴做匀角速度 $\omega = 16\text{rad/s}$ 旋转，锥体与固定壁面的间隙 $\delta = 1\text{mm}$，其间充满 $\mu = 0.1\text{Pa·s}$ 的润滑油，锥体半径 $R = 0.3\text{m}$，高 $H = 0.5\text{m}$，求作用于圆锥体的阻力矩.

1-25　滑动轴承的轴以 $n = 1500\text{r/min}$ 旋转，已知轴承长度 $L = 40\text{mm}$，轴径 $D = 30\text{mm}$，径向间隙 $\delta = 0.01\text{mm}$，润滑油的动力黏度 $\mu = 0.06\text{Pa·s}$，试问由于油的黏性产生的黏滞力矩 M 和消耗的功率 P 是多少？

1-26　滑动轴承实验时，测得黏性力矩 $M = 0.204\text{N·m}$，已知轴转速 $n = 3000\text{r/min}$，轴承长度 $L = 80\text{mm}$，轴径 $D = 40\text{mm}$，径向间隙 $\delta = 0.4\text{mm}$，试问此时润滑油的动

力黏度 μ 是多少?

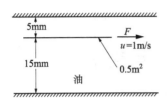

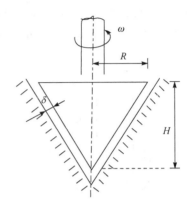

图 1-22　题 1-23 示意图　　　　　　　　　图 1-23　题 1-24 示意图

1-27　黏度 $\mu = 0.048\text{Pa}\cdot\text{s}$ 的流体流过两平行平板的间隙,间隙宽 $\delta = 4\text{mm}$,流体在间隙内的速度分布为 $u = \dfrac{cy(\delta - y)}{\delta^2}$,其中 c 为待定常数,y 为垂直于平板的坐标. 设最大速度 $u_{\max} = 4\text{m/s}$,试求最大速度在间隙中的位置和平板壁面上的切应力.

1-28　内径为 $d = 10\text{mm}$ 的开口玻璃管垂直插入水中,求管中水的上升高度. 已知水的表面张力系数 $\sigma_1 = 0.0736\text{N/m}$,水和玻璃的接触角为 $\theta_1 = 10°$.

1-29　在空气中 $20℃$ 时,水的表面张力系数 $\sigma_1 = 0.0731\text{N}/\text{m}$,水银的表面张力系数 $\sigma_2 = 0.5137\text{N}/\text{m}$. 且水和水银与洁净玻璃的接触角分别为 $\theta_1 = 0°$,$\theta_2 = 139°$. 假设毛细作用使液柱上升或下降 $h \leqslant 1\text{mm}$,就可忽略毛细现象的影响. 试问用水和水银作液柱式压力计的封液,玻璃管内径应为多少?

1-30　垂直微纤维的直径为 10^{-6}m,纤维壁与水的接触角为 $10°$,已知水的表面张力系数为 0.0722N/m,密度为 1000kg/m^3,求水沿微纤维上升的高度.

1-31　一直径为 50mm 的肥皂泡,其内部压强高于周围大气压 20Pa,试确定肥皂膜的表面张力系数 σ.

第 2 章

流体静力学

流体静力学研究流体处于静止或相对静止时的规律及其应用.

实际上世间万物都处在不 42 停息的运动之中. 运动是绝对的, 静止是相对的, 一切静止(平衡)都是相对于坐标系的相对静止(平衡). 在本章中, 静止是把地球作为一个不动的坐标系, 流体对地球无相对运动; 相对静止是把坐标系固定在容器上随容器一起运动, 流体对运动容器无相对运动.

静止或相对静止时, 流体之间没有相对运动, 黏性作用表现不出来. 因此, 本章所得的结论, 无论对理想流体还是实际流体, 都是适用的.

2.1 作用在流体上的力

作用在流体上的力在流体力学研究中大致可分为两类: 表面力和质量力.

2.1.1 表面力

表面力指作用在所研究的流体体积表面上的力, 它是由与流体相接触的其他物体(流体或固体)的作用产生的. 表面力按作用方向可分解为: 与流体表面相垂直的法向力 F_n 和与流体表面相切的切向力 F_τ, 如图 2-1 所示.

作用在流体单位面积上的表面力称为应力 σ, 单位为 N/m² 或 Pa. 流体压强 p 是法向表面应力, 流体黏性所引起的内摩擦力 τ 是切向表面应力, 它们是研究流体流动时经常遇到的两种表面应力.

$$\sigma = \lim_{\delta A \to 0} \frac{F}{\delta A} \qquad (2\text{-}1)$$

$$p = \lim_{\delta A \to 0} \frac{F_n}{\delta A} \qquad (2\text{-}2)$$

$$\tau = \lim_{\delta A \to 0} \frac{F_\tau}{\delta A} \qquad (2\text{-}3)$$

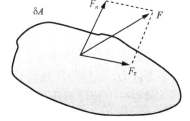

图 2-1 作用在流体上的表面力

对于静止流体或没有黏性的理想流体, $\tau = 0$, 切向表面力是不存在的, 只有法向表面力.

2.1.2 质量力(体积力)

质量力指作用在流体内部每一个质点上的力,它的大小与流体的质量成正比. 对于均质流体,质量力与流体体积成正比,所以质量力又称体积力.

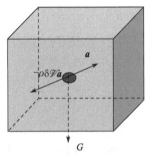

质量力是某种力场对流体质点的作用力,它不需要与流体直接接触. 重力、电磁力、电场力等均为质量力. 当流体质点的绝对加速度为 **a** 时,根据达朗贝尔原理[①],虚加在流体质点上的惯性力也是质量力,如图 2-2 所示.

单位质量流体承受的质量力称为单位质量力,用 **f** 表示,单位为 m/s²,与加速度单位一致. 在直角坐标系中

$$f = \frac{F}{m} = \frac{F_x}{m}i + \frac{F_y}{m}j + \frac{F_z}{m}k = f_x i + f_y j + f_z k \qquad (2-4)$$

图 2-2　作用在流体上的质量力

式中,F_x、F_y、F_z 分别为质量力 **F** 在 x、y、z 轴的分力;f_x、f_y、f_z 分别为单位质量力 **f** 在 x、y、z 轴的分力.

例 2-1　盛有液体的容器绕轴做匀角速度 ω 旋转,求单位质量力.

解　如图 2-3 所示,微元流体所受质量力为

重力:$G = mg$

惯性力:$R = m\omega^2 r$

则质量力在 x、y、z 轴的各分力为

$$F_x = R\cos\theta = m\omega^2 r\cos\theta = m\omega^2 x$$

$$F_y = R\sin\theta = m\omega^2 r\sin\theta = m\omega^2 y$$

$$F_z = -mg$$

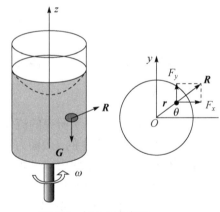

所以,单位质量力在 x、y、z 轴的分力分别为

$$f_x = F_x/m = \omega^2 x$$

$$f_y = F_y/m = \omega^2 y$$

$$f_z = F_z/m = -g$$

图 2-3　例 2-1 示意图

2.1.3 流体静压强

流体静压强是流体处于静止或相对静止时的流体压强,是流体单位面积上所受的法向表面应力. 流体静压强具有两个重要特性.

特性一　流体静压强的方向总是和作用面相垂直且指向该作用面,即沿着作用面的内法线方向.

---

① 达朗贝尔原理:使动力学问题变为静力学问题. 虚加在流体质点上的惯性力也属于质量力,惯性力的大小等于质量与加速度的乘积,其方向与加速度方向相反.

这一特性可以用反证法来证明. 图 2-4 表示处于静止状态的流体, 若作用在 AB 面上的力 F'方向向外且不与该面垂直, 则 F'可以分解为一个垂直于表面的力 F_n 和一个与表面相切的力 F_τ. 切向力 F_τ 的存在势必会引起流体流动, 显然与流体处于静止状态的假设不符. 因此, F_τ 只可能等于零, 力 F'必定与 AB 面垂直. 另外, 根据流体不能承受拉力的特

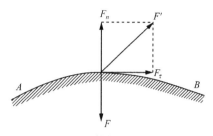

图 2-4　流体静压强的方向

性可以得出结论: F'的方向只能沿着作用表面的内法线方向, 即图 2-4 中 F 的方向.

特性二　在静止流体内部任意点处的流体静压强在各个方向都是相等的. 在静止流体中通过一点任取 1-1 和 2-2 两个面, 如图 2-5 所示, 则作用在 1-1 面上的静压强 p_1 与作用在 2-2 面上的静压强 p_2 的大小相等, 即 $|p_1|=|p_2|$.

为了证明这一特性, 可从处于静止状态的流体中取一微小四面体作为分析的微元体, 该微元体与坐标轴 x、y、z 的关系如图 2-6 所示, 微元体的三个互相垂

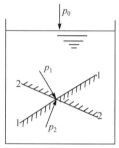

图 2-5　流体静压强各向相等示意图

直边的长度分别为 $\mathrm{d}x$、$\mathrm{d}y$、$\mathrm{d}z$. 若假定 p_x、p_y、p_z 和 p_n 分别表示作用在 $\triangle Obc$、$\triangle Oac$、$\triangle Oab$ 和 $\triangle abc$ 表面上的静压强, $\triangle abc$ 的面积为 $\mathrm{d}A$, p_n 与 x、y、z 轴的夹角分别为 α、β、γ, 则作用在各面上的表面力分别为 $p_x \frac{1}{2}\mathrm{d}y\mathrm{d}z$、$p_y \frac{1}{2}\mathrm{d}x\mathrm{d}z$、$p_z \frac{1}{2}\mathrm{d}x\mathrm{d}y$ 以及 $p_n\mathrm{d}A$. 除了这些表面力以外, 微元体还受质量力的作用. 若设流体的密度为 ρ, 微元体的体积为 $\mathrm{d}\mathscr{V} = \frac{1}{6}\mathrm{d}x\mathrm{d}y\mathrm{d}z$, 则在重力场中质量力为 $\frac{1}{6}\rho g\mathrm{d}x\mathrm{d}y\mathrm{d}z$.

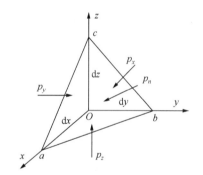

图 2-6　流体静压强各向相等证明用图

显然, 与其他四个表面力相比, 质量力是高阶无穷小量, 可以忽略不计.

因微元体处于平衡状态, 故微元体所受的合力应等于零, 即合力在 x、y、z 各坐标轴方向的投影都为零. 所以

$$\sum P_x = 0 \text{, 即 } p_x \frac{1}{2}\mathrm{d}y\mathrm{d}z - p_n\mathrm{d}A\cos\alpha = 0$$

$$\sum P_y = 0 \text{, 即 } p_y \frac{1}{2}\mathrm{d}x\mathrm{d}z - p_n\mathrm{d}A\cos\beta = 0$$

$$\sum P_z = 0 \text{, 即 } p_z \frac{1}{2}\mathrm{d}x\mathrm{d}y - p_n\mathrm{d}A\cos\gamma = 0$$

因为

$$\mathrm{d}A\cos\alpha = \frac{1}{2}\mathrm{d}y\mathrm{d}z$$

$$dA\cos\beta = \frac{1}{2}dxdz$$

$$dA\cos\gamma = \frac{1}{2}dxdy$$

所以

$$p_x - p_n = 0, \quad p_x = p_n$$

$$p_y - p_n = 0, \quad p_y = p_n$$

$$p_z - p_n = 0, \quad p_z = p_n$$

故

$$p_x = p_y = p_z = p_n \tag{2-5}$$

这就证明了静止流体中任一点的流体静压强与其作用面在空间的方位无关. 但空间不同点的静压强则可以不相同，即流体静压强应是空间点的坐标函数

$$p = f(x,y,z) \tag{2-6}$$

以上特性不仅适用于流体内部，而且也适用于流体与固体接触的表面. 不论器壁的方向和形状如何，流体的静压强总是垂直于器壁. 例如，圆管内流体的静压强是沿着半径的方向垂直作用在管壁上，水箱的侧壁上也存在着垂直作用的静压强，见图 2-7.

图 2-7 作用在器壁上的流体静压强

根据流体静压强的第二个特性，当需要测量流体中某一点的静压强时，可以不必选择方向，只要在该点确定的位置上进行测量即可.

与特性二的证明方法一样，在流体力学研究中常采用"微元体分析法"来分析流体的受力情况，就是从整个流体中取出一个微小的流体体积，分析这个微元体的受力、平衡和运动，得出基本规律后再应用到整个流体中去.

2.2 流体平衡微分方程

2.2.1 流体平衡微分方程

为了分析流体的静止(平衡)规律，现从静止流体中取出一个边长为 dx、dy、dz 的微元六面体，如图 2-8 所示，对其进行受力分析，然后推导出流体平衡微分方程.

由流体静压强的基本特性可知 $p = f(x,y,z)$，压强是空间坐标的函数，则图 2-8 中由于压强空间变化引起流体微元体上 x 方向的净压力变化为

$$dF_x = p dy dz - \left(p + \frac{\partial p}{\partial x} dx \right) dy dz = -\frac{\partial p}{\partial x} dx dy dz \tag{2-7}$$

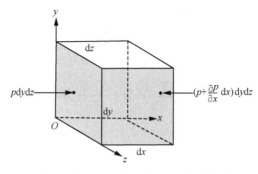

图 2-8　流体平衡微分方程导出示意图

此外，假设微元六面体的平均密度为 ρ，用 f_x、f_y、f_z 表示单位质量流体的质量力沿三个坐标轴的分力，则微元六面体的质量力沿 x 轴的分力为 $f_x \rho dx dy dz$.

由于微元六面体处于平衡状态，$\sum F = 0$，故在 x 方向有

$$-\frac{\partial p}{\partial x} dx dy dz + f_x \rho dx dy dz = 0 \tag{2-8}$$

化简得

$$\begin{cases} f_x - \dfrac{1}{\rho} \dfrac{\partial p}{\partial x} = 0 \\[2mm] f_y - \dfrac{1}{\rho} \dfrac{\partial p}{\partial y} = 0 \\[2mm] f_z - \dfrac{1}{\rho} \dfrac{\partial p}{\partial z} = 0 \end{cases} \tag{2-9}$$

写成矢量形式

$$\boldsymbol{f} - \frac{1}{\rho} \nabla p = 0 \tag{2-10}$$

这就是流体平衡微分方程，是欧拉于 1755 年提出来的，故也称为欧拉平衡方程，它反映了流体在质量力和表面力作用下的平衡条件. 其中

$$\nabla p = \frac{\partial p}{\partial x} \boldsymbol{i} + \frac{\partial p}{\partial y} \boldsymbol{j} + \frac{\partial p}{\partial z} \boldsymbol{k} \tag{2-11}$$

∇p 称为流体静压强梯度，它反映流体中某一点邻域内压强的变化情况.

2.2.2　压差方程与势函数

把式 (2-9) 分别乘以 dx、dy、dz 后相加，则有

$$f_x dx + f_y dy + f_z dz = \frac{1}{\rho} \left(\frac{\partial p}{\partial x} dx + \frac{\partial p}{\partial y} dy + \frac{\partial p}{\partial z} dz \right) = \frac{1}{\rho} dp$$

所以

$$dp = \rho(f_x dx + f_y dy + f_z dz) \tag{2-12}$$

这就是流体的压差方程，它表示随着位置的变化，流体静压强的增量取决于单位质量力.

因为式(2-12)的左边是压强的全微分，那么方程右边也可看作是某函数的全微分. 假设这个函数用 $-\pi(x, y, z)$ 表示，则式(2-12)可以改写为

$$dp = \rho d(-\pi) = \rho \left(\frac{\partial(-\pi)}{\partial x} dx + \frac{\partial(-\pi)}{\partial y} dy + \frac{\partial(-\pi)}{\partial z} dz \right) \tag{2-13}$$

与式(2-12)相比可得

$$f_x = \frac{\partial(-\pi)}{\partial x}, \quad f_y = \frac{\partial(-\pi)}{\partial y}, \quad f_z = \frac{\partial(-\pi)}{\partial z} \tag{2-14}$$

式(2-13)是压差方程的另外一种形式，其中函数 $-\pi$ 称为质量力势函数. 显然，函数 $-\pi(x, y, z)$ 在 x、y、z 轴方向的偏导数等于该方向上的单位质量力.

函数 $-\pi(x, y, z)$ 的物理意义可进一步分析如下：流体所在空间任意点上都存在着质量力的作用，因此这个空间可以叫做质量力场或势力场. 若某流体质点上作用的单位质量力为 $\boldsymbol{f} = f_x \boldsymbol{i} + f_y \boldsymbol{j} + f_z \boldsymbol{k}$，该流体质点在质量力的作用下移动了距离 $d\boldsymbol{s}$，$d\boldsymbol{s} = dx\boldsymbol{i} + dy\boldsymbol{j} + dz\boldsymbol{k}$，则单位质量力所做的功为 $\boldsymbol{f} \cdot d\boldsymbol{s} = f_x dx + f_y dy + f_z dz = d(-\pi)$. 可见 $-\pi(x, y, z)$ 反映了单位质量流体的势能(或位能)，所以称为势函数.

有势函数存在的力叫有势力，重力是有势力. 在重力场中，单位质量力的三个分量分别为 $f_x = 0, f_y = 0, f_z = -g$，于是

$$d(-\pi) = \frac{\partial(-\pi)}{\partial x} dx + \frac{\partial(-\pi)}{\partial y} dy + \frac{\partial(-\pi)}{\partial z} dz = f_x dx + f_y dy + f_z dz = -g dz$$

积分得

$$\pi = gz \tag{2-15}$$

可见在重力场中，质量力势函数 π 的物理意义是单位质量流体所具有的势能.

2.2.3 等压面

流体中压强相等的各点组成的面称为等压面. 等压面有以下三个重要特性.

特性一 等压面也是等势面.

在等压面上 $p = $ 常数，$dp = 0$. 根据式(2-12)可得

$$f_x dx + f_y dy + f_z dz = 0 \tag{2-16}$$

即

$$d(-\pi) = 0，\quad \pi = 常数 \tag{2-17}$$

可见，等压面也是等势面. 式(2-16)和式(2-17)分别称为等压面方程和等势面方程. 当积分常数为不同数值时，可得一簇互相平行的等压面或等势面.

特性二　在平衡的流体中，通过每一点的等压面必与该点所受的质量力互相垂直.

若流体质点沿着等压面移动一小段距离 $\mathrm{d}\boldsymbol{s}$，依据等压面方程，则单位质量力所做的功为 $\boldsymbol{f}\cdot\mathrm{d}\boldsymbol{s}=f_x\mathrm{d}x+f_y\mathrm{d}y+f_z\mathrm{d}z=0$，即质量力沿等压面所做的功为零，所以质量力必与等压面相垂直.

因此，根据质量力的方向可以确定等压面的形状. 例如，当质量力只有重力时，等压面是一个与地球同心的球面. 通常我们所研究的仅是这个球面上非常小的一部分，重力的方向总是铅直的，所以等压面可以看成是水平面.

特性三　两种互不相混的流体处于平衡状态时，它们的分界面必为等压面.

如果在分界面上任意取两点 A 和 B，设两点之间存在静压差 $\mathrm{d}p$ 和势差 $\mathrm{d}\pi$. 因为 A、B 两点都取在分界面上，所以 $\mathrm{d}p$ 和 $\mathrm{d}\pi$ 同属于两种流体. 设两种不同流体的密度为 ρ_1、ρ_2，则根据式(2-13)有关系式

$$\mathrm{d}p=\rho_1\mathrm{d}(-\pi)$$
$$\mathrm{d}p=\rho_2\mathrm{d}(-\pi)$$

因为 $\rho_1\neq\rho_2$，所以上式只有当 $\mathrm{d}p=\mathrm{d}\pi=0$ 时才成立. 可见分界面必为等压面或等势面. 液体与大气相接触的自由表面是等压面.

2.3　流体静力学基本方程

2.3.1　重力场中不可压缩流体静力学基本方程

作用在流体上的质量力只有重力的流体简称为重力流体，这是实际工程中经常遇到的情况. 对于重力流体，$f_x=0,f_y=0,f_z=-g$，如图 2-9 所示，代入压差方程(2-12)可以得到

$$\mathrm{d}p=-\rho g\mathrm{d}z \tag{2-18}$$

对于均质不可压缩流体，$\rho=$ 常数，则上式积分可得

$$p=-\rho gz+C$$

所以

$$z+\frac{p}{\rho g}=C \tag{2-19}$$

式(2-19)就是重力场中均质不可压缩流体的压强分布式，是流体静力学基本方程之一，其中 C 为积分常数.

将式(2-19)展开，若取图 2-9 所示流体中任意两点 1 和 2，则有

$$z_1+\frac{p_1}{\rho g}=z_2+\frac{p_2}{\rho g} \tag{2-20}$$

流体静力学基本方程(2-19)各项的物理意义分析如下.

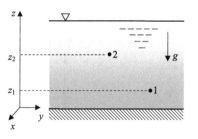

图 2-9　流体静力学基本方程用图

(1) z 是液体距基准面的高度，称为位置高度或位置水头. 实际上 $z = \dfrac{z \cdot mg}{mg}$ 是单位重量流体所具有的势能，所以 z 也叫位置能头，单位是米(m).

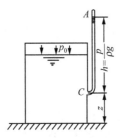

图 2-10　流体的压强势能用图

(2) $\dfrac{p}{\rho g}$ 代表单位重量流体的压强势能. 如图 2-10 所示，密闭容器中盛有密度为 ρ 的液体，自由液面上的压强为 p_0. 若将一根抽成真空的闭口小管与容器上压强为 p 的小孔 C 相连，可以发现小管中的液位迅速上升至 A 点，液柱高度为 h. 根据式(2-20)，在 C、A 两点列方程有 $z + \dfrac{p}{\rho g} = (z + h) + 0$，于是 $h = \dfrac{p}{\rho g}$，即 $\dfrac{p}{\rho g}$ 与一段液柱高度相当，故称它为压强高度或压强水头. 另外，小管中的液体是在压强 p 与完全真空($p = 0$)之间压差的作用下上升，压差克服液柱的重力做了功，增加了液柱的位势能，这说明 $\dfrac{p}{\rho g}$ 代表一种能量，通常称为压强势能，也叫压强能头，单位是米(m).

(3) $z + \dfrac{p}{\rho g}$ 是单位重量流体的总势能，是位势能和压强势能之和，也叫静能(水)头.

(4) $z + \dfrac{p}{\rho g} = C$，说明在静止的不可压缩均质重力流体中，任何一点的压强势能和位势能之和都相等，即总静能头保持不变. 否则，宏观能量高的流体质点将向能量低的流体质点处流动，流体将不再处于静止(平衡)状态.

另外，位势能和压强势能可以相互转换，但其总和始终保持不变. 式(2-19)是能量守恒定律在流体静力学中的具体体现. 如图 2-11 所示，尽管 1、2 两点的位标和压强均不相同，但它们的总势能却是一样的. 它们的静水头都落在 AA(或 $A'A'$)这条水平线上. 图 2-11(a)为用闭口测压管测得的结果，图 2-11(b)为用开口测压管测得的结果. 显然两静水头线的高度相差一个与大气压相当的液柱高度.

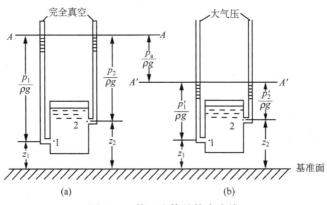

图 2-11　静止流体的静水头线

对于江、河、湖、海等水系统，经常选择如图 2-12 所示的方式建立坐标系. 对于自由表面上的任意流体质点，取 $z = 0$，$p = p_0$，则依据式(2-20)可得静止液体中任意位置 z 处的压强

$$z + \frac{p}{\rho g} = 0 + \frac{p_0}{\rho g}$$

$$p = p_0 - \rho g z \qquad (2\text{-}21a)$$

对于水中某点的压强可表示为

$$p = p_0 + \rho_{\text{water}} g h \qquad (2\text{-}21b)$$

对于空气中某点的压强可表示为

$$p = p_0 - \rho_{\text{air}} g b \qquad (2\text{-}21c)$$

式(2-21)就是有自由表面的不可压缩重力流体中压强分布规律的数学表达式，也是静力学基本方程的形式之一. 式中，h 为液体中任意一点距离自由表面的垂直液体深度，b 为空气中任意一点距离自由表面的高度.

从式(2-21)可以看出：

(1) 流体中任意一点的静压强由自由表面上的压强 p_0 和深度为 h(或 b)的流体所产生的压强两部分组成；

(2) 在重力作用下，液体内部的压强随深度 h 的增加而增大，与容器的形状无关；

(3) 在静止流体中，连通容器内同种流体、深度相同的各点静压强相同，这便是等压面，可见，重力流体中的等压面是水平面，自由表面是一个等压面；

(4) 自由表面上的压强将以同样的大小传递到流体内部的任一点上，这也说明了密闭流体能传递压强的帕斯卡原理，这一原理被广泛应用于水压机、增压油缸和液压传动装置等的设计中.

以上几点可借助图 2-13 加以说明. 如图所示，不规则容器内盛有水和水银两种液体，自由表面上为大气压. a、b、c、d 各点在同一深度，属同种流体并相互连通，所以这 4 点的压强相等；类似地，对于底面上的 A、B、C 点，它们的压强也相等，但比 a、b、c、d 各点的压强要高；对于 D 点，尽管它的深度与 A、B、C 点相同，但由于其位于水银的下方，与 A、B、C 点不相通，所以其压强与其他点不同.

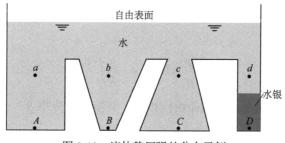

图 2-13　流体静压强的分布示例

例 2-2　某淡水湖的最大深度为 60m，如果平均大气压强为 91kPa，湖水密度为

998kg/m^3，问在此最大深度处流体的压强是多少？

解 根据式(2-21)有

$$p = p_0 + \rho_{\text{water}} gh = 91000 + 998 \times 9.81 \times 60 = 678423\,(\text{Pa})$$

2.3.2 可压缩流体中的压强分布

对于气体，若其密度 ρ 可以视为常数，则以上讨论的平衡规律完全适用. 但在地球表面的大气层中，气体密度 ρ 将随海拔的变化而变化，此时不能再将大气视为不可压缩流体，而要结合实际情况对上述分析结果加以修正.

国际上根据大气参数随海拔变化的规律，建立了国际标准大气模型(简称标准大气)，并规定在海平面，即平均海拔为 0 处的大气参数为：$T_0 = 15℃$，$p_0 = 101325\text{Pa}$，$\rho_0 = 1.225\text{kg/m}^3$. 从海平面向上，按热力学垂直分布，可以将大气分为以下几层.

(1) 对流层：高度为 $0 \leqslant H \leqslant 11\text{km}$. 对流层是大气的最低层，集中了整个大气 3/4 的质量和几乎全部水汽. 对流层里气温随高度的增加而降低,大气对流运动而产生的云、雨、雪、风、雾、雷等天气现象都发生在这一层内，对人类活动的影响最大.

(2) 平流层：高度为 $11\text{km} < H \leqslant 32\text{km}$. 平流层气流呈水平运动，无对流运动，高度 20km 以下气温保持在−56.5℃不变，所以又称同温层. 高度 20km 以上，气温随高度升高而升高.

(3) 中间层：高度为 $32\text{km} < H \leqslant 80\text{km}$. 这一层空气稀薄，温度随高度增加而迅速降低. 这里也是电离层的底部，流星、极光都诞生在这里.

(4) 热层：高度为 $80\text{km} < H \leqslant 400\text{km}$. 热层的温度随高度增加而迅速升高，顶部温度可达 1600K. 在太阳紫外线和宇宙射线作用下，气体分子被分解为离子，使大气处于高度电离状态，所以电离层的中、上部都在这里.

(5) 逃逸层：高度为 $H > 400\text{km}$. 该层又称外大气层，它的边界可达 6400km. 由于这里受地球引力束缚小，一些高速运动的空气质点经常会"脱逃"到太空中，空气更为稀薄而近乎绝对真空.

大气层中的对流层和平流层与人类关系密切，所以下面给出大气压强在这一区域的变化规律. 若假定大气为完全气体，依据状态方程有 $\rho = p/(RT)$，代入式(2-18)得

$$\text{d}p = -\rho g \text{d}z = -\frac{p}{RT} g \text{d}z \tag{2-22}$$

任意两点间积分得

$$\int_1^2 \frac{\text{d}p}{p} = \ln \frac{p_2}{p_1} = -\frac{g}{R} \int_1^2 \frac{\text{d}z}{T} \tag{2-23}$$

大气对流层的温度随海拔增加而线性减少，其温度下降率 $\beta = 0.0065\text{K/m}$. 因此，对流层内海拔 z 处的温度为

$$T = T_0 - \beta z \tag{2-24}$$

将式(2-24)代入式(2-23)并积分得

$$\ln \frac{p}{p_0} = \frac{g}{R\beta} \ln \frac{(T_0 - \beta z)}{T_0}$$

$$p = p_0 \left(1 - \frac{\beta z}{T_0}\right)^{\frac{g}{R\beta}} \tag{2-25}$$

按照国际标准大气压规定，将海平面温度 $T_0 = 288K$，压强 $p_0 = 101325Pa$，$\beta = 0.0065K/m$，$R = 287J/(kg \cdot K)$，$g = 9.81m/s^2$ 代入上式，则有

$$p = 101325 \left(1 - \frac{z}{44308}\right)^{5.259} \quad (Pa) \tag{2-26}$$

式(2-26)是大气对流层内气体的压强分布公式，式中 z 的单位为 m，且 $0 \leqslant z \leqslant 11000m$.

在海拔 $z = 11 \sim 20km$ 的平流层，大气处于等温状态，$T = T_1$，则式(2-23)可转化为

$$p_2 = p_1 \exp \left(-\frac{g(z_2 - z_1)}{RT_1}\right) \tag{2-27}$$

将同温层底层参数 $z_1 = 11000m$，$p_1 = 22604Pa$，$R = 287J/(kg \cdot K)$，$T_1 = 216.5K$ 代入上式可得

$$p = 22604 \times \exp \left(\frac{11000 - z}{6334}\right) \quad (Pa) \tag{2-28}$$

式(2-28)为同温层中的气体压强分布公式，式中 z 的单位为 m，且 $11km < z \leqslant 20km$.

图 2-14 为大气温度和压强的分布图，由图可见，在海拔 $z = 30km$ 时，大气压强就已接近为 0.

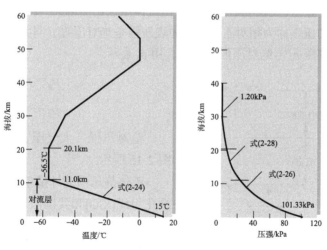

图 2-14　大气温度和压强的分布

例 2-3　在平均海拔为 4000m 的西藏地区，空气的密度与海平面的空气密度比是多少？

解　按照国际标准大气压规定，海平面温度 $T_0 = 288K$，压强 $p_0 = 101325Pa$，密度 $\rho_0 = 1.225kg/m^3$.

根据式(2-24)，海拔 4000m 处的温度

$$T_1 = T_0 - \beta z = 288 - 0.0065 \times 4000 = 262(K)$$

根据式(2-26)

$$p_1 = 101325\left(1 - \frac{z}{44308}\right)^{5.259} = 101325 \times \left(1 - \frac{4000}{44308}\right)^{5.259} = 61606(Pa)$$

根据状态方程 $p/\rho = RT$ 有

$$\frac{\rho_1}{\rho_0} = \frac{p_1 T_0}{p_0 T_1} = \frac{61606 \times 288}{101325 \times 262} = 0.67$$

所以在西藏地区，空气的密度约为海平面空气密度的 2/3.

2.4　静压强的计量和液柱式测压计

2.4.1　静压强的计量

如果液体自由表面与大气相通，则 $p_0 = p_a$，即液面上压强 p_0 就是大气压 p_a，此时式(2-21)变为

$$p = p_a + \rho g h \tag{2-29}$$

式中，p 称为绝对静压强，是以绝对真空为计算起点的压强.

绝对真空其实是一个并不存在的理论性的概念，实际生活中，测压仪表测量的都是与当地大气压强的差值，仪表上的读数反映出流体压强比当地大气压大或小多少. 以大气压作为计算起点的压强称为相对压强，其中表压强是绝对压强 p 与大气压 p_a 之差，用 p_g 表示；真空是大气压 p_a 与绝对压强 p 之差，用 p_v 表示.

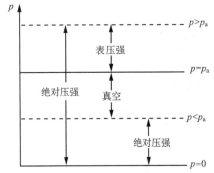

$$p_g = p - p_a \tag{2-30}$$

$$p_v = p_a - p \tag{2-31}$$

绝对压强、大气压、相对压强的关系如图 2-15 所示.

流体静压强的计量单位有很多种,国际标准化组织(ISO)和我国法定计量单位规定的标准单位是帕斯卡(Pa). 为了方便使用，现将经常遇到的几种压强单位及换算列于表 2-1.

图 2-15　绝对压强、大气压、相对压强的关系

表 2-1　压强的单位及其换算表

帕 (Pa)	工程大气压 (kgf/cm²)	标准大气压 (atm)	巴 (bar)	米水柱 (mH₂O)	毫米汞柱 (mmHg)	磅力/英寸² (lbf/in²)
1	0.102×10^{-4}	0.987×10^{-5}	10^{-5}	1.02×10^{-4}	75.03×10^{-4}	1.45×10^{-4}
0.98×10^5	1	0.968	0.981	10	735.6	14.22
1.013×10^5	1.033	1	1.013	10.33	760	14.69

续表

帕 (Pa)	工程大气压 (kgf/cm²)	标准大气压 (atm)	巴 (bar)	米水柱 (mH₂O)	毫米汞柱 (mmHg)	磅力/英寸² (lbf/in²)
1.000×10^5	1.02	0.987	1	10.2	750.2	14.50
6895	0.07	0.068	0.0686	0.703	51.71	1

2.4.2 液柱式测压计

流体静压强不仅可以借助基本公式计算获得,而且还可以用各种仪表直接测量. 常用的测量仪表种类很多,这里主要介绍两种液柱式测压计.

1. U 型管测压计

U 型管测压计是一个装在刻度板上两端开口的 U 型玻璃管. 测量时, 管的一端与被测容器相接,另一端与大气相通,如图 2-16 所示. U 型管内装有大于被测流体密度 ρ_1 的工作介质,如酒精、水、四氯化碳和水银等,假定其密度为 ρ_2. 工作介质是根据被测流体的性质、被测压强的大小和测量精度等来选择的. 被测压强较大时,可用水银;被测压强较小时,可用水或酒精,但工作介质不能与被测流体相互掺混.

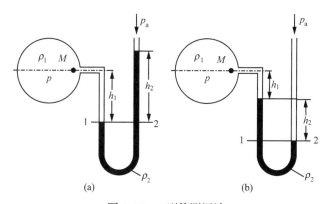

图 2-16　U 型管测压计

U 型管测压计的测量范围比较大,但一般不超过 2.94×10^5Pa. 下面分别介绍用 U 型管测压计测量 $p > p_a$ 和 $p < p_a$ 两种情况的原理.

当被测容器中的流体压强高于大气压, 即 $p > p_a$ 时, 如图 2-16(a)所示. U 型管在没有接到测点 M 以前, 左右两管内的液面高度相等. U 型管接到测点上以后, 在测点 M 的压强作用下,左管的液面下降,右管的液面上升,直到平衡为止. 这时被测流体与管内工作介质的分界面 1-2 是一个等压面,所以 U 型管左、右两管中的点 1 和点 2 的静压强相等, 即 $p_1 = p_2$, 由式(2-21)可得

$$p_1 = p + \rho_1 g h_1$$
$$p_2 = p_a + \rho_2 g h_2$$

所以

$$p + \rho_1 g h_1 = p_a + \rho_2 g h_2$$

M 点的绝对压强为

$$p = p_a + \rho_2 g h_2 - \rho_1 g h_1 \tag{2-32}$$

M 点的相对压强为

$$p_g = p - p_a = \rho_2 g h_2 - \rho_1 g h_1 \tag{2-32a}$$

于是可根据测得的 h_1 和 h_2 以及已知的 ρ_1 和 ρ_2 计算出被测点的绝对压强和相对压强值.

当被测容器中的流体压强小于大气压, 即 $p < p_a$ 时, 如图 2-16(b)所示. 在大气压作用下, U 型管右管内的液面下降, 左管内的液面上升, 直到平衡为止. M 点压强的计算方法与前面类似, M 点的绝对压强为

$$p = p_a - \rho_2 g h_2 - \rho_1 g h_1 \tag{2-33}$$

M 点的真空为

$$p_v = p_a - p = \rho_2 g h_2 + \rho_1 g h_1 \tag{2-33a}$$

如果用 U 型管测压计测量气体压强, 因为气体的密度很小, 式(2-32)~式(2-33)中的 $\rho_1 g h_1$ 项可以忽略不计.

若被测流体的压强较高, 需要用长管臂 U 型管. 为了避免 U 型管的管臂过长, 可以采用串联多个 U 型管的方法组成多 U 型管测压计以扩大测量范围. 通常采用双 U 型管或三 U 型管测压计.

在如图 2-17 所示的三 U 型管测压计中, 以互不渗混的两种不同密度($\rho_1 > \rho_2$)的流体作为工作介质, 则 1-1, 1'-1', 2-2, 2'-2' 和 3-3 都是不同的等压面. 对图中各等压面依次应用式(2-21)得

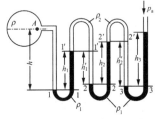

图 2-17   三 U 型管测压计

$$p_A = p_1 - \rho g h, \quad p_2 = p_2' + \rho_1 g h_2$$

$$p_1 = p_1' + \rho_1 g h_1, \quad p_2' = p_3 - \rho_2 g h_2'$$

$$p_1' = p_2 - \rho_2 g h_1', \quad p_3 = p_a + \rho_1 g h_3$$

以上各式相加, 得容器中 A 点的绝对压强

$$p_A = p_a - \rho g h - \rho_2 g (h_1' + h_2') + \rho_1 g (h_1 + h_2 + h_3) \tag{2-34}$$

容器中 A 点的相对压强为

$$p_g = p_A - p_a = -\rho g h - \rho_2 g (h_1' + h_2') + \rho_1 g (h_1 + h_2 + h_3) \tag{2-34a}$$

若为 n 个 U 型管测压计串联, 则被测容器中 A 点的相对压强计算通式为

$$p_g = -\rho g h - \rho_2 g \sum_{i=1}^{n-1} h_i' + \rho_1 g \sum_{j=1}^{n} h_j \tag{2-35}$$

测量气体的压强时, 如果 U 型管连接管中密度为 ρ_2 的流体也是气体, 则各气柱的重量可以忽略不计, 式(2-35)可简化为

$$p_g = \rho_l g \sum_{j=1}^{n} h_j \tag{2-36}$$

2. 倾斜式微压计

在测量气体的微小压强和压差时，为了提高精度，常采用倾斜式微压计.

如图 2-18 所示，倾斜式微压计由一个大截面的杯子连接一个可调节倾斜角度的细玻璃管构成，其中有密度为 ρ 的液体. 在未测压时，倾斜式微压计的两端通大气，杯中液面和倾斜管中的液面在同一水平面 1-1 上. 当测量容器或管道中某处的压强时，杯端上部测压口与被测气体容器或管道的测点相连接，在被测流体压强 p 的作用下，杯中液面下降高度 h_1 至 0-0 位置，而倾斜玻璃管液面上升了长度 L，其上升高度 $h_2 = L\sin\theta$.

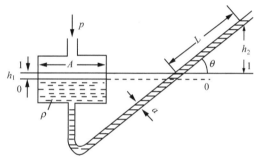

图 2-18　倾斜式微压计

根据液体平衡方程，被测流体的绝对压强为

$$p = p_a + \rho g(h_1 + h_2) \tag{2-37a}$$

其相对压强为

$$p_g = p - p_a = \rho g(h_1 + h_2) \tag{2-37b}$$

如果用倾斜式微压计测量两容器或管道两点的压差，将压强大的 p_1 连接杯端测压口，压强小的 p_2 连接斜玻璃管出口端，则测得的压差为

$$p_1 - p_2 = \rho g(h_1 + h_2) \tag{2-37c}$$

由于杯内液体下降量等于倾斜管中液体的上升量，设 A 和 a 分别为杯子和玻璃管的横截面积，则

$$h_1 A = La \quad \text{或} \quad h_1 = L\frac{a}{A}$$

于是

$$p_g = \rho g \left(\frac{a}{A} + \sin\theta \right) L = KL \tag{2-38}$$

式中，$K = \rho g \left(\dfrac{a}{A} + \sin\theta \right)$，称为微压计常数.

当 A、a 和 ρ 一定时，K 仅是倾斜角 θ 的函数. 改变 θ 的大小，可得到不同的 K 值，即将被测压差放大了不同倍数. 倾斜式微压计的放大倍数为 $n = \dfrac{L}{h_1 + h_2} = \dfrac{1}{a/A + \sin\theta}$ ，由于 $\dfrac{a}{A}$ 很小，可以略去不计，则 $n \approx \dfrac{1}{\sin\theta}$. 当 $\theta = 30°$ 时，$n = 2$ ，即把压差的液柱读数放大了两倍；当 $\theta = 10°$ 时，$n \approx 1/\sin 10° = 5.76$ (倍). 可见，倾斜角度越小，放大的倍数就越大，微压计读数更精确. 但若 θ 过小(如小于 5°)，倾斜玻璃管内的液面将产生较大的波动，位置不易确定. 工程上常用密度比水小的液体(如酒精等)作为微压计测压工作液体.

例 2-4　如图 2-19 所示测量装置，活塞直径 $d = 35\text{mm}$，油的相对密度 $S_{\text{oil}} = 0.92$，水银的相对密度 $S_{\text{Hg}} = 13.6$，活塞与缸壁无漏泄和摩擦. 当活塞重为 15N 时，$h = 700\text{mm}$，试计算 U 型管测压计的液面高度 Δh.

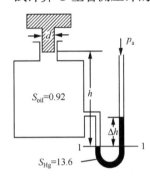

解　活塞对液体产生的压强为

$$p = \frac{15}{\dfrac{\pi}{4}d^2} = \frac{15}{\dfrac{\pi}{4} \times 0.035^2} = 15599(\text{Pa})$$

列等压面 1-1 的平衡方程

$$p + \rho_{\text{oil}}gh = \rho_{\text{Hg}}g\Delta h$$

解得

$$\Delta h = \frac{p}{\rho_{\text{Hg}}g} + \frac{\rho_{\text{oil}}}{\rho_{\text{Hg}}}h = \frac{15599}{13.6 \times 1000 \times 9.81} + \frac{0.92}{13.6} \times 0.7 = 0.164(\text{m})$$

图 2-19　例 2-4 示意图

例 2-5　如图 2-20 所示，用双 U 型管测压计测量 A、B 两点的压差. 已知 $h_1 = 600\text{mm}$，$h_2 = 250\text{mm}$，$h_3 = 200\text{mm}$，$h_4 = 300\text{mm}$，$h_5 = 500\text{mm}$，$\rho_1 = 1000\text{kg/m}^3$，$\rho_2 = 772.7\text{kg/m}^3$，$\rho_3 = 13.6 \times 10^3\text{kg/m}^3$.

解　图中 1-1、2-2、3-3 均为等压面，应用流体静力学基本方程逐步推算

$$p_1 = p_A + \rho_1 g h_1$$
$$p_2 = p_1 - \rho_3 g h_2$$
$$p_3 = p_2 + \rho_2 g h_3$$
$$p_4 = p_3 - \rho_3 g h_4$$
$$p_B = p_4 - \rho_1 g(h_5 - h_4)$$

将以上各式相加，则

$$p_B = p_A + \rho_1 g h_1 - \rho_3 g h_2 + \rho_2 g h_3 - \rho_3 g h_4 - \rho_1 g(h_5 - h_4)$$

所以

$$p_A - p_B = \rho_1 g(h_5 - h_4 - h_1) + \rho_3 g(h_4 + h_2) - \rho_2 g h_3$$
$$= 9810 \times (0.5 - 0.3 - 0.6) + 133416 \times (0.3 + 0.25) - 7580 \times 0.2 = 73824(\text{Pa})$$

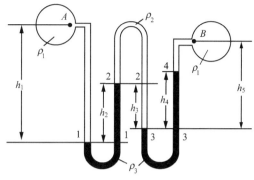

图 2-20　例 2-5 示意图

2.5　非惯性坐标系中液体的相对平衡

前面介绍了流体在重力作用下静止时的一些特性和规律，下面进一步研究液体在非惯性坐标系中相对静止时的平衡规律.

2.5.1　匀加速水平直线运动容器中液体的相对平衡

一个盛有液体的容器做匀速直线运动时，液体相对于地球是运动的，但相对于容器却是静止的，液体质点之间也不存在相对运动. 因此，作用在液体上的质量力只有重力而没有惯性力，流体质点之间也不显示黏滞力. 对于这种情况，只要把坐标系建立在容器上，那么前面所述关于重力作用下静止流体的平衡规律和特性将完全适用，即它们的等压面是水平面，流体内任意一点的压强可以由静力学基本方程求得.

根据达朗贝尔原理，若盛有液体的容器做加速水平直线运动，则作用在液体每一个质点上的力除了重力之外，还要附加一个与加速度方向相反的惯性力. 显然，只要加速度的方向和大小不发生变化，这个惯性力的大小和方向将不随时间变化，也不因质点在液体中的位置不同而不同. 这时，亦可以认为液体是处于平衡状态. 如果把坐标系建立在容器上，那么静力学基本方程也同样适用.

1. 等压面方程

如图 2-21 所示，装着液体的小车在水平轨道上匀加速前进，车内的液体对于小车便处于相对平衡状态. 我们把坐标系选在容器上，坐标原点取在液面与容器底相交的 O 点，z 轴垂直向上，坐标系以加速度 $\boldsymbol{a}$ 沿 x 方向前进，则作用在液体质点上的单位质量力为

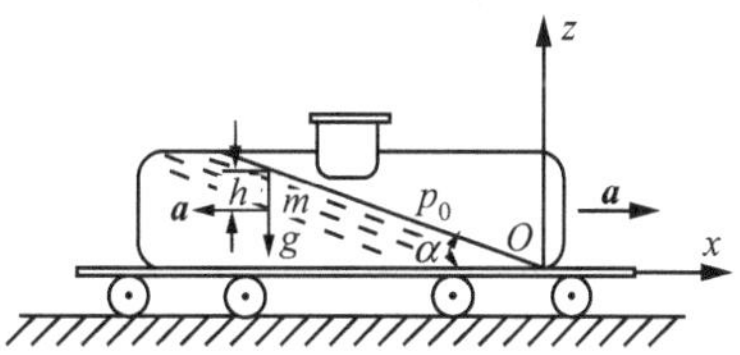

$$f_x = -a, \quad f_y = 0, \quad f_z = -g$$

将它们代入式(2-12)得

图 2-21　液体相对平衡示意图

$$\mathrm{d}p = \rho(-a\mathrm{d}x - g\mathrm{d}z) \tag{2-39}$$

等压面上 $\mathrm{d}p = 0$，$\rho \neq 0$，故得

$$a\mathrm{d}x + g\mathrm{d}z = 0 \tag{2-40}$$

积分得

$$ax + gz = C \tag{2-41}$$

式(2-41)就是匀加速水平直线运动容器中液体的等压面方程. 此时的等压面已经不是水平面, 而是一簇平行的斜面. 不同的积分常数 C 对应不同的平面. 该平面簇与水平面的夹角为

$$\alpha = \arctan \frac{a}{g} \tag{2-42}$$

在自由液面上 $x = 0$, $z = 0$, 可得积分常数 $C = 0$, 故自由液面方程为

$$ax + gz_s = 0 \tag{2-43a}$$

或

$$z_s = -\frac{a}{g}x \tag{2-43b}$$

式中, z_s 为自由表面的纵坐标.

2. 静压强分布

将式(2-39)积分得到

$$p = -\rho(ax + gz) + C' \tag{2-44}$$

式中, C' 为积分常数. 在自由表面处将 $x = 0, z = 0, p = p_0$ 代入式(2-44)得 $C' = p_0$, 于是匀加速水平直线运动容器中液体的压强分布为

$$p = p_0 - \rho(ax + gz) \tag{2-45a}$$

变换上式为

$$p = p_0 + \rho g\left(-\frac{a}{g}x - z\right) = p_0 + \rho g(z_s - z) = p_0 + \rho g h \tag{2-45b}$$

式(2-45a)就是匀加速水平直线运动容器中液体的静压强分布公式, 由式(2-45b)可知, 与静止流体中的静压强分布一样, 液体中任一点的绝对压强 p 均等于该点单位面积上的液柱重量 $\rho g h$ 和自由表面上的压强 p_0 之和.

例 2-6 图 2-22 为装在做水平匀加速直线运动物体上的 U 型管式加速度测定器, 已测得两管内液面高度差 $h = 4 \text{cm}$, 两管相距 $l = 20 \text{cm}$, 求该物体的加速度 a.

解 当 U 型管与物体一起在水平方向做匀加速直线运动时, 其两管内自由液面的连线与水平面的夹角 φ 就是等压面的倾斜角. 根据式(2-42)得

$$\tan\varphi = \frac{a}{g} = \frac{h}{l}$$

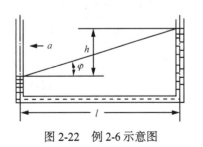

所以

$$a = \frac{h}{l}g = \frac{4}{20} \times 9.81 = 1.962 (\text{m/s}^2)$$

图 2-22 例 2-6 示意图

例 2-7　如图 2-23 所示，一个咖啡杯直径 6cm，深度为 10cm，静止时盛有密度为 1010kg/m³、深度为 7cm 的咖啡. 问：(1) 如果将咖啡杯放在一个小车上，以 7m/s² 的加速度沿水平方向做匀加速直线运动，咖啡是否会溢出？(2) 杯底部 A 点在静止和匀加速直线运动时的表压是多少？

解　(1) 根据式(2-42)得

$$\theta = \arctan\frac{a}{g} = \arctan\frac{7.0}{9.81} = 35.5°$$

$$\Delta z = (3\text{cm})(\tan\theta) = 2.14\,\text{cm} < 3\text{cm}$$

所以咖啡不会溢出.

(2) 静止时

$$p_A = \rho g h = 1010 \times 9.81 \times 0.07 = 694(\text{Pa})$$

匀加速运动时

$$p'_A = \rho g(z_s - z_A) = 1010 \times 9.81 \times (0.0214 + 0.07) = 905.6(\text{Pa})$$

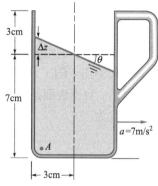

图 2-23　例 2-7 示意图

2.5.2　匀角速度旋转容器中液体的相对平衡

如图 2-24 所示，盛有液体的开口容器以匀角速度 ω 绕 z 轴旋转. 启动时液体借离心惯性力向外甩，但液体很快会成为一个整体随同容器一起旋转，液体质点间没有相对运动而处于相对平衡状态，液体的自由液面由平面变成一个曲面. 下面我们对上述现象加以分析.

1. 等压面方程

把坐标系建立在运动容器上，并设坐标原点在液体自由表面的中心处. 根据达朗贝尔原理，作用在液体质点上的质量力除了重力以外，还要虚加上一个方向与向心加速度相反的离心惯性力. 于是作用在单位质量液体质点上的质量力的分力为

$$f_x = \omega^2 r \cos a = \omega^2 x$$

$$f_y = \omega^2 r \sin a = \omega^2 y$$

$$f_z = -g$$

式中，r 为质点到旋转轴的距离，亦即质点所在的半径. 将质量力的分力代入方程(2-12)得

$$\mathrm{d}p = \rho(\omega^2 x \mathrm{d}x + \omega^2 y \mathrm{d}y - g\mathrm{d}z) \tag{2-46}$$

在等压面上 $\mathrm{d}p = 0$，所以由式(2-46)可得

$$\omega^2 x \mathrm{d}x + \omega^2 y \mathrm{d}y - g\mathrm{d}z = 0 \tag{2-47}$$

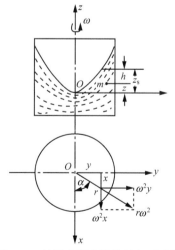

图 2-24　旋转容器中液体的相对平衡

积分得等压面方程

$$\frac{\omega^2 x^2}{2} + \frac{\omega^2 y^2}{2} - gz = C \tag{2-48a}$$

或

$$\frac{\omega^2 r^2}{2} - gz = C \tag{2-48b}$$

式(2-48)表示匀角速度旋转容器中液体的等压面是一簇绕 z 轴的旋转抛物面，积分常数 C 不同，抛物面不同.

显然，自由表面是一等压面. 在自由表面处 $r=0, z=0$，可得积分常数 $C=0$. 故自由表面方程为

$$z_s = \frac{\omega^2 r^2}{2g} \tag{2-49}$$

式中， z_s 为自由表面的纵坐标.

2. 静压强分布

为了求得旋转液体中的压强分布规律，可将式(2-46)积分得

$$p = \rho\left(\frac{\omega^2 x^2}{2} + \frac{\omega^2 y^2}{2} - gz\right) + C'$$

或

$$p = \rho\left(\frac{\omega^2 r^2}{2} - gz\right) + C' \tag{2-50}$$

根据边界条件，当 $r=0$, $z=0$ 时， $p=p_0$，可求出积分常数 $C'=p_0$，于是得

$$p = p_0 + \rho g\left(\frac{\omega^2 r^2}{2g} - z\right) \tag{2-51a}$$

或

$$p = p_0 + \rho g(z_s - z) = p_0 + \rho g h \tag{2-51b}$$

式(2-51a)就是匀角速度旋转容器中液体的静压强分布公式. 式(2-51b)与静止流体中的静压强公式形式上完全相同，即液体内某一点的绝对压强 p 等于作用在该点单位面积上的液柱重量 $\rho g h$ 与自由液面上的压强 p_0 之和. 也就是说，离液面相同深度的面为等压面.

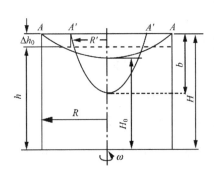

图 2-25 旋转角速度的测定

在生产实践中，可根据旋转容器中液面高度的变化来测定旋转角速度. 如图 2-25 所示，容器的半径为 R，高度为 H，旋转前液面高度为 h，旋转后中间出

现一个被旋转抛物面包围的空腔 $A\text{-}A$. 因为容器内液体体积在旋转前、后不会改变,当该空腔的底面半径为 R,即与容器半径相当时,有

$$\pi R^2 h = \pi R^2 H - \frac{1}{2}\pi R^2(H - H_0)$$

式中, $\frac{1}{2}\pi R^2(H - H_0)$ 是旋转抛物面所包围空腔的体积; H_0 是容器底部至空腔顶部的距离. 将上式化简可得

$$H + H_0 = 2h$$

根据自由表面方程(2-49),在 $r = R$ 处,有 $\dfrac{R^2\omega^2}{2g} = H - H_0$,代入上式有

$$\omega = \frac{2}{R}\sqrt{(h - H_0)g} \tag{2-52}$$

因此,可通过测出液面中心处下降的高度 $(h - H_0)$ 来测出角速度 ω.

为了避免转速很高时液面上升高度太大,常常把容器做成密封的,静止时液面上只保留较小的空间高度 Δh_0. 旋转时液面是抛物面 $A'\text{-}A'$,它的高度是 b,最高处的半径变为 R', $R' < R$. 经证明可得

$$\omega = \frac{b}{R}\sqrt{\frac{g}{\Delta h_0}} \tag{2-53}$$

例 2-8　如图 2-26 所示,试推导装满液体的圆柱形容器在下述条件下绕垂直轴做匀角速度旋转时的压强表达式:(1) 容器的顶盖中心处开口;(2) 容器的顶盖边缘处开口.

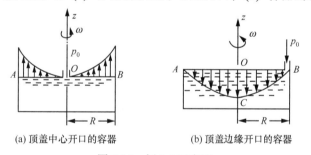

(a) 顶盖中心开口的容器　　　　(b) 顶盖边缘开口的容器

图 2-26　例 2-8 示意图

解　若充满液体的闭口容器做匀角速度旋转,则液面受容器顶部限制不能自由成形,但容器顶部液体压强的变化规律仍和前面未充满液体的开口容器做匀角速度旋转的情况相同.

(1) 顶盖中心处开口.

当 $r = 0$, $z = 0$ 时,将 $p = p_0$ 代入式(2-50)得 $C = p_0$,于是

$$p = p_0 + \rho g\left(\frac{\omega^2 r^2}{2g} - z\right)$$

这就是顶盖中心开口时的压强分布表达式. 可以看出,容器在旋转时,受顶盖限制液面并不能形成旋转抛物面,但流体静压强仍然按抛物面分布. 在 $z = 0$ 的顶盖上,离中心 O 点越近,压强值越小. 中心处最小压强为一个大气压,边缘 A、B 处的压强最大,且角速度

ω 越大，边缘处的压强也越大. 离心铸造机就是根据这一原理设计出来的.

(2) 顶盖边缘处开口.

当 $r = R$ ，$z = 0$ 时，将 $p = p_0$ 代入式(2-50)得 $C = p_0 - \rho g \dfrac{\omega^2 R^2}{2g}$ ，于是有

$$p = p_0 - \rho g \left[\frac{\omega^2 (R^2 - r^2)}{2g} + z \right]$$

这就是顶盖边缘开口时的压强分布表达式. 可以看出，容器在旋转时，流体静压强仍按抛物面分布. 在 $z = 0$ 的顶盖上，边缘 A、B 处的压强为大气压，中心 O 点具有最大真空. 旋转角速度 ω 越大，中心 O 点处的静压强越小，即真空越大. 离心式水泵和风机都是利用这一原理设计的.

例 2-9 如果将例 2-7 中的咖啡杯放在一个转盘上旋转，形成如图 2-27 所示的运动状态，问：(1) 角速度 ω 为多少时咖啡刚好达到杯沿？(2) 此时杯底部 A 点的表压是多少？

解 (1) 如图 2-27 所示，将坐标原点建立在液面最低处. 数学上分析有：旋转抛物体的体积等于同底同高圆柱体体积的一半，所以

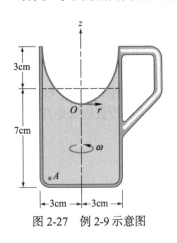

图 2-27 　例 2-9 示意图

$$\frac{1}{2} \pi R^2 \cdot z_s = \pi R^2 \cdot 0.03$$

解得

$$z_s = 0.06 \text{m}$$

根据式(2-49)得

$$0.06 = \frac{\omega^2}{2 \times 9.81} \times 0.03^2$$

解得

$$\omega = 36.2 \text{rad/s} = 346 \text{r/min}$$

(2) 根据前面计算，可以确定 A 点的坐标 $(r, z) = (3\text{cm}, -4\text{cm})$. 所以根据式(2-51a)得

$$p_A - p_0 = -\rho g z_A + \frac{1}{2} \rho r_A^2 \omega^2$$

$$= -1010 \times 9.81 \times (-0.04) + \frac{1}{2} \times 1010 \times 0.03^2 \times 36.2^2 = 991 (\text{Pa})$$

此题还可根据式(2-51b)计算

$$p_A - p_0 = \rho g h = \rho g (z_s - z_A) = 1010 \times 9.81 \times (0.03 + 0.07) = 991 (\text{Pa})$$

2.6　静止流体对壁面的压力

工程上不仅需要知道流体内部的压强分布规律，而且需要知道与流体接触的不同形状、不同位置的固体壁面上所受到的流体对它的作用力以及这种力的计算方法.

2.6.1　作用在倾斜平面上的总压力

1. 总压力的大小

如图 2-28 所示，假设一块面积为 A 的任意形状的平板，倾斜放置在静止的、密度为 ρ 的液体中. 它与液体自由表面的夹角为 θ ，液体自由表面上的压强为 p_0 .

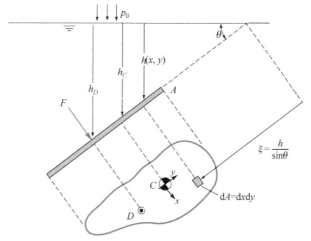

图 2-28　倾斜平面上的总压力

为了便于分析，假设把平板绕 y 轴转动 90°，这样图 2-28 上便反映出它的正视图，如图所示在平板上建立坐标系，并将坐标原点取在平面形心 C 处. 在平板上取一微小面积 $\mathrm{d}A$ ，作用在它中心点的压强为 p ，且 $p = p_0 + \rho g h$. 由于 $\mathrm{d}A$ 足够小，可以认为作用在它上面的液体压强都等于 p ，因此作用在 $\mathrm{d}A$ 面上的合力应为

$$\mathrm{d}F = p \cdot \mathrm{d}A = (p_0 + \rho g h)\mathrm{d}A \tag{2-54}$$

因为流体是静止的，不存在切向力，所以作用在整个平板上的压力都垂直于平板. 因此，作用在平板上的合力为

$$F = \int \mathrm{d}F = \int_A p_0 \mathrm{d}A + \int_A \rho g h \mathrm{d}A = p_0 A + \rho g \int_A h \mathrm{d}A \tag{2-55}$$

如图 2-28 所示，$h = \xi \sin\theta$ ，ξ 为平板上任一点沿平板方向到自由表面的距离. 按照平板形心的定义，$\int_A \xi \mathrm{d}A = A \cdot \xi_C$ ，其中 ξ_C 为面积 A 的平面形心 C 沿平板方向到自由表面的距离. 所以

$$F = p_0 A + \rho g \sin\theta \int_A \xi \mathrm{d}A = p_0 A + \rho g \sin\theta \xi_C A$$

由于 $h_C = \xi_C \sin\theta$ ，所以

$$F = p_0 A + \rho g h_C A = (p_0 + \rho g h_C)A = p_C A \tag{2-56}$$

式中，p_C 为面积 A 的平板形心处的静压强.

由式(2-56)可知，作用在沉没于均匀流体中的倾斜平面上的总压力等于该平面形心处的静压强与平面面积的乘积，而与平面的形状和倾斜角度无关.

若不计大气压强，则仅由液体产生的作用在平面上的总压力为

$$F' = \rho g \xi_C A \sin\theta = \rho g h_C A \qquad (2\text{-}57)$$

即液体作用在平面上的总压力相当于以平面面积为底、平面形心淹深为高的柱体的液重.

2. 总压力的作用点

总压力的作用线与平面的交点即为总压力的作用点，也叫压力中心. 因为作用在平面上每一个微小面积上的压力都是互相平行的，所以每一个微小面积上所受的压力 $\mathrm{d}F$ 对 x 轴的静力矩之和应该等于作用在面积 A 上的合力 F 对 x 轴的静力矩，即

$$F \cdot y_D = \int_A \mathrm{d}F \cdot y \qquad (2\text{-}58)$$

式中，y 为微小面积中心到 x 轴的距离；y_D 为合力作用点 D 到 x 轴的距离.

将式(2-54)代入式(2-58)得

$$F \cdot y_D = \int_A y(p_0 + \rho g h)\mathrm{d}A = \int_A p_0 y\mathrm{d}A + \rho g\sin\theta\int_A \xi y\mathrm{d}A \qquad (2\text{-}59)$$

其中，$\xi = \xi_C - y$.

因为坐标原点取在形心，所以 $\int_A p_0 y\mathrm{d}A = 0$. 实际工程中多数情况下大气压强均匀地作用于壁面两侧，并自相平衡，则通常仅计算由液体产生的总压力的作用点，式(2-59)变为

$$F' \cdot y_D = \rho g\sin\theta\int_A (\xi_C - y)y\mathrm{d}A = \rho g\sin\theta\left(\xi_C\int_A y\mathrm{d}A - \int_A y^2\mathrm{d}A\right) = -\rho g\sin\theta J_{Cx} \quad (2\text{-}60)$$

式中，$\int_A y^2\mathrm{d}A = J_{Cx}$ 为平面 A 对于通过形心 C 的 x 坐标轴的惯性矩. 将式(2-57)代入式(2-60)得

$$y_D = -\frac{\sin\theta J_{Cx}}{h_C \cdot A} = -\frac{J_{Cx}}{\xi_C \cdot A} \qquad (2\text{-}61)$$

因 $\dfrac{J_{Cx}}{\xi_C \cdot A}$ 恒为正值，所以对于倾斜放置的平面，式(2-61)中的负号表示压力中心总是在平面的形心之下. 随着放置深度的增加，y_D 越接近形心 C.

按照同样的方法，可以确定总压力作用点 D 到 y 轴的距离 x_D

$$F \cdot x_D = \int_A xp\mathrm{d}A = \int_A x(p_0 + \rho g h)\mathrm{d}A = \int_A p_0 x\mathrm{d}A + \rho g\sin\theta\int_A \xi x\mathrm{d}A$$

仅计算液体产生的作用

$$F' \cdot x_D = \rho g\sin\theta\int_A (\xi_C - y)x\mathrm{d}A = -\rho g\sin\theta\int_A xy\mathrm{d}A = -\rho g\sin\theta J_{Cxy}$$

$$x_D = -\frac{\sin\theta J_{Cxy}}{h_C \cdot A} = -\frac{J_{Cxy}}{\xi_C \cdot A} \qquad (2\text{-}62)$$

式中，$\int_A xy\mathrm{d}A = J_{Cxy}$ 为平面 A 对于通过形心 C 的 x 轴和 y 轴的惯性矩.

通常实际工程中遇到的平面多数是对称的，此时 $J_{Cxy} = 0$，$x_D = 0$，压力中心一定落

在 y 对称轴上. 为了计算方便, 表 2-2 列出工程上常用的平面几何图形的形心、面积和惯性矩.

表 2-2　工程上常用的平面几何图形的形心、面积和惯性矩

（矩形图）	$A = bL$ $J_{Cx} = \dfrac{1}{12}bL^3$ $J_{Cxy} = 0$	（三角形图）	$A = \dfrac{1}{2}bL$ $J_{Cx} = \dfrac{1}{36}bL^3$ $J_{Cxy} = \dfrac{b(b-2s)L^2}{72}$
（圆形图）	$A = \pi R^2$ $J_{Cx} = \dfrac{1}{4}\pi R^4$ $J_{Cxy} = 0$	（半圆形图）	$A = \dfrac{1}{2}\pi R^2$ $J_{Cx} = \dfrac{(9\pi^2 - 64)}{72\pi}R^4$ $J_{Cxy} = 0$
（圆环形图）	$A = \pi(R^2 - r^2)$ $J_{Cx} = \dfrac{1}{4}\pi(R^4 - r^4)$ $J_{Cxy} = 0$	（椭圆形图）	$A = \pi ab$ $J_{Cx} = \dfrac{1}{4}\pi ab^3$ $J_{Cxy} = 0$

例 2-10　如图 2-29 所示, 一个矩形闸门两边都受到水的压力作用. 如果两边水深分别为 $H_1 = 2\text{m}$, $H_2 = 4\text{m}$, 闸门的宽度 $b = 1\text{m}$, 求作用在闸门上的总压力及其作用点的位置.

解　(1) 闸门左边的总压力为

$$F_1 = \rho g H_{C1} A_1 = \rho g \frac{H_1}{2} H_1 b = 9810 \times \frac{2}{2} \times 2 \times 1 = 19620(\text{N})$$

闸门右边的总压力为

$$F_2 = \rho g H_{C2} A_2 = \rho g \frac{H_2}{2} H_2 b = 9810 \times \frac{4}{2} \times 4 \times 1 = 78480(\text{N})$$

作用在闸门上的总压力是左、右两边液体总压力之差, 所以

$$F = F_2 - F_1 = 78480 - 19620 = 58860(\text{N})$$

(2) 矩形平面的压力中心坐标

$$y_D = -\frac{\sin\theta J_{Cx}}{h_C \cdot A} = -\frac{\sin 90° bH^3/12}{(H/2)\cdot bH} = -\frac{1}{6}H$$

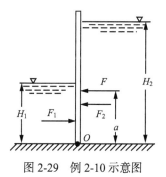

图 2-29　例 2-10 示意图

液体总压力作用点 D 到 O 点的距离为

$$\frac{H}{2} - \frac{H}{6} = \frac{1}{3}H$$

根据合力矩定理，对于通过 O 点垂直于纸面的轴取矩，得

$$Fa = F_2\frac{H_2}{3} - F_1\frac{H_1}{3}$$

所以总压力作用点的位置

$$a = \frac{F_2H_2 - F_1H_1}{3F} = \frac{78480 \times 4 - 19620 \times 2}{3 \times 58860} = 1.56(\text{m})$$

例 2-11 一个大型水库的倾斜壁面上有一个直径 4m 的圆形闸门，安装在穿过闸门直径的水平轴上，如图 2-30(a)所示. 当安装轴距液面水深 10m 时，试计算：(1) 水作用在闸门上的总压力大小及位置；(2) 打开闸门需要的力矩(忽略闸门的重量).

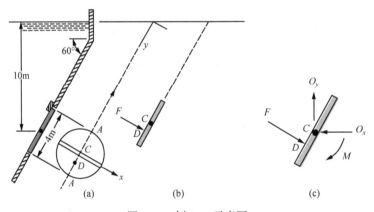

图 2-30 例 2-11 示意图

解 (1) 水作用在闸门上的总压力如图 2-30(b)所示，应用式(2-57)，可以确定总压力的大小为

$$F = \rho g h_C A = 1000 \times 9.81 \times 10 \times \frac{\pi}{4} \times 4^2 = 1.23 \times 10^6(\text{N})$$

总压力的作用点为

$$y_D = -\frac{\sin\theta J_{Cx}}{h_C \cdot A} = -\frac{\sin 60° \pi R^4 / 4}{10 \cdot \pi R^2} = -0.0866(\text{m})$$

(2) 对闸门受力分析如图 2-30(c)所示，若要打开闸门，需施加顺时针方向的力矩 M，使关于轴的合力矩为 0，即 $\sum M_C = 0$，所以

$$M = F \cdot |y_D| = 1.23 \times 10^6 \times 0.0866 = 1.07 \times 10^5(\text{N} \cdot \text{m})$$

2.6.2 作用在曲面上的总压力

工程上经常会遇到与流体接触的固体壁面为曲面的情况，无论壁面是二维或三维曲

面，其总压力的计算方法是类似的. 下面以圆柱曲面即二维曲面为例，讨论静止流体作用在曲面上的总压力.

如图 2-31 所示，AB 为一个承受液体压力的二维曲面，令 xOy 坐标面在自由液面上，且 Oz 轴垂直于自由液面，方向向下. 设液体的密度为 ρ，自由液面上的压强为 p_0. 在曲面上任取一微元面积 $\mathrm{d}A$，它的深度为 h，则液体作用在 $\mathrm{d}A$ 上的总压力为

$$\mathrm{d}F = p\mathrm{d}A = \rho gh\mathrm{d}A$$

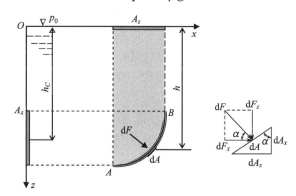

图 2-31　作用在曲面上的总压力

由于曲面不同微元面积上作用力的方向不同，所以求总压力不能对 $\mathrm{d}F$ 直接积分，需要将 $\mathrm{d}F$ 分解为水平和垂直两个微元分力，然后分别在整个面积上求积分，得到总压力的水平分力和垂直分力，进而求出总压力.

1. 总压力的水平分力

曲面 AB 所受液体总压力在水平方向的分力为

$$F_x = \int_A \mathrm{d}F_x = \int_A \mathrm{d}F \cdot \cos\alpha = \int_A \rho gh\mathrm{d}A \cdot \cos\alpha = \rho g\int_A h\mathrm{d}A_x \tag{2-63}$$

式中，$\mathrm{d}A_x = \cos\alpha\mathrm{d}A$ 是微元面积 $\mathrm{d}A$ 在垂直于 Ox 轴的 yOz 平面内的投影；$\int_A h\mathrm{d}A_x = h_C A_x$ 为面积 A_x 对 Oy 轴的面积矩，h_C 为面积 A_x 形心的淹深. 所以

$$F_x = \rho gh_C A_x \tag{2-64}$$

式 (2-64) 说明作用在曲面上总压力水平分力的大小等于液体作用在曲面的投影面积 A_x 上的总压力. F_x 的作用线通过投影面积 A_x 的压力中心指向受压面.

2. 总压力的垂直分力

曲面 AB 所受液体总压力在垂直方向的分力为

$$F_z = \int_A \mathrm{d}F_z = \int_A \mathrm{d}F \sin\alpha = \int_A \rho gh\mathrm{d}A \sin\alpha = \rho g\int_A h\mathrm{d}A_z \tag{2-65}$$

式中，$\mathrm{d}A_z = \sin\alpha\mathrm{d}A$ 是微元面积 $\mathrm{d}A$ 在垂直于 Oz 轴的 xOy 平面内的投影面积.

令 $\int_A h\mathrm{d}A_z = \mathscr{V}_p$，即以曲面 AB 为底，以投影面积 A_z 为顶，从曲面最外轮廓向上引无数条垂直母线到自由液面处所包围的体积，称为压力体. 故上式写成

$$F_z = \rho g \mathscr{V}_p \tag{2-66}$$

式(2-66)说明作用在曲面上总压力垂直分力的大小等于曲面之上压力体的液重. F_z 的作用线通过压力体的重心指向受压面.

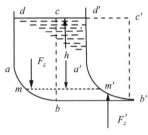

图 2-32 压力体示意图

必须指出，垂直分力 F_z 可以是正值，也可以是负值，即方向可以向下也可以向上. 为了进一步确定 F_z 的方向，现以图 2-32 为例进行分析. 图示容器内液面开口于大气中，曲面 ab 和 $a'b'$ 形状完全一样，位置高度也一样，$\mathscr{V}_{abcd}$ 和 $\mathscr{V}_{a'b'c'd'}$ 体积相等.

(1) 液体对曲面 ab 的总压力垂直分力 F_z 是垂直向下的，且等于充满 $abcd$ 压力体的液体重量，我们将充满液体的压力体称为实压力体；

(2) 液体对曲面 $a'b'$ 的总压力垂直分力 F_z' 是垂直向上的，其数值等于假想在 $a'b'c'd'$ 压力体中充满液体的重量，这时压力体内不含有液体，我们称之为虚压力体.

尽管两个压力体中一个内部有液体，一个内部没有液体，但由于它们体积相等，因此作用在曲面 ab 和 $a'b'$ 上总压力的垂直分力 F_z 和 F_z' 的大小相等，方向则根据压力体的"虚""实"不同而不同. 对于实压力体，垂直分力方向一定垂直向下；而对于虚压力体，垂直分力方向一定铅直向上. 由此可见，压力体是从积分式 $\int_A h\mathrm{d}A_z$ 得到的一个纯几何体积，是一个数学概念，与这个体积内是否充满着液体无关.

3. 总压力

作用在曲面上的总压力 F 的大小和方向为

$$F = \sqrt{F_x^2 + F_z^2} \tag{2-67}$$

$$\tan\alpha = \frac{F_z}{F_x} \tag{2-68}$$

式中，α 为总压力与 x 轴之间的夹角.

总压力的作用线必通过垂直分力和水平分力作用线的交点 m'，且与水平面成 α 角，如图 2-33 所示. 总压力的作用线与曲面 AB 的交点 m 就是液体总压力在曲面上的作用点.

以上讨论了作用在二维曲面上的总压力，所得计算公式同样适用于空间任意曲面. 如图 2-34 所示，曲面 $abcd$ 为任意形状的三维曲面，作用在该曲面上液体静压力的三个分力为

$$\begin{cases} F_x = \int_{A_x} p \mathrm{d}A_x = \int_{A_x} \rho g h \mathrm{d}A_x = \rho g h_{cx} A_x = p_{cx} A_x \\ F_y = \int_{A_y} p \mathrm{d}A_y = \int_{A_y} \rho g h \mathrm{d}A_y = \rho g h_{cy} A_y = p_{cy} A_y \\ F_z = \int_{A_z} p \mathrm{d}A_z = \int_{A_z} \rho g h \mathrm{d}A_z = \rho g \int_{A_z} h \mathrm{d}A_z = \rho g \mathscr{V}_p \end{cases} \tag{2-69}$$

式中，A_x、A_y、A_z 分别为曲面 $abcd$ 在 x、y、z 轴三个投影面上的投影面积；p_{cx}、h_{cx} 分别为 A_x 面形心处的压强和淹深；p_{cy}、h_{cy} 分别为 A_y 面形心处的压强和淹深.

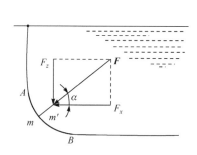

图 2-33　总压力的作用点

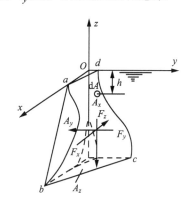

图 2-34　液体静压力的分解

作用在空间任意曲面上的流体总压力为

$$F = \sqrt{F_x^2 + F_y^2 + F_z^2} \tag{2-70}$$

例 2-12　如图 2-35 所示水坝的横截面为抛物线形 $z = z_0 \left(\dfrac{x}{x_0} \right)^2$，其中 $x_0 = 10\text{m}$，$z_0 = 24\text{m}$，水坝宽 $b = 50\text{m}$. 试求作用在水坝上的总压力大小和作用点.

解　(1) 如图 2-35(a)所示，大坝在 x 方向上的投影面是 $50\text{m} \times 24\text{m}$ 的矩形，所以总压力的水平分力为

$$F_x = \rho g h_c A_x = \rho g \cdot \frac{z_0}{2} \cdot b \cdot z_0 = 9810 \times \frac{24}{2} \times 50 \times 24 = 1.41 \times 10^8 (\text{N})$$

总压力的垂直分力等于抛物面至自由表面所包围的压力体内的流体液重，抛物面的面积 $A = \dfrac{2x_0 z_0}{3}$，所以

$$F_z = \rho g \mathscr{V}_p = \rho g \left(\frac{2x_0 z_0}{3} b \right) = 9810 \times \left(\frac{2 \times 10 \times 24}{3} \times 50 \right) = 7.85 \times 10^7 (\text{N})$$

总压力

$$F = \sqrt{F_x^2 + F_z^2} = \sqrt{(1.41 \times 10^8)^2 + (7.85 \times 10^7)^2} = 1.61 \times 10^8 (\text{N})$$

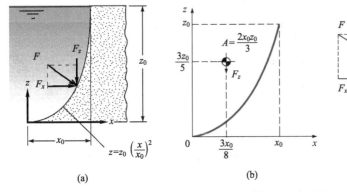

图 2-35 例 2-12 示意图

总压力与水平 x 方向的夹角为

$$\alpha = \arctan\frac{F_z}{F_x} = \arctan\frac{7.85\times10^7}{1.41\times10^8} = 29°$$

(2) 水平分力 F_x 作用线的淹深为

$$y_D = -\frac{\sin\theta J_{Cx}}{h_C \cdot A_x} = -\frac{\sin 90° \cdot (50\times24^3)/12}{12\cdot(50\times24)} = -4(\text{m})$$

即水平分力的作用线距离自由表面 $12+4=16(\text{m})$，或者说距离底面 8m.

如图 2-35(b)所示，垂直分力的作用线通过抛物体的重心 $C_G\left(\dfrac{3x_0}{8},\dfrac{3z_0}{5}\right)$，即 F_z 作用线的横坐标为 $\dfrac{3x_0}{8}=\dfrac{3\times10}{8}=3.75(\text{m})$.

如图 2-35(c)所示，总压力的作用线通过垂直分力和水平分力作用线的交点，所以一定通过点(3.75,8)，且与水平方向的夹角为 29°. 该作用线与抛物面的交点即为总压力的作用点 C_P，经过计算可以确定：$x_{C_P}=5.43\text{m}$，$z_{C_P}=7.07\text{m}$.

例 2-13 如图 2-36 所示为一蓄水容器，上面有两个半球形的盖子. 假设 $d=0.5\text{m}$，$h=1.5\text{m}$，$H=2.5\text{m}$. 试求作用在每个球盖上的液体总压力.

解 (1) 顶盖.

因为作用在顶盖左、右和前、后部分的水平分力大小相等，方向相反，总压力的水平分力 $F_{x1}=0$. 作用在顶盖上的总压力就是球面总压力的垂直分力，方向向上. 其中压力体如图中阴影部分.

$$\begin{aligned}
F_{z1} &= \rho g\mathscr{V}_{p1} = \rho g\left[\frac{\pi d^2}{4}\left(H-\frac{h}{2}\right)-\frac{\pi d^3}{12}\right] \\
&= 9810\times\left[\frac{\pi\times0.5^2}{4}\times\left(2.5-\frac{1.5}{2}\right)-\frac{\pi\times0.5^3}{12}\right] \\
&= 3048(\text{N})
\end{aligned}$$

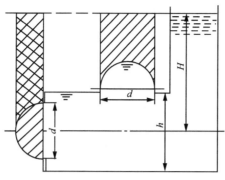

图 2-36　例 2-13 示意图

(2) 侧盖.

总压力的水平分力为作用在半球面水平投影面上的压力，方向水平向左，即

$$F_{x2} = \rho g h_c A_x = \rho g H \frac{\pi d^2}{4} = 9810 \times 2.5 \times \frac{\pi \times 0.5^2}{4} = 4813(\text{N})$$

总压力的垂直分力为侧盖下半部分实压力体与上半部分虚压力体之差的液重，即图中半球体体积的水重，方向向下.

$$F_{z2} = \rho g \mathscr{V}_{p2} = \rho g \frac{\pi d^3}{12} = 9810 \times \frac{\pi \times 0.5^3}{12} = 321(\text{N})$$

所以作用在侧盖上液体总压力的大小和方向为

$$F_2 = \sqrt{F_{x2}^2 + F_{z2}^2} = \sqrt{4813^2 + 321^2} = 4824(\text{N})$$

$$\alpha = \arctan \frac{F_{z2}}{F_{x2}} = \arctan \frac{321}{4813} = 3.8°$$

液体总压力的作用线必通过球心，且垂直指向球面.

2.6.3　作用在沉没物体上的总压力

物体浸在液体中的位置有三种：若物体的密度大于液体，物体沉到液体底部，此时物体为沉体；若物体的密度等于液体，物体潜入液体中的任何位置，此时物体为潜体；若物体的密度小于液体，物体浮在液体上，此时物体为浮体.

1. 浮力

液体作用在潜体或浮体上的总压力叫做浮力，浮力的作用点叫浮心. 下面我们来分析浮力的大小和方向.

设有一个任意形状的物体沉没在静止液体中，如图 2-37 所示. 沿潜体轮廓线作垂直于 Ox 轴的切面，将潜体分成左、右两部分，则作用在左边曲面 cad 上

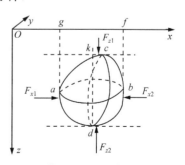

图 2-37　作用在沉没物体上的总压力

的总压力在水平方向的分力 F_{x1} 等于作用在平面 kd (曲面 cad 在 x 方向的投影面)上的总压力,方向向右. 作用在右边曲面 cbd 上的总压力在水平方向的分力 F_{x2} 也等于作用在平面 kd 上的总压力,方向向左,所以 F_{x1} 和 F_{x2} 大小相等,方向相反. 用同样方法,可以证明另一水平分力 F_{y1} 与 F_{y2} 大小相等,方向相反. 因而作用在物体上的总水平分力等于零.

同理,沿潜体轮廓线作垂直于 Oz 轴的切面,将潜体分成上、下两部分,则作用在上半部表面上总压力的垂直分力 $F_{z1} = \rho g \mathcal{V}_{acbfg}$,方向向下;作用在下半部表面上总压力的垂直分力 $F_{z2} = \rho g \mathcal{V}_{adbfg}$,方向向上. 则液体作用在整个物体上总压力的垂直分力方向向上,大小为

$$F_z = F_{z2} - F_{z1} = \rho g (\mathcal{V}_{adbfg} - \mathcal{V}_{acbfg}) = \rho g \mathcal{V}_{adbc} \tag{2-71}$$

综上所述,液体作用在沉没物体(潜体)上的总压力方向垂直向上,大小等于沉没物体所排开液体的重量,这就是阿基米德原理. 该力又称作浮力. 对于浮体,其浮力大小等于物体浸没部分所排开液体的重量,方向向上.

2. 稳定性

浮体和潜体同时受到重力 W 和浮力 F_B 的作用,前者通过物体的重心 D,后者通过物体所排开液体的重心,即浮心 C,如图 2-38 所示. 当物体所受重力和浮力大小相等、方向相反,且在同一条垂线上时,物体处于平衡位置. 然而,通常情况下,物体自身的重心和浮心的作用线并不重合,物体的稳定性取决于重心 D 和浮心 C 的相对位置.

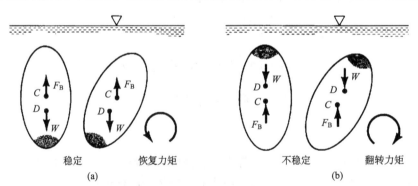

图 2-38　潜体的稳定性

对于潜体而言,当潜体重心 D 的位置在浮心 C 下方时,如图 2-38(a)所示,若在一外力作用下物体位置发生倾斜,重力和浮力将产生力矩而使物体恢复到原来的平衡位置,此时潜体是稳定的;当潜体重心 D 的位置在浮心 C 上方时,如图 2-38(b)所示,同样在一外力作用下物体位置发生倾斜,此时重力和浮力产生的力矩将使潜体发生翻转,而后在一个新的位置上达到平衡,此时潜体是不稳定的.

对于浮体而言,它的平衡问题比较复杂,因为浮力大小是随着物体的沉浮深度而变化的,浮体可以自动调节重力和浮力相等. 当浮体偏转时,其浸没部分的几何中心即浮心的位置也随之改变. 当浮体在水中的位置比较低时,如图 2-39(a)所示,即使其重心 D 高

于浮心 C，当发生倾斜时，浮心由 C 偏移到 C'，重力和浮力仍然可以形成一个恢复力矩使其恢复到初始的平衡位置，此时浮体是稳定的. 当浮体高且细长时，如图 2-39(b)所示，很小的偏转就可能导致浮体翻转，此时浮体是不稳定的.

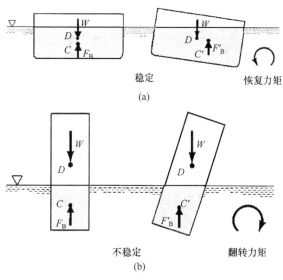

图 2-39　浮体的稳定性

例 2-14　用 $\rho = 7000\text{kg/m}^3$ 的熔化铁水，浇注一半轴瓦的外衬，如图 2-40 所示. 长度(垂直纸面) $L = 300\text{mm}$，内半径 $r = 200\text{mm}$，宽度 $l = 500\text{mm}$，到浇口的高度 $H = 300\text{mm}$，浇口直径 $d = 40\text{mm}$，厚度 $\delta_1 = 30\text{mm}$，$\delta_2 = 40\text{mm}$. 试求熔化铁水对砂箱向上的抬箱力 F.

解　金属溶液也是一种流体，它同样会对接触的平面或曲面产生压力. 在这个问题中，金属溶液会对其上面的砂箱产生浮力，而把它向上抬. 如果不把上箱压住，则金属溶液有可能从上、下箱接缝处外溢，造成废品. 因此有必要算出浮力，用一块大于浮力的压铁将上箱压住.

熔化铁水对砂箱的抬箱力，应等于压力体铁水的重量. 压力体体积应为 LHl 长方形体积减去浇口的体积、半径为 $(r+\delta_1)$ 的圆柱体和厚度为 δ_2 的两条边缘体积，即

$$V_p = lHL - (H-r-\delta_1)\times\frac{\pi}{4}d^2 - \frac{1}{2}\pi(r+\delta_1)^2 L - (l-2r-2\delta_1)\delta_2 L$$

$$= 0.5\times0.3\times0.3 - (0.3-0.2-0.03)\frac{\pi}{4}(0.04)^2 - \frac{\pi}{2}(0.2+0.03)^2\times0.3$$

$$- (0.5-2\times0.2-2\times0.03)^2\times0.04\times0.3$$

$$= 0.0195(\text{m}^3)$$

抬箱力

$$F = \rho g \mathscr{V}_p = 7000\times9.81\times0.0195 = 1339.1\,(\text{N})$$

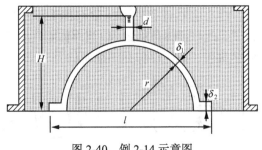

图 2-40　例 2-14 示意图

习　题　二

2-1　若气压计读数为 10^5 Pa，则水库水深 8.0m 处的绝对压强是多少？

2-2　已知海平面大气压强为 101325Pa，测得某山顶上大气的压强为 97325Pa，假设海平面与山顶之间空气的平均密度为 1.2kg/m³，问此山的海拔约为多少？

2-3　位于太平洋底的马里亚纳海沟是世界最深的海沟，最大水深为 11034m，它是地球的最深点．若此处的海水密度为 1072kg/m³，海平面处的海水密度为 1024kg/m³，试估计最深点处以 atm 表示的绝对压强．

2-4　潜艇在海平面以下某深度 h 处停泊待命，测压计指示的表压为 $p_g = 0.515$ MPa．若海水的相对密度 $S = 1.03$，问潜艇所在的深度是多少？

2-5　如图 2-41 所示封闭水箱，有一直径 $d = 12$ cm 的圆柱体，其重量 $W = 520$ N，在力 $F = 588$ N 的作用下，当淹深 $h = 0.5$ m 时处于静止状态，问测压管中水柱的高度 H 为多少？

2-6　封闭水箱如图 2-42 所示，测压表上的读数为 5000Pa，$h = 1.6$ m，$h_1 = 0.6$ m，设水的相对密度 $S = 1$，水银测压计中水银的相对密度 $S = 13.6$．问水液面上的真空 p_v 和 Δh 各为多少？

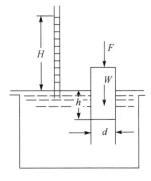

图 2-41　题 2-5 示意图

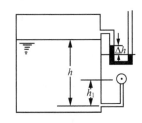

图 2-42　题 2-6 示意图

2-7　如图 2-43 所示，在盛有油和水的圆柱形容器盖子上加荷 $F = 5788$ N，已知 $h_1 = 30$ cm，$h_2 = 40$ cm，$d = 0.4$ m，$\rho_{油} = 799.1$ kg/m³，问 U 型测压管中水银柱的高度 H 为多少？

2-8　如图 2-44 所示，在容器 A、B 中充满 20℃的水，已知 $S_2 = 0.8$，$h_1 = 30$ cm，$h_2 = 20$ cm，

$h_3 = 60$cm. 问 $p_A - p_B$ 为多少?

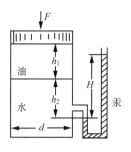

图 2-43　题 2-7 示意图

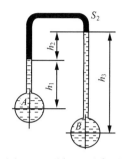

图 2-44　题 2-8 示意图

2-9　如图 2-45 所示，20℃的水和汽油液面高度相同，且表面开口为大气，问第三种液体在容器右侧的高度 h 为多少?

2-10　封闭容器如图 2-46 所示，20℃时 A 点的压强为 95kPa，则 B 点的压强为多少? 若忽略空气的影响，会带来多大的误差?

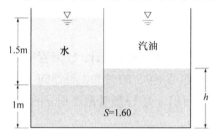

图 2-45　题 2-9 示意图

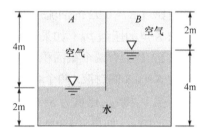

图 2-46　题 2-10 示意图

2-11　如图 2-47 所示，20℃时压力表 A 的读数是 350kPa(绝对压强)，此时的水柱 h 是多高? 压力表 B 的读数是多少?

2-12　图 2-48 所示的容器中装有三种液体，上层是相对密度 $S_1 = 0.8$ 的油，中层是 $S_2 = 1$ 的水，下层是 $S_3 = 13.6$ 的水银. 容器开口向大气，油表面的大气压 $p_0 = 98100$Pa. 各层深度 $h = 1$m，容器的截面面积 $A = 1$m². 试问容器内 a、b、c 各点的压强为多少? 容器底受的总压力为多少?

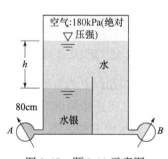

图 2-47　题 2-11 示意图

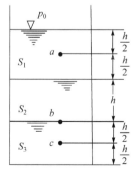

图 2-48　题 2-12 示意图

2-13　容器中装有四种互不相混的液体，如图 2-49 所示. 已知 $S_{油} = 0.89$, $S_{水} = 1$, $S_{水银} =$

13.6, 大气压 $p_0 = 101.3\text{kPa}$, 容器底部的压强为 242kPa. 问流体 X 的相对密度 S 是多少?

2-14 如图 2-50 所示, 20℃时 $p_A - p_B = 97\text{kPa}$, 则 H 的高度为多少?

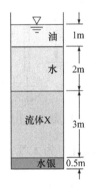

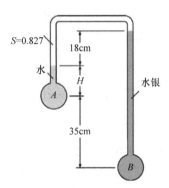

图 2-49　题 2-13 示意图　　　　　　　　　图 2-50　题 2-14 示意图

2-15 相对密度 $S = 0.92$ 的油流过管道如图 2-51 所示. 已知 A 点的压强 $p_A = 180.2\text{kPa}$, 试求 B 点的压强 p_B. 如果油不流动, p_B' 是多少?

2-16 图 2-52 是带有两个截面积相等的容器组成的倒 U 型管式测压计. U 型管中装相对密度 $S = 0.8$ 的封液. 两个容器的上部是相对密度 $S = 0.9$ 的封液, 容器的下部是待测压强 p_A 和 p_B, 比重为 $S=1$ 的液体. 设容器截面积 A 是 U 型管截面积 a 的 100 倍, 即 $A = 100a$. 如果 $h = 300\text{mm}$, 试求压差 $p_A - p_B$.

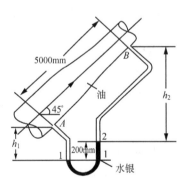

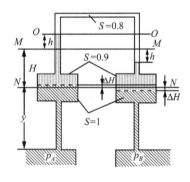

图 2-51　题 2-15 示意图　　　　　　　　　图 2-52　题 2-16 示意图

2-17 在图 2-53 的 A 容器内是密度 $\rho = 1000\text{kg/m}^3$ 的水, 水表面以上为空气, 测得空气的相对压强为 $p_g = 0.025\text{MPa}$. B 容器内是空气, A 与 B 之间连接两个 U 型管测压计, 其中装有 $\rho_1 = 800\text{kg/m}^3$ 的酒精和 $\rho_2 = 13600\text{kg/m}^3$ 的水银两种流体. 测压计上 $h = 500\text{mm}$, $h_1 = 200\text{mm}$, $h_2 = 250\text{mm}$. 试求 B 容器中空气的压强 p_B.

2-18 如图 2-54 所示, 试确定 A 点的绝对压强和相对压强.

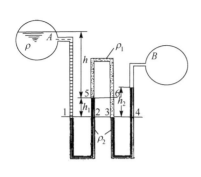

图 2-53　题 2-17 示意图

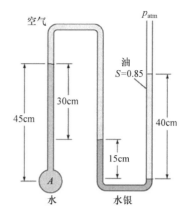

图 2-54　题 2-18 示意图

2-19　一个直径 8cm 的活塞将相对密度 $S = 0.827$ 的油压入直径是 7mm 的倾斜测压管中，如图 2-55 所示，若活塞顶部增加 W 重物，油柱将额外上升 10cm，此时重物 W 的重量是多少？

2-20　底面积为 $a \times a = 200\text{mm} \times 200\text{mm}$ 的正方形容器如图 2-56 所示，自重 $W_1 = 39.2\text{N}$，当它装水的高度 $h = 150\text{mm}$ 时，在荷重 $W_2 = 245.2\text{N}$ 的作用下沿平面滑动. 设容器的底与平面间的摩擦系数 $\mu = 0.3$，试求不使水溢出容器时的最小高度 H.

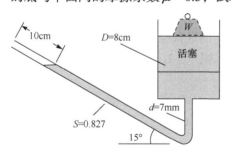

图 2-55　题 2-19 示意图

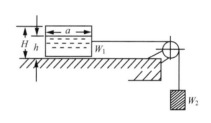

图 2-56　题 2-20 示意图

2-21　盛液体的容器以匀加速度 a 向右水平运动，形成如图 2-57 所示的运动状态. (1) 试确定加速度 a 的大小. (2) 若液体的相对密度 $S = 1.26$，则 A 点的表压是多少？

2-22　如图 2-58 所示，盛水的容器垂直纸面方向宽 12cm. 如果该容器以 6.0m/s^2 的加速度水平向右运动形成刚体运动状态，试计算：(1) AB 侧水的深度；(2) 如果假定没有水溢出，则作用在 AB 侧壁面的水压力是多少？

2-23　如图 2-59 所示的容器盛满了水，A 点开口向大气，已知大气压 $p_a = 101325\text{Pa}$. 当容器以多大的加速度 a 水平向右运动时，B 点的压强会 (1) $p_B = p_a$；(2) $p_B = 0$.

2-24　如图 2-60 所示的 U 型管，已知 $L = 18\text{cm}, D = 5\text{mm}$，静止时装入液体至 $L/2$. 当该装置以加速度 $a = 6\text{m/s}^2$ 水平向右做直线运动时，液面上升的高度 h 是多少？

2-25　假定图 2-60 所示的 U 型管以 95r/min 的转速绕右臂旋转，已知 $L = 18\text{cm}, D = 5\text{mm}$，此时 U 型管左臂液面上升的高度 h 是多少？

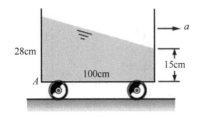

图 2-57　题 2-21 示意图

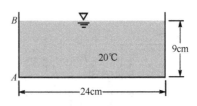

图 2-58　题 2-22 示意图

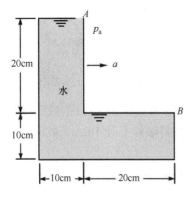

图 2-59　题 2-23 示意图

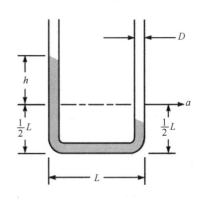

图 2-60　题 2-24 示意图

2-26　直径 16cm,高 27cm 的圆柱形开口容器装满了水. 求当容器绕其中心轴以多少 r/min 的转速旋转时, (1)1/3 的水溢出;(2)容器的底部会裸露出来.

2-27　如图 2-61 所示的 U 型管中装有 20℃的水银. 当 U 型管绕 C 轴以多少 r/min 的转速旋转时, 会形成图中所示的状态?

2-28　如图 2-62 所示的 45° V 型管, A 端开口, C 端封闭, 内装一定量的水. 当 V 型管绕 AB 轴以多少 r/min 的转速旋转时, B 点和 C 点的压强相等?

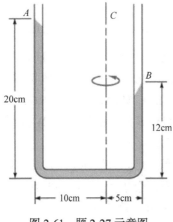

图 2-61　题 2-27 示意图

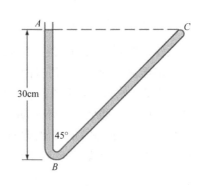

图 2-62　题 2-28 示意图

2-29　如图 2-63 所示, 在一个直径 $d=300$mm, 高度 $H=500$mm 的圆柱形容器中, 注水至高度 $h_1=300$mm, 使容器绕垂直轴做匀角速旋转. (1) 试确定使水的自由液面正好达到容器边缘时的转数 n_1；(2) 求抛物面顶端碰到容器底时的转数 n_2，此时容器停止旋转，水面高度 h_2 为多少？

2-30　如图 2-64 所示，一个圆筒高 $H_0 = 0.7$m，半径 $R = 0.4$m，内装 $\mathscr{V} = 0.25$m³ 的水，以角速度 $\omega = 10$rad/s 绕垂直轴旋转. 假设自由液面上的压强为大气压，顶盖重 $W = 49$N，试确定作用在顶盖螺栓上的力.

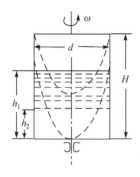

图 2-63　题 2-29 示意图

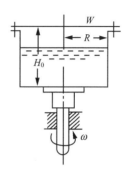

图 2-64　题 2-30 示意图

2-31　直径 $D = 1$m，高 $H = 0.79$m 的带顶盖圆柱形容器，装液体到容积高度的一半，即 $H_0 = 0.5H$，然后以角速度 $\omega = 10$rad/s 绕中心轴旋转，液面形成如图 2-65 所示的抛物面. 求液面与底板、顶盖交界处的半径 r_1 和 r_2.

2-32　矩形闸门 AB 长度 L，宽度 b(垂直纸面方向)，倾角为 θ，铰接于 B 点，如图 2-66 所示. 密度为 ρ，深度为 h 的液体刚好达到闸门顶部. 如不考虑闸门重量，试确定保持闸门平衡所需要的力 F 的表达式(F 垂直于 AB).

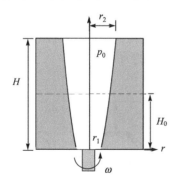

图 2-65　题 2-31 示意图

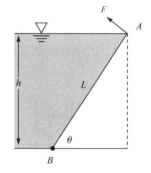

图 2-66　题 2-32 示意图

2-33　如图 2-67 所示，水达到了闸门顶部，问 y 值为多大时闸门会翻倒？

2-34　蓄水容器的斜面 ABC 是一个等腰三角形，A 点为顶点，底边 $BC = 2$m，如图 2-68 所示. 试确定水作用在斜面 ABC 上的总压力及其作用点.

2-35　如图 2-69 所示，盖子 AB 封住一个直径 80cm 的圆形开口. 一个质量 200kg 的重物压在盖子 AB 上. 水温 20℃时，试计算当水位 h 为多高时，盖子将打开(忽略盖子的重量).

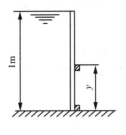

图 2-67　题 2-33 示意图

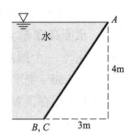

图 2-68　题 2-34 示意图

2-36　如图 2-70 所示，绕铰链轴 O 转动的自动开启式矩形水闸，当水位超过 $H=2\text{m}$ 时，闸门自动开启. 若闸门另一侧的水位 $h=0.4\text{m}$，$\alpha=60°$，试求铰链的位置 x.

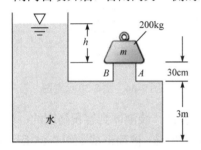

图 2-69　题 2-35 示意图

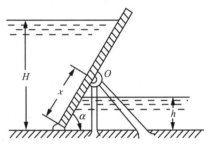

图 2-70　题 2-36 示意图

2-37　如图 2-71 所示，输水管道上安装一个可转动的节流阀，管道直径 $d=1.5\text{m}$，水头高 $H=15\text{m}$. 试求开启该阀所需的力矩. 活瓣面上的曲率、倾斜角 α 以及轴上的摩擦力均不计.

2-38　水深 $h=0.4\,\text{m}$ 的直立壁上装有 $d=0.6\,\text{m}$ 的圆形短管，短管内口为 $\alpha=45°$ 的斜盖板，如图 2-72 所示. 假设盖板可绕着上面的铰链旋转，如不计盖板的重量及铰链的摩擦力，试求升起此盖板在图示位置和方向所需的力 F.

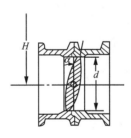

图 2-71　题 2-37 示意图

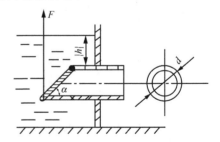

图 2-72　题 2-38 示意图

2-39　相对密度为 1.025 的海水下，有一个宽度为 5m 的矩形闸门，如图 2-73 所示. 闸门 B 端铰接，A 端靠在光滑的墙壁上. 试计算：(1) 海水作用在闸门上的总压力；(2) 墙壁在 A 点施加给闸门的水平分力；(3) B 点的反作用力.

2-40　图 2-74 是一半径为 r 的圆形平板，下部正中间挖去半径为 $r/2$ 的圆. 圆形平板上部边缘与水的自由液面相切，垂直放在水中，水的密度为 ρ. 试求作用在这块画剖线

平板上的压力 F 和压力中心 D 淹深 h_D 的表达式.

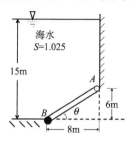

图 2-73　题 2-39 示意图

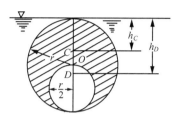

图 2-74　题 2-40 示意图

2-41　如图 2-75 所示一弧形闸门，半径 $R = 7.5\,\text{m}$，挡着深度 $h = 4.8\,\text{m}$ 的水，其圆心角 $\alpha = 43°$. 旋转轴的位置距底为 $H = 5.8\,\text{m}$，闸门的水平投影 $CB = a = 2.7\,\text{m}$，闸门的宽度 $b = 6.4\,\text{m}$. 试求水作用在闸门上的总压力.

2-42　如图 2-76 所示，半径 2m 的水箱，由两个半圆柱体组成，通过螺栓连接起来. 每米长半圆柱体重 4.5kN，螺栓间距 25cm，忽略端盖影响，试确定每个螺栓承受的力.

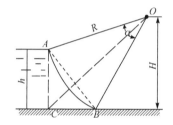

图 2-75　题 2-41 示意图

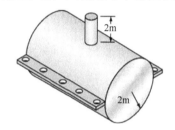

图 2-76　题 2-42 示意图

2-43　如图 2-77 所示，在水箱底部一个有 1/4 圆弧形底板，试求水作用在它上面的水平分力和垂直分力.

2-44　如图 2-78 所示一个水坝的横截面为半径 20m 的 1/4 圆形，宽度 50m. 试求作用在水坝上的总压力及其作用点 C_P 的坐标.

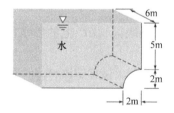

图 2-77　题 2-43 示意图

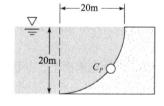

图 2-78　题 2-44 示意图

2-45　盛水容器的底部有一圆孔，如图 2-79 所示，用空心金属球封闭，该球重 $W = 2.452\,\text{N}$，球半径 $r = 4\,\text{cm}$，孔直径 $d = 5\,\text{cm}$，水深 $H = 20\,\text{cm}$，试求升起该球体所需的力 F.

2-46　如图 2-80 所示，直径 1.0m 的圆柱体($S = 0.80$)挡住一定深度的水，左侧水深 1m，右侧水深 0.5m，圆柱体垂直纸面方向的长度为 10m. 试计算作用在 C 点的力.

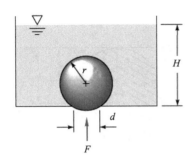

图 2-79　题 2-45 示意图

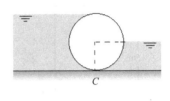

图 2-80　题 2-46 示意图

2-47　如图 2-81 所示，摩托车的圆柱形油箱直径为 300mm，水平放置．油管直径为 37.5 mm，至油箱顶部高度为 600mm．油的相对密度为 0.8，计算：(1) 油管空的时候油箱一端所受的力；(2) 油管充满油时油箱一端所受的力．

2-48　在盛有汽油的容器的底上有一直径 $d_2 = 2$cm 的圆阀，该阀用曳绳系于直径 $d_1 = 10$cm 的圆柱形浮子上，如图 2-82 所示．设浮子及圆阀的总重量 $G = 0.981$N，汽油的密度 $\rho = 750$kg/m³，曳绳长度 $Z = 15$cm，问圆阀将在汽油油面超过多少高度时开启？

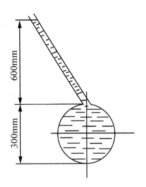

图 2-81　题 2-47 示意图

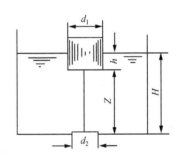

图 2-82　题 2-48 示意图

2-49　盛水的压力水箱如图 2-83 所示，问作用在圆锥体表面 ABC 上的静水压力是多少？

2-50　一个容器漂浮在水面上，并稳定在如图 2-84 所示的位置，试确定该容器的重量．

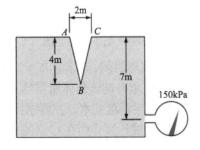

图 2-83　题 2-49 示意图

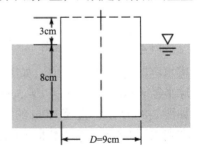

图 2-84　题 2-50 示意图

2-51　直径 8cm, 长 5m 的圆木棒通过一根曳绳系在水底, 如图 2-85 所示. 试确定: (1) 绳子的拉力; (2) 木棒的相对密度. 在图中给定的条件下可以确定倾斜角 θ 吗?

2-52　一个相对密度 $S = 7.85$ 的钢块"漂浮"在水-水银交界面上, 如图 2-86 所示, 此时高度比 a/b 为多少?

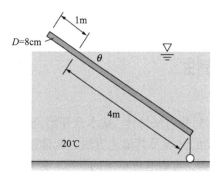

图 2-85　题 2-51 示意图

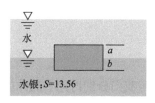

图 2-86　题 2-52 示意图

第 3 章

流体流动特性

前两章我们分别讨论了流体的物理性质和流体的静力学特性. 从本章开始,我们将研究流体的运动规律和流动特性, 内容包括流体运动的流场及其描述方法、流体微团的运动分析、黏性流体的运动形态以及流体流动的分类等. 希望通过本章的学习, 能了解流体流动的基本规律和基本概念, 为后面流体动力学特性的学习打下基础.

3.1 流场及其描述方法

自然界和生产实践中存在着各种各样的流体流动问题, 例如, 江、河、湖、海中水流的流动, 烟囱里烟气的流动, 空气绕过建筑物的流动, 空气绕过汽车、火车和飞机的流动以及动力机械、流体机械中各种工质在管道内的流动等. 在诸多流动问题中, 我们将布满流体质点的整个流动空间统称为流场. 由于流体是由无限多个流体质点所组成的连续介质, 因此, 研究流体流动就是研究充满整个流场的无限多流体质点的运动.

3.1.1 描述流体运动的拉格朗日法和欧拉法

流场中流体质点的运动有两种不同的描述方法.

一种是由法国科学家拉格朗日提出的方法, 它是通过跟随每一个流体质点的运动来研究整个流场内流体质点的运动. 这种方法类似于固体力学中质点动力学的研究方法. 拉格朗日法采用标记在流体质点上的随体坐标 a、b、c 和时间 t 作为独立自变量来确定不同的流体质点及其携带的相关物理量. 随体坐标 a、b、c 以某一指定时刻 t_0 流体质点所处的位置坐标 $x_0 = a$, $y_0 = b$, $z_0 = c$ 作为该质点的标记. 每个质点都有一组 a、b、c 值, 不同的 a、b、c 值代表不同的流体质点. 因此, 任何一个流体质点的物理量 B 在拉格朗日法中都可表示为 $B = B(a,b,c,t)$, 可见, 随体坐标就是随流体质点一起运动的坐标系. 但在流动的流体中有无限多个流体质点, 要用拉格朗日法描述每个流体质点的运动就要建立无限多个随体坐标, 这是很困难甚至是不可能的, 因此, 除了在一些特殊情况(波浪运动、水滴运动等), 这种方法在实际中很少应用. 但随着计算机技术的发展, 当前在计算流体力学中又有将拉格朗日法重新应用的趋势.

另一种是瑞士数学家欧拉提出的方法, 它是从流场中各固定空间点出发, 通过研究经过这些固定空间点的不同流体质点的运动,来研究整个流场. 欧拉法采用固定空间坐标

x、y、z 和时间 t 作为独立自变量来确定不同的流体质点及其携带的相关物理量. 所以, 任何一个流体质点的物理量 B 在欧拉法中都可表示为 $B = B(x,y,z,t)$. 例如, 流体力学中的常用物理量——速度 $V(x,y,z,t)$、压强 $p(x,y,z,t)$ 和密度 $\rho(x,y,z,t)$ 等就被表示成空间坐标 x、y、z 和时间 t 的函数. 由于在流场中辨认固定空间点比辨认运动流体质点容易, 因此, 欧拉法在流体力学中被广泛采用.

拉格朗日法和欧拉法的差别, 可借鉴生态学家研究鸟类迁徙的不同观察方法来加以对比. 每年冬季到来前, 成千上万只候鸟从北方飞向南方. 有的生态学家将无线电发射器绑在一些特选的候鸟脚上, 通过接收无线电信号了解这些特选候鸟的飞行信息, 进一步将许多候鸟的飞行信息加以统计、归纳, 就能掌握这批候鸟的生活习性和迁徙规律, 这相当于拉格朗日描述法, 这些候鸟就相当于流体质点, 拉格朗日法中的随体坐标跟随候鸟一起移动; 另一部分生态学家在候鸟途经的某些特定位置设立观察站, 记录候鸟通过这些观察站的时间、飞行速率、种群数量等信息, 将许多观察站获得的候鸟的飞行信息加以统计、归纳, 就能了解这批候鸟的生活习性和迁徙规律, 这相当于欧拉描述法, 这些特定位置的观察站就相当于空间坐标, 是固定不变的. 可见, 这两种观察方法得到的有关候鸟飞行的最终结果是相同的, 同样用拉格朗日法和欧拉法得到的流体质点的运动规律也是相同的.

3.1.2　流体质点运动的加速度

流体质点运动的加速度是反映流体质点运动的重要参数. 它是流体质点运动的速度对时间的导数, 应该说用拉格朗日法更直接明了, 因为拉格朗日法采用标记在流体质点上的随体坐标, 只要将流体质点的速度对时间直接求导就能得到流体质点运动的加速度. 但由于流体中有无数流动着的流体质点, 要用随体坐标将无数流体质点的运动都反映出来, 非常困难. 因此, 需要借助欧拉法求取流体质点运动的加速度.

在欧拉法中, 流体质点在 t 时刻处于笛卡儿坐标中的 $x,\ y,\ z$ 点, 流速 $V_0(x,y,z,t)$ 为时间 t 和空间坐标 $x,\ y,\ z$ 的函数, 即

$$V_0 = u(x,y,z,t)\boldsymbol{i} + v(x,y,z,t)\boldsymbol{j} + w(x,y,z,t)\boldsymbol{k} \tag{3-1}$$

现假定该流体质点在 $t+\Delta t$ 时刻移到了 $x+\Delta x, y+\Delta y, z+\Delta z$ 点, 流速变为 $V(x+\Delta x, y+\Delta y, z+\Delta z, t+\Delta t)$, 将流速 V 在 t 时刻、x, y, z 点作泰勒级数展开, 忽略二阶以上小量, 得

$$
\begin{aligned}
&V(x+\Delta x, y+\Delta y, z+\Delta z, t+\Delta t) \\
&= V_0(x,y,z,t) + \left(\frac{\partial V}{\partial t}\right)_{(x,y,z)} \Delta t + \left(\frac{\partial V}{\partial x}\right)_{(t)} \Delta x + \left(\frac{\partial V}{\partial y}\right)_{(t)} \Delta y + \left(\frac{\partial V}{\partial z}\right)_{(t)} \Delta z
\end{aligned} \tag{3-2}
$$

按式(3-2)求取该流体质点当 Δt 趋向零时, 在 Δt 内的速度增量与 Δt 的比值的极限就得到流体质点的加速度

$$a = \lim_{\substack{\Delta t \to 0 \\ \Delta x, \Delta y, \Delta z \to 0}} \frac{V(x+\Delta x, y+\Delta y, z+\Delta z, t+\Delta t) - V_0(x, y, z, t)}{\Delta t}$$

$$= \lim_{\substack{\Delta t \to 0 \\ \Delta x, \Delta y, \Delta z \to 0}} \left[\left(\frac{\partial V}{\partial t} \right)_{(x,y,z)} + \left(\frac{\partial V}{\partial x} \right)_{(t)} \frac{\Delta x}{\Delta t} + \left(\frac{\partial V}{\partial y} \right)_{(t)} \frac{\Delta y}{\Delta t} + \left(\frac{\partial V}{\partial z} \right)_{(t)} \frac{\Delta z}{\Delta t} \right] \tag{3-3}$$

考虑到

$$\lim_{\substack{\Delta t \to 0 \\ \Delta x \to 0}} \frac{\Delta x}{\Delta t} = \frac{\partial x}{\partial t} = u, \quad \lim_{\substack{\Delta t \to 0 \\ \Delta y \to 0}} \frac{\Delta y}{\Delta t} = \frac{\partial y}{\partial t} = v, \quad \lim_{\substack{\Delta t \to 0 \\ \Delta z \to 0}} \frac{\Delta z}{\Delta t} = \frac{\partial z}{\partial t} = w$$

则式(3-3)成为

$$a = \left[\left(\frac{\partial V}{\partial t} \right)_{(x,y,z)} + u \left(\frac{\partial V}{\partial x} \right)_{(t)} + v \left(\frac{\partial V}{\partial y} \right)_{(t)} + w \left(\frac{\partial V}{\partial z} \right)_{(t)} \right] \tag{3-4}$$

即

$$a = \frac{DV}{Dt} = \frac{\partial V}{\partial t} + (V \cdot \nabla) V \tag{3-5}$$

式中，$\nabla = \frac{\partial}{\partial x} i + \frac{\partial}{\partial y} j + \frac{\partial}{\partial z} k$ 是微分算子符号；$V \cdot \nabla = u \frac{\partial}{\partial x} + v \frac{\partial}{\partial y} + w \frac{\partial}{\partial z}$.

写成笛卡儿坐标系中的分量形式，a_x, a_y, a_z 分别为

$$a_x = \frac{\partial u}{\partial t} + u \frac{\partial u}{\partial x} + v \frac{\partial u}{\partial y} + w \frac{\partial u}{\partial z} \tag{3-6}$$

$$a_y = \frac{\partial v}{\partial t} + u \frac{\partial v}{\partial x} + v \frac{\partial v}{\partial y} + w \frac{\partial v}{\partial z} \tag{3-7}$$

$$a_z = \frac{\partial w}{\partial t} + u \frac{\partial w}{\partial x} + v \frac{\partial w}{\partial y} + w \frac{\partial w}{\partial z} \tag{3-8}$$

由此可见，在欧拉法中，流体质点的加速度被分解成两部分：一部分是 $\frac{\partial V}{\partial t}$ 项，表示在一固定点上流体质点的速度变化率，称为当地加速度，由速度场的不稳定性引起，运算符号 $\frac{\partial}{\partial t}$ 称为当地导数；另一部分是 $(V \cdot \nabla) V$ 项，表示由于流体质点运动改变了空间位置而引起的速度变化率，称为迁移加速度，由速度场的不均匀性引起，运算符号 $(V \cdot \nabla)$ 称为迁移导数. 式(3-5)中的流体质点的加速度 $\frac{DV}{Dt}$ 是跟随流体质点求得的，表示流动过程中，流体质点的速度 V 随时间的变化率. 为了强调该时间导数是跟随流体质点的，不用符号 $\frac{dV}{dt}$，而用 $\frac{DV}{Dt}$ 表示，运算符号 $\frac{D}{Dt}$ 称为随体导数或全导数. 可认为采用随体导数表达的流体质点的加速度 $\frac{DV}{Dt}$ 具有随体的概念，与拉格朗日法一致，所以将其称为随体

加速度；而一旦将其转化成当地加速度 $\dfrac{\partial V}{\partial t}$ 和迁移加速度 $(V \cdot \nabla)V$ 之和，就将此流体质点的运动放在固定空间坐标系中考虑了，也就是转化成欧拉法了. 因此，欧拉法一方面可解决无数流体质点的随体坐标不易表示的困难；另一方面，也可将随时间、空间同时变化的随体坐标的函数 $B(a,b,c,t)$ 分解成时间坐标 t 的函数和空间坐标 x，y，z 的函数两部分处理，使问题的分析得到简化. 这个概念对描述流体运动的所有物理量都适用，即对于描述流体运动的任一物理量 B，不论是矢量还是标量，它的随体导数都可表示成当地导数和迁移导数之和

$$\frac{\mathrm{D}B}{\mathrm{D}t} = \frac{\partial B}{\partial t} + (V \cdot \nabla)B \tag{3-9}$$

例如，该物理量是密度 $\rho(x,y,z,t)$，则它的随体导数为

$$\frac{\mathrm{D}\rho}{\mathrm{D}t} = \frac{\partial \rho}{\partial t} + (V \cdot \nabla)\rho \tag{3-9a}$$

例 3-1　已知平面流动的速度场分布为

$$v_r = \left(1 - \frac{1}{r^2}\right)\cos\theta, \quad v_\theta = -\left(1 + \frac{1}{r^2}\right)\sin\theta$$

试求流体质点在点 $(0, 2)$ 处的加速度.

解　将极坐标中的速度分量转换成直角坐标中的速度分量，在直角坐标中求加速度.

$$u = v_r\cos\theta - v_\theta\sin\theta = 1 + \frac{1}{r^2}(\sin^2\theta - \cos^2\theta)$$

$$v = v_r\sin\theta + v_\theta\cos\theta = -\frac{2}{r^2}\sin\theta\cos\theta$$

将 $r^2 = x^2 + y^2$，$\sin\theta = \dfrac{y}{r}$，$\cos\theta = \dfrac{x}{r}$ 代入，得

$$u = 1 + \frac{y^2 - x^2}{(x^2 + y^2)^2}, \quad v = -\frac{2xy}{(x^2 + y^2)^2}$$

因为

$$a_x = u\frac{\partial u}{\partial x} + v\frac{\partial u}{\partial y}, \quad a_y = u\frac{\partial v}{\partial x} + v\frac{\partial v}{\partial y}$$

在点 $(0, 2)$ 处，$u(0,2) = \dfrac{5}{4}$，$v(0,2) = 0$，

$$\frac{\partial u}{\partial x} = \frac{2x(x^2 - 3y^2)}{(x^2 + y^2)^3}\bigg|_{(0,2)} = 0, \quad \frac{\partial v}{\partial x} = \frac{2y(3x^2 - y^2)}{(x^2 + y^2)^3}\bigg|_{(0,2)} = -\frac{1}{4}$$

所以流体质点在点 $(0, 2)$ 处的加速度为　$a_x = 0, a_y = -\dfrac{5}{16}$.

3.1.3 迹线和流线

流体流动的速度场 $V(x,y,z,t)$ 是最重要的流动特性，速度场确定后，其他参数都可以从速度场直接求出．迹线和流线可用于形象地表示流体的速度场．

迹线就是流体质点的运动轨迹．在水流中用细针注入染色水，或在气流中注入烟气，再对这些作了标记的流体质点摄像，就可得到流体质点从初始时刻 $t=t_0$ 到 $t=t_1$ 时的运动轨迹，如图 3-1 所示，可见迹线与拉格朗日法研究的内容相适应．

流线是这样一条曲线，在某一瞬时，该曲线上每一点的速度矢量都在该点与曲线相切，如图 3-2 所示．因此，流线上任一点的切线就表示了流场中某瞬时该点速度矢量的方向．显然，流线对流体速度场的描述与欧拉法相适应．

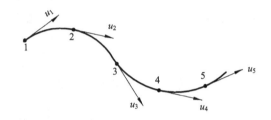

图 3-1　迹线示意图　　　　　　　　　　　图 3-2　流线示意图

应该指出，流线实际上是一条想象的曲线，流线上各点的速度矢量都是同一瞬时的值．对定常流动(流动参数不随时间变化的流动)，流线的形状始终不变，与时间无关．因此，任一流体质点必定沿某一确定的流线运动，迹线与流线重合．对非定常流动(流动参数随时间变化的流动)，任一流体质点总有自己确定的迹线，而流场内通过任一空间点的流线在不同时刻将有不同的形状，因而不再存在与迹线始终重合的流线．

流线的方程可从流线的定义导出．设流线上某点 $A(x,y,z)$ 处的流体速度为 V ，在三个坐标轴上的投影分别为 u、v、w，则流体速度与坐标轴夹角的方向余弦为

$$\cos(\hat{V,x})=\frac{u}{V}, \quad \cos(\hat{V,y})=\frac{v}{V}, \quad \cos(\hat{V,z})=\frac{w}{V} \tag{3-10a}$$

A 点流线微元 $\mathrm{d}s$ 的切线 τ 与坐标轴夹角的方向余弦为

$$\cos(\hat{\tau,x})=\frac{\mathrm{d}x}{\mathrm{d}s}, \quad \cos(\hat{\tau,y})=\frac{\mathrm{d}y}{\mathrm{d}s}, \quad \cos(\hat{\tau,z})=\frac{\mathrm{d}z}{\mathrm{d}s} \tag{3-10b}$$

由流线定义，A 点的切线与 A 点的速度矢量相重合，对应的方向余弦应该相等，因此有

$$\frac{u}{V}=\frac{\mathrm{d}x}{\mathrm{d}s}, \quad \frac{v}{V}=\frac{\mathrm{d}y}{\mathrm{d}s}, \quad \frac{w}{V}=\frac{\mathrm{d}z}{\mathrm{d}s} \tag{3-10c}$$

由此求得流线的微分方程为

$$\frac{\mathrm{d}x}{u(x,y,z,t)}=\frac{\mathrm{d}y}{v(x,y,z,t)}=\frac{\mathrm{d}z}{w(x,y,z,t)} \tag{3-10}$$

式(3-10)可写成两个微分方程．令 t 为参变量，对 x、y、z 积分，联立求解这两个微分方

程，可得两个曲面方程，这两个曲面的交线就是流线.

一般情况下，同一空间点上不可能同时有几个流动方向使流体质点流入或流出，所以，在给定瞬时，对空间任意一点只能作出一条流线. 也就是说，流线一般不相交. 但在流体速度为零或无穷大的那些点，流线可以相交，因为此时流体的流动方向无法确定. 速度为零的点称为驻点，速度为无穷大的点称为奇点.

例 3-2 有一流场，其流速分布为 $u=x+t, v=-y+t, w=0$，试求 $t=0$ 时，过(-1，-1，0)点的流线和迹线方程.

解 由于 $w=0$，所以是二向流动. 由式(3-10)，有

$$\frac{\mathrm{d}x}{x+t}=\frac{\mathrm{d}y}{-y+t}$$

(1) 求流线.

将 t 作为参变量，积分得

$$\ln(x+t)=-\ln(y-t)+C_0$$

即

$$(x+t)(y-t)=C$$

当 $t=0$ 时，有

$$xy=C$$

为双曲线族. 过(-1，-1，0)点，求得 $C=1$，故所求流线方程为

$$xy=1$$

(2) 求迹线.

因为

$$\frac{\mathrm{d}x}{\mathrm{d}t}=u=x+t, \qquad \frac{\mathrm{d}y}{\mathrm{d}t}=v=-y+t$$

为一阶线性常微分方程，其解为

$$x=C_1\mathrm{e}^t-t-1, \qquad y=C_2\mathrm{e}^{-t}+t-1$$

代入给定条件，可确定

$$C_1=C_2=0$$

因此，迹线方程为

$$x=-t-1, \qquad y=t-1$$

两式相加，消去 t，得

$$x+y=-2$$

可见，非定常流动中流线和迹线是不同的.

3.1.4　流管与流束

如图 3-3 所示，在流场内作一条不是流线的封闭曲线，通过封闭曲线上各点的流线

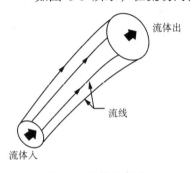

图 3-3　流管示意图

构成一个管状表面，称为流管. 流管内的流体称为流束. 截面为无限小的流管称为微元流管. 微元流管的极限为流线.

由于流体的流动速度总是与流线相切，垂直于流线的速度分量为零，所以流管中的流体不可能穿过流管侧面流出流管. 同样，流管外的流体也不可能穿过流管侧面流入流管. 因此，流管内的流体就像在真实管子内的流动一样. 对于定常流动，流线形状不随时间变化，故流管的形状与位置也不随时间变化.

3.1.5　有效截面、流量与平均流速

流动空间中，处处与流线垂直的断面称为有效截面(过流断面)，其面积用符号 A_0 表示，单位为 m^2. 当流线为一组平行直线时，有效截面为平面，如图 3-4(a)所示；当流线与流线之间不平行时，有效截面为曲面，如图 3-4(b)所示.

(a)　　　　　　　　　(b)

图 3-4　有效截面示意图

单位时间内通过有效截面的流体数量称为流量. 流量又分为体积流量 $Q_{\mathscr{V}}$ (m^3/s)和质量流量 Q_M (kg/s). 体积流量与质量流量之间的关系为

$$Q_M = \rho Q_{\mathscr{V}} \tag{3-11}$$

有效截面上流体流动的速度并不相等，如图 3-5 所示为管内流体的速度分布曲线. 因此，通过有效截面的体积流量可由下式求得：

$$Q_{\mathscr{V}} = \int_{A_0} V \cdot \mathrm{d}A \tag{3-12}$$

式中，$\mathrm{d}A$ 是微元面积；V 是有效截面 A_0 上各点的流速.

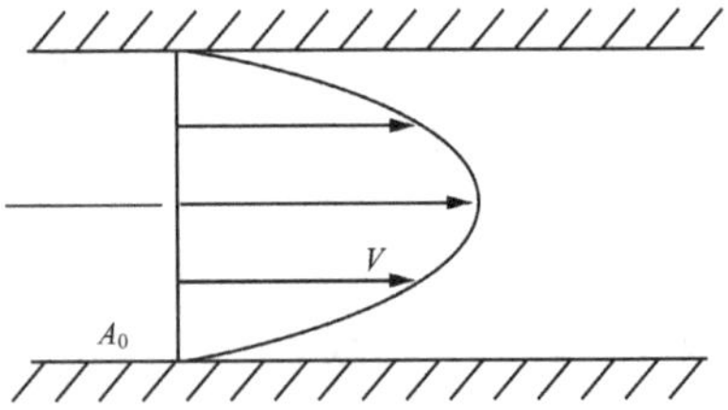

计算流经任意截面 A 的流量时，速度矢量 V (或流线)并不与截面垂直，此时应选择垂直于该截面的速度分量 V_n 来计算体积流量，即

图 3-5　管内流体的速度分布曲线

$$Q_{\mathscr{V}} = \int_A (V \cdot n)\mathrm{d}A = \int_A V_n \mathrm{d}A = \int_A V\cos\theta \mathrm{d}A \tag{3-13}$$

式中，n 是截面 A 的外法向单位矢量；$\cos\theta$ 是 V 与 n 之间的夹角余弦.

体积流量与有效截面积的比值称为平均流速，用符号 $\overline{V}$ 表示，单位为 m/s.

$$\overline{V} = Q_{\mathscr{V}} / A_0 \tag{3-14}$$

工程上为了简化问题,常使用平均流速.

3.1.6　湿周、水力半径与当量直径

在工程中流体往往要流经非圆形管道,所以需要找出与圆管直径相当的、代表非圆形截面的当量值,为此引入湿周 χ、水力半径 R_h 和当量直径 D_e 的概念.

在有效截面上,流体同固体壁面边界接触部分的周长称为湿周,用符号 χ 表示,单位为 m,如图 3-6 所示.

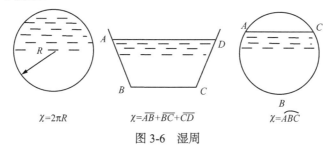

$$\chi = 2\pi R \qquad\qquad \chi = \overline{AB} + \overline{BC} + \overline{CD} \qquad\qquad \chi = \overset{\frown}{ABC}$$

图 3-6　湿周

有效截面积 A_0 与湿周 χ 之比称为水力半径,用 R_h 表示,单位为 m.

$$R_h = \frac{A_0}{\chi} \tag{3-15}$$

4 倍的水力半径称为当量直径,用 D_e 表示,单位为 m.

$$D_e = \frac{4A_0}{\chi} = 4R_h \tag{3-16}$$

当半径为 r 的圆管内充满流体时,其水力半径为

$$R_h = \frac{\pi r^2}{2\pi r} = \frac{r}{2}$$

此时水力半径 R_h 为几何半径 r 的一半,可见水力半径与几何半径是不同的概念. 同时可以算出此时的当量直径为

$$D_e = \frac{4 \cdot \pi r^2}{2\pi r} = 2r = d$$

即当量直径 D_e 与圆管直径 d 相当.

如图 3-7 所示,充满流体的几种非圆形管道的当量直径可分别计算如下:

充满流体的矩形管道　　$D_e = \dfrac{4hb}{2(h+b)} = \dfrac{2hb}{h+b}$

充满流体的环形管道　　$D_e = \dfrac{4\left(\dfrac{\pi}{4}d_2^2 - \dfrac{\pi}{4}d_1^2\right)}{\pi d_1 + \pi d_2} = d_2 - d_1$

充满流体的管束　　$D_e = \dfrac{4\left(s_1 s_2 - \dfrac{\pi}{4}d^2\right)}{\pi d} = \dfrac{4s_1 s_2}{\pi d} - d$

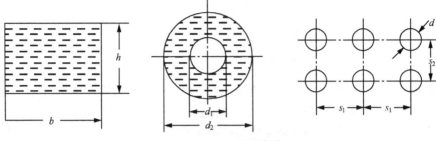

图 3-7　几种非圆形管道

例 3-3　直径为 d 的圆形管道、边长为 a 的正方形管道和高为 h，宽为 $3h$ 的矩形管道，具有相同的有效截面积 $A_0 = 0.0314\text{m}^2$，试分别求出这三种充满流体的管道的湿周 χ、水力半径 R_{h} 和当量直径 D_{e}，并说明哪种截面的管道最省料.

解　(1) 对直径为 d 的圆形截面管道.

直径　$d = \left(\dfrac{A_0}{\pi/4}\right)^{\frac{1}{2}} = \left(\dfrac{4 \times 0.0314}{\pi}\right)^{\frac{1}{2}} = 0.20(\text{m})$

湿周　$\chi_d = \pi d = \pi \times 0.20 = 0.628(\text{m})$

水力半径　$R_{\text{h}} = \dfrac{A_0}{\chi} = \dfrac{0.0314}{0.628} = 0.05(\text{m})$

当量直径　$D_{\text{e}} = \dfrac{4A_0}{\chi} = 4R_{\text{h}} = 4 \times 0.05 = 0.20(\text{m}) = d$

(2) 对边长为 a 的正方形管道.

边长　$a = A^{\frac{1}{2}} = \sqrt{0.0314} = 0.177(\text{m})$

湿周　$\chi_a = 4a = 4 \times 0.177 = 0.708(\text{m})$

水力半径　$R_{\text{h}} = \dfrac{A_0}{\chi} = \dfrac{0.0314}{0.708} = 0.0443(\text{m})$

当量直径　$D_{\text{e}} = \dfrac{4A_0}{\chi} = 4R_{\text{h}} = 4 \times 0.0443 = 0.177(\text{m})$

(3) 对高和宽为 $h \times 3h$ 的矩形截面管道.

高　$h = \left(\dfrac{A}{3}\right)^{\frac{1}{2}} = \left(\dfrac{0.0314}{3}\right)^{\frac{1}{2}} = 0.102(\text{m})$

宽　$3h = 3 \times 0.102 = 0.306(\text{m})$

湿周　$\chi_{\text{h}} = 2(h + 3h) = 2 \times (0.102 + 0.306) = 0.816(\text{m})$

水力半径　$R_{\text{h}} = \dfrac{A_0}{\chi} = \dfrac{0.0314}{0.816} = 0.0385(\text{m})$

当量直径　$D_{\text{e}} = \dfrac{4A_0}{\chi} = 4R_{\text{h}} = 4 \times 0.0385 = 0.154(\text{m})$

可见，圆形截面的湿周 $\chi_{\text{d}} <$ 正方形截面的湿周 $\chi_{\text{a}} <$ 矩形截面的湿周 χ_{h}. 因此，在流通截面积相等的条件下，圆形截面最省料. 换句话说，对相等的湿周，圆形截面有最大

的流通截面积，而且圆形截面的管道加工制造方便、造价低，这就是工程上的管道大多采用圆形截面的原因.

3.2 流体微团的运动分析

从微观角度看，流体是由大量分子组成的，但在第 1 章中已提到，本书不讨论微观的分子运动，只讨论宏观的流体质点运动，讨论由流场中各流体质点运动构成的纷繁复杂的流体运动. 直接采用流体质点对整个流场作分析不容易，为此，构建由流体质点组成的流体微团，将流体微团作为分析研究的桥梁. 由于流体微团中流体质点运动参数的差别趋于微量，故可采用微积分等数学工具分析流体微团内流体质点的运动特点，然后在此基础上分析由大量流体微团构成的流场的运动特性；而且依靠流体微团的运动分析还可讨论微团内流体质点及其运动参数的变化，与第 4 章所用的系统和控制体分析方法相比，分析更细致.

3.2.1 速度分解定理

由于流体的易流动性，流体极易变形. 因此，流体微团在运动过程中不仅具有移动和转动等刚体运动，还会发生变形运动. 根据亥姆霍兹速度分解定理，可以区分出这两类运动.

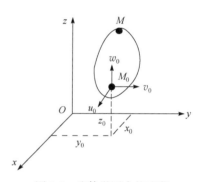

图 3-8 流体微团内的速度

如图 3-8 所示，在某一瞬时，流体微团内一流体质点位于 $M_0(x_0, y_0, z_0)$ ，该流体质点在 x 方向的速度分量是 u_0. 假定在 M_0 点邻域内，位于 $M(x_0 + \delta x, y_0 + \delta y, z_0 + \delta z)$ 的流体质点在 x 方向上的速度分量是 u，该速度分量可在 M_0 点用泰勒级数展开，略去二阶以上小量，得

$$u = u_0 + \left(\frac{\partial u}{\partial x}\right)\delta x + \left(\frac{\partial u}{\partial y}\right)\delta y + \left(\frac{\partial u}{\partial z}\right)\delta z \tag{3-17}$$

将式(3-17)分别加减 $\frac{1}{2}\frac{\partial v}{\partial x}\delta y$ 和 $\frac{1}{2}\frac{\partial w}{\partial x}\delta z$ ，整理得到

$$u = u_0 + \left(\frac{\partial u}{\partial x}\right)\delta x + \frac{1}{2}\left(\frac{\partial u}{\partial y} + \frac{\partial v}{\partial x}\right)\delta y + \frac{1}{2}\left(\frac{\partial u}{\partial z} + \frac{\partial w}{\partial x}\right)\delta z - \frac{1}{2}\left(\frac{\partial v}{\partial x} - \frac{\partial u}{\partial y}\right)\delta y + \frac{1}{2}\left(\frac{\partial u}{\partial z} - \frac{\partial w}{\partial x}\right)\delta z \tag{3-18}$$

式中，u_0 称为平移速度；$\frac{1}{2}\left(\frac{\partial v}{\partial x} - \frac{\partial u}{\partial y}\right)$ 和 $\frac{1}{2}\left(\frac{\partial u}{\partial z} - \frac{\partial w}{\partial x}\right)$ 为旋转角速度；$\left(\frac{\partial u}{\partial x}\right)$ 为线变形速率；$\frac{1}{2}\left(\frac{\partial u}{\partial y} + \frac{\partial v}{\partial x}\right)$ 和 $\frac{1}{2}\left(\frac{\partial u}{\partial z} + \frac{\partial w}{\partial x}\right)$ 为角变形速率. 因此，M 点流体质点的 x 方向分速度，可分解成与 M_0 点流体质点一起运动的平移速度，绕 M_0 点旋转的角速度，以及线变形速率和角变形速率，这就是亥姆霍兹速度分解定理. 至于平移速度、旋转角速度、线变形速率、角

变形速率，这就是亥姆霍兹速度分解定理. 至于平移速度、旋转角速度、线变形速率、角变形速率为什么这样定义，可通过以下对流体微团的运动分析了解到.

3.2.2 流体微团的运动分析

为了理解式(3-18)中各项的物理意义，我们以图 3-9 所示直角顶点 A 位于坐标原点 O，两条直角边分别为 δx 和 δy 的直角三角形流体微团 ABC 的平面流动为例，考察其经过 δt 时间间隔发生的运动变化. 流体微团 ABC 各端点在初始时刻 t_0 的速度分量如图 3-9 所示. 由于流体微团各点的速度不同，在 δt 时间间隔内，经过移动、旋转、变形运动，流体微团的位置和形状都发生了变化. 这一变化可用图 3-10 所示流体微团在 xy 平面中的运动反映，由图可见，该流体微团在初始时刻 t_0 为直角三角形 ABC，在 $t_0+\delta t$ 时刻运动到 $A'B'C'$ 位置，并且形状发生了变化，成为三角形 $A'B'''C'''$.

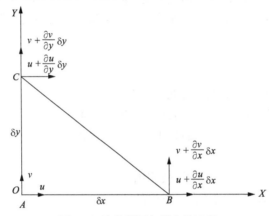

图 3-9　流体微团各端点的速度

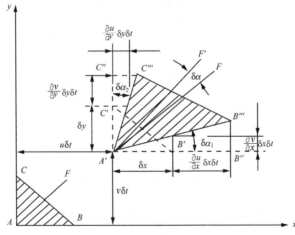

图 3-10　二维流体微团的运动分析

1. 平移

平移表现为由 A 点到 A' 点的位移，即 x 方向和 y 方向分别移动了 $u\delta t$ 和 $v\delta t$，故平移的速度是 u 和 v，在三维空间运动则为 u，v 和 w，其速度矢量为 V.

2. 旋转

流体微团的旋转运动，表现为 $\angle B'A'C'$ 的角平分线 $A'F$ 绕 z 轴转动，成为 $\angle B'''A'C'''$ 的角平分线 $A'F'$. 由图(3-10)可知，在 δt 时间内，角平分线旋转了 $\delta\alpha$ 的角度，其旋转角速度为

$$\omega_z = \frac{\delta\alpha}{\delta t} = \frac{1}{2}\frac{(\delta\alpha_1 - \delta\alpha_2)}{\delta t} \tag{3-19}$$

对于微小角度有

$$\delta\alpha_1 \approx \tan\alpha_1 = \frac{\dfrac{\partial v}{\partial x}\delta x\delta t}{\delta x} = \frac{\partial v}{\partial x}\delta t \tag{3-20}$$

$$\delta\alpha_2 \approx \tan\alpha_2 = \frac{\dfrac{\partial u}{\partial y}\delta y\delta t}{\delta y} = \frac{\partial u}{\partial y}\delta t \tag{3-21}$$

所以

$$\omega_z = \frac{1}{2}\frac{(\delta\alpha_1 - \delta\alpha_2)}{\delta t} = \frac{1}{2}\left(\frac{\partial v}{\partial x} - \frac{\partial u}{\partial y}\right) \tag{3-22}$$

同理，绕 x 轴和 y 轴的旋转角速度为

$$\omega_x = \frac{1}{2}\left(\frac{\partial w}{\partial y} - \frac{\partial v}{\partial z}\right) \tag{3-23}$$

$$\omega_y = \frac{1}{2}\left(\frac{\partial u}{\partial z} - \frac{\partial w}{\partial x}\right) \tag{3-24}$$

旋转角速度矢量为

$$\boldsymbol{\omega} = \omega_x\boldsymbol{i} + \omega_y\boldsymbol{j} + \omega_z\boldsymbol{k} = \frac{1}{2}\mathrm{rot}\boldsymbol{V} = \frac{1}{2}\begin{vmatrix} \boldsymbol{i} & \boldsymbol{j} & \boldsymbol{k} \\ \dfrac{\partial}{\partial x} & \dfrac{\partial}{\partial y} & \dfrac{\partial}{\partial z} \\ u & v & w \end{vmatrix} \tag{3-25}$$

与旋转角速度相似的另一个物理量是速度的旋度，或称为涡量 $\boldsymbol{\Omega}$，由矢量关系知

$$\boldsymbol{\Omega} = \nabla\times\boldsymbol{V} = 2\boldsymbol{\omega} \tag{3-26}$$

3. 线变形

由图 3-10 可知，$A'B'$ 边经过 δt 时间变成了 $A'B''$，也就是 δx 的边长经过 δt 时间伸长了 $\dfrac{\partial u}{\partial x}\delta x\delta t$，所以单位时间、单位长度的伸长率就是 $\dfrac{\partial u}{\partial x}$，称为线变形速率，用 ε_{xx} 表示. 对三维空间运动，流体微团的三个线变形速率分别为

$$\varepsilon_{xx} = \frac{\partial u}{\partial x}, \quad \varepsilon_{yy} = \frac{\partial v}{\partial y}, \quad \varepsilon_{zz} = \frac{\partial w}{\partial z} \tag{3-27}$$

4. 角变形

流体的剪切变形率或角变形速率定义为单位时间内 $A'B'$ 边和 $A'C'$ 边中的任一边与角平分线间的角度变化，由图 3-10 知，经过 δt 时间，$A'B'$ 边变成了 $A'B'''$ 边，转过了 $\delta\alpha_1$ 的角度，角平分线由 $A'F$ 变成了 $A'F'$，转过了 $\delta\alpha$ 的角度. 所以角度变化为

$$\angle B'A'F - \angle B'''A'F' = (\angle B'A'F - \angle B'''A'F) - (\angle B'''A'F' - \angle B'''A'F)$$

$$= \delta\alpha_1 - \delta\alpha = \delta\alpha_1 - \frac{1}{2}(\delta\alpha_1 - \delta\alpha_2) = \frac{1}{2}(\delta\alpha_1 + \delta\alpha_2)$$

单位时间的角变形，即角变形速率为

$$\varepsilon_{xy} = \frac{1}{2}\left(\frac{\delta\alpha_1}{\delta t} + \frac{\delta\alpha_2}{\delta t}\right) = \frac{1}{2}\left(\frac{\partial v}{\partial x} + \frac{\partial u}{\partial y}\right) \tag{3-28}$$

同理，经过 δt 时间 $A'C'$ 边变成 $A'C'''$ 边引起的角度变化为

$$\angle C'A'F - \angle C'''A'F'$$

$$= (\angle C'A'F - \angle C'''A'F) + (\angle C'''A'F - \angle C'''A'F')$$

$$= \delta\alpha_2 + \delta\alpha = \delta\alpha_2 + \frac{1}{2}(\delta\alpha_1 - \delta\alpha_2) = \frac{1}{2}(\delta\alpha_2 + \delta\alpha_1)$$

角变形速率为

$$\varepsilon_{yx} = \frac{1}{2}\left(\frac{\delta\alpha_2}{\delta t} + \frac{\delta\alpha_1}{\delta t}\right) = \frac{1}{2}\left(\frac{\partial u}{\partial y} + \frac{\partial v}{\partial x}\right) = \varepsilon_{xy} \tag{3-29}$$

对三维空间运动，其他两个角变形速率为

$$\varepsilon_{yz} = \varepsilon_{zy} = \frac{1}{2}\left(\frac{\partial w}{\partial y} + \frac{\partial v}{\partial z}\right) \tag{3-30}$$

$$\varepsilon_{zx} = \varepsilon_{xz} = \frac{1}{2}\left(\frac{\partial u}{\partial z} + \frac{\partial w}{\partial x}\right) \tag{3-31}$$

可见，流体剪切变形率分量具有对称性，即

$$\varepsilon_{xy} = \varepsilon_{yx}, \quad \varepsilon_{yz} = \varepsilon_{zy}, \quad \varepsilon_{xz} = \varepsilon_{zx} \tag{3-32}$$

通过以上分析，可对式(3-18)中平移速度、旋转角速度、线变形速率、角变形速率的定义有较深的理解，因此，式(3-18)还可写成

$$u = u_0 + \varepsilon_{xx}\delta x + (\varepsilon_{xy}\delta y + \varepsilon_{zx}\delta z) + (\omega_y\delta z - \omega_z\delta y) \tag{3-33}$$

同理，M 点 y 方向、z 方向的分速度也可在 M_0 点展开，并写成

$$v = v_0 + \varepsilon_{yy}\delta y + (\varepsilon_{yz}\delta z + \varepsilon_{xy}\delta x) + (\omega_z\delta x - \omega_x\delta z) \tag{3-34}$$

$$w = w_0 + \varepsilon_{zz}\delta z + (\varepsilon_{xz}\delta x + \varepsilon_{yz}\delta y) + (\omega_x\delta y - \omega_y\delta x) \tag{3-35}$$

式(3-33)～式(3-35)中等号右边第一项是平移速度分量，第二、三、四项分别是由线变形运动、角变形运动和旋转运动所引起的速度分量. 由此可见，在一般情况下流体微团的运动可分解成三部分：①随流体微团中某一点一起前进的平移运动；②绕着这一点的旋转

运动；③变形运动(包括线变形和角变形). 如图 3-11 所示，流体微团的运动过程可以看成是这三种运动的复合.

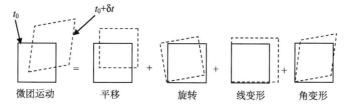

图 3-11　流体微团的运动

例 3-4　已知速度场 $V = (x^2 + y + z)i + (2x^2 + y^2 + z^2)j + (4xy - 2yz - 2zx)k$，试求：在 $(1，2，1)$点流体微团的旋转角速度和角变形速率.

解　$\dfrac{\partial u}{\partial x} = 2x$，$\dfrac{\partial v}{\partial x} = 4x$，$\dfrac{\partial w}{\partial x} = 4y - 2z$；　$\dfrac{\partial u}{\partial y} = 1$，$\dfrac{\partial v}{\partial y} = 2y$，$\dfrac{\partial w}{\partial y} = 4x - 2z$

$$\dfrac{\partial u}{\partial z} = 1，\quad \dfrac{\partial v}{\partial z} = 2z，\quad \dfrac{\partial w}{\partial z} = -2y - 2x$$

则旋转角速度为

$$\omega_x = \frac{1}{2}\left(\frac{\partial w}{\partial y} - \frac{\partial v}{\partial z}\right)\bigg|_{(1,2,1)} = \frac{1}{2}(4x - 2z - 2z)\big|_{(1,2,1)} = 0$$

$$\omega_y = \frac{1}{2}\left(\frac{\partial u}{\partial z} - \frac{\partial w}{\partial x}\right)\bigg|_{(1,2,1)} = \frac{1}{2}(1 - 4y + 2z)\big|_{(1,2,1)} = -2.5$$

$$\omega_z = \frac{1}{2}\left(\frac{\partial v}{\partial x} - \frac{\partial u}{\partial y}\right)\bigg|_{(1,2,1)} = \frac{1}{2}(4x - 1)\big|_{(1,2,1)} = 1.5$$

角变形速率为

$$\varepsilon_{xy} = \varepsilon_{yx} = \frac{1}{2}\left(\frac{\partial v}{\partial x} + \frac{\partial u}{\partial y}\right)\bigg|_{(1,2,1)} = \frac{1}{2}(4x + 1)\big|_{(1,2,1)} = 2.5$$

$$\varepsilon_{yz} = \varepsilon_{zy} = \frac{1}{2}\left(\frac{\partial w}{\partial y} + \frac{\partial v}{\partial z}\right)\bigg|_{(1,2,1)} = \frac{1}{2}(4x - 2z + 2z)\big|_{(1,2,1)} = 2$$

$$\varepsilon_{zx} = \varepsilon_{xz} = \frac{1}{2}\left(\frac{\partial u}{\partial z} + \frac{\partial w}{\partial x}\right)\bigg|_{(1,2,1)} = \frac{1}{2}(1 + 4y - 2z)\big|_{(1,2,1)} = 3.5$$

3.3　有旋流动的描述

自然界中存在着大量的流体有旋流动. 例如，流经桥墩的河流在桥墩后形成的漩涡区，航行船只在船尾形成的尾迹，大气中的龙卷风等，故对有旋流动的认识与研究非常重要.

3.3.1　有旋流动的判别

根据 ω 是否为零可以判别流体流动是否有旋. 流体微团的旋转角速度不等于零($\omega \neq 0$)的流动称为有旋流动；反之，流体微团的旋转角速度等于零($\omega = 0$)的流动则称为无旋流动. 根据式(3-25)，无旋流动的条件是 $\omega_x = \omega_y = \omega_z = 0$，亦即

$$\frac{\partial w}{\partial y} = \frac{\partial v}{\partial z}, \quad \frac{\partial u}{\partial z} = \frac{\partial w}{\partial x}, \quad \frac{\partial v}{\partial x} = \frac{\partial u}{\partial y} \tag{3-36}$$

故不满足式(3-36)的流动均为有旋流动. 可见判断流场有旋或无旋要根据流速本身的特性而定，而与流体微团的运动轨迹无关. 如图 3-12(a)所示，流体微团的运动轨迹是圆形，但流体微团本身并没有旋转，是无旋流动；图 3-12(b)中，流体微团的运动轨迹是直线，但流体微团发生旋转，是有旋流动.

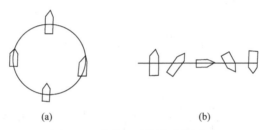

(a)　　　　　　　　　　　　　　(b)

图 3-12　有旋和无旋流动的图示

3.3.2　涡线、涡管、涡束

有旋流动的最大特征就是流场中充满着绕自身轴线旋转的流体微团，于是形成了一个用角速度 ω(或涡量 $\boldsymbol{\Omega}$)表示的涡量场. 3.1 节中，我们用流线、流管、流束与流量来形象地描述速度场. 仿此，我们引进涡线、涡管、涡束与涡通量来描述涡量场 $\boldsymbol{\Omega}(x,y,z,t)$(或角速度场 $\boldsymbol{\omega}(x,y,z,t)$).

1. 涡线

涡线是有旋流场中的一条曲线. 在某一瞬时,该曲线上每一点的切线方向与位于该点的流体微团的涡量 $\boldsymbol{\Omega}$ 的方向重合，所以涡线也就是沿曲线各流体微团的瞬时转动轴线，如图 3-13 所示. 由涡线定义得

$$\boldsymbol{\Omega} \times \mathrm{d}\boldsymbol{S} = 0 \tag{3-37}$$

式中 $\mathrm{d}\boldsymbol{S}$ 为涡线的微元矢量，它在三坐标轴上的投影分别为 $\mathrm{d}x$，$\mathrm{d}y$，$\mathrm{d}z$，而 $\boldsymbol{\Omega}$ 在三坐标轴上的投影分别为 Ω_x，Ω_y，Ω_z，仿照流线微分方程的推导方法，可得涡线微分方程

$$\frac{\mathrm{d}x}{\Omega_x(x,y,z,t)} = \frac{\mathrm{d}y}{\Omega_y(x,y,z,t)} = \frac{\mathrm{d}z}{\Omega_z(x,y,z,t)} \tag{3-38}$$

2. 涡管

在某一瞬时，在涡量场内任取一条非涡线的封闭曲线，过该曲线上的每一点作涡线，这些涡线形成一管状曲面，称为涡管，如图 3-14 所示．封闭曲线所围曲面可以是有限截面，也可以是微元截面，微元截面的涡管称为微元涡管．

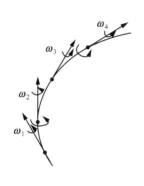

图 3-13 涡线示意图

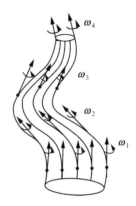

图 3-14 涡管示意图

3. 涡束

涡管中充满着做旋转运动的流体，称为涡束．微元涡管中的涡束称为微元涡束．

3.3.3 涡通量与速度环量

有旋流动的强度则用涡通量和速度环量加以描述．有关涡通量和速度环量之间的关系等有旋运动的基本定理将在 6.2 节给出．

1. 涡通量

涡通量就是通过涡管的速度旋度 $\boldsymbol{\Omega}$ 的通量，又称为漩涡强度，是描述有旋流动强度的一个基本物理量．若垂直于轴线的微元涡管横截面积为 $\mathrm{d}A$，则通过任意有限截面涡管的涡通量(漩涡强度)I 由下式表示：

$$I = \int_A (\boldsymbol{\Omega} \cdot \boldsymbol{n}) \mathrm{d}A \tag{3-39}$$

式中，$\boldsymbol{n}$ 为涡管横截面的法向单位矢量；下标 A 为积分域．

由于涡量 $\boldsymbol{\Omega}$ 与旋转角速度矢量 $\boldsymbol{\omega}$ 之间具有以下关系：

$$\boldsymbol{\Omega} = \nabla \times V = 2\boldsymbol{\omega} \tag{3-40}$$

涡通量 I 也可表示成

$$I = 2\int_A (\boldsymbol{\omega} \cdot \boldsymbol{n}) \mathrm{d}A \tag{3-41}$$

例 3-5 圆管中的层流流动，当取管轴线与 Ox 轴重合时，其流速特性为 $u = u_0 -$

$k\left(y^{2}+z^{2}\right)$，$v=0$，$w=0$，其中 u_0 为管中心速度，k 为常数. 试判别该流动是有旋流动还是无旋流动.

解

$$\omega_{x}=\frac{1}{2}\left(\frac{\partial w}{\partial y}-\frac{\partial v}{\partial z}\right)=\frac{1}{2}\times(0-0)=0$$

$$\omega_{y}=\frac{1}{2}\left(\frac{\partial u}{\partial z}-\frac{\partial w}{\partial x}\right)=\frac{1}{2}(-2kz-0)=-kz$$

$$\omega_{z}=\frac{1}{2}\left(\frac{\partial v}{\partial x}-\frac{\partial u}{\partial y}\right)=\frac{1}{2}(0+2ky)=ky$$

所以该圆管中的层流流动是有旋流动.

2. 速度环量

速度环量是流体运动速度绕流体微团的线积分，用符号 Γ 表示，是描述有旋流动的又一基本物理量. 在运动流体中取任意形状的封闭曲线 L，其速度环量为

$$\Gamma=\oint_{L}V\cos(\overset{\wedge}{V,\tau})\mathrm{d}l=\oint_{L}V_{l}\mathrm{d}l \tag{3-42}$$

式中，V 为周线上任一点的速度；τ 为周线上任一点上的切线；V_l 为速度在周线方向上的投影. 根据数学上的规定，取积分路线沿逆时针方向为正方向，反之为负方向. 速度环量也可分段计算.

由立体解析几何，得

$$\cos(\overset{\wedge}{V,\tau})=\cos(\overset{\wedge}{V,x})\cos(\overset{\wedge}{x,\tau})+\cos(\overset{\wedge}{V,y})\cos(\overset{\wedge}{y,\tau})+\cos(\overset{\wedge}{V,z})\cos(\overset{\wedge}{z,\tau})$$

$$=\frac{u}{V}\frac{\mathrm{d}x}{\mathrm{d}l}+\frac{v}{V}\frac{\mathrm{d}y}{\mathrm{d}l}+\frac{w}{V}\frac{\mathrm{d}z}{\mathrm{d}l}$$

所以速度环量的计算公式(3-41)又可以写为

$$\Gamma=\oint_{L}(u\mathrm{d}x+v\mathrm{d}y+w\mathrm{d}z) \tag{3-42a}$$

例 3-6　已知二元流场的速度分布为 $u=-6y$，$v=8x$，求绕圆 $x^{2}+y^{2}=1$ 的速度环量.

解

$$\Gamma=\oint_{L}(u\mathrm{d}x+v\mathrm{d}y+w\mathrm{d}z)=\oint_{L}-6y\mathrm{d}x+8x\mathrm{d}y$$

在极坐标下，因周线圆半径 $r=1$，有 $x=r\cos\theta=\cos\theta$，$y=r\sin\theta=\sin\theta$

$$\Gamma=\int_{0}^{2\pi}(-6\sin\theta\mathrm{d}\cos\theta+8\cos\theta\mathrm{d}\sin\theta)$$

$$=\int_{0}^{2\pi}(6\sin^{2}\theta+8\cos^{2}\theta)\mathrm{d}\theta=14\pi$$

3.4　黏性流体的流动形态

第 1 章中指出，实际流体都具有黏性，当黏性流体质点间发生相对滑移时，会产生相互作用的切向阻力. 这里所指的黏性流体的切向阻力可看作是在流速较小的情况下，流体呈现一层一层的层状流动，且流层与流层间由速度差产生相互作用的切向阻力，这种流动形态称为层流；随着流速的增加，流层与流层间的相互作用逐渐增加，使得流体质点发生横向脉动，导致流体的层状流动失稳，出现了一种具有剧烈横向运动，流体质点互相撞击掺混，流动变得杂乱无章的流动形态，这种流动形态称为湍流. 黏性流体的这两种流动形态是由雷诺通过实验揭示的.

3.4.1　雷诺实验

1883 年英国工程师雷诺通过实验对黏性流体的流动形态进行了认真的研究，雷诺实验的装置如图 3-15 所示. 保持恒定水位的水箱右侧装了一根水平透明的玻璃管，玻璃管出口用阀门调节管内流量. 管出口的量筒可以计量流量. 水箱顶部安装一个颜色水瓶，瓶内颜色水通过一个细管注入玻璃管轴线处.

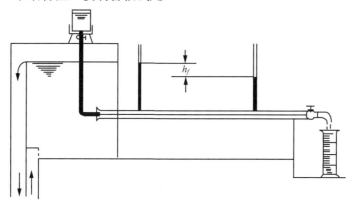

图 3-15　雷诺实验装置示意图

实验开始时，慢慢开启玻璃管出口的阀门，使管内流量较小，然后再开启颜色水瓶下的水阀. 这时管内流速较低，可看到管内轴线处有一条很直的着色水线，如图 3-16(a)所示. 着色水线笔直稳定，表明管内水的流动都沿轴向，流体质点没有横向运动，不相互掺混，从管中心开始向管壁延伸，流动是一层一层的，这种流动状态称为层流.

将玻璃管出口阀门逐渐开大，可见着色水线开始抖动，由直线变为曲线，如图 3-16(b)所示. 这表明管内原来一层一层的规则流动受到扰动，流体质点开始出现横向运动，但尽管此时着色水线变成曲线，但仍位于管轴线处，这是一种过渡状态.

若将玻璃管出口阀门再继续开大，使流量进一步增加，管内流速超过上临界流速 V_c'，则着色水线会突然破裂，在入口段一定距离后完全消失，颜色扩散至整个玻璃管内，如图 3-16(c)所示. 这表明管内流体质点发生剧烈的横向运动，互相撞击掺混，流动变得杂乱无章，流体质点不仅沿轴线而且沿横向也有不规则的脉动，这种流动状态称为湍流或紊流. 如果这时将玻璃管出口阀门逐渐关小,降低管内流速,则流体的紊乱程度会逐渐减弱,当流速降低到比上临界流速 V_c^* 更低的下临界流速 V_c 时,处于湍流状态的流动便稳定地转变为层流状态,着色水线重新成为一条清晰的细直线.

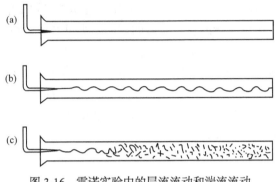

图 3-16   雷诺实验中的层流流动和湍流流动

由此可见,黏性流体流动具有两种不同的流动状态——层流和湍流. 雷诺实验所揭示的这两种基本流态在一切具有黏性的真实流体流动中普遍存在.

3.4.2 雷诺准则

由上可知,黏性流体流动呈现的层流和湍流两种流动状态,与流体的流速有关,流速高于上临界流速 V_c^*,管内流动就成为湍流;流速低于下临界流速 V_c,管内流动就变为层流. 那么是否根据流速大小就可唯一确定流体流动是层流还是湍流呢?回答是否定的. 这是因为黏性流体流动所呈现的层流和湍流这两种流态,除了与流体流速有关外,还与流体的物性即密度 ρ 和动力黏度 μ 有关,与通道的特征尺寸(管内流动时为管内径 d)有关,不同的黏度 μ、密度 ρ 和管径 d,都会导致不同的临界流速 V_c.

雷诺通过大量的实验研究得出结论,流态可以用一个由上述各参量组合而成的量纲一准则数 $\dfrac{\rho V d}{\mu}$ 来判断(有关量纲一准则数的概念在第 5 章作详细介绍),这个量纲一准则数就称为雷诺准则,或雷诺数,用 Re 表示,即

$$Re = \frac{\rho V d}{\mu} = \frac{V d}{\nu} \tag{3-43}$$

大量实验结果表明,不论流体的物性与管径如何变化,对于管内流动,与下临界流速 V_c 对应的下临界雷诺数 $Re_c = 2320$,与上临界流速 V_c^* 对应的上临界雷诺数 $Re_c^* = 13800$,但 Re_c^* 很不稳定,一般与实验环境与初始条件有关. 当流体流动的 $Re < Re_c$ 时,流动为层流;当 $Re > Re_c^*$ 时,流动为湍流;当 $Re_c < Re < Re_c^*$ 时,可能是层流,也可能是湍流,但保持层流的状态极不稳定,稍有扰动,就立刻转变为湍流. 因此,上临界雷诺数 Re_c^* 在工程上无实用意义,通常将下临界雷诺数 Re_c 作为判别层流和湍流的准则,而且工程上一般取圆管的临界雷诺数 $Re_c = 2000$,即 $Re \leqslant 2000$ 时,管内流动为层流,$Re > 2000$ 时,管内流动为湍流.

例 3-7　沿直径 $d = 400\text{mm}$ 的管道输送石油，流量 $Q = 583000\text{kg/h}$，密度 $\rho = 900.2\text{kg/m}^3$，运动黏度冬季为 $\nu_1 = 6 \times 10^{-4}\text{m}^2/\text{s}$，夏季为 $\nu_2 = 4 \times 10^{-5}\text{m}^2/\text{s}$，试分别判断冬、夏两季石油在管中的流动状态。

解　流速　　$V = \dfrac{4Q}{\rho \pi d^2} = \dfrac{4 \times 583000}{3600 \times 900.2 \times \pi \times 0.4^2} = 1.432\text{m}/\text{s}$

冬季雷诺数

$$Re = \frac{Vd}{\nu} = \frac{1.432 \times 0.4}{6 \times 10^{-4}} = 955 < 2000$$

所以，冬季石油在管中呈层流状态。

夏季雷诺数

$$Re = \frac{Vd}{\nu} = \frac{1.432 \times 0.4}{4 \times 10^{-5}} = 14320 > 2000$$

所以，夏季石油在管中呈湍流状态。

3.4.3　湍流流动的时均值

由雷诺实验知，当 $Re > Re_c$ 时，管内流动就由层流向湍流转变，我们从雷诺实验中看到，湍流是一种极其复杂的流体运动。湍流中的流体质点作着杂乱无章的随机运动。图 3-17 示出了用热线测速仪测得的管内某点轴向瞬时速度 u_i 随时间的变化，由图可见，该瞬时速度杂乱无章，瞬息万变，毫无规律可言。因此用瞬时速度很难直接找到流动规律。但是，由于湍流运动是一种复杂的随机运动，而随机运动一般都服从统计平均规律，所以我们可在某个时间间隔 ΔT 内对瞬时速度 u_i 取平均，称为时均速度，用 $u(t)$ 表示，即

$$u(t) = \frac{1}{\Delta T} \int_0^{\Delta T} u_i(t)\mathrm{d}t \tag{3-44}$$

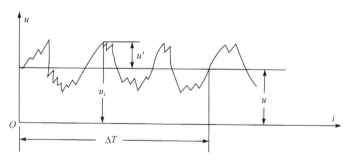

图 3-17　瞬时速度与时均速度

由式(3-44)，我们就可用时均速度 $u(t)$ 来研究湍流运动的统计规律。不过，既然是取平均，就有一个时间间隔取多大的问题。这个时间间隔，应满足 $\Delta T_1 \ll \Delta T \ll \Delta T_2$。式中 ΔT_1 为表示湍流脉动的周期的特征时间尺度，ΔT_2 为能显示时均值非定常性的特征时间尺度。就像海边的水位受潮汐影响起伏，但除此之外海边的水位本身又随时在波动或起落，用这一瞬时水位表示潮汐的影响就显得非常复杂，这时就可测得在一有限时间 ΔT 内的平均水位，而用这一平均水位反映水位受潮汐影响而昼夜变化。有限时间 ΔT 要比水浪波动的

周期ΔT_1大得多，又比昼夜周期ΔT_2小得多. 对定常流动，u不随时间变化，而u_i是随时间变化的.

　　瞬时速度u_i与时均速度u之差称为脉动速度，用u'表示，即

$$u_i = u + u' \tag{3-45}$$

将式(3-45)代入式(3-44)得

$$u = \frac{1}{\Delta T} \int_0^{\Delta T} (u + u') \mathrm{d}t = u + \frac{1}{\Delta T} \int_0^{\Delta T} u' \mathrm{d}t$$

所以

$$\frac{1}{\Delta T} \int_0^{\Delta T} u' \mathrm{d}t = 0 \tag{3-46}$$

式(3-45)表明脉动速度的时均值为零. 在湍流流动中，不仅有u'，而且有v'，w'，即垂直于主流的平面内也有脉动，只是

$$v = \frac{1}{\Delta T} \int_0^{\Delta T} v' \mathrm{d}t = 0, \quad w = \frac{1}{\Delta T} \int_0^{\Delta T} w' \mathrm{d}t = 0 \tag{3-47}$$

即时均速度v，w等于零.

　　与湍流流动中瞬时速度u_i的处理相类似，对湍流流动中的其他物理量，如瞬时压强p_i和瞬时密度ρ_i等，也可分别将它们表示成时均压强p与脉动压强p'之和以及时均密度ρ与脉动密度ρ'之和，即

$$p_i = p + p' \tag{3-48}$$

$$\rho_i = \rho + \rho' \tag{3-49}$$

3.4.4　黏性流体的流动形态

　　由上述分析可知,黏性流体运动有两种流动形态——层流和湍流. 这是两种性质截然不同的流动. 层流的特征是流体运动规整，各层流动互不掺混，流体质点的运动轨迹平滑连续，流场稳定. 湍流运动的特征正好相反，流体运动极不规整，各部分掺混剧烈，流体质点的运动杂乱无章，流场极不稳定.

　　这是由于黏性流体在流动过程中，受各种扰动因素的影响，如来流速度的不均匀性、物体表面的粗糙度等. 而流体的黏性，对扰动有抑制作用，但流体的惯性作用是加剧扰动的因素. 由于$Re = \dfrac{Vd}{\nu}$，与流体的运动黏度ν成反比，与流体的流速V和特征尺寸d成正比，故当Re很小时，表明黏性流体流动中的惯性作用较小，黏性作用较强，这时扰动在黏性的抑制下衰减，流动保持层流状态. 当Re增大到一定值，流体运动的惯性作用超过黏性作用，扰动就得到发展，最终导致杂乱无章的湍流运动的形成. 因此，用Re判别黏性流体的流动形态是层流还是湍流.

　　当Re较小时，由黏性产生的对扰动的抑制作用大于惯性带来的对扰动的强化作用，黏性流体运动处在稳定的层流运动状态，具有明确的速度分布形态，例如7.2节圆管中层流表示的充分发展的定常圆管内流动呈旋转抛物面的速度分布，7.3节平板间层流展示的泊肃叶(Poiseuille)流动速度分布与库埃特(Couette)剪切流分布等.

当 Re 增大到一定程度，由于黏性产生的稳定作用不足以抑制惯性带来的加剧扰动的作用，流体将进入极不规整的湍流运动. 而对湍流流动则需用统计平均意义下的时均速度 $u(t)$、时均密度 $\rho(t)$、时均压强 $p(t)$ 来描述.

3.5　流体流动分类

在对客观世界的认识过程中，为了抓住事物的本质，简化复杂的影响因素和便于数学分析，往往按照物体的特性、运动的特征，对物体运动进行分类，并作某些简化假定. 例如，固体力学中的刚体运动、匀速直线运动和工程热力学中的完全气体、可逆过程等都是为此目的. 在流体力学中，同样为了抓住流体流动的基本特征，要对流体流动进行分类，从而对不同类型的流动采用不同的研究方法，抓住主要矛盾，化简求解过程.

3.5.1　流体流动的类型

对不同类型的流体流动分类，我们在前面的学习中已经接触过. 例如，在第 1 章中，我们按流体有无黏性，将流体流动分成黏性流体的流动和理想流体的流动；按流体是否可压缩，分成可压缩流体的流动和不可压缩流体的流动. 在 3.3 节，按流体旋转角速度矢量是否为零，分成有旋流动和无旋流动；在 3.4 节，按雷诺数的大小，将黏性流体的流动分成层流和湍流. 除此之外，我们还可按流速大小，将流体流动分成亚音速流动和超音速流动；按流动是否随时间变化，分成定常流动和非定常流动；按流动空间的自变量数目，分成一维流动、二维流动和三维流动. 所有这些流体流动的类型可总结成图 3-18.

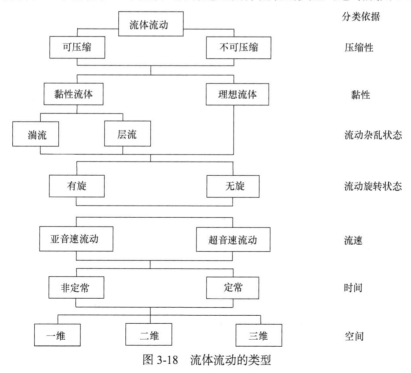

图 3-18　流体流动的类型

有关亚音速、超音速流动的概念，我们将在第 9 章中叙述. 以下主要讨论定常流动和非定常流动，以及一维、二维和三维流动的概念.

3.5.2　定常流动和非定常流动

定常流动和非定常流动的概念在 3.1 节介绍流线特征时简单叙述过，即定常流动和非定常流动是根据流场内任一空间点上的流动参数与时间是否有关来加以区分的. 流场内所有空间点上，流动参数不随时间而变，这种流动称为定常流动；如果流动参数随时间而变，则称为非定常流动. 对定常流动，如图 3-19 所示，流线与迹线重合；对非定常流动，流线随时间而变，如图 3-20 所示，流线与迹线不再重合. 比如，流体在管道内流动，开闭阀门时，管道内各处的流体流速都随时间而变，这是非定常流动. 如果阀门开度不变，而且管道上游水箱中的液面维持不动，管内流体流速的大小和方向都是定值，不随时间变动，这种流动是定常流动.

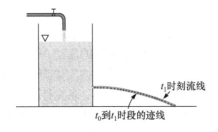

图 3-19　定常流动示意图

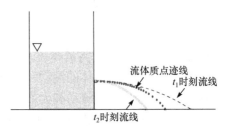

图 3-20　非定常流动示意图

对非定常流动，流场中的流体流动参数如速度、密度、压强等是空间坐标与时间的函数，在笛卡儿坐标系中，表示成

$$\begin{cases} \boldsymbol{V} = \boldsymbol{V}(x,y,z,t) \\ \rho = \rho(x,y,z,t) \\ p = p(x,y,z,t) \end{cases} \tag{3-50}$$

对定常流动，流动参数与时间无关. 故上述速度、密度、压强等参数仅是空间坐标的函数，可表示成

$$\begin{cases} \boldsymbol{V} = \boldsymbol{V}(x,y,z) \\ \rho = \rho(x,y,z) \\ p = p(x,y,z) \end{cases} \tag{3-51}$$

可见，定常流动时，自变量数目减少，给分析、研究流动问题带来很大方便. 因此，如果某种流动的参数非常缓慢地随时间变化，那么在较短的时间间隔内，可近似地把这种流动作为定常流动来处理. 仍以管内流动为例，若阀门开度还是不变，但不再随时往管道上游水箱中加入液体，则随着液面的降低，管道中流速会变小，但若水箱的横截面很大，管道直径很小，则液面下降非常缓慢，流速改变也非常小，那么，在较短的时间间隔内研究这类流动时，还可近似认为它是定常流动.

除了可将变化非常缓慢的非定常流动视为定常流动外，还可通过选择适当的坐标系，将非定常流动转变为定常流动. 例如，正在静止河水中匀速航行的轮船，当观察者站在岸上即把坐标系固定在地面上时，将看到水中各点的流动参数随着轮船的前进而变化，这是非定常流动. 而对于站在船上的观察者，即把坐标系固定在船上时，将看到水以船速匀速绕过船体流动，船周围水中各点的流动参数不随时间变化，流动成为定常流动.

3.5.3 一维、二维和三维流动

流动参数是一个空间坐标的函数，该流动称为一维流动；流动参数是两个空间坐标的函数，该流动称为二维流动；流动参数是三个空间坐标的函数，该流动称为三维流动. 显然，坐标变量越多，问题越复杂. 对于实际问题，在满足精度的前提下，我们总是尽可能地降低坐标变量维数，使问题简化.

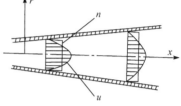

如图 3-21 所示，黏性流体在锥形圆管内作定常流动，显然这是一个三维流动问题，速度 $V = f(x,y,z)$. 为了简化问题，我们可以将速度表达为坐标 r 和 x 的函数，即 $V = f(r,x)$，流动变为二维的. 如果用每个截面上的平均速度 u 来描述流动，便可将流动简化为一维流动，即 $u = f(x)$.

图 3-21　锥形圆管内的流动

如图 3-22 所示，黏性流体在两块无限大平行平板间沿 x 方向流动. 在垂直于纸面的 z 方向上没有流动，即 $w = 0$，流线是沿 x 方向的平行直线. 在 xy 平面内垂直于流线方向上也没有流动，即 $v = 0$，而且沿流动方向各截面的速度剖面(即速度分布)相同. 因此流动只有 x 方向的速度 u，而 u 只随 y 坐标改变，即 $u = f(y)$. 这种速度只随一个空间坐标变化的流动是一维流动. 值得注意的是，一维流动与一个方向流动是有差别的. 图 3-22 所示的流动方向是 x 方向，可称为单向流动，而称为一维流动还需有流速 u 仅随一个空间坐标 y 变化的条件.

如果黏性流体在一个无限宽的渐扩通道中流动，如图 3-23 所示，它也仅有沿 x 方向的速度 u，沿 y 方向和 z 方向的速度均为零，即 $v = w = 0$，所以它是沿 x 方向的单向流动，但其速度 u 随 x 和 y 两个坐标变化，即 $u = f(x,y)$，因此，它是二维流动.

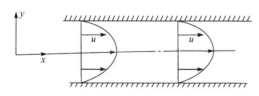
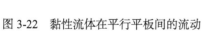
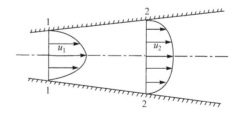

图 3-22　黏性流体在平行平板间的流动　　图 3-23　黏性流体在无限宽渐扩通道中的流动

在求解流速问题时，流动的方向决定微分方程的数目. 单方向的流动，微分方程只有一个(如 x 方向的速度分量 u)，双向流动和三向流动，则要分别写出 u，v 两个和 u，v，w 三个方向的微分方程. 而每个微分方程中，空间变量的数目取决于究竟是几维流动. 一维流动只与一个空间变量有关，对定常流动而言，需求解的微分方程将是常微分方程，二

维和三维流动的方程则是偏微分方程. 常微分方程的求解肯定比偏微分方程的求解容易, 因此, 常常沿流线建立流动的微分方程, 使多维问题转变为一维问题, 让求解变得简单.

对于压强 p 和密度 ρ, 由于它们不是矢量, 故不需要考虑其为单向还是多向流动问题, 但 p 和 ρ 也有随空间一个坐标还是两个坐标、三个坐标变化的问题, 所以压强 p 和密度 ρ 也要考虑其是一维、二维还是三维流动的问题.

雷诺实验演示

习　题　三

3-1　已知速度场 $u = 2x$, $v = -2y$, $w = 0$. 求流体质点的加速度及流场 $(1, 1)$ 点的加速度.

3-2　已知二维速度场 $V = (x^2 - y^2 + x)\boldsymbol{i} - (2xy + y)\boldsymbol{j}$, 计算在点 $(2,1)$ 处: (1) 加速度 a_x 和 a_y; (2) 速度矢量和加速度矢量的方向.

3-3　已知速度场 $V(x,y,z,t) = 10x\boldsymbol{i} - 20yx\boldsymbol{j} + 100t\boldsymbol{k}$, 试求: 在 $x = 1\mathrm{m}$, $y = 2\mathrm{m}$, $z = 5\mathrm{m}$ 和 $t = 0.1\mathrm{s}$ 时的质点加速度.

3-4　已知速度场 $u = 3y^2$, $v = 2x$, $w = 0$, 计算点 $(2, 1, 0)$ 处平行于速度矢量的加速度分量 a_τ 和垂直于速度矢量的加速度分量 a_n.

3-5　二维定常速度场为 $u = x^2 - y^2$, $v = -2xy$, 试推导流线方程.

3-6　已知速度场 $u = 2x$, $v = -2y$, $w = 0$. 求计算过点 $(1, 2)$ 的流线, 并作图表示该流线.

3-7　已知速度场 $u = -x$, $v = 2y$, $w = 5 - z$, 试求过点 $(2, 1, 1)$ 的流线方程.

3-8　已知速度场 $u = V\cos\theta$, $v = V\sin\theta$, $w = 0$, 式中 V 为常数, 试求该流动的流线方程.

3-9　已知一流场的流速分布为 $u = -ky$, $v = kx$, $w = 0$, 试求其流线方程, 并指出该流线的特征.

3-10　已知迹线方程为 $x = a\mathrm{e}^{2t}$, $y = b\mathrm{e}^{-2t}$, $z = c\mathrm{e}^{2t}(1+t)^{-2}$, 求: (1) 流体的速度场; (2) $t = 0$ 时, 通过点 $(1, 1, 1)$ 的迹线方程; (3) $t = 0$ 时, 通过点 $(1, 1, 1)$ 的流线方程.

3-11　密度 $\rho = 1000\mathrm{kg/m^3}$ 的水流过一倾斜度为 $30°$ 的开式通道, 如果水流速度各处相等 $V = 10\mathrm{m/s}$, 通道内竖直水深为 $0.5\mathrm{m}$, 试求每米宽度通道内的体积流量 Q_V 和质量流量 Q_M.

3-12　流体低速度通过一根很长圆管的流动, 管内速度分布是抛物线 $u = u_{\max}(1 - r^2/R^2)$, 其中 R 是管半径, $u_{\max}$ 是管中心的最大速度. 试求: (1) 通过该管的体积流量和平均速度的通用表达式; (2) 计算 $R = 3\mathrm{cm}$ 和 $u_{\max} = 8\mathrm{m/s}$ 时的体积流量; (3) 如果流体密度 $\rho = 1000\mathrm{kg/m^3}$, 计算流体的质量流量.

3-13　流体经圆管的低速层流流动, 速度分布为 $u = (B/\mu)(r_0^2 - r^2)$, 式中 μ 是流体的动力黏度, r_0 是圆管的半径. 试求: (1) 按 B, μ 和 r_0 表示的最大速度; (2) 按 B, μ 和 r_0 表示的质量流量 (假定流体密度为 ρ).

3-14 一水平矩形开式槽道内的流动，槽内速度分布满足指数关系式 $u = u_{max}(y/h)^n$，式中 u 为距槽底部 y 处的流速，u_{max} 是槽中的最大流速. 如果槽深 $h = 1.2m$，$u_{max} = 3m/s$，$n = 1/6$，试求每米槽宽的流量和平均速度.

3-15 下列各流场中的流动是有旋流动还是无旋流动？

(1) $u = k$，$v = 0$；

(2) $u = kx/(x^2+y^2)$，$v = ky/(x^2+y^2)$；

(3) $u = x^2+2xy$，$v = y^2+2xy$；

(4) $u = y+z$，$v = z+x$，$w = x+y$.

3-16 已知速度场 $V = (3x^2 + 2xy)\boldsymbol{i} + (3x - y^3)\boldsymbol{j} + (2y^2)\boldsymbol{k}$，试求：(1) 点(1, 2, 3)的加速度；(2) 是否有旋？若有旋，求旋转角速度矢量.

3-17 已知有旋流动的速度场为 $u = x+y$，$v = y+z$，$w = x^2+y^2+z^2$. 求其在点(2, 2, 2)处角速度的分量.

3-18 已知速度场 $V = 20y^2\boldsymbol{i} - 20xy\boldsymbol{j}$ m/s. 求其在点(1, –1, 2)处的加速度、角速度、线变形率和角变形率.

3-19 已知有旋流动的速度场为 $u = 2y+3z$，$v = 2z+3x$，$w = 2x+3y$. 试求旋转角速度、角变形率和涡线方程.

3-20 已知速度场为 $u = y+2z$，$v = z+2x$，$w = x+2y$，求：(1) 旋转角速度和涡线方程；(2) 在 $z = 0$ 平面上经过 $dA = 1mm^2$ 的涡通量.

3-21 已知速度场为 $V = (x^2y, -xy^2, 0)$，求沿圆周 $x^2 + y^2 = 1$ 的速度环量.

3-22 已知速度场为 $V = (3x^2y, -6xy^2 - x, 0)$，求以直线 $x = \pm1$、$y = \pm1$ 所围成的正方形的速度环量.

3-23 水在内径 $d = 0.1m$ 的圆管内流动，流速 $V = 0.4m/s$，水的运动黏度 $\nu = 1\times10^{-6}m^2/s$，试问水在管中呈何种流动状态？若设管中的流体是油，流速不变，而运动黏度 $\nu = 31\times10^{-6}\ m^2/s$，试问油在管中又呈何种流动状态？

3-24 图 3-24 所示为蒸汽轮机的凝汽器，它具有 400 条管径 $d = 20mm$ 的黄铜管，在这些管子中循环地流着冷却水. 若冷却水的温度为 $10℃$，求在此温度下使管中形成稳定湍流运动的最小流量($Re_c = 13800$).

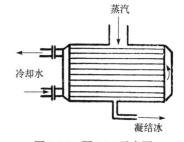

图 3-24   题 3-24 示意图

3-25 已知流场的速度分布为 $V = xy^2\boldsymbol{i} - \dfrac{1}{3}y^3\boldsymbol{j} + xy\boldsymbol{k}$，试求：(1) 属于几维流动？(2) (1, 2, 3)点的加速度；(3) 是否有旋？若有旋，求旋转角速度.

3-26 已知流场的速度分布为 $V = xy^2\boldsymbol{i} - 3y^3\boldsymbol{j} + 2z^2\boldsymbol{k}$，试求：(1) 属于几维流动？(2)点(3, 1, 2)的加速度.

3-27 已知流场的速度分布为 $V = (4x^3 + 2y + xy)\boldsymbol{i} - (3x - y^3 + z)\boldsymbol{j}$，试求：(1) 属几维流

动？(2) 点$(2, 2, 3)$的加速度.

3-28　已知流场的速度分布为$V = 3y^2 i - 2xj + 0k$，试求：(1) 流动是否定常？(2) 属几维流动？(3) 点$(2, 1, 0)$的速度、加速度.

3-29　已知流场的速度分布为$V = 3txi - t^2 yj + 2xzk$，试求：(1) 流动是否定常？(2)属几维流动？(3) 点$(1, -1, 0)$的加速度.

3-30　已知流场速度分布为$V = x^2 y^2 i - \dfrac{1}{2} y^4 j + xyk$，试求：(1) 属几维几向流动？(2)求$(2, 1, 3)$点的加速度.

第4章

流体动力学分析基础

第3章我们讨论了流体流动的特征与分类,为本章进行流体动力学分析创造了条件. 因此,本章我们将应用揭示自然界普遍规律的三大守恒定律——质量守恒定律、能量守恒定律和动量守恒定律,分析流体的流动. 首先运用控制体的分析方法,推导流体动力学的基本方程——连续性方程、伯努利方程、动量方程、动量矩方程,以及这些方程在实际中的应用. 接着运用流体微团的分析方法,推导微分形式的守恒方程,包括微分形式的连续性方程和微分形式的动量方程——纳维-斯托克斯方程等,并初步介绍它们的应用.

4.1　系统与控制体

分析、推导流体动力学基本方程的方法有两种:一种是微分或流体微团的分析方法,即在流场中取一流体微团,分析微团的受力,建立运动微分方程,通过求解,得到各流动参量之间的关系;另一种是积分或控制体的分析方法, 控制体不分析着眼于无限小的流体微团,而是分析有限体积内流体的总体运动,所建立的守恒方程也是对控制体整体而言,因而实用价值更高. 因此,本节先介绍与控制体分析有关的概念.

所谓控制体,就是流场中某个确定的空间区域. 控制体的边界称为控制面. 控制体的大小、形状是根据流动情况和边界位置任意选定的. 例如,在变截面通道内,可划出其中待研究的任意一段为控制体,如图 4-1 虚线所示. 控制体确定后,它的形状和位置相对于所选定的坐标系一般是固定不变的. 但控制体和控制面是个抽象概念,对流动没有影响,控制体内的流体可随时变化,流进流出.

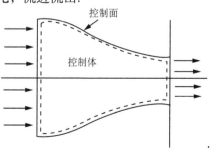

图 4-1　控制体示意图

控制体分析中要用到的另一重要概念是系统. 所谓系统, 是一定质量的流体质点的集合. 在流动过程中, 它始终包含这些确定的流体质点, 有确定的质量, 而系统的表面则通常在不断地变形. 例如, 在一个气缸内, 气缸内壁与活塞所包围的气体可视为一个系统, 如图 4-2 虚线所示. 活塞移动时, 系统边界的大小在改变, 但其所包含的气体(即流体质点)却始终不变, 而且所包含的质量也不变. 可见, 系统相当于工程热力学中的封闭系统.

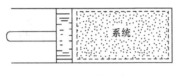

图 4-2　系统示意图

4.2　雷诺输运定理

4.1 节分别介绍了系统和控制体的概念, 但系统内流体参数的变化与控制体内流体参数的变化之间有何联系, 则由雷诺输运定理揭示.

4.2.1　雷诺输运方程

考察图 4-3 所示的流体系统通过控制体的情形. 流体系统在 t 时刻位于图 4-3(a)中封闭虚线所示的区域, 系统在 t 时刻所占据的空间刚好与所选择的控制体(如图 4-3(a)中封闭实线所示)重合, 所以 t 时刻系统内的流体即为控制体内部的流体. t 时刻之后, 流体系统运动离开原有位置, 在 $t+\Delta t$ 时刻, 系统成为图 4-3(b)中封闭虚线所示区域.

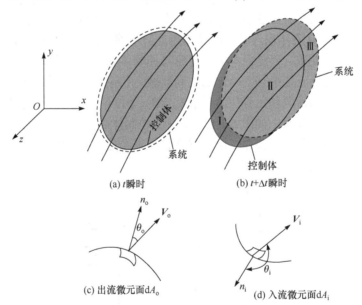

图 4-3　流体系统通过控制体的情形

假定 B 是系统内流体的任一物理量，如质量、能量或动量等. 用 β 表示单位质量的该物理量，即 $\beta=\mathrm{d}B/\mathrm{d}m$，则系统内的总物理量为

$$B = \int \beta \mathrm{d}m = \int \beta \rho \mathrm{d}\mathscr{V} \tag{4-1}$$

式中，$\rho\mathrm{d}\mathscr{V}$ 为流体的微分质量. 如果 B 是系统的动量 mV，那么 β 是速度 V；如果 B 是系统的动能，那么 β 是 $V^2/2$.

现在推导系统内物理量 B 随时间的变化率与控制体内物理量 B 随时间的变化之间的关系. 如图 4-3(b)所示，把 $t+\Delta t$ 时刻的系统分成三个区域. 在 t 时刻，系统边界与控制体边界重合，系统由 I 和 II 两个区域组成. 在 $t+\Delta t$ 时刻，系统由 II 和 III 两个区域组成，其中区域 II 为 t 和 $t+\Delta t$ 两时刻的系统所共有. 系统内物理量 B 随时间的变化率可通过 $\Delta t \to 0$ 时，物理量 B 的变化与 Δt 时间间隔的比值的极限求得，即

$$\left(\frac{\mathrm{d}B}{\mathrm{d}t}\right)_{\mathrm{s}} = \lim_{\Delta t \to 0} \frac{(B_{\mathrm{s}})_{t+\Delta t} - (B_{\mathrm{s}})_t}{\Delta t} \tag{4-2}$$

式中，下标 s(system)表示系统. 因为

$$(B_{\mathrm{s}})_{t+\Delta t}=(B_{\mathrm{II}}+B_{\mathrm{III}})_{t+\Delta t}=(B_{\mathrm{c.v}}-B_{\mathrm{I}}+B_{\mathrm{III}})_{t+\Delta t}$$

$$(B_{\mathrm{s}})_t=(B_{\mathrm{c.v}})_t$$

式中，下标 c.v(control volume)表示控制体. 所以

$$\left(\frac{\mathrm{d}B}{\mathrm{d}t}\right)_{\mathrm{s}} = \lim_{\Delta t \to 0} \frac{(B_{\mathrm{c.v}} - B_{\mathrm{I}} + B_{\mathrm{III}})_{t+\Delta t} - (B_{\mathrm{c.v}})_t}{\Delta t} \tag{4-3}$$

将式(4-3)右边展开，分别求极限得

$$\left(\frac{\mathrm{d}B}{\mathrm{d}t}\right)_{\mathrm{s}} = \lim_{\Delta t \to 0} \frac{(B_{\mathrm{c.v}})_{t+\Delta t} - (B_{\mathrm{c.v}})_t}{\Delta t} + \lim_{\Delta t \to 0} \frac{(B_{\mathrm{III}})_{t+\Delta t}}{\Delta t} - \lim_{\Delta t \to 0} \frac{(B_{\mathrm{I}})_{t+\Delta t}}{\Delta t} \tag{4-4}$$

下面分别讨论式(4-4)右边各项的物理意义. 与式(4-2)类似，式(4-4)等号右边第一项就是控制体内物理量 B 随时间的变化率，即

$$\lim_{\Delta t \to 0} \frac{(B_{\mathrm{c.v}})_{t+\Delta t} - (B_{\mathrm{c.v}})_t}{\Delta t} = \left(\frac{\mathrm{d}B}{\mathrm{d}t}\right)_{\mathrm{c.v}} = \frac{\mathrm{d}}{\mathrm{d}t}\int_{\mathrm{c.v}} \beta\rho\mathrm{d}\mathscr{V} \tag{4-5}$$

对固定不变的控制体，其体积不变，且相对惯性坐标系静止不动，则式(4-5)中对时间的全导数可改写成对时间的偏导数，即

$$\frac{\mathrm{d}}{\mathrm{d}t}\int_{\mathrm{c.v}} \beta\rho\mathrm{d}\mathscr{V} = \frac{\partial}{\partial t}\int_{\mathrm{c.v}} \beta\rho\mathrm{d}\mathscr{V} = \int_{\mathrm{c.v}} \frac{\partial}{\partial t} \beta\rho\mathrm{d}\mathscr{V} \tag{4-6}$$

式(4-4)等号右边第二项表示 $\Delta t \to 0$ 时，物理量 B 通过控制面的流出率，而式(4-4)等号右边第三项则为物理量 B 通过控制面的流入率. 因此，第二、三项之差为 $\Delta t \to 0$ 时，物理量 B 通过控制面的净流出率 Q^*.

换一个角度，净流出率 Q^* 可通过下列求取流体通量的方法得到. 如图 4-3 所示，流

入控制面的流速为 V_i，其与流入微元表面 dA_i 的外法向 n_i 间的夹角为 θ_i；流出控制面的流速为 V_o，与流出微元表面 dA_o 的外法向 n_o 的夹角为 θ_o. 因此，dt 时间内，通过微元面 dA_i 流入控制体的体积流量为 $dQ_{\mathscr{V}i} = (V_i dt)(dA_i \cos\theta_i) = (V_i \cdot n_i)dA_i dt$，通过微元面 dA_o 流出控制体的体积流量为 $dQ_{\mathscr{V}o} = (V_o dt)(dA_o \cos\theta_o) = (V_o \cdot n_o)dA_o dt$.

根据式(4-1)，物理量 B 通过控制面的流出率为 $\int \beta\rho(V_o \cdot n_o)dA_o$，而通过控制面的流入率为 $-\int \beta\rho(V_i \cdot n_i)dA_i$. 流入率表达式中加上负号是因为流入的流率总为正值，而流入率表达式中的 $(V_i \cdot n_i)$ 为负. 由此可知，物理量 B 通过控制面的净流出率 $Q^* =$ 流出率 $-$ 流入率，即

$$Q^* = \int \beta\rho(V_o \cdot n_o)dA_o + \int \beta\rho(V_i \cdot n_i)dA_i = \int_{c.s} \beta\rho(V \cdot n)\,dA \tag{4-7}$$

式中，下标 c.s(control surface)表示对整个控制面的面积分，为流出表面和流入表面之和.

综合式(4-4)~式(4-7)，得

$$\left(\frac{dB}{dt}\right)_s = \frac{\partial}{\partial t}\int_{c.v} \beta\rho\,d\mathscr{V} + \int_{c.s} \beta\rho(V \cdot n)\,dA \tag{4-8}$$

式(4-8)表示系统内物理量 B 随时间的变化率，等于控制体内该物理量随时间的变化率加上通过控制面该物理量的净流出率. 式(4-8)称为雷诺输运方程.

4.2.2 雷诺输运方程的意义

在第 3 章讨论流体质点运动时，我们得出结论，流体质点的随体导数等于当地导数与迁移导数之和，这与雷诺输运方程表示的结论在本质上是一致的，即系统内物理量 B 对时间的随体导数也由两部分组成：一部分为控制体内物理量 B 随时间的变化率，相当于当地导数；另一部分等于通过控制面物理量 B 的净流出率，相当于迁移导数. 物理量 B 可以是标量(如质量、能量等)，也可以是矢量(如动量、动量矩等). 雷诺输运方程与流体质点随体导数的差别仅在于应用对象不同. 流体质点随体导数是对流体质点和空间坐标点而言的，适用于微分分析，雷诺输运方程则是对系统和控制体而言的，适用于控制体分析.

在定常流动条件下，$\frac{\partial}{\partial t}\int_{c.v} \beta\rho\,d\mathscr{V} = 0$，代入式(4-8)得

$$\left(\frac{dB}{dt}\right)_s = \int_{c.s} \beta\rho(V \cdot n)\,dA \tag{4-9}$$

所以在定常流动条件下，系统内物理量 B 的变化只与通过控制面的流动有关，与控制体内部的流动无关，无须深究控制体内部的详细流动情况，这就是控制体分析比微分分析应用更广的原因.

在本章中，我们将应用雷诺输运方程推导流体运动的连续性方程、能量方程、动量方程和动量矩方程.

4.3　流体流动的连续性方程

连续性方程是质量守恒定律在流体流动中应用的结果. 作为连续介质的流体,在流动过程中, 既无流体质量产生, 又无流体质量消耗, 这一结论用数学语言表达, 就是连续性方程. 下面对雷诺输运方程应用质量守恒定律, 推导连续性方程.

4.3.1　连续性方程

由于要应用质量守恒定律, 故雷诺输运方程中系统的物理量 B 就成为系统质量 m, 即 $B = m$. 而单位质量的物理量 $\beta = \mathrm{d}B/\mathrm{d}m = \mathrm{d}m/\mathrm{d}m = 1$, 所以雷诺输运方程(4-8)成为

$$\left(\frac{\mathrm{d}m}{\mathrm{d}t}\right)_\mathrm{s} = \frac{\partial}{\partial t}\int_\mathrm{c.v} \rho\,\mathrm{d}\mathscr{V} + \int_\mathrm{c.s} \rho(\boldsymbol{V}\cdot\boldsymbol{n})\,\mathrm{d}A \tag{4-10}$$

根据质量守恒定律, 系统的质量 m 保持不变, 故系统质量变化率 $\left(\dfrac{\mathrm{d}m}{\mathrm{d}t}\right)_\mathrm{s} = 0$. 代入式(4-10)得

$$\frac{\partial}{\partial t}\int_\mathrm{c.v} \rho\,\mathrm{d}\mathscr{V} + \int_\mathrm{c.s} \rho(\boldsymbol{V}\cdot\boldsymbol{n})\,\mathrm{d}A = 0 \tag{4-11}$$

式(4-11)就是积分形式的连续性方程, 它表示通过控制面的净质量流出率等于控制体内部质量的减少率.

由于在式(4-11)的推导过程中, 未作任何简化假设, 故只要流体满足连续介质假设, 式(4-11)都能适用.

4.3.2　不可压缩流体定常流动的连续性方程

对定常流动, 流体参数不随时间变化, 式(4-11)中的 $\dfrac{\partial}{\partial t}\displaystyle\int_\mathrm{c.v} \rho\,\mathrm{d}\mathscr{V} = 0$. 故式(4-11)简化为

$$\int_\mathrm{c.s} \rho(\boldsymbol{V}\cdot\boldsymbol{n})\,\mathrm{d}A = 0 \tag{4-12}$$

式(4-12)表示在定常流动时, 流入和流出控制面的流体质量必相等. 如果流动参数在控制面上均匀分布, 则式(4-12)可写为

$$\int_\mathrm{c.s} \rho(\boldsymbol{V}\cdot\boldsymbol{n})\,\mathrm{d}A = \sum(\rho VA)_\mathrm{o} - \sum(\rho VA)_\mathrm{i} = 0$$

$$\sum(\rho VA)_\mathrm{o} = \sum(\rho VA)_\mathrm{i} \tag{4-13}$$

式中, 下标 o 代表出口; 下标 i 代表入口.

对于不可压缩流体, $\rho =$ 常数, 故式(4-12)简化为

$$\int_\mathrm{c.s} (\boldsymbol{V}\cdot\boldsymbol{n})\,\mathrm{d}A = 0 \tag{4-14}$$

式(4-14)即为不可压缩流体定常流动的连续性方程, 此时, 不可压缩流体的质量守恒简化为体积守恒, 则式(4-13)可写为

$$\sum(VA)_o = \sum(VA)_i \tag{4-15}$$

让我们考虑图 4-4 所示微元流管内不可压缩流体的定常流动. 在截面 1 处截面积为 dA_1,
速度为 V_1, 截面 2 处截面积为 dA_2, 速度为 V_2, 密度都为 ρ. 选图中虚线所示的截面 1、

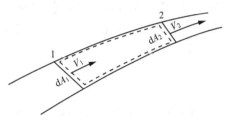

截面 2 和流管表面作为控制面. 由于没有流体通过微元流管管壁部分的控制面, 即在侧面上 $(V \cdot n) = 0$; 而在截面 1 处, $(V_1 \cdot n_1) = -V_1$, 在截面 2 处, $(V_2 \cdot n_2) = V_2$, 所以式(4-12)成为

$$V_2 dA_2 - V_1 dA_1 = 0 \tag{4-16}$$

图 4-4　微元流管内不可压缩流体的定常流动

对于任意有限截面的流管, 可沿流管任取 A_1、A_2 两个截面作为控制体的两个端面, 且 $\overline{V_1}$、$\overline{V_2}$

和 A_1、A_2 分别为这两个有效截面上的平均速度和有效截面面积, 则有

$$\overline{V_1}A_1 = \overline{V_2}A_2 \tag{4-17}$$

式(4-17)为不可压缩流体一维定常流动的连续性方程, 在计算管内流体流动时会经常用到.
由式(4-17)可知, 不可压缩流体在管内流动时, 对于同一根管子, 管径粗的截面上平均流
速低, 管径细的截面上平均流速高.

例 4-1　如图 4-5 所示, 水从①、②两个入口流入高度为 H 的封闭水箱, 空气被挤向
水箱顶部, 水箱内水位高度为 h, 试求:

(1) 水箱内水位随时间的变化 $\dfrac{dh}{dt}$;

(2) 如果入口管①直径 d_1=15cm, 流速 V_1=2m/s, 入口管②直径 d_2=10cm, 流速
V_2=1.2m/s, 水箱横截面积 A=3m², 则 $\dfrac{dh}{dt}$ 是多少? (假定水温为 20℃.)

解　(1) 选取控制体, 如图 4-5 虚线所示. 由于控制体内水位不断上升, 所以流动是
非定常的. 根据连续性方程(4-11)有

$$\frac{\partial}{\partial t}\int_{c.v} \rho \, d\mathscr{V} = -\int_{c.s} \rho(V \cdot n)\, dA = \rho_1 V_1 A_1 + \rho_2 V_2 A_2 \tag{4-11a}$$

式(4-11a)等号左边与水箱内水位随时间变化 $\dfrac{dh}{dt}$ 有关,
它由两部分组成, 一是控制体内水的质量随时间的变
化, 二是控制体内空气的质量随时间的变化, 即

$$\frac{\partial}{\partial t}\int_{c.v}\rho d\mathscr{V} = \frac{\partial}{\partial t}\int_0^h \rho_w A \, dh + \frac{\partial}{\partial t}\int_h^H \rho_a A \, d(H-h) \tag{4-11b}$$

由于水箱是封闭的, 控制体内空气会随水位的上升积聚

图 4-5　例 4-1 示意图

在上部, 但它的质量是不会改变的, 所以 $\dfrac{\partial}{\partial t}\int_h^H \rho_a A \, d(H-h) = 0$. 因此,

$$\frac{\partial}{\partial t}\int_{c.v}\rho d\mathscr{V} = \frac{\partial}{\partial t}\int_0^h \rho_w A \, dh = \frac{\partial}{\partial t}(\rho_w A h) = \rho_w A \frac{\partial h}{\partial t} \tag{4-11c}$$

将式(4-11c)代入式(4-11a)得

$$\rho_{\mathrm{w}} A \frac{\partial h}{\partial t} = \rho_1 V_1 A_1 + \rho_2 V_2 A_2$$

由于 $\rho_{\mathrm{w}} = \rho_1 = \rho_2$ ，而且水位 h 只随时间变化，偏导数可以写成全导数，所以上式变为

$$\frac{\mathrm{d}h}{\mathrm{d}t} = (V_1 A_1 + V_2 A_2) / A \tag{4-11d}$$

(2) 由式(4-11d)得

$$\frac{\mathrm{d}h}{\mathrm{d}t} = \frac{1}{3} \left(2 \times \frac{\pi}{4} \times 0.15^2 + 1.2 \times \frac{\pi}{4} \times 0.1^2 \right) = 0.0149 (\mathrm{m/s})$$

4.4　理想流体的能量方程

对流动流体应用质量守恒定律可推导出连续性方程，对流动流体应用能量守恒定律则可推导出能量方程. 能量守恒定律的一种基本表达式就是热力学第一定律, 即系统能量的增量等于系统吸收的热量与环境对系统所做的功之和

$$\left(\frac{\mathrm{d}E}{\mathrm{d}t} \right)_{\mathrm{s}} = \dot{Q} + \dot{W} \tag{4-18}$$

式中, $\left(\dfrac{\mathrm{d}E}{\mathrm{d}t} \right)_{\mathrm{s}}$ 表示系统的能量随时间的变化率; $\dot{Q}$ 和 $\dot{W}$ 表示热量和功随时间的变化率. 这里规定，系统吸收热量，Q 为正值；系统放出热量，Q 为负值；环境对系统做功，W 为正值；系统对环境做功，W 为负值.

式(4-18)中能量 E 与状态有关. 只要热力状态确定，能量 E 就有确定的函数，所以 E 是空间和时间的函数，系统能量 E 随时间的变化率用 $\left(\dfrac{\mathrm{d}E}{\mathrm{d}t} \right)_{\mathrm{s}}$ 表示. 而热量 Q 和功 W 只与过程有关，只有在状态变化过程中，系统才会吸收(或放出)热量以及系统对环境(或环境对系统)做功，所以 Q 和 W 仅是时间的函数，用 $\dot{Q}$ 和 $\dot{W}$ 表示热量和功随时间的变化率.

对式(4-18)中系统的能量变化项 $\left(\dfrac{\mathrm{d}E}{\mathrm{d}t} \right)_{\mathrm{s}}$ 应用雷诺输运方程可将其转化为对控制体的公式. 此时输运方程中系统物理量 B 就是系统能量 E，单位质量的能量 $\beta = \dfrac{\mathrm{d}E}{\mathrm{d}m} = e$，所以雷诺输运方程(4-8)成为

$$\left(\frac{\mathrm{d}E}{\mathrm{d}t} \right)_{\mathrm{s}} = \frac{\partial}{\partial t} \int_{\mathrm{c.v}} e\rho \mathrm{d}\mathscr{V} + \int_{\mathrm{c.s}} e\rho (\boldsymbol{V} \cdot \boldsymbol{n}) \mathrm{d}A \tag{4-19}$$

将式(4-18)代入式(4-19)得

$$\frac{\partial}{\partial t}\int_{c.v} e\rho \mathrm{d}\mathscr{V} + \int_{c.s} e\rho(\boldsymbol{V}\cdot\boldsymbol{n})\mathrm{d}A = \dot{Q} + \dot{W} \tag{4-20}$$

式(4-20)表示单位时间内输入系统的热量与环境对系统所做功之和等于控制体内能量对时间的变化率与通过控制面的能量流率之和.

在重力场中,系统单位质量的能量可表示为

$$e = e_u + gz + \frac{V^2}{2} \tag{4-21}$$

式中,e_u 是单位质量的内能;gz 是单位质量的势能;$\frac{V^2}{2}$ 是单位质量的动能;z 是竖直方向流体的质心坐标. 热量 $\dot{Q}$ 是单位时间内通过控制面由热传导传入的热量以及由热辐射或内热源传给系统的热量. 功 $\dot{W}$ 为单位时间内作用在控制面上的表面应力所做的功,可表示为

$$\dot{W} = \int_{c.s}(\boldsymbol{\sigma}\cdot\boldsymbol{V})\mathrm{d}A \tag{4-22}$$

式中,$\boldsymbol{\sigma}$ 为作用在控制面上的表面应力,可将其分解为垂直于表面的法向应力 $\boldsymbol{F}_n$ 和相切于表面的切向应力 $\boldsymbol{\tau}$. 对理想流体,切向应力 $\boldsymbol{\tau} = 0$,而法向应力

$$\boldsymbol{F}_n = -p\boldsymbol{n} \tag{4-23}$$

式(4-23)中 p 是流体压强,负号表示流体压强沿作用面的内法线方向,故对理想流体

$$\dot{W} = \int_{c.s} -p(\boldsymbol{V}\cdot\boldsymbol{n})\mathrm{d}A \tag{4-24}$$

将式(4-24)代入式(4-20)得

$$\frac{\partial}{\partial t}\int_{c.v} e\rho \mathrm{d}\mathscr{V} + \int_{c.s}(e\rho + p)(\boldsymbol{V}\cdot\boldsymbol{n})\mathrm{d}A = \dot{Q} \tag{4-25}$$

若不考虑系统与外界的热量交换,即系统绝热,且流动是定常的,则有

$$\int_{c.s}(e\rho + p)V_n\mathrm{d}A = 0 \tag{4-26}$$

将式(4-21)代入式(4-26)得

$$\int_{c.s}\rho\left(e_u + gz + \frac{V^2}{2} + \frac{p}{\rho}\right)V_n\mathrm{d}A = 0 \tag{4-27}$$

式(4-27)就是在重力场中理想流体作绝热定常流动的能量方程.

4.5　伯努利方程及其应用

伯努利方程是伯努利于 1738 年首先提出的,是流体力学中一个非常著名的方程,获得了广泛的工程应用. 下面在 4.4 节给出的重力场中理想流体作绝热定常流动的能量方程的基础上,推导不可压缩理想流体一维流动的伯努利方程.

4.5.1 伯努利方程

下面将理想流体作绝热定常流动的能量方程应用至一根微元流管,即将微元流管作为控制体,则在微元流管壁上 $V_n = 0$,在流入截面 A_1:$V_n = -V$.在流出截面 A_2:$V_n = V$,则由式(4-27)得

$$\int_{A_2} \rho V \left(e_u + \frac{V^2}{2} + gz + \frac{p}{\rho} \right) \mathrm{d}A - \int_{A_1} \rho V \left(e_u + \frac{V^2}{2} + gz + \frac{p}{\rho} \right) \mathrm{d}A = 0 \tag{4-28}$$

在微元截面 A_1、A_2 上,被积函数可分别视为常数,则

$$\left(e_{u_2} + \frac{V_2^2}{2} + gz_2 + \frac{p_2}{\rho_2} \right) \int_{A_2} \rho V \mathrm{d}A - \left(e_{u_1} + \frac{V_1^2}{2} + gz_1 + \frac{p_1}{\rho_1} \right) \int_{A_1} \rho V \mathrm{d}A = 0$$

根据连续性方程

$$\int_{A_2} \rho V \mathrm{d}A = \int_{A_1} \rho V \mathrm{d}A$$

所以

$$e_{u_2} + \frac{V_2^2}{2} + gz_2 + \frac{p_2}{\rho_2} = e_{u_1} + \frac{V_1^2}{2} + gz_1 + \frac{p_1}{\rho_1} \tag{4-29}$$

微元流管的极限是流线,在不可压缩理想流体与外界无热交换条件下,流体内能 e_u、密度 ρ 等于常数,则式(4-29)成为

$$\frac{V_2^2}{2} + gz_2 + \frac{p_2}{\rho} = \frac{V_1^2}{2} + gz_1 + \frac{p_1}{\rho} \tag{4-30}$$

即

$$\frac{V^2}{2} + gz + \frac{p}{\rho} = 常数 \tag{4-31}$$

式(4-31)就是不可压缩理想流体一维流动的伯努利方程.其表达的物理意义是:不可压缩理想流体在重力场中作定常流动时,沿流线单位质量流体的动能、位势能和压强势能之和是常数.由于式(4-31)是对单位质量流体而言的,故式中各项的量纲为焦耳/千克(J/kg).若对式(4-31)各项遍除重力加速度 g,则得单位重量流体的伯努利方程:

$$\frac{V^2}{2g} + z + \frac{p}{\rho g} = H \tag{4-32}$$

式(4-32)是对单位重量流体而言的,故其中各项的量纲为焦耳/牛顿(J/N),即米(m).虽然其量纲是长度单位米,但各项的物理意义分别是单位重量流体所具有的动能、位势能和压强势能,在工程上分别将它们称为速度水头、位置水头和压强水头,三项之和称为总水头.所以伯努利方程(4-32)可表述为:不可压缩理想流体在重力场中作定常流动时,沿流线单位重量流体的速度水头、位置水头和压强水头之和为常数,即总水头为一平行于

基准线的水平线, 如图 4-6 所示.

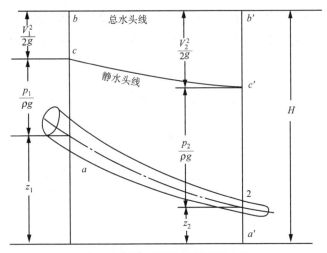

图 4-6　理想流体沿流线的总水头

根据伯努利方程推导时的简化假设, 可知伯努利方程的应用条件为: ①理想流体; ②不可压缩流体; ③质量力为重力; ④定常流动; ⑤沿流线的一维流动.

4.5.2　伯努利方程的应用

伯努利方程指出了不可压缩理想流体在重力场中作定常流动时, 沿同一流线各点间的能量关系, 可在工程实际中得到广泛的应用. 由于流体静压强可通过液柱式测压计测得, 所以通过伯努利方程可求得流体的流速, 这是伯努利方程最重要的应用之一. 下面通过几个例子来说明伯努利方程在工程实际中的应用.

1. 小孔出流

在如图 4-7 所示的水箱侧壁上开一个小孔, 水箱横截面很大, 假定水箱内水位保持不变, 在不计摩擦损失的条件下, 试求水从小孔流出的速度 V 与水面高度 h(以小孔轴线作基准面)之间的关系.

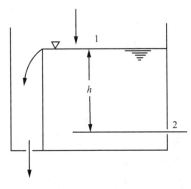

图 4-7　水箱小孔出流示意图

首先在水箱自由表面 1 和出流小孔 2 之间找一根流线, 在 1, 2 两点间建立伯努利方程

$$\frac{V_1^2}{2} + gz_1 + \frac{p_1}{\rho} = \frac{V_2^2}{2} + gz_2 + \frac{p_2}{\rho} \tag{4-33a}$$

为什么 1、2 两点要选择在这两处呢? 这是因为所选点必须包含两个基本条件: ①所选点要包含待求量; ②所选点要包含最大的已知信息. 对本题, 点 2 选在小孔出口处, V_2 即为待求的小孔出口速度 V, 另外压强 p_2 为大气压强 p_a, 高度 $z_2 = 0$. 而将点 1 选在自由表面, 取得的信息最大, 此时对点 1, 压强 p_1 为大气压强 p_a,

高度 $z_1 = h$(以小孔轴线作为基准面)；由于水箱横截面很大，故假定 $V_1 = 0$. 如果将点 1 选在流线的其他点上，p_1，z_1 和 V_1 可能都是未知量.

将上述数据代入式(4-33a)得

$$\frac{p_a}{\rho} + gh = \frac{p_a}{\rho} + \frac{V^2}{2} \tag{4-33b}$$

由式(4-33b)可求得

$$V = \sqrt{2gh} \tag{4-33}$$

式(4-33)是 1644 年由托里拆利(Torricelli)提出的，它表示小孔出流的速度等于流体质点从高度为 h 无摩擦自由下落到地面所达到的速度，即自由表面流体的位势能完全转换为流体流出小孔时的动能.

2. 皮托管

工程上经常用皮托管测量流体流速. 皮托(Pitot)管是一根两端开口弯成直角的管子，如图 4-8(a)所示. 其一端朝向来流，另一端垂直向上. 皮托管朝向来流的一端，即图中 0 点处，流体的速度为零，成为驻点，它的压强称为驻点压强或称总压，总压比皮托管周围流动流体的静压强要高. 因此可应用伯努利方程并利用压强差确定流动流体的速度,具体做法如下.

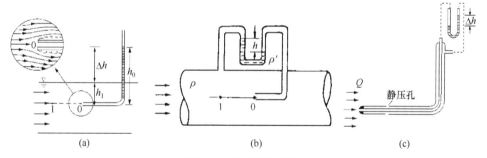

图 4-8　皮托管示意图

如图 4-8(a)所示，选择过驻点一根流线上的 0、1 两点，列伯努利方程

$$\frac{V_0^2}{2} + gz_0 + \frac{p_0}{\rho} = \frac{V_1^2}{2} + gz_1 + \frac{p_1}{\rho} \tag{4-34a}$$

对等号左边的驻点而言 $V_0 = 0$，压强 $p_0 = \rho gh_0$，等号右边的 1 点，它应选择在 0 点上游未受测管影响且与 0 点位于同一水平流线上，所以 $z_0 = z_1$，而 1 点处的流体压强，即由静压管测得的流动流体的静压强 $p_1 = \rho gh_1$. 将 p_0，p_1 代入式(4-34a)，得

$$0 + \rho gh_0/\rho = V_1^2/2 + \rho gh_1/\rho \tag{4-34b}$$

由此解得

$$V_1 = \sqrt{2g(h_0 - h_1)} = \sqrt{2g\Delta h} \tag{4-34c}$$

因此可利用式(4-34c)，根据测得的压强差 $p_0 - p_1 = \rho g(h_0 - h_1)$，即液柱高度差求取流体速度. 皮托管是由法国物理学家皮托发明的，他在 1773 年用这样一根弯成直角的玻璃管成功地测量了塞纳河水的流速，皮托管是伯努利方程的一个重要应用.

对于管道中的流体，皮托管测量的仅有总压，要用伯努利方程计算流速，还得另外测量静压. 在管道流动中，可利用图 4-8(b)的方法，用一根总压管和一根静压管分别测量总压和静压，然后连接在 U 型管差压计上，只要测出液柱高度差 h，就可用下式计算出流速：

$$V = \sqrt{\frac{2gh(\rho' - \rho)}{\rho}} \qquad (4\text{-}34\text{d})$$

式中，ρ 为管道中流体的密度；ρ' 为差压计所用指示液体的密度.

在工程实际中，往往将皮托管和静压管组合在一起，做成如图 4-8(c)所示的皮托-静压管，简称动压管，用以测量管道中流体的流速. 它用静压管包围着皮托管，在驻点之后适当距离的外壁上沿圆周钻几个小孔，称为静压孔，静压孔的位置一般由实验确定，使其测得的压强刚好和流动流体的静压强相等. 测量时，将动压管放入待测流速位置，将静压孔的通路与总压孔的通路分别连接于差压计的两端，差压计给出总压和静压的差值，从而利用式(4-34d)求得被测点的流速.

以上计算是对理想流体而言的，而实际流体都有黏性，黏性流体流动时要产生能量损失，这样按照式(4-34d)的计算结果将有误差. 工程上常用校正系数加以修正，即实际速度为

$$V_{\text{act}} = \varphi\sqrt{\frac{2gh(\rho' - \rho)}{\rho}} \qquad (4\text{-}34)$$

式中，φ 是校正系数，小于 1，一般由皮托管的制造商给出.

皮托管结构简单，使用方便，用途广泛，常用以测量管道内的水流速度. 此外，例如，飞机头部或机翼前缘常装设皮托管，测量飞机相对于空气的飞行速度(空速)；F1 赛车中，车体的前部也安装有皮托管，用来测量赛车相对于空气的行驶速度(空速)；在科研与生产中，也常用皮托管测量通风管道、工业管道、炉窑烟道内的气流速度，经过换算来确定流量.

3. 文丘里管

文丘里(Venturi)管在工程中用于测量管道中流体的流量，如图 4-9 所示，它由收缩管和扩散管连接在一起组成，收缩管和扩散管的连接处称为喉部. 它的测量原理是利用管道收缩，流通截面变小，流体流速增加，从而使压强降低. 根据压强降低的程度可以确定流速的大小，从而计算出流体的流量.

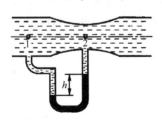

图 4-9　文丘里管示意图

测量时，在文丘里管入口前的直管段截面 1 和喉部截面 2 两处测量静压强，在中心流线与这两个截面的交点 1 和交点 2 间建立伯努利方程

$$\frac{V_1^2}{2} + gz_1 + \frac{p_1}{\rho} = \frac{V_2^2}{2} + gz_2 + \frac{p_2}{\rho} \qquad (4\text{-}35\text{a})$$

文丘里管水平放置时 $z_1 = z_2$，式(4-35a)成为

$$\frac{V_1^2}{2} + \frac{p_1}{\rho} = \frac{V_2^2}{2} + \frac{p_2}{\rho} \qquad (4\text{-}35\text{b})$$

另外，根据不可压缩流体的连续性方程 $V_1 A_1 = V_2 A_2$，可得

$$V_1 = V_2 A_2 / A_1 = V_2 d_2^2 / d_1^2 \qquad (4\text{-}35\text{c})$$

将式(4-35c)代入式(4-35b)得

$$V_2 = \sqrt{\frac{2(p_1 - p_2)}{\rho\left(1 - \dfrac{d_2^{\,4}}{d_1^{\,4}}\right)}} \qquad (4\text{-}35\text{d})$$

其体积流量为

$$Q_{\mathscr{V}} = \frac{\pi d_2^2}{4}\sqrt{\frac{2(p_1 - p_2)}{\rho\left(1 - \dfrac{d_2^{\,4}}{d_1^{\,4}}\right)}} \qquad (4\text{-}35\text{e})$$

在实际应用中，与皮托管一样，还要考虑黏性引起的能量耗散，故乘上修正系数，得实际流体的体积流量为

$$Q_{\mathscr{V}\text{act}} = \varphi\frac{\pi d_2^2}{4}\sqrt{\frac{2(p_1 - p_2)}{\rho\left(1 - \dfrac{d_2^{\,4}}{d_1^{\,4}}\right)}} \qquad (4\text{-}35)$$

式(4-35)中的修正系数 φ 可由实验确定，压力差 $p_1 - p_2$ 可由 U 型差压计液面的高度差求得.

4. 空吸作用

如图 4-10 所示，气流经一个变径管由 A 流向 B 时，会发现容器 D 中的液体被吸上去了，这是为什么呢? 对于水平放置的管道，取直管段和喉部截面中心 1、2 两点，根据伯努利方程 $\frac{V_1^2}{2} + \frac{p_1}{\rho} = \frac{V_2^2}{2} + \frac{p_2}{\rho}$ 和连续性方程 $V_1 A_1 = V_2 A_2$ 可以得出，对于变径管，细管径处流速 V_2 增大时，压强 p_2 减小，当压强减小到低于周围流体的压强时，周围流体即向该处流入. 利用增加流体流速而产生对周围气体或液体的吸入作用称为空吸作用.

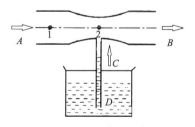

图 4-10　空吸作用示意图

空吸作用的应用很广，抽气器、喷雾器、内燃机的汽化器等都是根据这个原理设计

制造的. 生活中，航行的船只总是向水流较急的一面靠拢；疾速行驶的汽车，总能吸起路旁的纸屑；海洋中并排行驶、速度较大的船只不能靠得太近，否则有两船"相吸"、发生碰撞的危险；打开的门窗，有风吹过时门窗会自动闭合……. 其原因，均可用伯努利方程来解释.

例 4-2 用图 4-11 所示的文丘里管流量计测量竖直水管中的流量. 已知 $d_1 = 0.3\text{m}$，$d_2 = 0.15\text{m}$，水银差压计中水银面的高差为 $\Delta h = 0.02\text{m}$，水银密度 $\rho' = 13600\text{kg}/\text{m}^3$，试求水流量 Q_V.

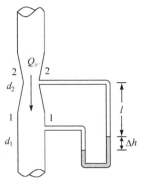

图 4-11 例 4-2 示意图

解 对图 4-11 中的截面 1-1 和 2-2 应用伯努利方程，有

$$z_1 + \frac{p_1}{\rho g} + \frac{V_1^2}{2g} = z_2 + \frac{p_2}{\rho g} + \frac{V_2^2}{2g}$$

即

$$\frac{V_2^2 - V_1^2}{2g} = z_1 + \frac{p_1}{\rho g} - \left(z_2 + \frac{p_2}{\rho g}\right)$$

设截面 2-2 与右侧水银面高差为 l，则

$$p_2 + \rho g l + \rho' g \Delta h = p_1 + \rho g\left[l + \Delta h - (z_2 - z_1)\right]$$

即

$$\frac{V_2^2 - V_1^2}{2g} = z_1 + \frac{p_1}{\rho g} - \left(z_2 + \frac{p_2}{\rho g}\right) = \left(\frac{\rho'}{\rho} - 1\right)\Delta h$$

由连续性方程

$$\frac{\pi d_1^2 V_1}{4} = \frac{\pi d_2^2 V_2}{4}, \quad V_1^2 = \left(\frac{d_2}{d_1}\right)^4 V_2^2$$

得

$$V_2 = \sqrt{\frac{(\rho'/\rho - 1)2g\Delta h}{1 - (d_2/d_1)^4}}$$

水流量

$$Q_V = \frac{\pi d_2^2}{4}\sqrt{\frac{(\rho'/\rho - 1)2g\Delta h}{1 - (d_2/d_1)^4}} \tag{4-35f}$$

代入已知数据，得

$$Q_V = \frac{\pi \times (0.15)^2}{4}\sqrt{\frac{(13600/1000 - 1) \times 2 \times 9.81 \times 0.02}{1 - (0.15/0.3)^4}} = 0.0406(\text{m}^3/\text{s})$$

式(4-35f)和式(4-35e)表述的内容相同，表明文丘里管流量计无论是水平放置还是垂直放

置，其计算公式相同.

例 4-3　如图 4-12 所示，喷雾器中与活塞相配的圆筒直径 $d_1 = 5 \times 10^{-2}$m，收缩段直径 $d_2 = 3 \times 10^{-3}$m，连接收缩段与盛水容器的垂直管的直径 $d_3 = 2 \times 10^{-3}$m. 活塞以 $V_1 = 0.2$m/s 的速度运动，收缩段与盛水容器的液面高差 $H = 4 \times 10^{-2}$m，已知空气密度 $\rho = 1.25$kg/m³，试计算水的喷射量.

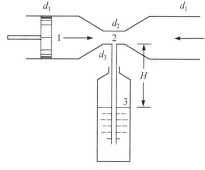

图 4-12　例 4-3 示意图

解　设与活塞相配的圆筒内的气流速度为 V_1，收缩段的气流速度为 V_2，在圆筒和收缩段间同一流线上取 1，2 两点，建立伯努利方程有

$$\frac{V_1^2}{2} + \frac{p_a}{\rho} = \frac{V_2^2}{2} + \frac{p_2}{\rho}$$

由不可压缩流体的连续性方程，得 $V_1 d_1^2 = V_2 d_2^2$

$$p_a - p_2 = \frac{1}{2}\rho(V_2^2 - V_1^2) = \frac{1}{2}\rho V_1^2 \left[\left(\frac{d_1}{d_2}\right)^4 - 1 \right] = \frac{1}{2} \times 1.25 \times 0.2^2 \left[\left(\frac{5 \times 10^{-2}}{3 \times 10^{-3}}\right)^4 - 1 \right] = 1929 \text{(Pa)}$$

在位于收缩段的垂直管入口取点 2，再在盛水容器液面取点 3，其压强为 p_a，并假定垂直管中的流速为 V_3，水的密度 $\rho_0 = 1000$kg/m³，代入伯努利方程，得

$$\frac{p_a}{\rho_0 g} = \frac{p_2}{\rho_0 g} + H + \frac{V_3^2}{2g}$$

$$\frac{V_3^2}{2g} = \frac{p_a - p_2}{\rho_0 g} - H = \frac{1929}{1000 \times 9.81} - 0.04 = 0.1566 \text{m}$$

$$V_3 = \sqrt{0.1566 \times 2 \times 9.81} = 1.753 \text{m/s}$$

$$Q_{\mathscr{V}} = \frac{\pi}{4} d_3^2 V_3 = \frac{\pi}{4} \times (2 \times 10^{-3})^2 \times 1.753 = 5.507 \times 10^{-6} \text{(m}^3\text{/s)}$$

例 4-4　为测量通风机吸入空气的体积流量，在通风机入口装一个圆弧形集流器，并在集流器上连接一个 U 型管液柱式测压计，如图 4-13(a)所示. 测得当地大气压 $p_a = 750$mmHg，气温 $t_a = 30$℃，集流管直径 $D = 400$mm，U 型管测压计内的封液为水，$\Delta h = 150$mmH₂O，若不计损失，试计算通风机吸入的空气流量 $Q_{\mathscr{V}}$.

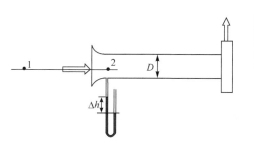

(a) 圆弧形集流器　　　　　　　　(b) 离心式通风机

图 4-13　例 4-4 示意图

解 如图 4-13(a)所示，选取集流器外流线上的点 1 和集流器内中心处的同一根流线上的点 2，列伯努利方程

$$\frac{V_1^2}{2} + gz_1 + \frac{p_1}{\rho} = \frac{V_2^2}{2} + gz_2 + \frac{p_2}{\rho}$$

集流器外的压强为大气压，所以 $p_1 = p_a$. 同时，由于 $A_1 \gg A_2$，从不可压缩流体的连续性方程可知，$V_1 \ll V_2$，V_1 可以忽略，取 $V_1 = 0$. 又 $z_1 = z_2$，所以

$$\frac{p_a}{\rho} = \frac{V_2^2}{2} + \frac{p_2}{\rho}$$

即

$$V_2 = \sqrt{2\left(\frac{p_a - p_2}{\rho}\right)}$$

根据 U 型管液柱式测压计内的液位差，得 $p_a - p_2 = \rho_{H_2O} g \Delta h$，同时查表可知 30℃时，$\rho_{H_2O} = 995.24\text{kg/m}^3$，空气密度 $\rho = 1.15\text{kg/m}^3$，所以

$$V_2 = \sqrt{2\frac{\rho_{H_2O} g \Delta h}{\rho}} = \sqrt{2 \times \frac{995.24 \times 9.81 \times 0.15}{1.15}} = 50.47(\text{m/s})$$

通风机吸入的空气流量

$$Q_V = \frac{\pi}{4} D^2 V_2 = \frac{\pi}{4} \times 0.4^2 \times 50.47 = 6.34(\text{m}^3/\text{s})$$

本题计算得到的空气流速小于 70m/s，所以本题将空气作为不可压缩流体处理是合理的.

4.6 动 量 方 程

流体流动除了应遵守质量守恒、能量守恒定律外，还应遵守动量守恒定律，动量方程是动量守恒定律对流体流动问题应用的结果. 动量方程在求解流体与固体之间的相互作用问题时得到了广泛应用.

4.6.1 定常流动的动量方程

由动量守恒定理：系统内流体动量对时间的变化率等于作用在系统上外力的矢量和，得

$$\frac{\text{d}}{\text{d}t}(mV)_s = \sum F \tag{4-36}$$

式中，$\sum F$ 为作用在系统上外力的矢量和；$(mV)_s$ 是系统的动量.

借助雷诺输运方程，可将式(4-36)对系统的方程转化为与欧拉描述法相一致的对控制

体的方程，此时雷诺输运方程中系统的物理量 $(B)_s$ 成为系统的动量 $(mV)_s$，即 $B = mV$，单位质量的该物理量 $\beta = \dfrac{\mathrm{d}B}{\mathrm{d}m} = V$．将此关系代入雷诺输运方程(4-8)，得

$$\frac{\mathrm{d}}{\mathrm{d}t}(mV)_s = \frac{\partial}{\partial t}\int_{c.v}\rho V\mathrm{d}\mathscr{V} + \int_{c.s}\rho V(V \cdot n)\mathrm{d}A \tag{4-37}$$

对定常流动：

$$\frac{\partial}{\partial t}\int_{c.v}\rho V\mathrm{d}\mathscr{V} = 0$$

将式(4-37)代入式(4-36)，在定常流动条件下得

$$\sum F = \int_{c.s}\rho V(V \cdot n)\mathrm{d}A \tag{4-38}$$

式(4-38)就是定常流动的动量方程，它表示定常流动时，作用于固定控制体上的合力等于流出、流入控制面的净动量流率．值得注意的是，式(4-38)是一个矢量方程，求解时通常将其分解成 x、y、z 三个分量方程，即

$$\begin{cases} \sum F_x = \displaystyle\int_{c.s} u\rho(V \cdot n)\mathrm{d}A \\[2mm] \sum F_y = \displaystyle\int_{c.s} v\rho(V \cdot n)\mathrm{d}A \\[2mm] \sum F_z = \displaystyle\int_{c.s} w\rho(V \cdot n)\mathrm{d}A \end{cases} \tag{4-38a}$$

式(4-38a)的物理意义与式(4-38)相同，即在定常流动条件下，作用于固定控制体上的合力沿三个坐标轴的分量(投影)与流出和流入控制面的净动量流率在三个坐标轴的分量(投影)相等．下面分别对合力项和净动量流率项进行分析讨论．

1. 合力项

动量方程中的合力项 $\sum F$ 表示作用在系统上所有外力的矢量和．由于在推导雷诺输运方程时，系统与控制体在初始时刻是重合的，因此，作用在系统上的合力可看作是作用在控制体上的合力．它包括作用在控制体质量上的所有质量力和作用在被控制面切割的所有流体和固体上的表面力．即

$$\sum F = \sum (F_m + F_s) \tag{4-39}$$

令 f_m 表示单位质量的质量力，则总质量力 F_m 可表示为

$$F_m = \int_{c.v} f_m\rho\mathrm{d}\mathscr{V} \tag{4-39a}$$

若质量力仅是重力，那么单位质量的质量力 $f_m = -g k$．

对理想流体，不考虑黏性耗散，控制体上的表面力 F_s 包括：切割凸出于控制面的固体所产生的力 R 和周围流体的压力 F_p，即

$$F_s = R + F_p \tag{4-39b}$$

计算时应特别注意压力的方向. 控制面上外部压力垂直于表面，指向控制体内部，而表面的单位矢量 $\boldsymbol{n}$ 定义为外法向，两者刚好相反. 所以压力的公式为

$$F_p = \int_{\text{c.s}} p(-\boldsymbol{n})\mathrm{d}A \tag{4-39c}$$

如在全部闭合控制面上都作用一均匀压强 p_u(如大气压强 p_a)，因控制面是闭合的，所以围绕控制面的均匀压强所产生的静压力 F_{p_u} 为零，即

$$F_{p_u} = \int_{\text{c.s}} p_u(-\boldsymbol{n})\mathrm{d}A = -p_u \int_{\text{c.s}} \boldsymbol{n}\mathrm{d}A = 0 \tag{4-39d}$$

因此，若控制面上作用的总压强包含这个均匀压强 p_u(如大气压强 p_a)，如图 4-14(a)；为简化计算，可将总压强减去均匀压强来计算压力，如图 4-14(b)，其结果还是相同的. 如 $p_u = p_a$，则

$$F_p = \int_{\text{c.s}} (p - p_a)(-\boldsymbol{n})\mathrm{d}A = \int_{\text{c.s}} p_g(-\boldsymbol{n})\mathrm{d}A \tag{4-39e}$$

式中，p_g 为相对压强(或表压)，用此法可简化压力的计算.

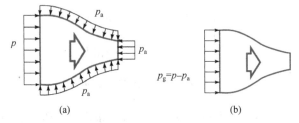

图 4-14　压力的计算

2. 净动量流率项

固定控制体的净动量流率项 $\int_{\text{c.s}} \boldsymbol{V}\rho(\boldsymbol{V}\cdot\boldsymbol{n})\mathrm{d}A$ 是对控制面的一个面积分. 通常当控制面上流体速度分布不均匀时，要通过积分才能求出. 但如适当选择控制体，使 $\boldsymbol{V}$ 和 ρ 在控制面上都均匀，这时净动量流率可通过下式计算：

$$\int_{\text{c.s}} \boldsymbol{V}\rho(\boldsymbol{V}\cdot\boldsymbol{n})\mathrm{d}A = \sum [\boldsymbol{V}(\rho V_n A)]_o - \sum [\boldsymbol{V}(\rho V_n A)]_i \tag{4-40}$$

式(4-40)中的 V_n 是控制面上法向速度的大小，与方向无关. 式中 $(\rho V_n A)$ 表示流过控制面的质量流率 $\rho Q_{\mathscr{V}}$，所以式(4-40)也可以写成

$$\int_{\text{c.s}} \boldsymbol{V}\rho(\boldsymbol{V}\cdot\boldsymbol{n})\mathrm{d}A = \sum (\rho Q_{\mathscr{V}}\boldsymbol{V})_o - \sum (\rho Q_{\mathscr{V}}\boldsymbol{V})_i \tag{4-40a}$$

式(4-40a)是矢量方程，求解时同样应将其分解成沿 x、y、z 三个坐标轴的分量，即

$$\begin{cases} \int_{c.s} u\rho(V \cdot n)dA = \sum(\rho Q_{\mathscr{V}} u)_o - \sum(\rho Q_{\mathscr{V}} u)_i \\ \int_{c.s} v\rho(V \cdot n)dA = \sum(\rho Q_{\mathscr{V}} v)_o - \sum(\rho Q_{\mathscr{V}} v)_i \\ \int_{c.s} w\rho(V \cdot n)dA = \sum(\rho Q_{\mathscr{V}} w)_o - \sum(\rho Q_{\mathscr{V}} w)_i \end{cases} \quad (4\text{-}40b)$$

综合以上分析，式(4-38)可以写成

$$\begin{cases} \sum F_x = \int_{c.s} u\rho(V \cdot n)dA = \sum(\rho Q_{\mathscr{V}} u)_o - \sum(\rho Q_{\mathscr{V}} u)_i \\ \sum F_y = \int_{c.s} v\rho(V \cdot n)dA = \sum(\rho Q_{\mathscr{V}} v)_o - \sum(\rho Q_{\mathscr{V}} v)_i \\ \sum F_y = \int_{c.s} w\rho(V \cdot n)dA = \sum(\rho Q_{\mathscr{V}} w)_o - \sum(\rho Q_{\mathscr{V}} w)_i \end{cases} \quad (4\text{-}41)$$

在使用式(4-41)时，应特别注意坐标方向与分速度 u、v、w 方向之间的关系. 如坐标方向与分速度方向一致，动量流率项为正值；如坐标方向与分速度方向相反，动量流率项为负值.

对于一段流管内的定常流动，如图 4-15 所示，我们取虚线部分为控制体，并假设有效截面上为均匀流动，$\sum F$ 是加在系统上的外力矢量和. 根据式(4-41)，得

$$\begin{cases} \rho_2 A_2 V_2 u_2 - \rho_1 A_1 V_1 u_1 = \sum F_x \\ \rho_2 A_2 V_2 v_2 - \rho_1 A_1 V_1 v_1 = \sum F_y \\ \rho_2 A_2 V_2 w_2 - \rho_1 A_1 V_1 w_1 = \sum F_z \end{cases} \quad (4\text{-}42a)$$

根据连续性方程

$$\rho_2 A_2 V_2 = \rho_1 A_1 V_1 = \rho Q_{\mathscr{V}}$$

所以，式(4-42a)改写为

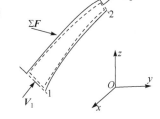

图 4-15　流管内的流动

$$\begin{cases} \rho Q_{\mathscr{V}}(u_2 - u_1) = \sum F_x \\ \rho Q_{\mathscr{V}}(v_2 - v_1) = \sum F_y \\ \rho Q_{\mathscr{V}}(w_2 - w_1) = \sum F_z \end{cases} \quad (4\text{-}42)$$

4.6.2　动量方程的应用

如前所述，动量方程特别适用于求解流体与固体之间的相互作用问题. 在应用动量方程时，应注意以下几点.

(1) 动量方程是一个矢量方程，应用投影方程较方便.

(2) 定常流动的动量方程只涉及控制面上的参数，而不必考虑控制体内部的流动状态.

(3) 要确定适当的坐标系，适当地选择控制体和控制面.

(4) 完整地表达出作用在控制体和控制面上的外力，注意流动方向的投影和正负.

(5) 在假定待求力的方向与所确定的坐标方向一致的前提下，若最后计算结果是正值，说明待求力的方向与假定一致，沿坐标轴正向；若计算结果是负值，则待求力的方向与假定方向刚好相反，沿坐标轴负向.

以下通过几个具体例子来说明动量方程的应用.

1. 流体对弯管的作用力

流体在流过转弯管路时，迎面碰上管壁，流动方向改变. 流体与管壁之间因发生碰撞而产生了相互作用力. 工程实际中，各种管路需要连接，因此存在着大量的管接头，接头受力情况可借助动量方程确定.

例 4-5　一个变直径弯管水平放置，如图 4-16 所示. 弯管进口截面 A 处的参数为 p_1、V_1、A_1，出口截面 B 处的参数为 p_2、V_2、A_2，方向如图所示. 管道内流体的体积流量为 Q_V. 试求定常流动时流体对弯管的力. 假设流体的密度为 ρ，弯管出、入口截面流速均匀.

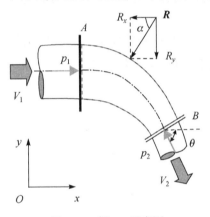

图 4-16　例 4-5 示意图

解　取坐标系如图 4-16 所示，控制体如图中虚线所示. 假设水平放置弯管对流体作用沿 x 方向的作用力 R_x 和沿 y 方向的作用力 R_y 沿 x,y 坐标反方向. 对控制体的受力分析如下.

质量力方向沿 z 轴竖直向下，所以在水平面中的 x、y 方向投影为零，即

$$\sum F_{mx} = \sum F_{my} = 0$$

表面力在 x 方向投影为

$$\sum F_{sx} = p_1 A_1 - p_2 A_2 \cos\theta - R_x$$

表面力在 y 方向投影为

$$\sum F_{sy} = p_2 A_2 \sin\theta - R_y$$

根据式(4-42)，分别写出 x 方向和 y 方向定常流动的动量方程

x 方向：　　$p_1 A_1 - p_2 A_2 \cos\theta - R_x = \rho Q_V (V_{2x} - V_{1x})$

y 方向：　　$p_2 A_2 \sin\theta - R_y = \rho Q_V (-V_{2y} - V_{1y})$

所以

$$R_x = p_1 A_1 - p_2 A_2 \cos\theta - \rho Q_V (V_2 \cos\theta - V_1)$$

$$R_y = p_2 A_2 \sin\theta + \rho Q_V V_2 \sin\theta$$

题目中所求流体对弯管的作用力 $\boldsymbol{F} = -\boldsymbol{R}$，它们是大小相等、方向相反的一对作用力和反作用力. 所以

$$F = -R = -\sqrt{R_x^2 + R_y^2}$$

$$\alpha = \arctan\frac{R_y}{R_x}$$

2. 流体对变径直管的作用力

流体流过变径直管时，可看作是流过弯管的特例. 取流动方向为正方向，忽略重力作用，受到的表面力只有变径前后的截面与变径侧壁的作用力. 如图 4-17 所示，可以认为带进截面 A_1 的动量是 $\rho A_1 V_1^2$，截面压力是 $p_1 A_1$，带出截面 A_2 的动量是 $\rho A_2 V_2^2$，截面压力是 $p_2 A_2$，则侧壁受到流体对管壁的作用力 $R = A_1(\rho V_1^2 + p_1) - A_2(\rho V_2^2 + p_2)$. 如果计算结果为正，说明管壁受到的力与流动方向一致. 否则，与流动方向相反.

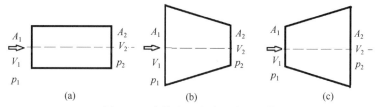

图 4-17　流体流过变直径水平短管

若不考虑流动损失，对于图 4-17(a)所示的水平等径短管，$A_1 = A_2$，$V_1 = V_2$，$p_1 = p_2$，动量守恒，此时管壁的侧面不受力；对于图 4-17(b)中的渐缩管，$A_1 > A_2$，$V_1 < V_2$，$p_1 > p_2$，流出的动量大于流入的动量，流体作用于管侧壁并产生与流动方向一致的冲击力；对于图 4-17(c)中的渐扩管，$A_1 < A_2$，$V_1 > V_2$，$p_1 < p_2$，流出的动量小于流入的动量，流体作用于管侧壁并产生与流动方向相反的冲击力.

例 4-6　如图 4-18 所示，水从直径 D_1 = 10cm 的管道经过一个直径 D_2 = 3cm 喷嘴射入大气，流量 $Q_{\mathscr{V}}$ =1.5m³/min，水的密度 ρ = 1000kg/m³. 若忽略损失，求喷嘴与水管接口处螺栓所需的拉力 F_B.

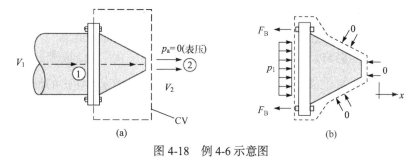

图 4-18　例 4-6 示意图

解　如图 4-18(a)虚线所示选择控制体，选定坐标系的 x 轴与流体从喷嘴喷出的方向平行. 根据连续性方程有

$$V_1 = \frac{Q_{\mathscr{V}}}{\frac{\pi}{4}D_1^2} = \frac{1.5/60}{\left(\frac{\pi}{4}\right) \times (0.1)^2} = 3.2(\text{m/s})$$

$$V_2 = \frac{Q_{\mathscr{V}}}{\frac{\pi}{4}D_2^2} = \frac{1.5/60}{\left(\frac{\pi}{4}\right) \times (0.03)^2} = 35.4(\text{m/s})$$

取 $p_2 = p_a = 0$ (表压)，根据伯努利方程有

$$\frac{p_1}{\rho g} + \frac{V_1^2}{2g} = 0 + \frac{V_2^2}{2g}$$

所以

$$p_1 = \frac{\rho}{2}(V_2^2 - V_1^2) = \frac{1000}{2}(35.4^2 - 3.2^2) = 621460\,(\mathrm{Pa})\,(表压)$$

如图 4-18(b)虚线所示，大气压均匀作用在控制体上，大气压合力为 0. 根据动量方程有

$$-F_\mathrm{B} + p_1 A_1 = \rho Q_V (V_2 - V_1)$$

所以

$$\begin{aligned}
F_\mathrm{B} &= p_1 \frac{\pi}{4} D_1^2 - \rho Q_V (V_2 - V_1)\\
&= 621460 \times \frac{\pi}{4} \times 0.1^2 - 1000 \times \frac{1.5}{60}(35.4 - 3.2)\\
&= 4076(\mathrm{N})
\end{aligned}$$

F_B 的方向如图 4-18(b)所示，沿 x 轴反向.

3. 射流对固体壁面的冲击力

流体从管嘴喷射出来形成射流. 如果射流处在同一大气压强下，并忽略自身重力，则作用在流体上的力只有固体壁面对射流的阻力，它与射流对壁面的冲击力构成一对作用力和反作用力.

例 4-7　如图 4-19 所示，一股射流以速度 V 自喷嘴水平射到倾角为 α 的光滑平板上，体积流量为 Q_V. 求流体对板面的作用力以及沿板面两侧的分流流量 Q_{V1} 和 Q_{V2} 的表达式. 忽略流体撞击的损失和重力影响，射流内的压强在分流前后没有变化.

解　如图 4-19 所示建立坐标系，选择控制体如图中虚线部分所示.

题中忽略重力的影响，所以无质量力作用，即 $\sum \boldsymbol{F}_m = 0$；射流液流处在同一大气压强下，所以压力合力为 0，即 $\sum \boldsymbol{F}_p = \int_{c.s} p_\mathrm{a}(-\boldsymbol{n})\mathrm{d}A = 0$；忽略流体撞击的损失，黏性力影响为 0. 因此，作用在流体上的力，只有固体壁面对射流的阻力 $\boldsymbol{R}$，其反作用力则为射流对固体壁面的冲击力，本题就是要求解此力.

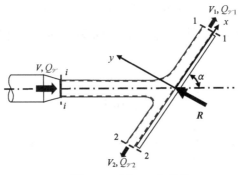

图 4-19　例 4-7 示意图

列 y 方向的动量方程

$$R = 0 - (-\rho Q_{\mathscr{V}} V \sin\alpha)$$
$$R = \rho Q_{\mathscr{V}} V \sin\alpha$$

故流体对板面的作用力为 $R' = -\rho Q_{\mathscr{V}} V \sin\alpha$，方向沿 y 轴的反方向. 由此表达式可以看出，射流对固体壁面冲击力的大小不仅与流体的流量、密度和初速度有关，还与流体转过的角度有关. 当射流与固壁面相互垂直时，壁面受到的冲击力最大.

由于题中忽略流体撞击的损失和重力影响，且射流内的压强在分流前后没有变化，所以根据伯努利方程，有 $V = V_1 = V_2$.

列 x 方向的动量方程

$$\rho Q_{\mathscr{V}1} V_1 + (-\rho Q_{\mathscr{V}2} V_2) - \rho Q_{\mathscr{V}} V \cos\alpha = 0$$

根据连续性方程有 $Q_{\mathscr{V}1} + Q_{\mathscr{V}2} = Q_{\mathscr{V}}$，代入上式得

$$Q_{\mathscr{V}1} = \frac{Q_{\mathscr{V}}}{2}(1 + \cos\alpha), \quad Q_{\mathscr{V}2} = \frac{Q_{\mathscr{V}}}{2}(1 - \cos\alpha)$$

4. 射流的反推力

火箭飞行的根本动力是火箭内部的燃料发生剧烈燃烧，产生大量高温、高压的气体，从尾部喷出形成射流，射流对火箭产生反推力，使火箭向前运动，可见射流的反推力有着广泛的应用. 下面我们举例说明反推力的计算.

例 4-8　如图 4-20 所示，装有液体的容器，在其侧壁上开出一个面积为 A 的小孔，液体从小孔流出形成射流，试确定射流的反推力.

解　如图 4-20 所示建立坐标系，选择控制体如图中虚线部分所示.

根据伯努利方程，射流的速度为

$$V = \sqrt{2gh}$$

设容器给流体的作用力在 x 轴的投影为 R_x，$V_2 = V$，$V_1 = 0$. 根据动量方程

$$R_x = \rho Q_{\mathscr{V}}(V_2 - V_1) = \rho A V^2$$

射流给容器的反推力

$$F_x = -R_x = -\rho A V^2$$

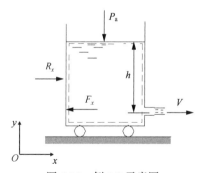

图 4-20　例 4-8 示意图

如果容器与底面间无摩擦，且能够沿 x 轴自由移动，则在反推力 F_x 的作用下，容器将沿与射流相反的方向运动，这就是射流的反推力. 火箭、喷气式飞机、喷水船、烟花升空等都是借助这种反推力而工作的.

4.7　动量矩方程

动量矩方程给出了运动流体质点对固定空间点的净力矩与流体质点对该空间点的动

量矩随时间变化之间的关系，是将动量矩定理应用于求解运动流体对固体空间点的力矩的结果.

4.7.1 定常流动的动量矩方程

如图 4-21 所示，处在 P 点的质量为 m_P 的流体质点，其速度为 V，且受到净力 F 的作用，则力 F 对距离 P 点矢径为 r_O 的空间点 O 的力矩为 M_O，与质点对 O 点的动量矩随时间的变化率相等，即

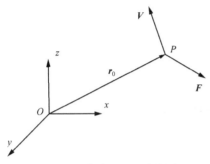

图 4-21　角动量原理示意图

$$M_O = r_O \times F = \frac{\mathrm{d}}{\mathrm{d}t}[r_O \times (m_P V)] \tag{4-43}$$

对于由许多质点组成的连续介质流体系统，动量矩定理可表述为系统内流体对某点的动量矩对时间的导数等于作用于系统的外力对同一点的力矩的矢量和，即

$$\sum (M_O)_\mathrm{s} = \frac{\mathrm{d}}{\mathrm{d}t}\int_\mathrm{s} (r_O \times V)\mathrm{d}m \tag{4-44}$$

式(4-44)就是运动流体对固定空间点的动量矩方程. 式中，$\mathrm{d}m$ 为流体微元的质量；下标 s 表示对系统的积分.

和动量方程一样，可应用雷诺输运方程，把对系统的方程转换成对控制体的方程. 这时，雷诺输运方程中系统的物理量 $B = \int_\mathrm{s} (r_O \times V)\,\mathrm{d}m$，单位质量的物理量 $\beta = \dfrac{\mathrm{d}B}{\mathrm{d}m} = r_O \times V$.
将此式代入雷诺输运方程(4-8)，得

$$\frac{\mathrm{d}}{\mathrm{d}t}\int_\mathrm{s} (r_O \times V)\mathrm{d}m = \frac{\partial}{\partial t}\int_\mathrm{c.v} (r_O \times V)\rho\mathrm{d}\mathscr{V} + \int_\mathrm{c.s} (r_O \times V)\rho(V \cdot n)\mathrm{d}A \tag{4-45}$$

代入式(4-44)，得

$$\sum (M_O)_\mathrm{s} = \frac{\partial}{\partial t}\int_\mathrm{c.v} (r_O \times V)\rho\mathrm{d}\mathscr{V} + \int_\mathrm{c.s} (r_O \times V)\rho(V \cdot n)\mathrm{d}A \tag{4-46}$$

对定常流动，$\dfrac{\partial}{\partial t}\displaystyle\int_\mathrm{c.v} (r_O \times V)\rho\mathrm{d}V = 0$，式(4-46)成为

$$\sum (M_O)_\mathrm{s} = \int_\mathrm{c.s} (r_O \times V)\rho(V \cdot n)\mathrm{d}A \tag{4-47}$$

式(4-47)就是定常流动的动量矩方程. 式(4-47)等号左边的力矩注有下标 s，表明是对系统而言的，但由于在推导雷诺方程时，初始时刻系统与控制体是重合的，故 $\sum (M_O)$ 也可以看作是作用在控制体内部质点上的所有力的力矩矢量和. 所以式(4-47)表示定常流动时，作用在控制体内部质点上的所有力的力矩矢量和等于流入、流出控制面的净动量矩流率.

对于具有若干个均匀速度进、出口的控制体，在定常流动时，动量矩方程(4-47)可表

示为

$$\sum (\boldsymbol{M}_O)_s = \sum [(\boldsymbol{r}_O \times \boldsymbol{V})(\rho V_n A)]_{\text{out}} - \sum [(\boldsymbol{r}_O \times \boldsymbol{V})(\rho V_n A)]_{\text{in}} \tag{4-47a}$$

4.7.2　动量矩方程的应用

　　与动量方程一样，动量矩方程也是矢量方程，它有三个分量方程. 解题时，一般应使坐标轴与力矩(或动量矩)的方向一致.

　　对于离心式水泵(简称离心泵)、风机、汽轮机及水轮机等流体机械，其叶轮流道中的流体随叶轮一起旋转，流体对转轴的力矩必须用动量矩方程解决. 动量矩方程的一个重要应用是导出叶轮机械基本方程. 现以离心式风机/水泵为例进行推导.

　　图 4-22 所示为离心泵或风机的叶轮，流体从叶轮的内圈入口流入，经叶轮流道于外圈出口流出. 令 $\boldsymbol{V}$ 为流体质点的绝对速度；V_e 为泵叶进、出口处的圆周速度(或称牵连速度)，$V_e = r\omega$；V_r 为流体相对于叶片的相对速度，V_r 与叶片相切. 因此，在入口截面，V_1 为流体质点进入叶轮时的绝对速度，它是入口处的牵连速度 V_{e1} 和相对速度 V_{r1} 的合成速度，即 $V_1 = V_{e1} + V_{r1}$；在出口截面，流体质点经叶轮流道至出口流出的绝对速度为 V_2，它是出口处的牵连速度 V_{e2} 和相对速度 V_{r2} 的合成速度，即 $V_2 = V_{e2} + V_{r2}$.

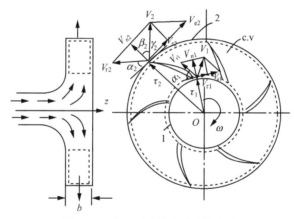

图 4-22　离心泵叶轮流道内的流动

　　对于流量一定的匀角速度旋转的泵叶，可将流体在泵叶间的流动视为定常的. 假设流体的密度为 ρ，流过整个叶轮的流量为 Q_V. 选择坐标系，以转动轴作为 z 轴. 选择控制体，如图 4-22 中虚线所示，以出口截面和进口截面之间的环形空间作为控制体. 则外力矩

$$\sum \boldsymbol{M}_O = \boldsymbol{r}_O \times \boldsymbol{F}_s + \boldsymbol{r}_O \times \boldsymbol{F}_m + \boldsymbol{T} \tag{4-48a}$$

式中，$\boldsymbol{r}_O \times \boldsymbol{F}_s$ 为表面力(即压力)对转轴 O 的力矩. 由于进出口截面上压力沿径向分布，$\boldsymbol{F}_s /\!/ \boldsymbol{r}_O$，故 $\boldsymbol{r}_O \times \boldsymbol{F}_s = 0$. $\boldsymbol{r}_O \times \boldsymbol{F}_m$ 为质量力对轴 O 的力矩. 由于轴对称，质量力的力矩相互抵消，故 $\boldsymbol{r}_O \times \boldsymbol{F}_m = 0$. $\boldsymbol{T}$ 为外界施加于控制体上的力矩，也就是叶片对流道内流体的作用力对转轴的力矩，为待求量，假定沿 z 轴正向 $\boldsymbol{T} = T\boldsymbol{k}$. 所以

$$\sum \boldsymbol{M}_O = T\boldsymbol{k} \tag{4-48b}$$

动量矩方程(4-47)右边可表示为

$$\int_{c.s} (r_O \times V)\rho(V \cdot n)\mathrm{d}A = (r_O \times V)_2 \rho Q_{\mathscr{V}2} - (r_O \times V)_1 \rho Q_{\mathscr{V}1} \qquad (4\text{-}48\mathrm{c})$$

根据连续性方程

$$Q_{\mathscr{V}1} = Q_{\mathscr{V}2} = Q_{\mathscr{V}} \qquad (4\text{-}48\mathrm{d})$$

$$(r_O \times V)_2 = r_2 V_2 \sin\beta_2 = r_2 V_2 \cos(90° - \beta_2) = r_2 V_2 \cos\gamma_2 = r_2 V_{\tau 2} \qquad (4\text{-}48\mathrm{e})$$

式中，r_2 为出口半径；V_2 为出口绝对速度；$V_{\tau 2}$ 为出口流速的切向分量；β_2, γ_2 如图 4-22 所示. 同理

$$(r_O \times V)_1 = r_1 V_{\tau 1} \qquad (4\text{-}48\mathrm{f})$$

式中，r_1 为进口半径；$V_{\tau 1}$ 为进口绝对流速的切向分量. 所以式(4-48c)转化为

$$\int_{c.s} (r_O \times V)\rho(V \cdot n)\mathrm{d}A = \rho Q_{\mathscr{V}} r_2 V_{\tau 2}\boldsymbol{k} - \rho Q_{\mathscr{V}} r_1 V_{\tau 1}\boldsymbol{k} \qquad (4\text{-}48\mathrm{g})$$

将式(4-48b)、式(4-48g)代入式(4-47)，得

$$T\boldsymbol{k} = \rho Q_{\mathscr{V}}(r_2 V_{\tau 2} - r_1 V_{\tau 1})\boldsymbol{k}$$

或

$$T = \rho Q_{\mathscr{V}}(r_2 V_{\tau 2} - r_1 V_{\tau 1}) \qquad (\text{顺时针}) \qquad (4\text{-}48)$$

式(4-48)即为外界施加于泵叶上的力矩 T 的表达式，称为欧拉透平公式.

设叶轮的角速度为 ω，则单位时间内作用给流体的功率为

$$P = T\omega = \rho Q_{\mathscr{V}}\omega(r_2 V_{\tau 2} - r_1 V_{\tau 1}) = \rho Q_{\mathscr{V}}(V_{e2} V_{\tau 2} - V_{e1} V_{\tau 1}) \qquad (4\text{-}49)$$

单位重量流体所获得的能量为

$$H = \frac{1}{g}(V_{e2} V_{\tau 2} - V_{e1} V_{\tau 1}) \qquad (4\text{-}49\mathrm{a})$$

这就是叶轮机械的基本方程. 由这个方程可以得到流体通过叶轮时所获得的能量. 单位重量流体所获得的能量 H 是反应叶轮机械性能的一个特征量.

例 4-9　图 4-22 为一台离心水泵的示意图. 水从轴向进入，通过以角速度 ω 旋转的泵叶，使水从进口速度 V_1 变到出口速度 V_2，压强从 p_1 变到 p_2，不考虑阻力损失，进、出口截面上的参数均匀. 假定入口内径 $r_1 = 0.04\mathrm{m}$，出口内径 $r_2 = 0.10\mathrm{m}$，轴向厚度 $b = 0.02\mathrm{m}$，入口角 $\alpha_1 = 40°$，出口角 $\alpha_2 = 22°$，水的体积流量 $Q_{\mathscr{V}} = 0.025\mathrm{m}^3/\mathrm{s}$，转速 $n = 1800\mathrm{r/min}$，水的密度 $\rho = 1000\mathrm{kg/m}^3$，计算施加于泵叶上的力矩 T、功率 P 和增加的理论压强 p.

解　根据图 4-22 所示泵叶进口的速度三角形，可求出以下各速度值.

进口：垂直于控制面的速度(有效截面速度)

$$V_{n1} = \frac{Q_{\mathscr{V}}}{2\pi r_1 b} = \frac{0.025}{2\pi \times 0.04 \times 0.02} = 4.97(\mathrm{m/s})$$

圆周速度

$$V_{e1} = r_1\omega = 0.04 \times 1800 \times 2\pi/60 = 7.54(\mathrm{m/s})$$

进口速度的径向分量

$$V_{r1} = V_{n1}/\sin\alpha_1 = 4.97/\sin 40° = 7.73(\text{m/s})$$

进口速度的切向分量

$$V_{\tau 1} = V_{e1} - V_{r1}\cos\alpha_1 = 7.54 - 7.73\cos 40° = 1.62(\text{m/s})$$

出口：垂直于控制面的速度

$$V_{n2} = \frac{Q_{\mathscr{V}}}{2\pi r_2 b} = \frac{0.025}{2\pi \times 0.10 \times 0.02} = 1.99(\text{m/s})$$

圆周速度

$$V_{e2} = r_2\omega = 0.10 \times 1800 \times 2\pi/60 = 18.85(\text{m/s})$$

出口速度的径向分量

$$V_{r2} = V_{n2}/\sin\alpha_2 = 1.99/\sin 22° = 5.31(\text{m/s})$$

出口速度的切向分量

$$V_{\tau 2} = V_{e2} - V_{r2}\cos\alpha_2 = 18.85 - 5.31\cos 22° = 13.93(\text{m/s})$$

所以

$$\begin{aligned} T &= \rho Q_{\mathscr{V}}(r_2 V_{\tau 2} - r_1 V_{\tau 1}) \\ &= 1000 \times 0.025 \times (0.10 \times 13.93 - 0.04 \times 1.62) = 33.2(\text{N}\cdot\text{m}) \end{aligned}$$

功率

$$P = T\omega = 33.2 \times 1800 \times 2\pi/60 = 6.26(\text{kW})$$

增加的理论压强

$$p = \frac{P}{Q_{\mathscr{V}}} = \frac{6.26 \times 10^3}{0.025} = 250(\text{kPa}) = 0.25(\text{MPa})$$

例 4-10 一草坪洒水器在水平面(xy 平面)内绕 z 轴匀角速度旋转，转速为 120r/min. 如图 4-23 所示，水从中心垂直管进入，经过转臂两端的喷嘴喷出，进水流量 $Q_{\mathscr{V}\text{i}} = 0.006\text{m}^3/\text{s}$，喷嘴出口截面积 $A_o = 0.001\text{m}^2$，洒水器臂长 $R = 0.2\text{m}$，水的密度 $\rho = 1000\text{kg/m}^3$. 试求：(1) 为使洒水器维持 120r/min 的匀角速度旋转，外界需加的阻力矩为多少；(2) 如果阻力矩为零，则洒水器的旋转角速度将增至多少.

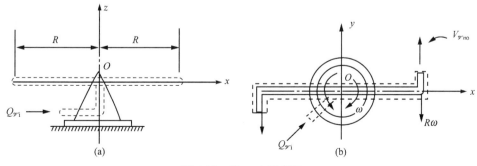

图 4-23 例 4-10 示意图

解 选择坐标系如图 4-23 所示，z 坐标为喷水器的旋转轴. 围绕喷水器选取控制体，如图中虚线所示. 作用在控制体上力矩的矢量和为

$$\sum M_O = r_O \times F_s + r_O \times F_m + T \tag{4-50a}$$

式中，$r_O \times F_s$ 是表面力对 O 点的力矩. 本题控制体四周作用着均匀的大气压强，压力对中心(旋转轴)的力矩之和为零. $r_O \times F_m$ 是质量力对 O 点的力矩. 由于质量力对旋转轴 O 点对称，所以由质量力引起的力矩之和亦为零. T 为外界对控制体施加的力矩，假定沿 z 轴正向，即 $T = Tk$，所以式(4-50a)化简为

$$\sum M_O = Tk \tag{4-50b}$$

本题有一个进口和两个出口，根据流动的对称性及连续性方程，出口流量可取为

$$Q_{\mathscr{V}o} = Q_{\mathscr{V}o1} = Q_{\mathscr{V}o2} = \frac{1}{2}Q_{\mathscr{V}i} \tag{4-50c}$$

根据本题条件，动量矩的通量项可展开为

$$\int_{c.s} (r_O \times V)\rho(V \cdot n)\mathrm{d}A = (r_O \times V)_{o1}\rho Q_{\mathscr{V}o1} + (r_O \times V)_{o2}\rho Q_{\mathscr{V}o2} - (r_O \times V)_i\rho Q_{\mathscr{V}i} \tag{4-50d}$$

式中，下标"o"表示出口，"i"表示进口；对进口，$r_{Oi} = 0$，所以 $(r_O \times V)_i = 0$，即进口的动量矩为零. 出口的动量矩是对称的，故

$$(r_O \times V)_{o1}\rho Q_{\mathscr{V}o1} = (r_O \times V)_{o2}\rho Q_{\mathscr{V}o2} = (r_O \times V)_o\rho Q_{\mathscr{V}o}$$

所以

$$\int_{c.s} (r_O \times V)\rho(V \times n)\mathrm{d}A = 2(r_O \times V)_o\rho Q_{\mathscr{V}o} \tag{4-50e}$$

将式(4-50b)、式(5-50e)代入动量矩方程(4-47)得

$$Tk = 2(r_O \times V)_o\rho Q_{\mathscr{V}o} \tag{4-50f}$$

$(r_O)_o$ 为喷嘴出口到 O 点的力臂，以洒水器的右臂为例

$$(r_O)_o = Ri = 0.2i \tag{4-50g}$$

V_o 为喷嘴出口处水的绝对速度，等于水在洒水器出口的相对速度减去喷嘴运动的牵连速度，即

$$V_o = (V_{no} - R\omega)j \tag{4-50h}$$

式中，

$$V_{no} = \frac{1}{2}\frac{Q_{\mathscr{V}i}}{A_o} = \frac{1}{2} \times \frac{6 \times 10^{-3}}{0.001} = 3(\mathrm{m/s})$$

将式(4-50g)、式(4-50h)代入式(4-50f)得

$$Tk = 2[Ri \times (V_{no} - R\omega)j]\rho Q_{\mathscr{V}o} = \rho Q_{\mathscr{V}i}(RV_{no} - R^2\omega)k \tag{4-50i}$$

(1) 为维持 120r/min 的匀角速度旋转，需加的阻力矩

$$Tk = 1000 \times 6 \times 10^{-3}\left(0.2 \times 3 - 0.2^2 \times 120 \times \frac{2\pi}{60}\right)k = 0.584(\mathrm{N \cdot m})k$$

所以要对控制体施加逆时针的力矩 $T = 0.588\mathrm{N\cdot m}$，才能使洒水器以 120r/min 的转速匀角速度旋转.

(2) 阻力矩为零时，$T = 0$，由式(4-50i)得

$$\omega = \frac{V_{no}}{R} = \frac{Q_{\mathscr{V}\mathrm{i}}}{2A_{\mathrm{o}}R} = \frac{6\times10^{-3}}{2\times0.001\times0.2} = 15 \quad (\mathrm{rad/s})$$

转速 $n = \dfrac{\omega}{2\pi}\times60 = \dfrac{15\times60}{2\pi} = 143.24(\mathrm{r/min})$.

4.8　微分形式的守恒方程

前面几节我们应用雷诺输运方程，推导了基于控制体分析的连续性方程、能量方程、动量方程和动量矩方程. 控制体分析的最大优点在于对定常流动，当已知控制面上流动的有关信息后，就能求出总力的分量和平均速度，而不必深究控制体内各处流动的详细情况，给一些工程问题的求解带来便利. 但它也有缺点，即不能得到控制体内各处流动的细节，而这会对深入研究流体运动产生影响. 因此，这一节我们将推导微分形式的守恒方程，包括连续性方程和纳维-斯托克斯方程等，并讨论积分求解这些方程需要满足的定解条件，为深入分析流体运动打下基础.

4.8.1　微分形式的质量守恒方程——连续性方程

首先推导微分形式的连续性方程. 它可以通过对积分形式的连续性方程(4-11)，应用数学上的高斯定理转换求得.

由式(4-6)，式(4-11)可改写成

$$\int_{\mathrm{c.v}} \frac{\partial \rho}{\partial t}\mathrm{d}\mathscr{V} + \int_{\mathrm{c.s}} \rho(\boldsymbol{V}\cdot\boldsymbol{n})\mathrm{d}A = 0 \tag{4-51}$$

根据数学上的高斯定理，一物理量通过控制面的面积分，等于该物理量的散度在控制面所包围的控制体内的体积分，则有

$$\int_{\mathrm{c.s}} \rho(\boldsymbol{V}\cdot\boldsymbol{n})\mathrm{d}A = \int_{\mathrm{c.v}} \nabla\cdot(\rho\boldsymbol{V})\,\mathrm{d}\mathscr{V} \tag{4-52}$$

将式(4-52)代入式(4-51)，得

$$\int_{\mathrm{c.v}} \left[\frac{\partial \rho}{\partial t} + \nabla\cdot(\rho\boldsymbol{V})\right]\mathrm{d}\mathscr{V} = 0 \tag{4-53}$$

由于流场满足连续介质条件，控制体的选取具有任意性，当控制体选为微元体时，有

$$\frac{\partial \rho}{\partial t} + \nabla\cdot(\rho\boldsymbol{V}) = 0 \tag{4-54}$$

式(4-54)称为微分形式的连续性方程. 在笛卡儿坐标系中，式(4-54)可表示成

$$\frac{\partial \rho}{\partial t} + \frac{\partial}{\partial x}(\rho u) + \frac{\partial}{\partial y}(\rho v) + \frac{\partial}{\partial z}(\rho w) = 0 \tag{4-55}$$

将式(4-55)展开，得

$$\frac{\partial \rho}{\partial t}+u\frac{\partial \rho}{\partial x}+v\frac{\partial \rho}{\partial y}+w\frac{\partial \rho}{\partial z}+\rho\frac{\partial u}{\partial x}+\rho\frac{\partial v}{\partial y}+\rho\frac{\partial w}{\partial z}=0$$

而

$$\frac{\partial \rho}{\partial t}+u\frac{\partial \rho}{\partial x}+v\frac{\partial \rho}{\partial y}+w\frac{\partial \rho}{\partial z}=\frac{\mathrm{D}\rho}{\mathrm{D}t}$$

所以，式(4-55)又可写成

$$\frac{\mathrm{D}\rho}{\mathrm{D}t}+\rho\left(\frac{\partial u}{\partial x}+\frac{\partial v}{\partial y}+\frac{\partial w}{\partial z}\right)=0 \tag{4-56}$$

式(4-56)中的第一项 $\dfrac{\mathrm{D}\rho}{\mathrm{D}t}$ 为 ρ 的随体导数，写成矢量形式

$$\frac{\mathrm{D}\rho}{\mathrm{D}t}+\rho\nabla\cdot V=0 \tag{4-57}$$

由于在式(4-54)和式(4-57)的推导过程中，未作任何简化假定，故只要流体满足连续介质假设，式(4-54)和式(4-57)都能适用.

对定常流动，流体参数不随时间变化，对本节内容，即 $\dfrac{\partial \rho}{\partial t}=0$，故由式(4-54)得定常流动下的连续性方程为

$$\nabla\cdot(\rho V)=0 \tag{4-58}$$

在笛卡儿坐标系中，式(4-58)可表示为

$$\frac{\partial}{\partial x}(\rho u)+\frac{\partial}{\partial y}(\rho v)+\frac{\partial}{\partial z}(\rho w)=0 \tag{4-59}$$

对不可压缩流体的流动，ρ 等于常数. 由式(4-58)得不可压缩流体定常流动的连续性方程为

$$\nabla\cdot V=0 \tag{4-60}$$

在笛卡儿坐标系中的表达式为

$$\frac{\partial u}{\partial x}+\frac{\partial v}{\partial y}+\frac{\partial w}{\partial z}=0 \tag{4-61}$$

对于在 xy 平面内的二维流动，式(4-61)可简化成

$$\frac{\partial u}{\partial x}+\frac{\partial v}{\partial y}=0 \tag{4-62}$$

例 4-11 某一靠近平壁的二维剪切流，x 方向坐标沿壁面，y 方向坐标与壁面垂直. 其 x 方向的速度分量为 $u=V\left(\dfrac{2y}{ax}-\dfrac{y^2}{a^2 x^2}\right)$，其中 a 为常数，试由连续性方程导出速度分量 $v(x,y)$. 假设 $y=0$ 时，$v=0$.

解　不可压缩流体的平面运动，满足连续性方程

$$\frac{\partial u}{\partial x} + \frac{\partial v}{\partial y} = 0$$

将速度分量 u 对 x 求偏导数并代入连续性方程，得

$$\frac{\partial v}{\partial y} = V\left[\frac{2y}{ax^2} - \frac{2y^2}{a^2x^3}\right]$$

对 y 积分得

$$v = V\left[\frac{y^2}{ax^2} - \frac{2y^3}{3a^2x^3}\right] + f(x)$$

根据边界条件：$y = 0$ 时 $v = 0$，代入上式得

$$f(x) = 0$$

所以

$$v = V\left[\frac{y^2}{ax^2} - \frac{2y^3}{3a^2x^3}\right]$$

4.8.2　微分形式的动量守恒方程——纳维-斯托克斯方程

在流动流体中，选取一个微元六面体作为控制体，边长分别为 $\mathrm{d}x$、$\mathrm{d}y$、$\mathrm{d}z$，微元六面体上的受力分析如图 4-24 所示.

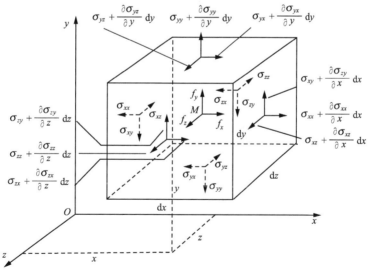

图 4-24　流体微团受力分析

作用在微元六面体上的力包括质量力和表面力. 其中单位质量力分别为 f_x，f_y，f_z. 在黏性流体中，根据表面力作用面的法线方向(简称法向)与力的方向是否相同，将表面力分成两部分：法向应力与切向应力. 并用应力的两个下标分别表示应力作用面的法线方向和

应力的方向,第一个下标表示应力作用面的法向,第二个下标表示应力的方向,例如,σ_{xy}表示作用在 yz 平面(法向为 x 方向)上的应力在 y 方向的分量. 应力 σ_{xx}, σ_{yy} 和 σ_{zz} 都有相同的两个下标,表明应力方向与作用面法向一致,称为法向应力;应力 σ_{xy}, σ_{xz} 等的两个下标不同,表明应力的方向平行于作用面,称为切向应力.

对这一微元六面体应用牛顿第二定律得

$$\sum \boldsymbol{F} = \rho \mathrm{d}x\mathrm{d}y\mathrm{d}z \frac{\mathrm{D}\boldsymbol{V}}{\mathrm{D}t} \tag{4-63}$$

考虑 x 方向的动量平衡,有

$$\sum F_x = (\mathrm{d}F_m)_x + (\mathrm{d}F_s)_x = \rho \mathrm{d}x\mathrm{d}y\mathrm{d}z \frac{\mathrm{D}u}{\mathrm{D}t} \tag{4-64}$$

式中, $(\mathrm{d}F_m)_x = \rho f_x \mathrm{d}x\mathrm{d}y\mathrm{d}z$ 为作用在微元六面体上质量力的 x 分量;$(\mathrm{d}F_s)_x$ 为作用在微元六面体上表面力的 x 分量. 参考图 4-25,将微元六面体六个控制面上的应力引起的 x 方向的表面力 $(\mathrm{d}F_s)_x$ 列在图 4-25 中,并归纳成表 4-1.

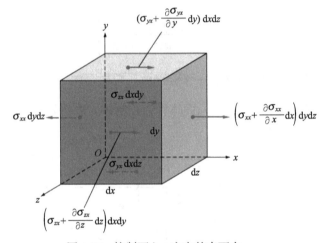

图 4-25　控制面上 x 方向的表面力

表 4-1　控制面上 x 方向的表面力

控制面	表面力				净表面力
yz	左面	$-\sigma_{xx}\mathrm{d}y\mathrm{d}z$	右面	$\left(\sigma_{xx} + \dfrac{\partial \sigma_{xx}}{\partial x}\mathrm{d}x\right)\mathrm{d}y\mathrm{d}z$	$\dfrac{\partial \sigma_{xx}}{\partial x}\mathrm{d}x\mathrm{d}y\mathrm{d}z$
xz	下面	$-\sigma_{yx}\mathrm{d}z\mathrm{d}x$	上面	$\left(\sigma_{yx} + \dfrac{\partial \sigma_{yx}}{\partial y}\mathrm{d}y\right)\mathrm{d}z\mathrm{d}x$	$\dfrac{\partial \sigma_{yx}}{\partial y}\mathrm{d}x\mathrm{d}y\mathrm{d}z$
xy	后面	$-\sigma_{zx}\mathrm{d}x\mathrm{d}y$	前面	$\left(\sigma_{zx} + \dfrac{\partial \sigma_{zx}}{\partial z}\mathrm{d}z\right)\mathrm{d}x\mathrm{d}y$	$\dfrac{\partial \sigma_{zx}}{\partial z}\mathrm{d}x\mathrm{d}y\mathrm{d}z$

因此,x 方向净表面力为

$$(\mathrm{d}F_s)_x = \left(\frac{\partial \sigma_{xx}}{\partial x} + \frac{\partial \sigma_{yx}}{\partial y} + \frac{\partial \sigma_{zx}}{\partial z}\right)\mathrm{d}x\mathrm{d}y\mathrm{d}z \tag{4-65}$$

对黏性流体，应力由流体静压强和黏性变形引起，由于静压强 p 的方向垂直于它的作用面，所以它仅对法向应力 σ_{xx} 有贡献，对切向应力 σ_{yx} 和 σ_{zx} 没有影响，而黏性应力对法向应力、切向应力都有贡献，用 τ_{xx}，τ_{yx}，τ_{zx} 表示相应的黏性应力，则有

$$\sigma_{xx} = -p + \tau_{xx}, \quad \sigma_{yx} = \tau_{yx}, \quad \sigma_{zx} = \tau_{zx} \tag{4-66}$$

式(4-66)中的 $-p$ 表示静压强始终沿作用面的内法向. 将式(4-66)代入式(4-65)，得

$$(\mathrm{d}F_s)_x = \left(-\frac{\partial p}{\partial x} + \frac{\partial \tau_{xx}}{\partial x} + \frac{\partial \tau_{yx}}{\partial y} + \frac{\partial \tau_{zx}}{\partial z} \right) \mathrm{d}x\mathrm{d}y\mathrm{d}z \tag{4-67}$$

将式(4-67)和 $(\mathrm{d}F_m)_x$ 的表达式代入式(4-64)，且各项同除 $\mathrm{d}x\mathrm{d}y\mathrm{d}z$，得 x 方向的运动微分方程

$$\rho \frac{\mathrm{D}u}{\mathrm{D}t} = \rho f_x - \frac{\partial p}{\partial x} + \frac{\partial \tau_{xx}}{\partial x} + \frac{\partial \tau_{yx}}{\partial y} + \frac{\partial \tau_{zx}}{\partial z} \tag{4-68}$$

同理可得 y 方向、z 方向的运动微分方程

$$\rho \frac{\mathrm{D}v}{\mathrm{D}t} = \rho f_y - \frac{\partial p}{\partial y} + \frac{\partial \tau_{xy}}{\partial x} + \frac{\partial \tau_{yy}}{\partial y} + \frac{\partial \tau_{zy}}{\partial z} \tag{4-69}$$

$$\rho \frac{\mathrm{D}w}{\mathrm{D}t} = \rho f_z - \frac{\partial p}{\partial z} + \frac{\partial \tau_{xz}}{\partial x} + \frac{\partial \tau_{yz}}{\partial y} + \frac{\partial \tau_{zz}}{\partial z} \tag{4-70}$$

将式(4-68)～式(4-70)写成矢量形式为

$$\rho \frac{\mathrm{D}\boldsymbol{V}}{\mathrm{D}t} = \rho \boldsymbol{f} - \nabla p + \nabla \cdot \tau_{ij} \tag{4-71}$$

式(4-71)中的 τ_{ij} 为作用在微元六面体上的黏性应力张量，表示为

$$\tau_{ij} = \begin{bmatrix} \tau_{xx} & \tau_{xy} & \tau_{xz} \\ \tau_{yx} & \tau_{yy} & \tau_{yz} \\ \tau_{zx} & \tau_{zy} & \tau_{zz} \end{bmatrix}$$

式(4-71)就是用应力表示的黏性流体的运动微分方程，由于方程中的黏性应力张量还是未知量，故式(4-71)不能直接求解，但式(4-71)给出了黏性流体加速流动的动力源，即一定质量流体作加速运动必定是质量力、压力和黏性应力共同作用的结果. 下面分理想流体和黏性流体两种情况对式(4-71)作进一步的分析.

1. 理想流体的欧拉运动方程

对理想流体，式(4-71)中的黏性应力张量 $\tau_{ij} = 0$，故式(4-71)简化成

$$\rho \frac{\mathrm{D}\boldsymbol{V}}{\mathrm{D}t} = \rho \boldsymbol{f} - \nabla p \tag{4-72}$$

其在笛卡儿坐标系中的表达式为

$$\begin{cases} \rho \dfrac{\mathrm{D}u}{\mathrm{D}t} = \rho f_x - \dfrac{\partial p}{\partial x} \\[2mm] \rho \dfrac{\mathrm{D}v}{\mathrm{D}t} = \rho f_y - \dfrac{\partial p}{\partial y} \\[2mm] \rho \dfrac{\mathrm{D}w}{\mathrm{D}t} = \rho f_z - \dfrac{\partial p}{\partial z} \end{cases} \tag{4-73}$$

式(4-72)和式(4-73)为理想流体的欧拉运动微分方程. 它表示作用在理想流体上的质量力(如重力)与压力之和使一定质量的理想流体产生加速运动. 在第 6 章, 我们将针对多种具体流动, 积分式(4-73), 给出欧拉运动微分方程的解.

2. 黏性流体的纳维-斯托克斯方程

第 1 章中, 我们从流体的一维剪切运动出发, 导出了牛顿内摩擦定律 $\tau = \mu \dfrac{\mathrm{d}u}{\mathrm{d}y}$. 牛顿内摩擦定律给出了一维情况下黏性应力 τ 与流体剪切变形 $\dfrac{\mathrm{d}u}{\mathrm{d}y}$ 之间的关系. 对于不可压缩流体的三维流动, 斯托克斯仿照牛顿内摩擦定律的分析方法, 提出了广义牛顿内摩擦定律, 给出了应力张量与流体变形之间的关系(在此不作推导, 感兴趣的读者可参阅有关参考书). 对切向应力

$$\begin{cases} \tau_{xy} = 2\mu\varepsilon_{xy} = \mu\left(\dfrac{\partial u}{\partial y} + \dfrac{\partial v}{\partial x}\right) = 2\mu\varepsilon_{yx} = \tau_{yx} \\[2mm] \tau_{yz} = 2\mu\varepsilon_{yz} = \mu\left(\dfrac{\partial v}{\partial z} + \dfrac{\partial w}{\partial y}\right) = 2\mu\varepsilon_{zy} = \tau_{zy} \\[2mm] \tau_{zx} = 2\mu\varepsilon_{zx} = \mu\left(\dfrac{\partial w}{\partial x} + \dfrac{\partial u}{\partial z}\right) = 2\mu\varepsilon_{zx} = \tau_{xz} \end{cases} \tag{4-74}$$

可见切向应力等于动力黏度与角变形速率的乘积. 且 $\tau_{xy} = \tau_{yx}$; $\tau_{yz} = \tau_{zy}$; $\tau_{zx} = \tau_{xz}$, 即切向应力具有对称性, 故六个切应力中, 只有三个是独立的. 对法向应力

$$\begin{cases} \sigma_{xx} = p_{xx} = -p + \tau_{xx} = -p + 2\mu\dfrac{\partial u}{\partial x} = -p + 2\mu\varepsilon_{xx} \\[2mm] \sigma_{yy} = p_{yy} = -p + \tau_{yy} = -p + 2\mu\dfrac{\partial v}{\partial y} = -p + 2\mu\varepsilon_{yy} \\[2mm] \sigma_{zz} = p_{zz} = -p + \tau_{zz} = -p + 2\mu\dfrac{\partial w}{\partial z} = -p + 2\mu\varepsilon_{zz} \end{cases} \tag{4-75}$$

式(4-75)表明, 法向应力除了流体静压强的作用外, 还与流体的线变形有关. 由式(4-75)可知, 静压强 p 为负值, 故静压强的方向与法向应力方向相反. 而且同一点三个互相垂直的法向应力 p_{xx}, p_{yy}, p_{zz} 一般是不相等的, 它们的总和为

$$p_{xx} + p_{yy} + p_{zz} = -3p + 2\mu\left(\dfrac{\partial u}{\partial x} + \dfrac{\partial v}{\partial y} + \dfrac{\partial w}{\partial z}\right)$$

由不可压缩流体的连续性方程, 上式等号右边第二项为零, 得

$$p = -\frac{1}{3}(p_{xx} + p_{yy} + p_{zz}) \tag{4-76}$$

式(4-76)表明, 不可压缩黏性流体中一点的三个法向应力虽然不相等, 但它们的算术平均值的负值刚好与流体静压强相等.

将式(4-74)和式(4-75)代入式(4-68), 可得 x 方向的运动微分方程

$$\rho \frac{\mathrm{D}u}{\mathrm{D}t} = \rho f_x - \frac{\partial p}{\partial x} + 2\mu \frac{\partial^2 u}{\partial x^2} + \mu \frac{\partial^2 u}{\partial y^2} + \mu \frac{\partial^2 v}{\partial x \partial y} + \mu \frac{\partial^2 w}{\partial x \partial z} + \mu \frac{\partial^2 u}{\partial z^2}$$

$$= \rho f_x - \frac{\partial p}{\partial x} + \mu \left(\frac{\partial^2 u}{\partial x^2} + \frac{\partial^2 u}{\partial y^2} + \frac{\partial^2 u}{\partial z^2} \right) + \mu \frac{\partial}{\partial x} \left(\frac{\partial u}{\partial x} + \frac{\partial v}{\partial y} + \frac{\partial w}{\partial z} \right)$$

同样由不可压缩流体的连续性方程, 上式等号右边第四项为零, 故上式可写为

$$\rho \frac{\mathrm{D}u}{\mathrm{D}t} = \rho f_x - \frac{\partial p}{\partial x} + \mu \left(\frac{\partial^2 u}{\partial x^2} + \frac{\partial^2 u}{\partial y^2} + \frac{\partial^2 u}{\partial z^2} \right) \tag{4-77}$$

同理可得 y 方向、z 方向的运动微分方程

$$\rho \frac{\mathrm{D}v}{\mathrm{D}t} = \rho f_y - \frac{\partial p}{\partial y} + \mu \left(\frac{\partial^2 v}{\partial x^2} + \frac{\partial^2 v}{\partial y^2} + \frac{\partial^2 v}{\partial z^2} \right) \tag{4-78}$$

$$\rho \frac{\mathrm{D}w}{\mathrm{D}t} = \rho f_z - \frac{\partial p}{\partial z} + \mu \left(\frac{\partial^2 w}{\partial x^2} + \frac{\partial^2 w}{\partial y^2} + \frac{\partial^2 w}{\partial z^2} \right) \tag{4-79}$$

写成矢量形式为

$$\rho \frac{\mathrm{D}\boldsymbol{V}}{\mathrm{D}t} = \rho \boldsymbol{f} - \nabla p + \mu \Delta \boldsymbol{V} \tag{4-80}$$

式中, $\Delta = \frac{\partial^2}{\partial x^2} + \frac{\partial^2}{\partial y^2} + \frac{\partial^2}{\partial z^2}$, 称为拉普拉斯(Laplace)算符. 式(4-80)为与流体变形有关的不可压缩黏性流体的运动微分方程. 与式(4-71)相比, 式(4-80)中已消去未知量 τ_{ij} 使方程可解. 因此, 式(4-80)是描写不可压缩黏性流体流动的一般运动方程, 也称为纳维-斯托克斯(Navier-Stokes)方程, 简称 N-S 方程. 对无黏的理想流体, N-S 方程就简化为欧拉运动微分方程, 对静止流体, N-S 方程就简化为静止流体的欧拉平衡微分方程.

N-S 方程有四个未知数, u, v, w 和 p, 将 N-S 方程的三个分量表达式与不可压缩流体的连续性方程联立, 可得四个方程, 称为方程组封闭, 原则上可解出四个未知量. 从而确定不可压缩黏性流体流动的速度场, 进而求得流动中的其他物理量. 但 N-S 方程是一个二阶非线性偏微分方程, 二阶非线性偏微分方程的求解在数学上是很困难的. 目前也只能对少数特殊的不可压缩流体的流动, 如圆管中的层流流动、平行平板之间的层流流动等才有精确解, 我们将在第 7 章具体讨论这些流动. 此外, 对于一些特殊的流动, 如绕流固体壁面的边界层流动, 绕小圆球的蠕流流动等, 则可在做出某些假设后, 得到 N-S 方程的近似解, 此类问题将在第 8 章加以讨论.

3. 其他正交坐标中的黏性流体的纳维-斯托克斯方程

在许多实际问题中，应用圆柱坐标系(r, θ, z)和球坐标系(r, θ, ϕ)的运动微分方程组更方便，现将这两种坐标系中的方程组给出，如下所述(图4-26).

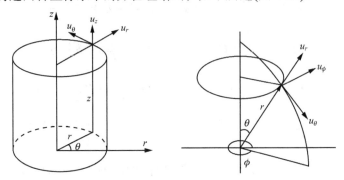

图 4-26 圆柱坐标和球坐标示意图

圆柱坐标系中不可压缩黏性流体的运动方程

$$
\begin{cases}
\dfrac{\partial u_r}{\partial t} + u_r\dfrac{\partial u_r}{\partial r} + \dfrac{u_\theta}{r}\dfrac{\partial u_r}{\partial \theta} - \dfrac{u_\theta^2}{r} + u_z\dfrac{\partial u_r}{\partial z} \\[2mm]
= f_r - \dfrac{1}{\rho}\dfrac{\partial p}{\partial r} + \nu\left(\dfrac{\partial^2 u_r}{\partial r^2} + \dfrac{1}{r}\dfrac{\partial u_r}{\partial r} - \dfrac{u_r}{r^2} + \dfrac{1}{r^2}\dfrac{\partial^2 u_r}{\partial \theta^2} - \dfrac{2}{r^2}\dfrac{\partial u_\theta}{\partial \theta} + \dfrac{\partial^2 u_r}{\partial z^2}\right) \\[3mm]
\dfrac{\partial u_\theta}{\partial t} + u_r\dfrac{\partial u_\theta}{\partial r} + \dfrac{u_\theta}{r}\dfrac{\partial u_\theta}{\partial \theta} + \dfrac{u_\theta u_r}{r} + u_z\dfrac{\partial u_\theta}{\partial z} \\[2mm]
= f_\theta - \dfrac{1}{\rho r}\dfrac{\partial p}{\partial \theta} + \nu\left(\dfrac{\partial^2 u_\theta}{\partial r^2} + \dfrac{1}{r}\dfrac{\partial u_\theta}{\partial r} - \dfrac{u_\theta}{r^2} + \dfrac{1}{r^2}\dfrac{\partial^2 u_\theta}{\partial \theta^2} + \dfrac{2}{r^2}\dfrac{\partial u_r}{\partial \theta} + \dfrac{\partial^2 u_\theta}{\partial z^2}\right) \\[3mm]
\dfrac{\partial u_z}{\partial t} + u_r\dfrac{\partial u_z}{\partial r} + \dfrac{u_\theta}{r}\dfrac{\partial u_z}{\partial \theta} + u_z\dfrac{\partial u_z}{\partial z} \\[2mm]
= f_z - \dfrac{1}{\rho}\dfrac{\partial p}{\partial z} + \nu\left(\dfrac{\partial^2 u_z}{\partial r^2} + \dfrac{1}{r}\dfrac{\partial u_z}{\partial r} + \dfrac{1}{r^2}\dfrac{\partial^2 u_z}{\partial \theta^2} + \dfrac{\partial^2 u_z}{\partial z^2}\right)
\end{cases}
\tag{4-81}
$$

圆柱坐标系中不可压缩流体的连续性方程为

$$
\frac{\partial u_r}{\partial r} + \frac{u_r}{r} + \frac{1}{r}\frac{\partial u_\theta}{\partial \theta} + \frac{\partial u_z}{\partial z} = 0
\tag{4-82}
$$

圆柱坐标系中的法向应力和切向应力公式

$$
\begin{cases}
p_{rr} = -p + 2\mu\dfrac{\partial u_r}{\partial r} \\[3mm]
p_{\theta\theta} = -p + 2\mu\left(\dfrac{1}{r}\dfrac{\partial u_\theta}{\partial \theta} + \dfrac{u_r}{r}\right) \\[3mm]
p_{zz} = -p + 2\mu\dfrac{\partial u_z}{\partial z}
\end{cases}
\tag{4-83}
$$

$$\begin{cases} \tau_{r\theta} = \tau_{\theta r} = \mu\left[r\frac{\partial}{\partial r}\left(\frac{u_\theta}{r}\right) + \frac{1}{r}\frac{\partial u_r}{\partial \theta}\right] \\[3mm] \tau_{\theta z} = \tau_{z\theta} = \mu\left(\frac{\partial u_\theta}{\partial z} + \frac{1}{r}\frac{\partial u_z}{\partial \theta}\right) \\[3mm] \tau_{zr} = \tau_{rz} = \mu\left(\frac{\partial u_r}{\partial z} + \frac{\partial u_z}{\partial r}\right) \end{cases} \tag{4-84}$$

球坐标系中不可压缩黏性流体的运动方程

$$\begin{cases} \begin{aligned} &\frac{\partial u_r}{\partial t} + u_r\frac{\partial u_r}{\partial r} + \frac{u_\theta}{r}\frac{\partial u_r}{\partial \theta} + \frac{u_\phi}{r\sin\theta}\frac{\partial u_r}{\partial \phi} - \frac{u_\theta^2 + u_\phi^2}{r} \\ &= f_r - \frac{1}{\rho}\frac{\partial p}{\partial r} + \nu\left(\frac{\partial^2 u_r}{\partial r^2} + \frac{2}{r}\frac{\partial u_r}{\partial r} + \frac{1}{r^2}\frac{\partial^2 u_r}{\partial \theta^2} + \frac{\cot\theta}{r^2}\frac{\partial u_r}{\partial \theta}\right. \\ &\quad \left. + \frac{1}{r^2\sin^2\theta}\frac{\partial^2 u_r}{\partial \phi^2} - \frac{2u_r}{r^2} - \frac{2}{r^2}\frac{\partial u_\theta}{\partial \theta} - \frac{2u_\theta\cot\theta}{r^2} - \frac{2}{r^2\sin\theta}\frac{\partial u_\phi}{\partial \phi}\right) \\[3mm] &\frac{\partial u_\theta}{\partial t} + u_r\frac{\partial u_\theta}{\partial r} + \frac{u_\theta}{r}\frac{\partial u_\theta}{\partial \theta} + \frac{u_\phi}{r\sin\theta}\frac{\partial u_\theta}{\partial \phi} + \frac{u_\theta u_r}{r} - u_\phi^2\frac{\cot\theta}{r} \\ &= f_\theta - \frac{1}{\rho r}\frac{\partial p}{\partial \theta} + \nu\left(\frac{\partial^2 u_\theta}{\partial r^2} + \frac{2}{r}\frac{\partial u_\theta}{\partial r} + \frac{1}{r^2}\frac{\partial^2 u_\theta}{\partial \theta^2} + \frac{\cot\theta}{r^2}\frac{\partial u_\theta}{\partial \theta}\right. \\ &\quad \left. + \frac{1}{r^2\sin^2\theta}\frac{\partial^2 u_\theta}{\partial \phi^2} + \frac{2}{r^2}\frac{\partial u_r}{\partial \theta} - \frac{u_\theta}{r^2\sin^2\theta} - \frac{2\cos\theta}{r^2\sin^2\theta}\frac{\partial u_\phi}{\partial \phi}\right) \\[3mm] &\frac{\partial u_\phi}{\partial t} + u_r\frac{\partial u_\phi}{\partial r} + \frac{u_\theta}{r}\frac{\partial u_\phi}{\partial \theta} + \frac{u_\phi}{r\sin\theta}\frac{\partial u_\phi}{\partial \phi} + \frac{u_\phi u_r}{r} + \frac{u_\theta u_\phi\cot\theta}{r} \\ &= f_\phi - \frac{1}{\rho r\sin\theta}\frac{\partial p}{\partial \phi} + \nu\left(\frac{\partial^2 u_\phi}{\partial r^2} + \frac{2}{r}\frac{\partial u_\phi}{\partial r} + \frac{1}{r^2}\frac{\partial^2 u_\phi}{\partial \theta^2} + \frac{\cot\theta}{r^2}\frac{\partial u_\phi}{\partial \theta}\right. \\ &\quad \left. + \frac{1}{r^2\sin^2\theta}\frac{\partial^2 u_\phi}{\partial \phi^2} + \frac{2}{r^2\sin^2\theta}\frac{\partial u_r}{\partial \phi} - \frac{u_\phi}{r^2\sin^2\theta} + \frac{2\cos\theta}{r^2\sin^2\theta}\frac{\partial u_\theta}{\partial \phi}\right) \end{aligned} \end{cases} \tag{4-85}$$

球坐标系中的不可压缩流体的连续性方程

$$\frac{\partial u_r}{\partial r} + \frac{1}{r}\frac{\partial u_\theta}{\partial \theta} + \frac{1}{r\sin\theta}\frac{\partial u_\phi}{\partial \phi} + \frac{2u_r}{r} + \frac{u_\theta\cot\theta}{r} = 0 \tag{4-86}$$

球坐标系中的法向应力和切向应力公式

$$\begin{cases} p_{rr} = -p + 2\mu\frac{\partial u_r}{\partial r} \\[3mm] p_{\theta\theta} = -p + 2\mu\left(\frac{1}{r}\frac{\partial u_\theta}{\partial \theta} + \frac{u_r}{r}\right) \\[3mm] p_{\phi\phi} = -p + 2\mu\left(\frac{1}{r\sin\theta}\frac{\partial u_\phi}{\partial \phi} + \frac{u_r}{r} + \frac{u_\theta\cot\theta}{r}\right) \end{cases} \tag{4-87}$$

$$\begin{cases} \tau_{r\theta} = \tau_{\theta r} = \mu\left(\dfrac{1}{r}\dfrac{\partial u_r}{\partial \theta} + \dfrac{\partial u_\theta}{\partial r} - \dfrac{u_\theta}{r}\right) \\[3mm] \tau_{\theta\phi} = \tau_{\phi\theta} = \mu\left(\dfrac{1}{r\sin\theta}\dfrac{\partial u_\theta}{\partial \phi} + \dfrac{1}{r}\dfrac{\partial u_\phi}{\partial \theta} - \dfrac{u_\phi\cot\theta}{r}\right) \\[3mm] \tau_{\phi r} = \tau_{r\phi} = \mu\left(\dfrac{\partial u_\phi}{\partial r} + \dfrac{1}{r\sin\theta}\dfrac{\partial u_r}{\partial \phi} - \dfrac{u_\phi}{r}\right) \end{cases} \tag{4-88}$$

4.8.3　基本微分方程组的定解条件

如前所述，N-S 方程有四个未知数，u，v，w 和 p，将 N-S 方程和不可压缩流体的连续性方程联立，组成由四个微分方程构成的描写流体运动的基本微分方程组，原则上可通过积分求解，得到这四个未知量，称为方程组封闭. 一般而言，通过积分得到的是微分方程组的通解，只有在此基础上，结合基本微分方程组的定解条件，即初始条件和边界条件，确定积分常数，才能得到具体流动问题的特解.

与描写不可压缩黏性流体流动的基本微分方程组有关的定解条件有下列几种.

1. 初始条件

对非定常流动，要求给定变量初始时刻 $t = t_0$ 时的空间分布，即 $t = t_0$ 时，

$$\begin{cases} u = u_0(x,y,z) \\ v = v_0(x,y,z) \\ w = w_0(x,y,z) \\ p = p_0(x,y,z) \end{cases} \tag{4-89}$$

式中，带下标"0"的物理量表示初始时刻的空间分布. 十分明显，对定常流动，不需要初始条件，流场中每个变量仅是空间坐标的函数，与时间无关.

2. 边界条件

边界条件指在运动流体的边界上，方程组的解应满足的条件，也就是包围流场每一边界上的流场数值. 不同种类的流动，边界条件也不同. 图 4-27 给出了在流体流动分析中最常遇到的三类边界条件.

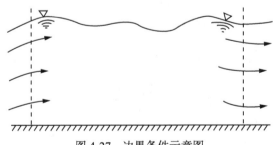

图 4-27　边界条件示意图

1) 固体壁面

黏性流体与一不渗透的(V_n=0)、无滑移的固体壁面相接触，在贴壁处，流体速度

$$V = V_w \tag{4-90}$$

式中，V_w 表示固体壁面的运动速度.

2) 进口与出口

流体在进、出口截面上的速度与压强的分布通常也是需要知道的. 有时流体进、出口边界条件就选用上游无穷远处的值. 例如，理想流体绕无限长圆柱的二维流动，将圆柱体上游无穷远处作为进口条件，给定 V_∞，p_∞ 的值，而圆柱体下游无穷远处，可近似认为与进口各参数一样，仍为 V_∞ 和 p_∞.

3) 液体-气体交界面

液体-气体交界面的边界条件主要有两个：一为压强平衡条件，即液体的压强必须与大气压和表面张力相平衡；二为运动学条件，即通过交界面的法向速度应相等，即

$$V_{n,l} = V_{n,g} \tag{4-91}$$

式中，$V_{n,l}$ 表示交界面处液体的法向速度；$V_{n,g}$ 表示交界面处气体的法向速度.

根据这些初始条件和边界条件，我们可对基本微分方程组积分，并确定积分常数，得到符合实际流动的求解结果.

例 4-12　某速度场为 $u = \dfrac{10y}{x^2 + y^2}$，$v = -\dfrac{10x}{x^2 + y^2}$，$w = 0$，流动介质是密度为 $\rho = 1.23\text{kg/m}^3$ 的空气，不考虑流动损失，试确定重力作用下的压强梯度是多少.(z 轴竖直向上.)

解　由题意，不考虑流动损失，则假定为理想流体流动. 根据欧拉运动微分方程(4-73)，有

$$\rho\frac{Du}{Dt} = \rho f_x - \frac{\partial p}{\partial x}, \quad f_x = 0$$

$$\frac{\partial p}{\partial x} = -\rho\frac{Du}{Dt} = -\rho\left(\frac{\partial u}{\partial t} + u\frac{\partial u}{\partial x} + v\frac{\partial u}{\partial y} + w\frac{\partial u}{\partial z}\right) = -\rho\left(u\frac{\partial u}{\partial x} + v\frac{\partial u}{\partial y}\right)$$

$$= -1.23\left[\frac{10y}{x^2+y^2}\frac{-20xy}{(x^2+y^2)^2} + \frac{-10x}{x^2+y^2}\frac{(x^2+y^2)10-10y(2y)}{(x^2+y^2)^2}\right]$$

$$= \frac{123x}{(x^2+y^2)^2}$$

$$\rho\frac{Dv}{Dt} = \rho f_y - \frac{\partial p}{\partial y}, \quad f_y = 0$$

$$\frac{\partial p}{\partial y} = -\rho\frac{Dv}{Dt} = -\rho\left(\frac{\partial v}{\partial t} + u\frac{\partial v}{\partial x} + v\frac{\partial v}{\partial y} + w\frac{\partial v}{\partial z}\right) = -\rho\left(u\frac{\partial v}{\partial x} + v\frac{\partial v}{\partial y}\right)$$

$$= -1.23\left[\frac{10y}{x^2+y^2}\frac{(x^2+y^2)(-10)+10x(2x)}{(x^2+y^2)^2} + \frac{-10x}{x^2+y^2}\frac{20xy}{(x^2+y^2)^2}\right]$$

$$= \frac{123y}{(x^2 + y^2)^2}$$

$$\rho \frac{\mathrm{D}w}{\mathrm{D}t} = \rho f_z - \frac{\partial p}{\partial z}, \qquad f_z = -g$$

$$\frac{\partial p}{\partial z} = -\rho g = -1.23 \times 9.81 = -12.07 (\mathrm{Pa/m})$$

$$\nabla p = \frac{\partial p}{\partial x}\boldsymbol{i} + \frac{\partial p}{\partial y}\boldsymbol{j} + \frac{\partial p}{\partial z}\boldsymbol{k} = \frac{123}{(x^2 + y^2)^2}(x\boldsymbol{i} + y\boldsymbol{j}) - 12.07\boldsymbol{k} \ \ (\mathrm{Pa/m})$$

例 4-13 试证明重力作用下的二维气体流场 $u = a(x^2 - y^2)$，$v = -2axy$，$w = 0$ 是 N-S 方程的精确解，并求出它的压强分布规律. 假定气体密度 ρ 不变，z 轴竖直向上.

解 将流速 (u,v,w) 代入 N-S 方程

x 方向：$\displaystyle \rho\left(\frac{\partial u}{\partial t} + u\frac{\partial u}{\partial x} + v\frac{\partial u}{\partial y} + w\frac{\partial u}{\partial z}\right) = \rho f_x - \frac{\partial p}{\partial x} + \mu\left(\frac{\partial^2 u}{\partial x^2} + \frac{\partial^2 u}{\partial y^2} + \frac{\partial^2 u}{\partial z^2}\right)$

$$\rho[0 + a(x^2 - y^2)2ax - 2axy(-2ay)] = \rho \times 0 - \frac{\partial p}{\partial x} + \mu(2a - 2a + 0)$$

$$\frac{\partial p}{\partial x} = -2a^2\rho(x^3 + xy^2) \tag{4-92a}$$

y 方向：$\displaystyle \rho\left(\frac{\partial v}{\partial t} + u\frac{\partial v}{\partial x} + v\frac{\partial v}{\partial y} + w\frac{\partial v}{\partial z}\right) = \rho f_y - \frac{\partial p}{\partial y} + \mu\left(\frac{\partial^2 v}{\partial x^2} + \frac{\partial^2 v}{\partial y^2} + \frac{\partial^2 v}{\partial z^2}\right)$

$$\rho[0 + a(x^2 - y^2)(-2ay) + (-2axy)(-2ax)] = \rho \times 0 - \frac{\partial p}{\partial y} + \mu(0 + 0 + 0)$$

$$\frac{\partial p}{\partial y} = -2a^2\rho(x^2 y + y^3) \tag{4-92b}$$

z 方向：$\displaystyle \rho\left(\frac{\partial w}{\partial t} + u\frac{\partial w}{\partial x} + v\frac{\partial w}{\partial y} + w\frac{\partial w}{\partial z}\right) = \rho f_z - \frac{\partial p}{\partial z} + \mu\left(\frac{\partial^2 w}{\partial x^2} + \frac{\partial^2 w}{\partial y^2} + \frac{\partial^2 w}{\partial z^2}\right)$

$$\rho(0 + 0 + 0 + 0) = -\rho g - \frac{\partial p}{\partial z} + \mu(0 + 0 + 0)$$

$$\frac{\partial p}{\partial z} = -\rho g \tag{4-92c}$$

从式(4-92a)～式(4-92c)可以看到，虽然流体的黏性不等于零，$\mu \neq 0$，但黏性项可不予考虑. 那么二维流场是否满足 N-S 方程呢? 将式(4-92a)、式(4-92b)分别对 y 和 x 求导

$$\frac{\partial}{\partial y}\left(\frac{\partial p}{\partial x}\right) = -2a^2\rho(2xy) = -4a^2\rho xy \tag{4-92d}$$

$$\frac{\partial}{\partial x}\left(\frac{\partial p}{\partial y}\right) = -2a^2\rho(2xy) = -4a^2\rho xy \tag{4-92e}$$

由于式(4-92d)和式(4-92e)相同，所以已知二维速度场满足 N-S 方程，即该二维速度场是 N-S 方程的精确解.

对式(4-92c)积分，可得流场的压强分布

$$p = -\rho gz + f(x, y) \tag{4-92f}$$

其中，$f(x, y)$ 是积分常数. 将式(4-92f)对 x 求导，代入式(4-92a)，得

$$\frac{\partial p}{\partial x} = \frac{\partial f(x, y)}{\partial x} = -2a^2\rho(x^3 + xy^2) \tag{4-92g}$$

对 x 积分，得

$$f(x, y) = -2a^2\rho\left(\frac{x^4 + 2x^2y^2}{4}\right) + f(y) \tag{4-92h}$$

式中，$f(y)$ 是积分常数. 将式(4-92h)对 y 求导，代入式(4-92b)，得

$$\frac{\partial p}{\partial y} = \frac{\partial f(x, y)}{\partial y} = -2a^2\rho x^2 y + f'(y) = -2a^2\rho(x^2 y + y^3)$$

$$f'(y) = -2a^2\rho y^3 \tag{4-92i}$$

对 y 积分，得

$$f(y) = -\frac{1}{2}a^2\rho y^4 + C \tag{4-92j}$$

C 是积分常数. 将式(4-92j)代入式(4-92h)，再代入式(4-92f)，得

$$p = -\rho gz - \frac{1}{2}a^2\rho(x^4 + 2x^2y^2 + y^4) + C \tag{4-92k}$$

式(4-92k)便是压强分布表达式. 由于

$$V^2 = u^2 + v^2 = [a(x^2 - y^2)]^2 + (-2axy)^2 = a^2(x^4 + 2x^2y^2 + y^4)$$

所以，式(4-92k)可改写为

$$p = -\rho gz - \frac{1}{2}\rho V^2 + C$$

或

$$\frac{p}{\rho} + gz + \frac{1}{2}V^2 = C' \tag{4-92l}$$

式(4-92l)是伯努利方程. 因此，在已知的二维流场中，在流场各处均符合不可压缩流体的伯努利能量方程. 在第 6 章将看到，这结果也能从无旋流动的特性得到.

皮托管

文里丘管

习　题　四

4-1　已知油的密度为 850kg/m³，在内径为 0.2m 的输油管道截面上的流速为 2m/s，求另一内径为 0.05m 的截面上的流速以及管道内的质量流量.

4-2　空气通过 0.5m×0.5m 的正方形通道，体积流量为 160m³/min，求空气的平均流速.

4-3　有一根如图 4-28 所示的管道，截面 1 处直径为 200mm，截面 2 处直径为 300mm，水在截面 2 处的速度为 1.5m/s，试求：(1) 截面 1 处的流速；(2) 截面 1 处的质量流量.

4-4　气体流过一正方形方管道，在方管 1 处，它的边长为 0.1m，气体的速度为 7.55m/s，密度为 1.09kg/m³，在方管 2 处，它的边长为 0.25m，气体的速度为 2.02m/s，试求气体的质量流率以及在方管 2 处的气体密度.

4-5　如图 4-29 所示的容器，水以 0.1m³/s 的体积流量通过管道 1 进入容器，密度为 800kg/m³ 的油以 0.03m³/s 通过管道 2 同时进入容器，如果液体是不可压缩的，并在水中形成油滴和水的均匀混合物，试求：通过直径为 0.3m 的管道 3 排出的混合物的平均速度和密度. 假设油和水之间没有化学反应，混合物是不可压缩的.

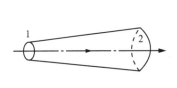

图 4-28　题 4-3 示意图

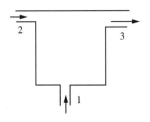

图 4-29　题 4-5 示意图

4-6　水流稳定地从三个管道流进流出一个水箱，如图 4-30 所示. 直径为 80mm 的管道 1 流入水量 0.01m³/s，直径为 60mm 的管道 2 中水流出的速度为 3m/s. 试计算直径为 30mm 的管道 3 的平均速度和体积流量. 在管道 3 中是流进还是流出.

4-7　如图 4-31 所示的容器，水从直径 d_1 = 50mm 的管道 1 以 1m/s 速度流入，又从管道 3 以体积流量为 0.01m³/s 流入，如果水位 h 不变，试计算直径 d_2 = 70mm 的管道 2 中的水流速度.

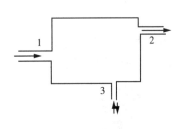

图 4-30　题 4-6 示意图

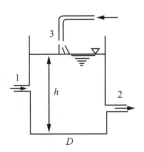

图 4-31　题 4-7 示意图

4-8 20℃的水稳定流过渐缩喷嘴，如图 4-32 所示，水流量为 50kg/s，$d_1 = 200mm$ 和 $d_2 = 60mm$，试求管道进、出口的水的平均速度.

4-9 如图 4-33 所示的容器，水由管 1 注入，它的质量流量为 9.18kg/s，密度为 680kg/m³ 的汽油从管 2 流出，它的质量流量为 5.1kg/s，在容器顶部为大气压和 20℃的空气，假定所有的流体都不可压缩，则在顶部通道空气是流入还是流出，流量是多少？

4-10 如图 4-34 所示的水箱，管道 1 的直径 $d_1 = 100mm$，水速为 3m/s，管道 2 的直径为 $d_2 = 75mm$，水速为 1.2m/s，管道 3 的直径 $d_3 = 150mm$，水速为 2m/s. 试问该水箱内的水是增加还是减少. 若水箱直径 $D = 1830mm$，水箱中水位上升或下降的速度为多少？

4-11 如图 4-35 所示的一向下倾斜的文丘里流量计，截面 1 的直径为 D，截面 2 的直径为 d，距水平基准线的距离分别为 z_1 和 z_2. 流体的密度为 ρ，测压计内的液体密度为 ρ_f，读数为 Δh. 不计流动能量损失，求流量表达式.

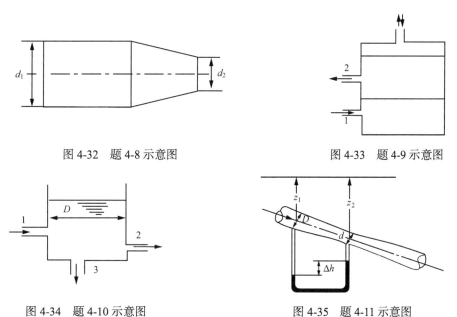

图 4-32 题 4-8 示意图   图 4-33 题 4-9 示意图

图 4-34 题 4-10 示意图   图 4-35 题 4-11 示意图

4-12 一个很大的容器，侧壁有一小孔，如图 4-36 所示. 忽略流动能量损失. 试推导自由喷射流在水平方向所喷射的距离 x 与 H 和 h 的函数关系. h/H 为何值时，x 最大.

4-13 如图 4-37 所示的自由喷射流中，水深 h 为多少时，自由喷射流刚好碰到墙顶？ 图中 $H = 800mm$，$H_1 = 300mm$，$H_2 = 400mm$.

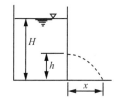

图 4-36 题 4-12 示意图

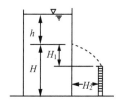

图 4-37 题 4-13 示意图

4-14　密度为 $1.2\mathrm{kg/m^3}$ 的气体通过如图 4-38 所示的管道，测压计内的流体为密度 $827\mathrm{kg/m^3}$ 的油，假设无能量损失，$D_1 = 100\mathrm{mm}$，$D_2 = 60\mathrm{mm}$，测压计内液面差 $\Delta h = 80\mathrm{mm}$，试计算管中的体积流量.

4-15　如图 4-39 所示，敞口水池中的水沿一截面变化的管路排出的质量流量 $\dot{m} = 14\mathrm{kg/s}$，若 $d_1 = 100\mathrm{mm}$，$d_2 = 75\mathrm{mm}$，$d_3 = 50\mathrm{mm}$，不计能量损失，求所需的水头 H，以及第二管段中央 M 点的压强，并绘制测压管水头线.

4-16　离心泵风机借集流器从大气中吸取空气. 其测压装置为一从直径 $d = 200\mathrm{mm}$ 圆柱形管道上接出的、下端插入水槽中的玻璃管，如图 4-40 所示. 若水在玻璃管中上升高度 $H = 250\mathrm{mm}$，空气密度 $\rho = 1.29\mathrm{kg/m^3}$，求风机每秒钟吸取的空气量 Q.

4-17　有一台水泵，流量为 $0.02\mathrm{m^3/s}$，进、出口压强分别为 120kPa 和 400kPa，进、出口管径分别为 90mm 和 30mm，若不计能量损失及高度变化，则泵作用于水的功率为多少？

4-18　水轮机进水管径 0.3m，进水流量为 $0.6\mathrm{m^3/s}$，排水管径 0.4m. 设水轮机可提供 60kW 的功率，试确定水流经过水轮机的压降.

4-19　现利用水泵从水池中抽水，抽水管入口位于水面下 2m 处，排水管在水面上 2m 高处装有压力表，读数为 170kPa. 进水管管径 150mm，排水管管径 75mm，水速 3m/s. 如果水泵的效率是 75%，试求水泵所需功率.

4-20　水流通过如图 4-41 所示管路系统流入大气，已知 U 型管中水银柱高差 $h_p = 0.25\mathrm{m}$，水柱高 $h_1 = 0.92\mathrm{m}$，管径 $d_1 = 0.1\mathrm{m}$，管道出口直径 $d_2 = 0.05\mathrm{m}$，不计损失，求管中通过的流量.

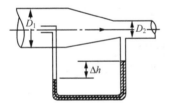

图 4-38　题 4-14 示意图

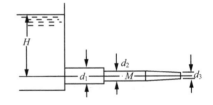

图 4-39　题 4-15 示意图

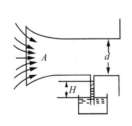

图 4-40　题 4-16 示意图

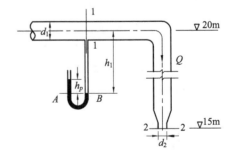

图 4-41　题 4-20 示意图

4-21　有一贮水装置如图 4-42 所示，贮水池足够大，当阀门关闭时，压强计读数为 2.8 个大气压强. 而当将阀门全开，水从管中流出时，压强计读数是 0.6 个大气压强，

试求当水管直径 $d = 12$cm 时，通过出口的体积流量(不计流动损失).

4-22　水枪喷出的水射流射向一邻近的垂直板，如图 4-43 所示. 水流速度 $V = 8$m/s，水枪喷嘴直径 $D = 10$cm，试求固定平板需要多少力.

4-23　图 4-44 所示为一个平台被直径 $d = 50$mm 的稳定的水射流所支托，如果被支撑的总重量是 900N，水射流的速度应是多少？

4-24　有一水平喷嘴，如图 4-45 所示. $D_1 = 200$mm 和 $D_2 = 100$mm，喷嘴进口水的绝对压强为 345kPa，喷嘴出口为大气，$p_a = 103.4$kPa，出口处水速为 22m/s，试问为了固定喷嘴，法兰螺栓上所受力为多少？假定为不可压缩定常流动，忽略摩擦损失.

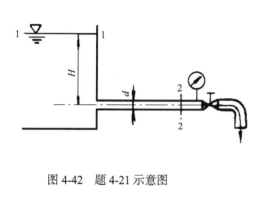

图 4-42　题 4-21 示意图

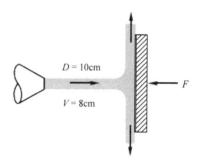

图 4-43　题 4-22 示意图

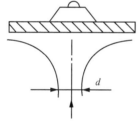

图 4-44　题 4-23 示意图

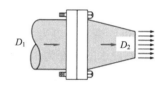

图 4-45　题 4-24 示意图

4-25　重量为 1000N 的空水箱，放在磅秤上，如图 4-46 所示. 水箱中存有 20℃的水，体积为 1m³. 进水和出水管径均为 $d_1 = d_2 = 50$mm，它们的流量均为 0.06m³/s，试问磅秤上的读数为多少？

4-26　有一速度为 15m/s 的水射流，如图 4-47 所示，横截面积为 0.0186m²，它被一平板分成两股，为维持平板不动，需在该平板上施加多大的力？(包括大小和方向)

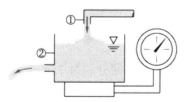

图 4-46　题 4-25 示意图

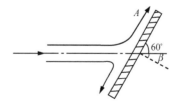

图 4-47　题 4-26 示意图

4-27　如图 4-48 所示，对于图中的收缩管流，$D_1 = 60$mm，$D_2 = 40$mm，$p_1 = 101$kPa(表压)，

p_2 为大气压，若入口水流速度 $V_1 = 4\text{m/s}$，且水银测压计的读数为 $h = 280\text{mm}$，忽略黏性阻力影响，求法兰螺栓所受的总力.

4-28　密度 $\rho = 1.2\text{kg/m}^3$ 的空气，以 $V = 10\text{m/s}$ 的速度流进一直径 $d = 250\text{mm}$ 的管道. 在出口受一 90°圆锥阻塞，$D = 400\text{mm}$，如图 4-49 所示. 入口端表压 $p_1 = 1000\text{Pa}$，出口端接大气. 气体在离开圆锥边缘时的厚度 $\delta = 20\text{mm}$，计算气流作用于圆锥上的力(不计摩擦损失).

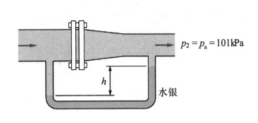
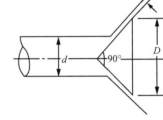

图 4-48　题 4-27 示意图　　　　　　　　　图 4-49　题 4-28 示意图

4-29　连续管系中的 90°渐缩弯管放在水平面上，管径 $d_1 = 150\text{mm}$，$d_2 = 75\text{mm}$，入口处水的平均流速 $V_1 = 2.5\text{m/s}$，静压 $p_1 = 6.86\times10^4\text{Pa}$(表压)，出口端接大气，不计阻力损失，试求支撑弯管在其位置所需的水平力.

4-30　一个内径 $d = 0.34\text{m}$，曲率半径 $R = 0.53\text{m}$ 的 90°钢弯头，质量 $m_c = 71.9\text{kg}$，对焊在输水量 $Q = 18\text{m}^3/\text{min}$ 的竖直管道上，弯头进口处压力表指示的相对压强(表压)$p_g = 0.014\text{MPa}$，弯头出口为大气压，如图 4-50 所示. 试求定常流动时焊缝内支撑弯头的力. 假设水的密度为 1000kg/m^3，弯头出入口截面速度均匀.

4-31　井巷喷锚采用的喷嘴如图 4-51 所示，入口直径 $d_1 = 50\text{mm}$，出口直径 $d_2 = 25\text{mm}$，水从喷嘴射入大气，表压 $p_1 = 600\text{kPa}$，如果不计摩擦损失，问喷嘴与水管接口处所受的拉力和工作面所受的冲击力各为多少？

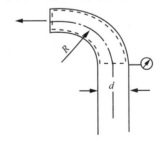
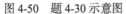
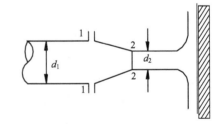

图 4-50　题 4-30 示意图　　　　　　　　　图 4-51　题 4-31 示意图

4-32　直径为 150mm 的水管末端，接上分叉管嘴，其直径分别为 75mm 和 100mm，水以 12m/s 的速度射入大气，如果轴线在同一水平面上，夹角如图 4-52 所示，忽略阻力，求水作用在管嘴上的力的大小和方向.

4-33　平面喷水器如图 4-53 所示. 水从中心进入，然后由转臂两端的喷嘴喷出. 喷嘴与臂

成 $\alpha = 45°$ 的夹角. 转臂两边相等，长度各为 $R = 200\text{mm}$，喷嘴出口直径 $d=10\text{mm}$，水从喷嘴出口流出的速度 $V = 4\text{m/s}$. 设水的密度 $\rho = 1000\text{kg/m}^3$，试求：(1) 保持转臂不转动所需的外力距 T；(2) 旋转时的角速度 ω.

4-34　径流式前向叶轮的离心通风机，其叶轮的叶片向转动方向弯曲，如图 4-54 所示，叶片进、出口安装角 $\beta_1 = 60°$，$\beta_2 = 110°$，叶轮内外径 $r_1 = 150\text{mm}$，$r_2 = 250\text{mm}$，叶轮叶片进、出口宽度 $b_1 = 150\text{mm}$，$b_2 = 50\text{mm}$，通过叶轮的流量 $Q = 4000\text{m}^3\text{/h}$，空气密度 $\rho = 1.2\text{kg/m}^3$，叶轮转速为 $n = 1500\text{r/min}$，计算风机叶轮的理论能头 H.

4-35　一个三臂喷水器如图 4-55 所示，从中间吸入的流量为 $1.2\times10^{-3}\text{m}^3\text{/s}$，若不计轴环的摩擦，则其稳定的转速为多少？喷水器的半径 $R = 150\text{mm}$，喷水管的直径 $d = 7\text{mm}$，夹角 $\theta = 30°$.

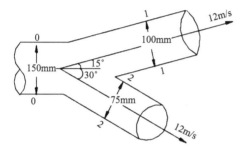

图 4-52　题 4-32 示意图

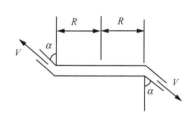

图 4-53　题 4-33 示意图

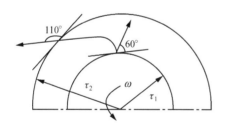

图 4-54　题 4-34 示意图

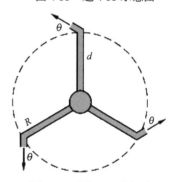

图 4-55　题 4-35 示意图

4-36　图 4-56 为一径向流的涡轮机. 其内半径 $r_1 = 150\text{mm}$，外半径 $r_2 = 400\text{mm}$，内厚 $b_1 = 50\text{mm}$，外厚 $b_2 = 30\text{mm}$，此涡轮机以 $V_{r_2} = 12\text{m/s}$ 的速度吸入水，产生 $V_{\tau 1} = 5\text{m/s}$，$V_{\tau 2} = 30\text{m/s}$ 的切向速度，涡轮机的转速为 1200r/min，不计能量损失，计算：(1) 产生的功率(kW)；(2) 总水头的变化.

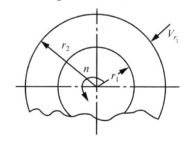

图 4-56　题 4-36 示意图

4-37　一具有两臂的洒水器，如图 4-57 所示，臂长 $r_a = 0.3\text{m}$ 和 $r_b = 0.2\text{m}$，喷嘴的流量均为 $2.8\times10^{-4}\text{m}^3/\text{s}$，每个喷嘴的截面积为 100mm^2，忽略损失，求洒水器的转速.

4-38　图 4-58 是水以 $0.3\text{m}^3/\text{s}$ 之流量流经一弯管喷嘴. 大气压 $p_2 = p_a = 103.4\text{kPa}$，$d_1 = 300\text{mm}$，$d_2 = 150\text{mm}$，$r_1 = 500\text{mm}$，$r_2 = 500\text{mm}$，计算使弯管固定在 B 点所需之力矩 T. 假设不计损失.

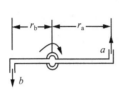 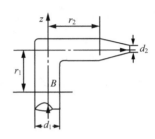

图 4-57　题 4-37 示意图　　　图 4-58　题 4-38 示意图

4-39　不可压缩流体的二维平面流动，y 方向的速度分量为 $v = y^2 - y - x$，试求 x 方向的速度分量 u，假定 $x = 0$ 时 $u = 0$.

4-40　不可压缩流体的速度分布为 $u = Ax + By$，$v = Cx + Dy$，$w = 0$. 若此流场满足连续性方程和无旋流动条件，试导出 A、B、C、D 所需满足的条件. 假设不计重力影响.

4-41　不可压缩流体的平面流动，x 方向的速度分量为 $u = ax^2 + by(a、b$ 为常数$)$，z 方向的速度分量为 0. 试求 y 方向的速度分量 v，假定 $y = 0$ 时 $v = 0$.

4-42　试确定下述不可压缩流体的流动是否存在：

(1) $u = x$，$v = y$，$w = z$；

(2) $u = 2x^2 + y$，$v = 2y^2 + z$，$w = -4(x+y)z + xy$；

(3) $u = yzt$，$v = xzt$，$w = xyt$；

(4) $V_r = U\cos\theta$；$V_\theta = -U\sin\theta$，式中 U 为常数.

4-43　一不可压缩流体的平面流动，$V_r = -\dfrac{A\cos\theta}{r^2}$，式中 A 为常数，试确定 θ 方向的速度分量.

第5章

量纲分析与相似原理

在长期的生产实践中，人们总结出两种方法去研究、解决各种工程流体力学问题：一种是数学分析方法，通过求解描述流动过程的微分方程，获得各量之间的规律性关系；另一种是实验方法，通过实验获取流体的流动规律.

而，能够用数学分析方法求解的流体力学问题是有限的. 在许多情况下，流体流动的现象很复杂，往往难以用微分方程加以描述；而且即使能够建立微分方程，许多微分方程至今仍很难求得解析解. 事实上在流体力学的发展过程中，很多成果是通过实验手段获得的，而且理论求解结果一般还需要通过实验来验证. 因此，由于流体流动的复杂性，流体力学中的许多问题都是采用理论分析和实验相结合的方法进行研究的.

本章介绍的量纲分析和相似原理就是指导实验的理论基础，是科学地设计和组织实验、选择和确定实验参数、分析和化简物理量间的关系、总结和整理实验结果的强有力工具.

5.1 量纲与单位

应该看到，任何物理量都包含自身的物理属性和为度量物理属性而规定的度量标准这两个因素. 例如，流体力学中涉及各种不同的物理量，像长度、时间、质量、速度、压力等，它们具有不同的物理属性，或属于不同的物理种类. 量纲就是用于衡量物理量的物理属性或种类的. 通常在物理量外加方括号[ ]，表示该物理量的量纲. 例如，用[T]表示时间量纲，[L]表示长度量纲，[M]表示质量量纲等. 而单位则是人为规定的度量标准，用以比较同类物理量的大小. 例如，现行的长度单位米，最初是由 1791 年法国国民议会通过的，规定为经过巴黎地球子午线长的 4000 万分之一；1983 年国际度量衡大会(CGPM)重新定义："光在真空中行进 1/299792458 秒的距离"为一标准米. 2019 年，国际度量衡大会(CGPM)将米的定义更新为：当真空中光速 C 以 m/s 为单位表达时选取固定数值 299792458 来定义米. 其中秒由铯的频率$\Delta \nu_{\mathrm{Cs}}$定义. 可见，单位是一种人为规定的度量标准，这种标准就称为单位制.

5.1.1 国际单位制

在我们日常生活中，会碰到各种单位制，如英美的尺-磅-秒制(f-p-s制)，经典物理学的厘米-克-秒制(cm-g-s制)以及工程技术上采用的米-千克(公斤力)-秒制(m-kg-S制)等. 随着科学技术的迅猛发展，国际交流日益频繁，这种多口径的单位制严重影响了科技的发展，迫切需要一个可应用于各个领域的统一的单位制，来替代旧的多口径单位制. 1960年第11届国际计量大会通过了国际单位制(international system of units)，"SI"为其国际符号. 它是在米制基础上发展起来的比较完善、科学、实用的单位制，目前绝大多数国家都已宣布采用. 1977年我国国务院及教育部都已先后指示应在教材中逐步采用国际单位制，所以本书采用国际单位制.

国际单位制有7个基本单位，见表5-1，其他物理量的单位均可由这7个基本单位导出，称为导出单位. 例如，速度的单位(m/s)可以用长度的单位(m)除以时间的单位(s)；密度的单位 kg/m^3 可以用质量的单位(kg)除以体积的单位(m^3). 有些SI导出单位具有专门名称，例如，力的单位可按牛顿第二定律 $F = ma$ 导出，因而力的单位可由质量的单位(kg)和加速度单位(m/s^2)的乘积($kg\cdot m/s^2$)表示，它的专门名称是牛顿，用符号N表示. SI制中常用的工程流体力学单位见表5-2.

表 5-1 国际单位制的基本单位

量的名称	单位名称	单位符号
长度	米	m
质量	千克[公斤]	kg
时间	秒	s
电流	安[培]	A
物质的量	摩[尔]	mol
热力学温度	开[尔文]	K
发光强度	坎[德拉]	cd

表 5-2 常用的工程流体力学单位

量	符号	类别	单位名称	SI 中文代号	SI 国际代号	用基本单位表示
长度	L	基本单位	米	米	m	m
质量	m	基本单位	千克	千克	kg	kg
时间	T	基本单位	秒	秒	s	s
热力学温度	Θ	基本单位	开[尔文]	开	K	K
面积	S	导出单位	平方米	米^2	m^2	m^2
角度	θ	导出单位	弧度	弧度	rad	$m\cdot m^{-1}$
体积	$\mathscr{V}$	导出单位	立方米	米^3	m^3	m^3
流量	$Q_{\mathscr{V}}$	导出单位	立方米每秒	米^3/秒	m^3/s	$m^3\cdot s^{-1}$
速度	V	导出单位	米每秒	米/秒	m/s	$m\cdot s^{-1}$

续表

量	符号	类别	单位名称	SI		用基本单位表示
				中文代号	国际代号	
加速度	a		米每二次方秒	米/秒²	m/s²	m·s⁻²
角速度	ω		弧度每秒	弧度/秒	rad/s	rad·s⁻¹
力	F		牛顿	牛	N	m·kg·s⁻²
压强	p		帕斯卡	帕	Pa	m⁻¹·kg·s⁻²
切应力	τ	导出单位	牛顿每平方米	牛/米²	N/m²	m⁻¹·kg·s⁻²
表面张力系数	σ		牛顿每米	牛/米	N/m	kg·s⁻²
力矩	M		牛顿米	牛·米	N·m	m²·kg·s⁻²
功(能)	$W(E)$		焦耳	焦	J	m²·kg·s⁻²
功率	P		瓦特	瓦	W	m²·kg·s⁻³
密度	ρ		千克每立方米	千克/米³	kg/m³	m⁻³·kg
动力黏度	μ		帕秒	帕·秒	Pa·s	m⁻¹·kg·s⁻¹
运动黏度	ν		平方米每秒	米²/秒	m²/s	m²·s⁻¹

在应用 SI 单位制时，在不同的科学领域内，有可能对同一物理量使用的单位尺度相差万千倍，因而在主单位的符号前加上词冠，组成分单位或倍单位的符号. 例如，"mm"表示 10^{-3} 米，即毫米. SI 制的词冠列于表 5-3.

表 5-3　SI 制词冠

因数	词冠	代号		因数	词冠	代号	
		国际	中文			国际	中文
10^{18}	艾[可萨](exa)	E	艾	10^{-1}	分(deci)	d	分
10^{15}	拍[它](peta)	P	拍	10^{-2}	厘(centi)	c	厘
10^{12}	太[拉](tera)	T	太	10^{-3}	毫(milli)	m	毫
10^{9}	吉[咖](giga)	G	吉	10^{-6}	微(micro)	μ	微
10^{6}	兆(mega)	M	兆	10^{-9}	纳[诺](nano)	n	纳(毫微)
10^{3}	千(kilo)	k	千	10^{-12}	皮[可](pico)	p	皮(微微)
10^{2}	百(hecto)	h	百	10^{-15}	飞[母托](femto)	f	飞
10^{1}	十(deca)	da	十	10^{-18}	阿[托](atto)	a	阿

5.1.2　基本量纲和导出量纲

如前所述，量纲是用来衡量物理量的物理属性或种类的. 一个物理过程往往要涉及多个物理量，一般这些物理量的量纲之间是有联系的. 例如，速度量纲[V]就是长度量纲[L]和时间量纲[T]组合而成的，表示为[V]=[L]/[T]. 根据物理量量纲之间的关系，把没有任何联系的、独立的量纲作为基本量纲，将可以由基本量纲组合得到的量纲作为导出量纲.

在国际单位制中，取与国际单位制基本单位对应的七个物理量，即长度、质量、时间、电流、物质的量、热力学温度、发光强度这些物理量作为基本量，相应地用[L]、[M]、[T]、[I]、[n]、[Θ]、[J]作为基本量纲.

由于不涉及电流强度、温度、热量和发光强度的变化，在流体力学中采用长度[L]、质量[M]、时间[T]为基本量纲. 流体力学中其他物理量的量纲均为这三个基本量纲的导出量纲，均可用三个基本量纲的指数乘积形式表示. 例如，B 为任一物理量，其量纲可表示为

$$[B]=[L^aM^bT^c] \tag{5-1}$$

式(5-1)称为量纲公式. 式中，幂指数 a、b、c 可为正数、负数、整数、分数，它取决于物理量的定义和本质. 例如，密度的量纲是 $[\rho]=[ML^{-3}]$，动力黏度的量纲是 $[\mu]=[ML^{-1}T^{-1}]$. 流体力学中常用量的量纲见表 5-4.

表 5-4 流体力学中常用量的量纲

导出量	符号	物理方程	量纲
速度	V	$V=\dfrac{\mathrm{d}l}{\mathrm{d}t}$	$[V]=\left[LT^{-1}\right]$
加速度	a	$a=\dfrac{\mathrm{d}V}{\mathrm{d}t}$	$[a]=\left[LT^{-2}\right]$
力	F	$F=ma=m\dfrac{\mathrm{d}^2l}{\mathrm{d}t^2}$	$[F]=\left[MLT^{-2}\right]$
压强	p	$p=\dfrac{\mathrm{d}F}{\mathrm{d}A}$	$[p]=\left[ML^{-1}T^{-2}\right]$
应力	τ	$\tau=\mu\dfrac{\mathrm{d}u}{\mathrm{d}y}$	$[\tau]=\left[ML^{-1}T^{-2}\right]$
体积流量	$Q_{\mathscr{V}}$	$Q_{\mathscr{V}}=VA$	$[Q_{\mathscr{V}}]=\left[L^3T^{-1}\right]$
密度	ρ	$\rho=\dfrac{\mathrm{d}m}{\mathrm{d}\mathscr{V}}$	$[\rho]=\left[ML^{-3}\right]$
动力黏度	μ	$\mu=\dfrac{F}{A\dfrac{\mathrm{d}V}{\mathrm{d}l}}$	$[\mu]=\left[ML^{-1}T^{-1}\right]$
运动黏度	ν	$\nu=\dfrac{\mu}{\rho}$	$[\nu]=\left[L^2T^{-1}\right]$

5.1.3 量纲—量

表 5-4 所示的流体力学常用量，其量纲对应于式(5-1)量纲公式中的幂指数 a、b、c，至少有一个以上的数不为零，表示这些物理量是与基本量纲有关的量. 因此，若式(5-1)中幂指数 a、b、c 三个数中有一个不为零，就称其为有量纲的量. 但在实际工作中，我们还经常会遇到如平面角、效率等这一类物理量. 这些量的共同特点，就是其对应量纲公式中的基本量纲的幂指数 a、b、c 都为零，由于任何数(或量)的零次方都等于 1，像平面角

的量纲[θ]=[L/L]=[L^0]=1，效率的量纲[η]=[L$^{2-2}$M$^{1-1}$T$^{3-3}$]=[L^{0}M^{0}T^0]=1，故称这些量是量纲为一的量，简称量纲一量. 此外，力学中的动摩擦因数、静摩擦因数、线应变、切应变、体应变、泊松数，热学中的等熵指数、质量热容比，电学和磁学中的电极化率、漏磁因数、耦合因数、磁化率、相数，物理化学中的相对原子质量、相对分子质量、标准平衡常数等，都属于量纲一量.

由于上面这些量对应的量纲公式中的基本量纲的幂指数 a、b、c 均为零，表明这些物理量不包含基本量纲，因此，以往将这些物理量称为无量纲量. 但如前所述，这些量的量纲是一，所以，中国国家标准局于 1993 年颁布了"量和单位"新标准 (GB3100-3102-1993)，将旧标准中的"无量纲量"改称为"量纲一量"，从 1994 年 7 月 1 日开始实施. 新标准规定：任何量纲一量的 SI 单位名称都是汉字"一"，符号是阿拉伯数字"1"."量纲一量"最大的特点就是其量值都是用纯数字表示，这会让人误以为量纲一量不属于物理量，更有甚者认为量纲一量没有单位. 所以新标准明确规定，量纲一量的单位是 1. 在表示量值时，一般不明确地写出量纲一量的单位符号 1. 例如，平面角为 5，写成 $\theta = 5$，而不写成 $\theta = 5 \times 1$. 不过我们应记住单位符号"1"的存在.

尽管出台了"量和单位"的国家新标准，但"无量纲量"和"量纲一量"这两个名词在不同的教材中都有使用，为方便学习，特此说明.

5.2　量　纲　分　析

量纲分析(dimensional analysis)是 20 世纪初提出的在物理领域中建立数学模型的一种方法. 当某一流动过程尚不能用微分方程描述时，量纲分析是探求物理量间关系的有效方法之一.

5.2.1　量纲齐次原理

量纲齐次原理，又称量纲和谐原理，是量纲分析的基础. 定义为：一个正确而完整的物理方程，其各项的量纲都是相同的. 例如，单位重量流体的伯努利方程

$$\frac{V^2}{2g} + z + \frac{p}{\rho g} = H \tag{4-32}$$

式中，各项的量纲均为几何长度[L]，所以将其称为量纲齐次方程. 而一个不完整的物理方程，各项的量纲就可能不一致. 例如，一些由实验和观测资料整理的经验公式，往往不满足量纲齐次原理.

傅里叶(Fourier)是量纲分析的开创者，他在《热的分析理论》一书中，首次提出了量纲齐次性的观点："每一个待定的变量或常量都具有属于它自己的量纲，如果其量纲的幂次不相同，则同一个方程中的各项是不能比较的."由于量纲是衡量物理量的物理属性的，量纲不同表明其物理属性不同，由此可确认傅里叶观点的正确.

因此，对于符合量纲齐次原理的完整的物理方程，只要用方程的任一项去除其余各项，就可使方程的每一项都变成量纲一量. 量纲分析就是基于完整的物理方程为量纲齐次

方程，通过量纲分析和换算，将原来含有较多物理量的方程，转化为含有比原物理量少的量纲一量方程，使方程变量减少，从而让研究这些变量关系而进行的实验大大简化.

在量纲齐次原理基础上发展起来的量纲分析有两种方法：一种称为瑞利(Rayleigh)法，适用于比较简单的问题；另一种称为白金汉(Buckingham)法，或π定理，是一种具有普遍指导意义的方法.

5.2.2　瑞利法

瑞利法假定某一物理过程同n个物理量有关，即$f(x_1,x_2,\cdots,x_n)=0$，可将其中的一个物理量表示成其他物理量的指数乘积的形式

$$x_i = Kx_1^a x_2^b \cdots x_{n-1}^k \tag{5-2}$$

写出量纲式

$$[\mathrm{x}_i] = K[\mathrm{x}_1]^a [\mathrm{x}_2]^b \cdots [\mathrm{x}_{n-1}]^k$$

将量纲式中各物理量的量纲按照式(5-2)表示为基本量纲的指数乘积形式，并根据量纲齐次原理，确定指数$a,b,\cdots,k$，就可得出表达物理过程的方程. 下面通过例题说明瑞利法的求解步骤.

例5-1　求水泵输出功率P的表达式.

解　水泵输出功率P指单位时间内水泵输出的能量，与水泵工作相关的物理量有水的重度W，流量$Q_{\mathscr{V}}$和扬程H，即$f(P,W,Q_{\mathscr{V}},H)=0$.

写出指数乘积关系式

$$P = KW^a Q_{\mathscr{V}}^{\ b} H^c$$

其量纲式为

$$[P] = K[\mathrm{W}]^a [\mathrm{Q}_{\mathscr{V}}]^b [\mathrm{H}]^c$$

以基本量纲[M]、[L]、[T]表示各物理量量纲，$[\mathrm{ML^2T^{-3}}] = K[\mathrm{ML^{-2}T^{-2}}]^a [\mathrm{L^3T^{-1}}]^b [\mathrm{L}]^c$.

根据量纲齐次原理求量纲指数

[M]:　　$1 = a$

[L]:　　$2 = -2a+3b+c$

[T]:　　$-3 = -2a-b$

得$a=1,b=1,c=1.$由此可得水泵输出功率 N 的方程为

$$\mathrm{N} = KWQ_{\mathscr{V}}H$$

式中，K为系数，由实验确定.

由于基本量纲只有三个，利用量纲齐次原理建立的关系式不超过三个，故用瑞利法求物理过程的方程时，相关物理量不超过四个.

5.2.3　π定理

π定理，或称白金汉定理，是量纲分析更为普遍适用的原理. π定理指出：若某现象

由 n 个物理量所描述，把它写成数学表达式，即 $f(x_1, x_2, \cdots, x_n) = 0$，设这些物理量包含 m 个基本量纲，则该现象可用 $n-m$ 个量纲一量 $\pi_1, \pi_2, \cdots, \pi_{n-m}$ 组成的关系式来描述，即 $F(\pi_1, \pi_2, \cdots, \pi_{n-m}) = 0$.

量纲一量可这样构成：在变量 $x_1, x_2, \cdots, x_n$ 中选择 m 个量纲不同的变量作为重复变量，并把重复变量与其余变量中的一个组成 π_i，共有 $n-m$ 个 π_i. 例如，选择 $x_1, x_2, x_3, \cdots, x_m$ 为重复变量，各量纲一量分别为

$$\pi_1 = x_1^{a_1} x_2^{b_1} x_3^{c_1} \cdots x_{m+1}$$
$$\pi_2 = x_1^{a_2} x_2^{b_2} x_3^{c_2} \cdots x_{m+2}$$
$$\cdots\cdots \tag{5-3}$$
$$\pi_{n-m} = x_1^{a_{n-m}} x_2^{b_{n-m}} x_3^{c_{n-m}} \cdots x_n$$

因此，根据物理方程量纲齐次原理，只要确定待定指数 a_i，b_i，c_i 的值，也就确定了每个 π_i 的值，最后可写出由 $n-m$ 个 π_i 组成的方程. 一般来说，要将某物理现象用白金汉 π 定理的方法表达出来，需要以下几个步骤.

(1) 列出影响该物理现象的全部 n 个变量：$x_1, x_2, \cdots, x_n$.

(2) 选择 m 个基本量纲，对流体力学问题可选择[L]、[M]、[T]这 3 个基本量纲.

(3) 从所列变量中选出 $m = 3$ 个重复变量，重复变量的选取原则应包括：几何变量，如直径 d 或长度 l；运动变量，如速度 V；动力变量，如密度 ρ 等与质量有关的物理量. 通常所选的 $m = 3$ 个重复变量中应包含[L]、[M]、[T]这三个基本量纲.

(4) 用重复变量与其余变量中的一个建立方程，构建 $(n-3)$ 个量纲一量 π_i

$$\pi_1 = \rho^{a_1} V^{b_1} d^{c_1} x_4$$
$$\pi_2 = \rho^{a_2} V^{b_2} d^{c_2} x_5$$
$$\cdots\cdots$$
$$\pi_{n-3} = \rho^{a_{n-3}} V^{b_{n-3}} d^{c_{n-3}} x_n$$

根据 π_i 为量纲一量的特性，决定各 π_i 的指数 a_i，b_i，c_i.

(5) 建立量纲一量方程，$F(\pi_1, \pi_2, \cdots, \pi_{n-3}) = 0$

下面通过实例来说明 π 定理的具体应用.

例 5-2　光滑圆球直径为 D，在均匀流场中以速度 V 运动，流体的密度为 ρ，流体的动力黏度为 μ，试求圆球所受到的阻力 F.

解　根据题意，可按下面几步解题.

(1) 该流动现象共有 $n = 5$ 个变量，列出全部 n 个变量：F、D、V、ρ、μ；

(2) 选择基本量纲数目 $m = 3$ 个：[M]、[L]、[T]；

(3) 选用 $m = 3$ 个重复变量：ρ、V、D；

(4) 组成 $n-m = 5-3 = 2$ 个量纲一量，并求解 π_i.

$$\pi_1 = \rho^{a_1} V^{b_1} D^{c_1} F$$
$$[M^0 L^0 T^0] = [ML^{-3}]^{a_1} [LT^{-1}]^{b_1} [L]^{c_1} [MLT^{-2}]$$

$$\begin{cases} [\mathrm{M}]:0=a_1+1 \\ [\mathrm{L}]:0=-3a_1+b_1+c_1+1 \\ [\mathrm{T}]:0=-b_1-2 \end{cases} \Rightarrow \begin{cases} a_1=-1 \\ b_1=-2 \\ c_1=-2 \end{cases} \Rightarrow \pi_1=\frac{F}{\rho V^2 D^2}$$

$$\pi_2=\rho^{a_2}V^{b_2}D^{c_2}\mu$$

$$[\mathrm{M^0 L^0 T^0}]=[\mathrm{ML^{-3}}]^{a_2}[\mathrm{LT^{-1}}]^{b_2}[L]^{c_2}[\mathrm{ML^{-1}T^{-1}}]$$

$$\begin{cases} [\mathrm{M}]:0=a_2+1 \\ [\mathrm{L}]:0=-3a_2+b_2+c_2-1 \\ [\mathrm{T}]:0=-b_2-1 \end{cases} \Rightarrow \begin{cases} a_2=-1 \\ b_2=-1 \\ c_2=-1 \end{cases} \Rightarrow \pi_2=\frac{\mu}{\rho VD}$$

(5) 建立量纲一量方程

$$F\left(\frac{F}{\rho V^2 D^2},\frac{\mu}{\rho VD}\right)=0,\quad 即\ \frac{F}{\rho V^2 D^2}=f\left(\frac{\mu}{\rho VD}\right)$$

如果将上式中的阻力 F 写成

$$F=f(Re)\frac{\rho V^2}{2}\frac{\pi D^2}{4}=C_D\frac{\rho V^2}{2}A$$

式中，$C_D=f(Re)$ 是与雷诺数 (Re) 有关的阻力系数；$A=\dfrac{\pi D^2}{4}$ 是小球的迎流面积；$\dfrac{\rho V^2}{2}$ 是流体流动的动压. 相关内容将在本书第 8 章做详细的介绍.

例 5-3　不可压缩黏性流体在管内作定常流动时，流体的压降损失 Δp 与管内径 d、管长 l、管壁粗糙度 ε、流体的平均流速 V、密度 ρ 和黏度 μ 有关，试确定压降 Δp.

解　根据题意，可按下面几步解题.

(1) 该流动现象共有 $n=7$ 个变量，列出全部 n 个变量：Δp、d、l、ε、V、ρ、μ；

(2) 选择基本量纲数目 $m=3$ 个：$[\mathrm{M}]$、$[\mathrm{L}]$、$[\mathrm{T}]$；

(3) 选用 $m=3$ 个重复变量：ρ、V、d；

(4) 组成 $n-m=7-3=4$ 个量纲一量，并求解 π_i.

$$\pi_1=\rho^{a_1}V^{b_1}d^{c_1}\Delta p$$

$$\left[\mathrm{M^0 L^0 T^0}\right]=\left[\mathrm{ML^{-3}}\right]^{a_1}\left[\mathrm{LT^{-1}}\right]^{b_1}\left[L\right]^{c_1}\left[\mathrm{ML^{-1}T^{-2}}\right]$$

$$\begin{cases} [\mathrm{M}]:0=a_1+1 \\ [\mathrm{L}]:0=-3a_1+b_1+c_1-1 \\ [\mathrm{T}]:0=-b_1-2 \end{cases} \Rightarrow \begin{cases} a_1=-1 \\ b_1=-2 \\ c_1=0 \end{cases} \Rightarrow \pi_1=\frac{\Delta p}{\rho V^2}$$

$$\pi_2=\rho^{a_2}V^{b_2}d^{c_2}\mu$$

$$[\mathrm{M^0 L^0 T^0}]=[\mathrm{ML^{-3}}]^{a_2}[\mathrm{LT^{-1}}]^{b_2}[L]^{c_2}[\mathrm{ML^{-1}T^{-1}}]$$

$$\begin{cases}[\text{M}]:0=a_2+1\\[\text{L}]:0=-3a_2+b_2+c_2-1\\[\text{T}]:0=-b_2-1\end{cases}\Rightarrow\begin{cases}a_2=-1\\b_2=-1\\c_2=-1\end{cases}\Rightarrow\pi_2=\frac{\mu}{\rho Vd}$$

$$\pi_3=\rho^{a_3}V^{b_3}d^{c_3}l$$

$$\left[\text{M}^0\text{L}^0\text{T}^0\right]=\left[\text{ML}^{-3}\right]^{a_3}\left[\text{LT}^{-1}\right]^{b_3}\left[\text{L}\right]^{c_3}\left[\text{L}\right]$$

$$\begin{cases}[\text{M}]:0=a_3\\[\text{L}]:0=-3a_3+b_3+c_3+1\\[\text{T}]:0=-b_3\end{cases}\Rightarrow\begin{cases}a_3=0\\b_3=0\\c_3=-1\end{cases}\Rightarrow\pi_3=\frac{l}{d}$$

$$\pi_4=\rho^{a_4}V^{b_4}d^{c_4}\varepsilon$$

$$\left[\text{M}^0\text{L}^0\text{T}^0\right]=\left[ML^{-3}\right]^{a_4}\left[LT^{-1}\right]^{b_4}\left[\text{L}\right]^{c_4}\left[\text{L}\right]$$

$$\begin{cases}[\text{M}]:0=a_4\\[\text{L}]:0=-3a_4+b_4+c_4+1\\[\text{T}]:0=-b_4\end{cases}\Rightarrow\begin{cases}a_4=0\\b_4=0\\c_4=-1\end{cases}\Rightarrow\pi_4=\frac{\varepsilon}{d}$$

(5) 建立量纲一量方程

$$F\left(\frac{\Delta p}{\rho V^2},\frac{\mu}{\rho Vd},\frac{l}{d},\frac{\varepsilon}{d}\right)=0,\qquad 即\ \frac{\Delta p}{\rho V^2}=f\left(\frac{\mu}{\rho Vd},\frac{l}{d},\frac{\varepsilon}{d}\right)$$

对 Δp 求解可写成如下形式：

$$\Delta p=f\left(Re,\frac{\varepsilon}{d}\right)\frac{l}{d}\frac{\rho V^2}{2}=\lambda\frac{l}{d}\frac{\rho V^2}{2}$$

式中，$\lambda=f\left(Re,\dfrac{\varepsilon}{d}\right)$ 称为沿程阻力系数，它是 Re 和相对粗糙度 $\dfrac{\varepsilon}{d}$ 的函数，用实验的方法可以确定 λ 随 Re 和 $\dfrac{\varepsilon}{d}$ 的变化曲线；$\dfrac{\rho V^2}{2}$ 是流动的动压. 相关内容将在本书第 7 章做详细的介绍.

例 5-3 中，描述该现象的物理量有 7 个，基本量纲有 3 个，得到 7−3=4 个量纲一量. 管内流动的压降 Δp 可以用一个相对简单的式子 $\Delta p=\lambda\dfrac{l}{d}\dfrac{\rho V^2}{2}$ 表示，这个式子的形式完全是由实验确定的，所以说量纲分析是进行实验研究的理论基础.

量纲分析方法表明，对一些较复杂的物理现象，即使无法建立微分方程，但只要知道这些现象包含哪些物理量，就能确定量纲一量，为解决问题理出头绪；建立的量纲一量方程使实验变量数目大大减少，不仅可以简化实验，克服变量繁多、实验难以进行的困难，而且可以节省时间、提高效率，减少人力、物力支出，同时也极大地方便实验数据的整理. 量纲分析的价值就在于此.

5.2.4　关于 π 定理的几点说明

1. 作用在流体上的力

如果用 l 代表特征尺寸, 用 V, Δp 分别代表流场的速度和压强差, ρ, μ, σ 分别代表流体的密度、动力黏度和表面张力系数, ω 代表角速度, 则作用在流动流体上常见的几个力, 可用以下这些量的组合表示:

惯性力　　　$F_{\text{iner}} = ma \propto \rho l^3 \dfrac{V^2}{l} = \rho V^2 l^2$

黏性力　　　$F_{\text{vis}} = \tau A \propto \mu \dfrac{\mathrm{d}u}{\mathrm{d}y} A = \mu \dfrac{V}{l} l^2 = \mu V l$

压力　　　　$F_{\text{pre}} = \Delta p A \propto \Delta p l^2$　或　$\propto p l^2$

重力　　　　$F_{\text{gra}} = mg \propto g \rho l^3$

离心力　　　$F_{\text{cen}} = m r \omega^2 \propto \rho l^3 l \omega^2 = \rho l^4 \omega^2$

表面张力　　$F_{\text{sur}} = \sigma l$

弹性力　　　$F_{\text{ela}} = kA \propto \rho \dfrac{\mathrm{d}p}{\mathrm{d}\rho} l^2 = \rho a^2 l^2$　　(式中 k 为弹性模量)

流体力学中的惯性力很重要, 它与其他力的比值就得到常用的量纲一量.

2. 流体力学中常用的量纲一量

在流体力学中, 一些重要的量纲一量是以杰出科学家或工程师的名字命名的. 下面列出流体力学中常用的几个量纲一量, 并介绍它们的物理意义.

1) 雷诺数

以英国工程师雷诺(Reynolds)的名字命名, 在第 3 章已见过, 可用它判别流态是层流还是湍流. 一般可写成如下形式:

$$Re = \frac{\rho V l}{\mu} = \frac{\rho V^2 l^2}{\mu V l} = \frac{F_{\text{iner}}}{F_{\text{vis}}} \tag{5-4}$$

可见它是惯性力与黏性力的比值. 如果 Re 大, 则惯性力起主要作用, 流动是湍流; 如果 Re 小, 则黏性力起主要作用, 流动是层流.

2) 欧拉数

由瑞士数学家欧拉(Euler)在流体力学分析中提出. 如果压强或压差对流动起主要作用, 用欧拉数分析是很方便的.

$$Eu = \frac{\Delta p}{\rho V^2} = \frac{\Delta p l^2}{\rho V^2 l^2} = \frac{F_{\text{pre}}}{F_{\text{iner}}} \tag{5-5}$$

可见它是压力与惯性力的比值. 和压力有关的现象由 Eu 决定, 称为压强系数, 一般写成

$C_p = \dfrac{\Delta p}{\dfrac{1}{2}\rho V^2}$, 是一个重要的量纲一量.

3) 弗劳德数

由英国造船工程师弗劳德(Froude)与他的儿子共同提出. 它是在重力影响较大的流动场合或者流动是由重力引起的情况下, 常常考虑的一个量纲一量.

$$Fr = \frac{V}{\sqrt{gl}} = \sqrt{\frac{\rho V^2 l^2}{\rho g l^3}} = \sqrt{\frac{F_{\text{iner}}}{F_{\text{gra}}}} \tag{5-6}$$

它是惯性力与重力的比值, 反映了重力对流体的作用. 和重力有关的现象由 Fr 决定.

4) 韦伯数

流体与边界接触必产生表面张力, 当表面张力产生的影响不能忽略时引入的一个量纲一量, 称为韦伯(Weber)数.

$$We = \frac{\rho V^2 l}{\sigma} = \frac{\rho V^2 l^2}{\sigma l} = \frac{F_{\text{iner}}}{F_{\text{sur}}} \tag{5-7}$$

它是惯性力与表面张力的比值. 韦伯数越小代表表面张力越重要, 如毛细管现象、肥皂泡、表面张力波等小尺度的问题. 一般而言, 对于大尺度的问题, 韦伯数远大于 1.0, 表面张力的作用便可以忽略.

5) 马赫数

马赫数是奥地利物理学家马赫(Mach)在研究可压缩流体流动时提出的.

$$Ma = \frac{V}{a} = \frac{V}{\sqrt{\frac{k}{\rho}}} = \frac{\rho V^2 l^2}{k l^2} = \frac{F_{\text{iner}}}{F_{\text{ela}}} \tag{5-8}$$

它是惯性力与弹性力的比值. 与压缩性有关的现象由 Ma 决定. 当流体的运动速度较低时($Ma < 0.3$), 流体压缩效应可以忽略不计; 当流速较高时($Ma > 0.3$), 就不能忽略压缩性的影响.

6) 斯特劳哈尔数

这是德国物理学家斯特劳哈尔(Strouhal)在讨论流体振动频率与流速关系时引入的.

$$Sr = \frac{l\omega}{V} = \frac{\rho l^4 \omega^2}{\rho l^2 V^2} = \frac{F_{\text{cen}}}{F_{\text{iner}}} \tag{5-9}$$

它是离心力与惯性力的比值, 在考虑具有特征频率的圆周运动时使用斯特劳哈尔数. 斯特劳哈尔数是研究流体绕流的一个重要特征参数.

对于非定常流动,

$$Sr = \frac{l}{Vt} = \frac{\rho l^3 V / t}{\rho l^3 V^2 / l} = \frac{F_{\text{iner},t}}{F_{\text{iner},l}} \tag{5-9a}$$

它是当地加速度和迁移加速度引起的惯性力之比, Sr 也称为谐时数, 反映了流动的非定常性影响. 当 $Sr \ll 1$ 时, 则非定常性影响可忽略.

3. 量纲一量的组合形式

对一定的现象, 量纲一量的个数是固定的, 但形式不是唯一的, 或者说 π 定理确定的量纲一量的形式有一定的任意性,只要组合的方式不改变这些量的本质. 量纲一量的组合形式有以下几种.

(1) π^n (n 为常数).

例如, $Fr = \dfrac{gl}{V^2}$ 是量纲一量,那么 $\left(\dfrac{gl}{V^2}\right)^{-1} = \dfrac{V^2}{gl}$ 仍是量纲一量,习惯上仍称为费劳德数.

(2) $\pi_1^{n_1} \cdot \pi_2^{n_2} \cdot \cdots \cdot \pi_k^{n_k}$ ($n_1, n_2, \cdots, n_k$ 为常数).

例如, $Fr \cdot Re^2 = \dfrac{g\rho^2 l^3}{\mu^2} = Ga$, Ga 仍是量纲一量,称为伽利略数.

(3) $\pi_1 \pm \pi_2$.

例如, $\pi_1 = \left(\dfrac{\sigma}{g\rho l^2}\right)^{-1}$, $\pi_2 = \left(\dfrac{\sigma}{g\rho' l^2}\right)^{-1}$

$$(\pi_1 - \pi_2)^{-1} = -\frac{\sigma}{g(\rho - \rho')l^2} = We$$

式中, σ 为液体的表面张力系数; ρ 、ρ' 为液相、气相物质的密度; We 仍是量纲一量,仍为韦伯数.

(4) $\pi \pm a$ (a 为常数).

例如, $\dfrac{V}{V_\text{o}}$ 是量纲一速度,那么 $\dfrac{V}{V_\text{o}} - 1 = \dfrac{V - V_\text{o}}{V_\text{o}}$ 也是量纲一量.

(5) 量纲一量中任一物理量用其差值代替.

例如,欧拉数 $Eu = \dfrac{p}{\rho V^2}$ 中的压强可用 Δp 代替, $\dfrac{\Delta p}{\rho V^2}$ 仍称为欧拉数.

5.2.5 量纲分析的意义

量纲分析通过把研究的量归并成组,使参数个数减少,函数结构简化,所以实验次数减少,实验进程加快. 例如,在例 5-2 中,我们要用实验的方法确定光滑圆球在均匀流体中运动时所受阻力 F 与流体的密度 ρ 、动力黏度 μ 、圆球直径 D 以及球的运动速度 V 之间的关系,即 $F = f(V, \rho, D, \mu)$,则我们可以分别进行实验. 例如,在一定的 ρ 、μ 及 D 情况下,确定不同速度 V 时的阻力 F,假定需要 10 个实验值;为了研究圆球直径 D 对阻力 F 的影响,必须反复用 10 个不同的 D 值在一个速度下进行实验,这样,仅直径影响需要进行 10^2 次实验. 同样,对 ρ 、μ 的影响还需要分别取 10 个不同的 ρ 、μ 值进行实验. 这样,为了全面了解 F 与 V 、ρ 、D 和 μ 的关系,就需要进行 10^4 次单独实验,不仅需要花费大量的人力、物力和时间,而且如何寻找同一密度下的 10 种黏度和同一黏度下的 10 种密度的流体,以及大量实验数据的综合分析、整理,都变得十分困难.

若应用 π 定理,经过量纲分析,5 个变量可转化为 2 个量纲一量之间的关系. 即

$$\frac{F}{\rho V^2 D^2} = f\left(\frac{\mu}{\rho VD}\right) = f(Re)$$

上述关系式仍需要通过实验来确定，但仅需变化 Re，用 10 次实验就可确定 Re 和 $F/(\rho V^2 D^2)$ 的对应关系. Re 的改变可以通过在 ρ、μ 和 D 不变的情况下，仅改变流速 V，或者用 10 个不同直径的圆球就可得到，实验省时省力，而且所获得的关系曲线是一条简洁的光滑曲线，应用非常方便.

量纲分析法在流体力学和模型试验等领域被广泛应用，成为一种有效的研究手段. 它还可用于：

(1) 物理量量纲的推导；

(2) 根据量纲齐次原理，校核由理论分析推导出的代数方程各项量纲是否正确；

(3) 确定模型试验的相似条件，指导实验资料整理.

尽管量纲分析有助于人们分析复杂现象中各物理量之间的关系，但它只是一个工具，量纲分析不能代替人们对物理现象本身的研究.

5.3　相　似　原　理

前面提到许多流体力学问题，都是通过实验来解决的. 最初，人们通过直接实验的方法来探求那些无法用数学方法解决自然现象的规律. 但是直接实验的方法有很大的局限性：首先实验结果只能用于特定的实验条件，或只能推广到与实验条件相同的现象上去；其次由于条件限制，有些直接实验难以进行. 例如锅炉等设备，由于温度、压强过高、尺寸太大，很难进行直接实验；再例如要测量一架飞机的外部流场，很难想象为此建造能容纳全尺寸飞机的大风洞，因为仅驱动风洞气流所需的能量就大得惊人. 另外，直接实验方法常常只能得出个别量之间的规律性关系，难以抓住现象的本质.

为了避免上述局限性，人们采用实验室模型试验去预测原型的特性. 那么如何保证在特定条件下的模型试验结果可以推广到其他类似的过程中去，变成规律性的理论呢？在长期的生产实践中，人们总结出以相似原理为基础的模型试验方法，去探索自然规律(包括流体流动规律). 该方法就是在相似原理的基础上，按一定原则改变流动参数 (如将原型尺寸放大或缩小，或更换流动介质等)，制成模型试验台，在模型试验台上进行实验，然后根据相似原理整理实验数据，找出模型中流体的流动规律，并将这些规律推广到与实验模型相似的各种实际设备中去.

以相似原理为基础的模型方法在流体力学中有着广泛的应用. 例如，我们可以按图 5-1(b)所示对船模进行试验，去研究各种舰船的阻力特性；也可以按图 5-1(a)所示利用风洞进行飞机的模型试验，然后根据相似原理将结果推广应用到飞机的设计中等. 此外，这种方法也广泛应用于传热、燃烧等其他物理、化学过程，在解决生产实践问题时起着重要的作用.

(a) 风洞中的飞机模型试验　　　　　　　(b) 船模拖曳试验

图 5-1　模型试验

5.3.1　相似概念

相似概念最初是应用在几何学中的，后将几何学相似的概念推广到其他物理现象中. 若两个物理现象进行着同一物理过程，且各物理量在各对应点上和对应瞬时大小成比例，方向一致，则称这两个物理现象相似. 在流体力学中，若两种流动相似，一般应具有几何相似、运动相似和动力相似三种相似. 且可将分别与[L]、[T]、[M]三个基本量纲直接相关的长度 l 作为基本几何变量，速度 V 作为基本运动变量，密度 ρ 作为基本动力变量，建立以线性比例常数 C_l、速度比例常数 C_V、密度比例常数 C_ρ 为基本比例常数(相似倍数)的相似体系.

1. 几何相似

模型流动和实物(原型)流动的几何相似，指的是两个流场的几何形状相似，一切对应的线性尺寸成比例. 线性尺寸包括物体的长度 l，高度 h、直径 d、粗糙度 ε 以及任意空间点间的线段. 例如，如图 5-2 所示，机翼的原型和 1/10 尺寸的模型，各线性尺寸成相同比例，且对应的夹角都相等，所以对于几何相似的原型和模型，具有线性比例常数

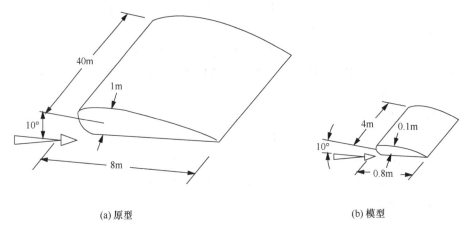

(a) 原型　　　　　　　　　　　　　　(b) 模型

图 5-2　机翼流动边界的几何相似

$$C_l = \frac{l'}{l} = \frac{h'}{h} = \frac{d'}{d} = \frac{\varepsilon'}{\varepsilon} = \cdots \tag{5-10}$$

式中，上标 ′ 代表模型量，以下同. 线性比例常数 C_l 为几何学基本比例常数. 由线性比例常数很容易得出其他几何学比例常数.

面积比例常数

$$C_A = \frac{A'}{A} = \frac{l'^2}{l^2} = C_l^2 \tag{5-11}$$

体积比例常数

$$C_{\mathscr{V}} = \frac{\mathscr{V}'}{\mathscr{V}} = \frac{l'^3}{l^3} = C_l^3 \tag{5-12}$$

几何相似是力学相似的前提，只有在几何相似的流动中，才有可能讨论对应点上其他物理量的相似问题. 对于两个几何相似的物体，如果已知线性比例常数，只要用一个线性尺寸，就可以表示出另外一个相似物体的对应尺寸. 例如，圆管、圆球可以取它们的直径 d，机翼取弦长 c 等，这些长度称为特征尺寸.

2. 运动相似

运动相似，是几何相似在速度场(加速度场)中的应用. 指在几何相似的流动空间中，流场中各对应点、对应时刻上速度(加速度)的方向一致，大小成比例. 例如，图 5-3 为两直径不同的圆管中流体作层流流动时的速度分布曲线，二者的速度剖面相似，速度方向都平行于管中心线，所以对运动相似的原型和模型，具有速度比例常数

$$C_V = \frac{V'}{V} \tag{5-13}$$

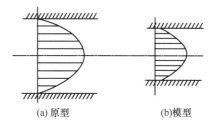

(a) 原型　　　　　(b)模型

图 5-3　两直径不同的圆管中流体作层流流动时的速度分布曲线

故速度比例常数为运动学基本比例常数，其他运动学比例常数可以按照物理量的定义或量纲由 C_l 和 C_V 确定，如：

加速度比例常数

$$C_a = \frac{a'}{a} = \frac{V'/t'}{V/t} = \frac{C_V}{C_t} = \frac{C_V^2}{C_l} \tag{5-14}$$

时间比例常数

$$C_t = \frac{l'/V'}{l/V} = \frac{C_l}{C_V} \tag{5-15}$$

流量比例常数

$$C_{Q_{\mathscr{V}}} = \frac{Q'_{\mathscr{V}}}{Q_{\mathscr{V}}} = \frac{l'^3/t'}{l^3/t} = \frac{C_l^3}{C_t} = C_l^2 C_V \tag{5-16}$$

运动黏度比例常数

$$C_v = \frac{v'}{v} = \frac{l'^2/t'}{l^2/t} = C_l^2/C_t = C_l C_V \tag{5-17}$$

角速度比例常数

$$C_\omega = \frac{\omega'}{\omega} = \frac{V'/l'}{V/l} = \frac{C_V}{C_l} \tag{5-18}$$

3. 动力相似

动力相似，是几何相似在力场中的应用，指的是模型流动与原型流动受同种外力作用，且作用在流体上力的方向对应一致，大小互成比例. 例如，如图 5-4 所示，从两个流动空间对应点上取出的几何相似的两个流体微团，作用于其上的各对应力方向一致，大小成比例. 由于在外力作用下流体的运动，涉及流体的质量，而密度是质量与体积的比值，所以对动力相似的原型和模型，具有密度比例常数

$$C_\rho = \frac{\rho'}{\rho} \tag{5-19}$$

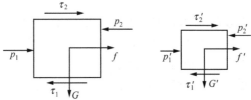

图 5-4　几何相似的两个流体微团受力分析

密度比例常数是动力学基本比例常数. 其他动力学比例常数可以按照物理量的定义或量纲由 C_l、C_V 和 C_ρ 确定，如：

质量比例常数

$$C_m = \frac{m'}{m} = \frac{\rho' l'^3}{\rho l^3} = C_\rho C_l^3 \tag{5-20}$$

力比例常数

$$C_F = \frac{F'}{F} = \frac{m'a'}{ma} = C_m C_a = C_\rho C_l^2 C_V^2 \tag{5-21}$$

力矩(功、能)比例常数

$$C_M = \frac{M'}{M} = \frac{F'l'}{Fl} = C_F C_l = C_\rho C_l^3 C_V^2 \tag{5-22}$$

功率比例常数

$$C_P = \frac{P'}{P} = \frac{F'V'}{FV} = C_F C_V = C_\rho C_l^2 C_V^3 \tag{5-23}$$

压强比例常数

$$C_p = \frac{F'/A'}{F/A} = \frac{C_F}{C_A} = C_\rho C_V^2 \tag{5-24}$$

动力黏度比例常数

$$C_\mu = \frac{\mu'}{\mu} = \frac{\rho'\nu'}{\rho\nu} = C_\rho C_l C_V \tag{5-25}$$

比例常数又称为相似倍数，它与所选取的坐标无关，通常取分别与[L]、[T]、[M]三个基本量纲直接相关且各自独立的 C_l、C_V、C_ρ 为基本比例常数. 它们确定后，一切物理量的比例常数都可以用基本比例常数表示. 如前所述，对于所有这些物理量，相似指的是这些物理量的场相似. 就是说，如果物理量是矢量，那么在流动空间的各对应点上及对应瞬时，这些矢量的方向对应一致，大小互成比例；如果物理量是标量，那么在流动空间的各对应点上及对应瞬时，这些量的大小成比例.

5.3.2 相似原理与相似准则

相似的现象都属于同一类现象，所以它们遵循同一客观规律，能用同一微分方程描述. 但仅对微分方程求解，只能获得对同一类现象都适用的通解. 若要得到某一具体流动的特解，还必须给出称之为"单值条件"的附加条件. 因相似现象的单值条件必相似，故单值条件能够在服从同一规律的无数现象中单一地划出某一具体现象. 因此，对所有满足同一微分方程的流动现象，若两种流动现象的单值条件相似，则二者相似. 另外，由上文可知，两相似现象的对应物理量大小成比例，即呈现一定的相似倍数，而且相似倍数之间还受一定约束. 这个制约对应物理量相似倍数的特定准则就称为相似准则. 故单值条件相似，需保证由微分方程和单值条件中的物理量所组成的相似准则在数值上相等. 因此，两种流动现象相似的充分必要条件是：这两种现象为同一类现象，能用同一微分方程所描述；而且单值条件相似，由微分方程和单值条件中的物理量所组成的相似准则在数值上相等. 这就是相似原理.

有相似转化法和方程量纲一化两种利用微分方程和单值条件导出相似准则的方法.

1. 相似转换法

相似转换法是利用两相似现象具有特定相似倍数的性质，将相似倍数表达式代入微分方程进行相似转换，得出相似准则，具体步骤如下：

(1) 列出描述现象的基本微分方程组和全部单值条件；

(2) 写出相似倍数的表达式；

(3) 将相似倍数的表达式代入微分方程进行相似转换；

(4) 根据两个流动相似，描述它们的方程相同这一原则，导出相似准则.

例 5-4 以流体质点直线运动为例用相似转换法导出相似准则.

解 流体质点做直线运动，对应的速度方程为

$$V = \frac{\mathrm{d}l}{\mathrm{d}t} \tag{5-26a}$$

与其相似的流动中，流体质点的速度方程为

$$V' = \frac{\mathrm{d}l'}{\mathrm{d}t'} \tag{5-26b}$$

由于两流动现象相似，有

$$V' = C_V V, \quad l' = C_l l, \quad t' = C_t t \tag{5-26c}$$

将式(5-26c)代入式(5-26b)，整理后得

$$\frac{C_V C_t}{C_l} V = \frac{\mathrm{d}l}{\mathrm{d}t} \tag{5-26d}$$

要使描述两现象的方程一致，式(5-26a)和式(5-26d)等价，则有

$$\frac{C_V C_t}{C_l} = 1 \tag{5-26e}$$

式(5-26e)说明各相似倍数不是任意选取的，而是受上式约束的. 将式(5-26e)变换得

$$\frac{Vt}{l} = \frac{V't'}{l'}$$

即

$$Sr = Sr' \tag{5-26f}$$

可以看出，对于流体质点直线运动，若流动相似，原型和模型流动的 Sr 必相等，Sr 是描述非定常(不稳定)流动的相似准则. 同时，Sr 又是一个量纲一量，Sr 与 Fr、Eu、Re 等量纲一量在相似原理中就称为相似准则或相似判据，是判断现象是否相似的根据. 可见，彼此相似的现象，必定具有数值相等的相似准则.

2. 方程量纲一化

方程量纲一化是利用现有的描述流动过程的微分方程，通过使其量纲一化，从而求出相似准则. 这种方法不需要两个相似流动的比较，具体步骤如下：

(1) 列出描述现象的基本微分方程组；

(2) 将所有变量量纲一化；

(3) 将微分方程量纲一化；

(4) 导出相似准则.

例 5-5 以二维不可压缩黏性流体流动为例，用方程量纲一化方法导出相似准则.

解 (1) 列出二维不可压缩黏性流体流动微分方程组，该方程组由连续性方程和运动方程组成.

$$
\begin{cases}
\dfrac{\partial u}{\partial x} + \dfrac{\partial v}{\partial y} = 0 \\[2mm]
\rho\left(\dfrac{\partial u}{\partial t} + u\dfrac{\partial u}{\partial x} + v\dfrac{\partial u}{\partial y}\right) = -\dfrac{\partial p}{\partial x} + \mu\left(\dfrac{\partial^2 u}{\partial x^2} + \dfrac{\partial^2 u}{\partial y^2}\right) \\[2mm]
\rho\left(\dfrac{\partial v}{\partial t} + u\dfrac{\partial v}{\partial x} + v\dfrac{\partial v}{\partial y}\right) = -\rho g - \dfrac{\partial p}{\partial y} + \mu\left(\dfrac{\partial^2 v}{\partial x^2} + \dfrac{\partial^2 v}{\partial y^2}\right)
\end{cases}
\tag{5-27a}
$$

(2) 用特征量除各变量，使各变量成为量纲一量.

特征量为：特征长度 l，速度 V，压降 Δp，时间 τ，用带 "*" 的量表示量纲一量，则

$$
x^* = \frac{x}{l}; \quad y^* = \frac{y}{l}; \quad u^* = \frac{u}{V}; \quad v^* = \frac{v}{V}; \quad p^* = \frac{p}{\Delta p}; \quad t^* = \frac{t}{\tau}
$$

(3) 将各量纲一量代入方程组，实现方程组量纲一化.

为了说明方程的量纲一化过程，以下面两项为例：

$$
u\frac{\partial u}{\partial x} = u^* V \cdot \frac{\partial (u^* V)}{\partial (x^* l)} = u^* \cdot \frac{V^2}{l}\frac{\partial u^*}{\partial x^*}
$$

$$
\frac{\partial^2 u}{\partial y^2} = \frac{\partial}{\partial y}\left(\frac{\partial u}{\partial y}\right) = \frac{\partial}{\partial (y^* l)}\frac{\partial (u^* V)}{\partial (y^* l)}) = \frac{V}{l^2}\frac{\partial^2 u^*}{\partial y^{*2}}
$$

即将原变量用特征量和量纲一量的乘积代入方程组(5-27a)，得到

$$
\begin{cases}
\dfrac{V}{l}\dfrac{\partial u^*}{\partial x^*} + \dfrac{V}{l}\dfrac{\partial v^*}{\partial y^*} = 0 \\[2mm]
\dfrac{\rho V}{\tau}\dfrac{\partial u^*}{\partial t^*} + \dfrac{\rho V^2}{l}\left(u^*\dfrac{\partial u^*}{\partial x^*} + v^*\dfrac{\partial u^*}{\partial y^*}\right) = -\dfrac{\Delta p}{l}\dfrac{\partial p^*}{\partial x^*} + \dfrac{\mu V}{l^2}\left(\dfrac{\partial^2 u^*}{\partial x^{*2}} + \dfrac{\partial^2 u^*}{\partial y^{*2}}\right) \\[2mm]
\dfrac{\rho V}{\tau}\dfrac{\partial v^*}{\partial t^*} + \dfrac{\rho V^2}{l}\left(u^*\dfrac{\partial v^*}{\partial x^*} + v^*\dfrac{\partial v^*}{\partial y^*}\right) = -\rho g - \dfrac{\Delta p}{l}\dfrac{\partial p^*}{\partial y^*} + \dfrac{\mu V}{l^2}\left(\dfrac{\partial^2 v^*}{\partial x^{*2}} + \dfrac{\partial^2 v^*}{\partial y^{*2}}\right)
\end{cases}
\tag{5-27b}
$$

经整理，将各项变成量纲一量，得

$$
\begin{cases}
\dfrac{\partial u^*}{\partial x^*} + \dfrac{\partial v^*}{\partial y^*} = 0 \\[2mm]
\left[\dfrac{l}{\tau V}\right]\dfrac{\partial u^*}{\partial t^*} + u^*\dfrac{\partial u^*}{\partial x^*} + v^*\dfrac{\partial u^*}{\partial y^*} = -\left[\dfrac{\Delta p}{\rho V^2}\right]\dfrac{\partial p^*}{\partial x^*} + \left[\dfrac{\mu}{\rho V l}\right]\left(\dfrac{\partial^2 u^*}{\partial x^{*2}} + \dfrac{\partial^2 u^*}{\partial y^{*2}}\right) \\[2mm]
\left[\dfrac{l}{\tau V}\right]\dfrac{\partial v^*}{\partial t^*} + u^*\dfrac{\partial v^*}{\partial x^*} + v^*\dfrac{\partial v^*}{\partial y^*} = -\left[\dfrac{gl}{V^2}\right] - \left[\dfrac{\Delta p}{\rho V^2}\right]\dfrac{\partial p^*}{\partial y^*} + \left[\dfrac{\mu}{\rho V l}\right]\left(\dfrac{\partial^2 v^*}{\partial x^{*2}} + \dfrac{\partial^2 v^*}{\partial y^{*2}}\right)
\end{cases}
\tag{5-27c}
$$

(4) 导出相似准则.

从方程组(5-27c)可以看到，方程量纲一化后，方程中各变量都成为带 "*" 的量纲一

量，而且由于方程中各项均为量纲一量，则与各带 "*" 的量纲一量相乘的方括号中各项也为量纲一量，即相似准则. 而且这些相似准则与在量纲分析中得到的量纲一量相同，它们是

$$\frac{\mu}{\rho Vl} = Re^{-1} \quad \text{雷诺准则}$$

$$\frac{gl}{V^2} = Fr \quad \text{弗劳德准则}$$

$$\frac{\Delta p}{\rho V^2} = Eu \quad \text{欧拉准则}$$

$$\frac{l}{\tau V} = Sr^{-1} \quad \text{斯特劳哈尔准则}$$

因此，如果两个流体的流动由这个方程组所描述，且四个相似准则即 Re、Eu、Fr、Sr 都各自相等，那么这两个流动是相似的. 这是由于相似原理给出的两种流动现象相似的充要条件都能满足：首先为同一种类现象，能够用同一微分方程所描述；而且单值条件相似，保证由微分方程和单值条件中的物理量所组成的相似准则在数值上相等.

5.3.3　相似原理的应用

相似原理是实验研究的理论基础,可以解决实验研究中的一系列问题. 应用相似原理进行实验研究的具体步骤，归纳起来有如下几点.

(1) 分析所推导的相似准则，判断哪些相似准则是主要的(决定性准则)，哪些是次要的，可以忽略的(非决定性准则). 例如，物体在空气中低速运动时，只有 Re 起决定作用，而物体在高速气流中运动时，则主要考虑 Ma 的影响.

(2) 根据决定性相似准则相等的条件设计实验. 包括设计模型、选择实验设备及实验条件、选择模型试验中的工作介质、确定运动状态等.

(3) 确定实验中要测量的物理量及相应需整理的实验数据. 根据相似原理，彼此相似的现象必定具有数值相同的相似准则. 这就是说,实验中要测定各相似准则所包含的一切物理量，并把它整理成相似准则.

(4) 实验结果的换算. 根据相似原理，在相似准则相等的条件下，将实验结果换算到实物系统中去.

5.3.4　相似原理与量纲分析的比较

相似原理是从描述物理现象的微分方程出发导出相似准则，来说明两个系统中发生的物理现象相似；而量纲分析无需建立微分方程，在弄清与物理现象有关的变量情况下，即可获得一组量纲一量. 就最终得到一组量纲一量这点来说，两者是相通的.

相似原理是按照两个对应系统相似来导出相似准则的，并不是任意的，而且所得到的相似准则具有一定的物理意义；量纲分析只是根据描述某一物理现象有关的物理量得到一组量纲一量，而在组成量纲一量时并不涉及它们自身的物理意义.

相似原理适用于物理现象相似的系统(即同类相似);量纲分析的应用范围相比之下要广泛得多,可应用于不同物理过程的两个现象之间的相似(异类相似).

相似原理侧重于从现象的物理方面(如受力情况的分析)来阐述问题;量纲分析则纯粹是对涉及的物理量量纲之间的关系进行运算,即根据方程量纲齐次原理计算.

尽管相似原理和量纲分析有诸多不同点,但它们都是我们进行实验的理论基础. 根据相似原理保证流动条件相似,我们就可以在实验室的模型上进行实验;根据量纲分析,实验时只要用量纲一量作为变量,就可圆满完成实验数据的测试和整理,最后得到有用的关系式,并可大胆地将它应用到实际流动中去.

5.4 模型试验

掌握了上述相似原理和量纲分析的基础知识,就为我们设计和组织相关的模型试验奠定了坚实的基础. 但在具体试验的组织中,还会碰到相似准则的选择问题. 这就需要对全面力学相似模型试验和近似模化法模型试验两类模型试验做全面准确的分析.

5.4.1 全面力学相似模型试验

全面力学相似,指的是模型和原型两种流动完全满足几何相似、运动相似和动力相似,且具有相似的初始和边界条件. 具体地说,两种流动要达到全面相似,必须使所有相似准则(Re、Eu、Fr、Ma…)分别相等,且初始条件和边界条件相似. 但同时满足几个相似准则都相等,在实际中是很困难的,有时甚至是办不到的. 例如,对于不可压缩黏性流体定常流动,尽管只有 Re、Eu、Fr 三个相似准则,但要满足这三个准则相等,特别是在模型试验中满足模型和原型流动的 Re 和 Fr 分别相等,模型设计是有矛盾的. 现分析如下.

为使原型与模型流动满足 $Re = Re'$,即 $\dfrac{V \cdot l}{\nu} = \dfrac{V' \cdot l'}{\nu'}$,必有 $C_{V1} = \dfrac{V'}{V} = \dfrac{v'}{v}\dfrac{l}{l'} = \dfrac{C_\nu}{C_l}$. 如果原型与模型中流动介质的运动黏度相同,$\nu = \nu'$,即 $C_\nu = 1$,那么 $C_{V1} = \dfrac{1}{C_l}$. 这时如果取模型尺寸为原型尺寸的 $\dfrac{1}{10}$,则 $C_{V1} = 10$,即模型中流体的流速应为原型中的 10 倍.

如果同时还要保证 $Fr = Fr'$,即 $\dfrac{gl}{V^2} = \dfrac{g'l'}{V'^2}$,必有 $C_{V2} = \left(C_g C_l\right)^{\frac{1}{2}}$. 由于 $g = g'$,即 $C_g = 1$,所以 $C_{V2} = \left(C_l\right)^{\frac{1}{2}}$. 当 $C_l = \dfrac{1}{10}$ 时,$C_{V2} = \dfrac{1}{3.16}$. 这就是说,为保证 Fr 相等,模型中流体的流速应为原型中流体流速的 $\dfrac{1}{3.16}$. 这与第一个要求发生矛盾.

解决这一矛盾的办法可以是在模型和原型中使用具有不同黏度的流体,为此,令 $C_{V1} = C_{V2}$,即 $\dfrac{C_\nu}{C_l} = \left(C_l\right)^{\frac{1}{2}}$,得 $C_\nu = \left(C_l\right)^{\frac{3}{2}}$. 若 $C_l = \dfrac{1}{10}$,则 $C_\nu = \dfrac{1}{31.6}$. 这表示为保证 $Re = Re'$,$Fr = Fr'$,就要使模型中介质的运动黏度为原型中介质运动黏度的 $\dfrac{1}{31.6}$,这

几乎是办不到的.

上述分析说明，当定性准则有两个时，模型中的流体介质选择要受模型尺寸选择的限制. 若定性准则有三个时，除介质的选择受限制外，流体的其他物理量也要相互受限制，这样就使模型设计难以进行. 为此，工程上常常采用近似的模型试验方法.

5.4.2 近似模化法模型试验

所谓近似模化法模型试验，就是不能保证全面力学相似的模型试验方法. 该方法的实质是抓主要矛盾. 在设计模型和安排试验时，首先分析一下相似条件中哪些是主要的，对过程起决定作用，哪些是次要的，不是起决定作用的. 对于起主要作用的条件尽量加以保证；对于次要的条件，只作近似保证，甚至忽略不计. 这样，一方面使实验能够进行，另一方面又不致引起较大偏差.

近似模化法模型试验有以下几种，现分述如下.

1. 弗劳德模化法

在水利工程和无压明渠流动中，重力起主导作用. 以水位落差形式表现的重力是流动的原因，以水静压表现的重力是水工结构的主要因素. 在这种情况下，黏性力不起主导作用，重力相似准则 Fr 就是主要相似准则，于是使实物和模型流动的 Fr 相等.

$$Fr = Fr' , \quad 即 \frac{V^2}{gl} = \frac{V'^2}{g'l'} , \quad 因为 g = g' , \quad 于是 \frac{V^2}{l} = \frac{V'^2}{l'} 或 C_V = C_l^{\frac{1}{2}} \quad (5\text{-}28)$$

以重力为主要作用力的流动现象在工程中广泛应用，如闸孔出流、闸坝泄洪、波浪传播、潮汐等. 凡是有自由水面的流动，大都受重力控制而遵循 Fr 准则. 对于大型水利工程，必须首先进行 Fr 模化实验，取得实物流动的有关数据和规律，方可施工.

例 5-6 用模型试验确定桥墩所受冲击力. 模型拟采用几何比例常数为 $C_l = 1/10$，若水流流速 $V = 1.9 \text{m/s}$，求模型中的水速应为多少？若模型中测得桥墩所受冲击力为 $F' = 6.8 \text{N}$，水流在模型中经过桥孔的时间为 $t' = 5\text{s}$，问实际流动过程中桥墩所受冲击力 F 与水流时间 t 是多少？

解 水流冲击桥墩，主要受重力控制，相似准则是 Fr，原型和模型的 Fr 准则相等.

$$Fr = Fr' , \quad 所以 \frac{V^2}{gl} = \frac{V'^2}{g'l'} . \quad 又因为 g = g' , \quad 所以 \frac{V^2}{l} = \frac{V'^2}{l'} , \quad C_V = C_l^{\frac{1}{2}} .$$

模型中的水速为

$$V' = V\sqrt{\frac{l'}{l}} = V\sqrt{C_l} = 1.9 \times \sqrt{\frac{1}{10}} = 0.6 \,(\text{m/s})$$

力比例常数

$$C_F = C_\rho C_l^2 C_V^{\,2} = C_\rho C_l^{\,3}$$

又因为 $\rho = \rho'$，所以 $C_F = C_l^{\,3}$.

桥墩所受冲击力

$$F = F'/C_F = F' \cdot C_l^{-3} = 6.8 \times 10^3 (\text{N})$$

时间比例常数

$$C_t = \frac{t'}{t} = \frac{l'/V'}{l/V} = C_V^{-1}C_l = C_l^{\frac{1}{2}}$$

所以水流时间

$$t = t'C_l^{\frac{1}{2}} = 5 \times \sqrt{10} = 15.8(\text{s})$$

2. 雷诺模化法

许多实际中的流动,主要受黏性力、压力和惯性力的作用. 例如,实际流体管内流动是压差作用下克服管道摩擦而产生的流动,黏性力决定管内流体流动的阻力损失,形成压降. 此时雷诺数是主要相似准则,必须保证实物和模型流动的 Re 相等.

$$Re = Re', \quad \text{即} \quad \frac{Vl}{\nu} = \frac{V'l'}{\nu'} \quad \text{或} \quad C_V = \frac{C_\nu}{C_l} \tag{5-29}$$

雷诺模化法在管内流动、液压技术、流体机械的模化实验中应用广泛.

3. 欧拉模化法

在受压流体流动中,必须考虑欧拉准则. 实际上,

$$Eu = f(Re, Fr) \tag{5-30}$$

因此,如果两流动相似,原型和模型的 Re 、Fr 对应相等,则两流动的 Eu 必相等. 对于不可压缩流体管内流动,此时不存在自由表面,没有表面张力作用,不必考虑 We;重力不影响流场,故不考虑 Fr;如果流速与声速相比很低,则压缩性影响也可以忽略不计,即不必考虑 Ma. 故此时 Re 是主要相似准则,$Eu = f(Re)$.

当 Re 小于某一数值(第一临界值)时,流动处于层流状态. 在层流状态范围内,流体的速度分布彼此相似,与 Re 无关. 这种现象称为自模性. 如流体在圆管中流动时,只要 $Re \leqslant 2000$,沿横截面的流速分布都是呈轴对称的旋转抛物面. 当 Re 大于第一临界值时,流动呈湍流状态;随着 Re 的增加,流体的紊乱程度和流速分布变化很大,而后逐渐减少. 当 Re 大于某一定值(第二临界值)时,流体的流速分布又皆彼此相似,与 Re 不再有关,流体的流动又进入自模化状态. 常将 Re 小于第一临界值的范围叫"第一自模化区",而将 Re 大于第二临界值的范围叫"第二自模化区". 只要原型设备的 Re 处于自模化区以内,则模型中的 Re 不必一定与原型相等,只要与原型处于同一自模化区就可以了. 也就是说,在自模化区,Re 不相等也会自动出现黏性力相似,而不必考虑 Re 相等. 如果流场中的流体是气体,重力影响微不足道,重力或 Fr 也不必考虑,这时只考虑压强或压差与惯性力之比的 Eu 相等就可以了. 即

$$Eu = Eu' \quad \text{或} \quad \frac{p}{\rho V^2} = \frac{p'}{\rho' V'^2} \quad \text{或} \quad C_p = C_V{}^2 C_\rho \qquad (5\text{-}31)$$

这种自模化区的模型试验，是按欧拉准则设计的. 欧拉模化法用于自模化区的管内流动、低速风洞实验、气体绕流等.

例 5-7 管径 $d = 50\text{mm}$ 的输油管，装有弯头、开关等局部阻力装置，安装前需要测定压强损失，在实验室用空气进行实验. 已知 $20℃$ 时油的密度 $\rho_{\text{oil}} = 889.6\text{kg/m}^3$，油的运动黏度 $\nu_{\text{oil}} = 10^{-6}\text{m}^2/\text{s}$；空气的密度 $\rho_{\text{gas}} = 1.2\text{kg/m}^3$，空气的运动黏度 $\nu_{\text{gas}} = 15.7×10^{-6}\text{m}^2/\text{s}$. 试确定：(1) 当实际输油管道中油的流速 $V_{\text{oil}} = 2\text{m/s}$ 时，实验中空气在管内的流速 V_{gas} 为多少；(2) 通过空气实验测得的管道压强损失 $\Delta p_{\text{gas}} = 7747\text{N/m}^2$，油液通过输油管道时的压强损失 Δp_{oil} 为多少.

解 因为低速流动时，黏性力起主要作用，另外 Eu 中涉及压强分布，所以此项实验应满足 Re 和 Eu 相等的条件下进行换算.

(1) $Re_{\text{oil}} = Re_{\text{gas}}$

$$\left(\frac{Vd}{\nu} \right)_{\text{oil}} = \left(\frac{Vd}{\nu} \right)_{\text{gas}}$$

因管道相同，即 $d_{\text{oil}} = d_{\text{gas}}$，则

$$V_{\text{gas}} = \frac{\nu_{\text{gas}} V_{\text{oil}}}{\nu_{\text{oil}}} = \frac{15.7×10^{-6}×2}{10^{-6}} = 31.4(\text{m/s})$$

(2) $Eu_{\text{oil}} = Eu_{\text{gas}}$

$$\left(\frac{\Delta p}{\rho V^2} \right)_{\text{oil}} = \left(\frac{\Delta p}{\rho V^2} \right)_{\text{gas}}$$

$$\Delta p_{\text{oil}} = (\rho V^2)_{\text{oil}} \left(\frac{\Delta p}{\rho V^2} \right)_{\text{gas}}$$

$$= 889.6×2^2×\frac{7747}{1.2×31.4^2} = 23300(\text{N/m}^2)$$

例 5-8 某机翼弦长 $b = 1500\text{mm}$，在大气压 $p_{\text{a}} = 0.1\text{MPa}$，气温 $t = 25℃$ 的空气中，飞行速度 $V = 360\text{km/h}$. 此时空气密度 $\rho = 1.20\text{kg/m}^3$，动力黏度 $\mu = 18.37×10^{-6}\text{Pa}\cdot\text{s}$. (1) 如果用 $b' = 500\text{mm}$ 的机翼模型，在上述空气条件下的开口风洞中进行阻力实验. 试问风洞开口工作段应有多大的风速 V'？(2) 改用闭式可变空气密度的风洞进行模型试验，该风洞中空气压强 $p' = 1.0\text{MPa}$，温度 $t' = 30℃$，动力黏度 $\mu' = 18.535×10^{-6}\text{Pa}\cdot\text{s}$. 试问风洞工作段流速 V' 为多少？

解 因是阻力实验，应满足 Re 相等，即

$$\frac{\rho V b}{\mu} = \frac{\rho' V' b'}{\mu'}$$

(1) 开口风洞实验：$\rho = \rho'$，$\mu = \mu'$，所以风洞工作段的流速

$$V' = V\frac{b}{b'} = 360 \times \frac{1500}{500} = 1080 \,(\text{km/h}) = 300 \,(\text{m/s})$$

风洞气流 Ma' 为

$$Ma' = \frac{V'}{a'} = \frac{V'}{\sqrt{kRT}} = \frac{300}{\sqrt{1.4 \times 287 \times 298}} = 0.86 > 0.3$$

可见 $Ma' > 0.3$，需考虑空气压缩性的影响. 如果仍把空气当成不可压缩黏性流体，就会引起误差. 为了能够考虑空气压缩性的影响，而又不把 Ma 作为流动相似的定性准则，仍以 Re 为定性准则，解决问题的办法之一是采用闭式可变空气密度的风洞进行模型试验.

(2) 闭式可变密度风洞.

由状态方程 $\dfrac{p'}{\rho'T'} = \dfrac{p_0}{\rho_0 T_0}$，得实验空气密度

$$\rho' = \frac{p'\rho_0 T_0}{p_0 T'} = \frac{10 \times 1.293 \times 273}{1 \times (273 + 30)} = 11.65 \,(\text{kg/m}^3)$$

由 Re 相等得

$$V' = \frac{V\rho b\mu'}{b'\rho'\mu} = \frac{360 \times 10^3 \times 1.2 \times 1.5 \times 18.535 \times 10^{-6}}{3600 \times 0.5 \times 11.65 \times 18.37 \times 10^{-6}} = 31.18 \,(\text{m/s})$$

风洞气流 Ma' 为

$$Ma' = \frac{V'}{a'} = \frac{V'}{\sqrt{kRT'}} = \frac{31.18}{\sqrt{1.4 \times 287 \times (273 + 30)}} = 0.09 < 0.2$$

一般来说，$Ma < 0.2$ 时，空气的压缩性可忽略不计. 这里 $Ma' = 0.09$，可以忽略压缩性，保证 Re 相等流动就相似了.

4. 马赫模化法

对于大多数的可压缩流体流动，Re 太大，以至于 Re 不再是决定性参数. 流体的压缩性促使 Ma 成为模型研究的基本相似准则，于是使实物和模型流动的 Ma 相等.

$$Ma = Ma' \quad \text{或} \quad \frac{V}{a} = \frac{V'}{a'} \quad \text{或} \quad \frac{V}{\sqrt{kRT}} = \frac{V'}{\sqrt{kRT'}} \quad \text{或} \quad C_V = C_a \qquad (5\text{-}32)$$

如果模型研究是在风洞中进行，且原型的流体介质是空气，当两种流动的温度保持不变时，我们可以假定 $a = a'$，这样模型研究中的流体速度就等于原型研究中的流体速度.

例 5-9　20℃时在风洞内测试飞机模型机头前部气流压强的升高变化情况. 已知风洞内的空气压强为 34kPa（表压），风速为 900km/h. 如果该测试是模拟飞机在 12km 高度的飞行情况，该高度的气温为 $T = 216.7$K，空气密度 $\rho = 0.3119$kg/m^3. 则实物飞机的飞行速度和机头前压强升高多少？

解　为了计算对应风洞内风速 900km/h 的飞机原型的速度，应满足模型和原型的 Ma 相等.

$$Ma = Ma' \quad 或 \quad \frac{V}{\sqrt{kRT}} = \frac{V'}{\sqrt{kRT'}}$$

所以实物飞机的飞行速度

$$V = V'\left(\frac{kRT}{kRT'}\right)^{1/2} = 900\left(\frac{216.7}{293}\right)^{1/2} = 774(\text{km/h})$$

实物飞机的机头前压强变化可应用欧拉准则相等来计算.

$$\frac{\Delta p}{\rho V^2} = \left(\frac{\Delta p}{\rho V^2}\right)'$$

$$\Delta p = \Delta p' \frac{\rho}{\rho'}\frac{V^2}{V'^2} = 34 \times 0.2546 \times \frac{774^2}{900^2} = 6.4(\text{kPa})$$

5. 斯特劳哈尔模化法

当流体流经圆柱形物体如桥梁、电视塔、电缆、高大建筑等，或者流体流经风力机、涡轮机时，流场内会出现流体周期性运动情况(第8章称为涡旋脱落). 在研究这些流动时，必须考虑斯特劳哈尔数，即

$$Sr = Sr' \quad 或 \quad \frac{V}{\omega l} = \frac{V'}{\omega' l'} \quad 或 \quad C_V = C_l C_\omega \tag{5-33}$$

斯特劳哈尔准则的应用可以保证流体周期性流动可以被确切地模化出来.

例 5-10　一台大型风机，设计运行的风速为 50km/h，现以 1:15 的几何比例，进行模型试验. 问：(1) 风洞内的风速应为多少？(2) 若原型的角速度为 5rpm，模型的角速度应为多少？(3) 若原型的输出功率是 500kW，模型的输出功率是多少？

解　(1) 风洞内的风速只要能保证提供足够大的雷诺数(假定 $Re > 10^5$，原型和模型处在第二自模化区)，可以是任意速度. 这里选择与原型一样大的运行风速，设 $V' = 50\text{km/h}$，计算 $Re = 10^5$ 时的最小特征尺寸.

$$Re' = \frac{V'l'}{\nu}, \quad 10^5 = \frac{(50 \times 1000/3600) \times l'}{1.6 \times 10^{-5}}$$

$$l' = 0.12\text{m}$$

显然，在一个合适大小的风洞内，我们可以选择这样的特征长度(如叶片长度).

(2) 计算斯特劳哈尔数可以确定角速度.

$$Sr = Sr' \quad \frac{V}{\omega l} = \frac{V'}{\omega' l'}$$

所以

$$\omega' = \omega \frac{V'}{V}\frac{l}{l'} = 5 \times 1 \times 15 = 75(\text{rpm})$$

(3) 功率 $P=FV$，即力乘以速度，所以

$$\frac{P'}{P} = \frac{F'V'}{FV} = \frac{(\rho V^2 l^2 V)'}{\rho V^2 l^2 V}$$

$$P' = P\frac{(\rho V^2 l^2 V)'}{\rho V^2 l^2 V} = 500 \times \left(\frac{1}{15}\right)^2 = 2.22(\text{kW})$$

雷诺数

弗劳德数

习　题　五

5-1　证明方程 $p + \dfrac{1}{2}\rho V^2 + \rho gz = C$ 符合量纲齐次原理，并确定常数 C 的量纲.

5-2　检查以下各组合数是否为量纲一量：

(1) $\dfrac{Q_{\mathscr{V}}}{l^2}\sqrt{\dfrac{\Delta p}{\rho}}$;　　(2) $\dfrac{\rho Q_{\mathscr{V}}}{\Delta p l^2}$;　　(3) $\dfrac{\rho l}{\Delta p Q_{\mathscr{V}}^2}$;　　(4) $\dfrac{\Delta p l Q_{\mathscr{V}}}{\rho}$;　　(5) $\dfrac{Q_{\mathscr{V}}}{l^2}\sqrt{\dfrac{\rho}{\Delta p}}$

5-3　黏性不可压缩流体在管道内流动时，沿程阻力系数 λ 与流体的流速 V、流体的密度 ρ、黏度 μ、管道直径 D 和管壁粗糙度 ε 有关，试确定 λ 的表达式.

5-4　轮船航行时浸没水下部分的阻力 F 与航行速度 V、轮船长度 l、重力加速度 g、流体密度 ρ 和流体动力黏度 μ 有关，试确定轮船所受阻力.

5-5　由实验知雷诺数 Re 与速度 V、特征长度 l、流体密度 ρ、流体动力黏度 μ 有关. 试用 π 定理整理出 Re 的表达式.

5-6　飞机机翼产生的升力 F_l 与机翼弦长 b、攻角 α、飞行速度 V、空气的密度 ρ、黏度 μ 和机翼的长度 l 有关，试求升力 F_l 的表达式.

5-7　流体通过孔板流量计的流量 $Q_{\mathscr{V}}$ 与孔板前后的压差 Δp、管道的内径 d、管内的流体流速 V、流体的密度 ρ 和黏度 μ 有关. 试求孔板流量计流量的计算式.

5-8　在重力场中的可压缩流体，在管内作有压流动，产生的压降 Δp 与管道的直径 D、管长 l、管壁粗糙度 ε、流体流速 V、流体的密度 ρ 和黏度 μ、重力加速度 g、表面张力系数 σ 和流体弹性系数 K 有关，求 Δp 的表达式. 如果不考虑流体压缩性、表面张力和重力的影响，表达式又如何？

5-9　不可压缩流体在粗糙管内流动，所产生的切应力 τ 与流体的密度 ρ 和黏度 μ、管道的直径 D 和管壁粗糙度 ε、流体流速 V 有关，试确定 τ 的表达式.

5-10　球形灰尘颗粒的直径为 d，在静止空气中自由沉降，如果已知其沉降速度 V，空气的密度 ρ 和黏度 μ，试确定灰尘沉降时所受到的阻力 F_{D}.

5-11　涡轮机叶片单位长度产生的升力 F_{L} 与叶片弦长 b、攻角 α、燃气来流速度 V 和密度 ρ 有关，试求 F_{L} 的表达式.

5-12　用相似转换法导出不可压缩黏性流体的 N-S 方程的 x 方向投影式

$$\frac{Du}{Dt} = f_x - \frac{1}{\rho}\frac{\partial p}{\partial x} + \nu\left(\frac{\partial^2 u}{\partial x^2} + \frac{\partial^2 u}{\partial y^2} + \frac{\partial^2 u}{\partial z^2}\right)$$ 的相似准则.

5-13 若取 V 为特征速度, l 为特征尺寸, ρ_0 为特征密度, f^{-1} 为特征时间(f 是频率), 试用方程量纲一化方法确定连续性方程 $\dfrac{\partial \rho}{\partial t} + \dfrac{\partial}{\partial x}(\rho u) + \dfrac{\partial}{\partial y}(\rho v) = 0$ 中的相似准则.

5-14 试用方程量纲一化方法, 用特征速度 V、特征长度 l、特征压强 ρV^2 和特征时间 l/V, 确定欧拉方程 $\rho\dfrac{DV}{Dt} = -\nabla p - \rho g\nabla h$ 中的相似准则.

5-15 明渠流动中闸门前的水深 $H = 2\text{m}$, 现用水在模型上做试验, 使 $C_l = 10^{-1}$. 在模型上测得水流量 $Q'_{\mathscr{V}} = 1.2\times10^{-2}\text{m}^3/\text{s}$, 模型闸门后流速 $V' = 1\text{m/s}$, 作用在模型闸门上的力 $F' = 40\text{N}$. 求作用实物明渠流动中的流量 $Q_{\mathscr{V}}$、闸门后的流速 V、作用在闸门上的力 F、模型闸门前的水深 H' 各为多少?

5-16 对海港挡浪坝的模型进行海潮实验, 模型尺寸是原型的 $1/1000$, 海潮的潮汐周期 $t = 12.4\text{h}$, 试问模型中的潮汐周期 t' 是多少?

5-17 船模型尺寸是原型的 $1/50$, 在船池中以速度 $V' = 4\text{m/s}$ 拖动时, 需要牵引力 $F' = 20\text{N}$. 设船池中的水温与船所在水域水温相同. 假设(1) 以重力; (2) 以黏性力; (3) 以表面力为主要作用力来进行模型试验, 分别求出原船体的速度 V 和阻力 F.

5-18 一矩形桥墩, 宽 $b = 0.8\text{m}$, 水深 $h = 3.5\text{m}$, 水流流速为 $V = 1.9\text{m/s}$, 现用模型试验来确定桥墩所受冲击力, 模型拟采用线性比例常数为 $C_l = 1/10$, 求模型中的水速应为多少? 若模型中测得桥墩所受冲击力为 $F' = 6.8\text{N}$, 水流在模型中经过桥孔的时间为 $t' = 5\text{s}$, 求实际流动过程中桥墩所受冲击力与水流时间是多少?

5-19 一孔板流量计, 孔径 $d = 10\text{cm}$, 管径 $D = 20\text{cm}$, 测量空气通过孔板流量计的流量. 校正时用水进行实验, 实验结果得流量系数. 开始固定时的最小流量为 $Q_{\mathscr{V}\min} = 8\times10^{-3}\text{m}^3/\text{s}$, 同时测得汞柱压差 $\Delta h_{\text{Hg}} = 2.2\text{cmHg}$, 试确定: (1) 孔板测量空气时的 $Q_{\mathscr{V}\min}$ 值; (2) 空气流量为 $Q_{\mathscr{V}\min}$ 时差压计水柱读数. 已知水的黏度 $\nu_{\text{H}_2\text{O}} = 1\times10^{-6}\text{m}^2/\text{s}$, 空气的黏度 $\nu_{\text{gas}} = 16\times10^{-6}\text{m}^2/\text{s}$; 空气的密度 $\rho_{\text{gas}} = 1.183\text{kg/m}^3$.

5-20 一个圆球放在流速为 1.6m/s 的水中, 受到的阻力为 4.0N. 另一直径为其两倍的圆球置于一风洞中. 求在动力相似条件下风速的大小及球所受的阻力.

5-21 将一个高层建筑物的模型放在开口风洞中吹风. 测量其迎风面和背风面的压强分布, 以便计算风的强度. 在风洞开口工作段的风速 $V' = 10\text{m/s}$ 时, 测得模型迎风面的 1 点处的压强 $p_1' = 100\text{mmH}_2\text{O}$, 背风面的 2 点处压强 $p_2' = -5\text{mmH}_2\text{O}$. 试求建筑物在 $V = 30\text{m/s}$ 风速下对应点的压强 p_1 和 p_2.

5-22 一个模型潜艇在压强 $2.5\times10^6\text{Pa}$ 的空气中进行实验, 空气流速是 12m/s, 模型尺寸是原型的 $\dfrac{1}{10}$, 在实验速度下模型承受 120N 的阻力. 当原型和模型之间存在动力相似时, 原型的速度是多少? 在这个速度下, 它将消耗多少功率? 已知在大气压下空气的运动黏度是水的 13 倍, 空气的密度是 1.26kg/m^3.

5-23　一个阀门直径 $D = 30\text{mm}$，当阀芯离开阀座的开度 $h = 3\text{mm}$ 时，油的流量 $Q_{\mathscr{V}} = 1\times10^{-3}\text{m}^3/\text{s}$. 现在用模型阀门进行实验，试验油的运动黏度为实物油的一半，测得模型阀的流量 $Q_{\mathscr{V}}' = 0.2\times10^{-3}\text{m}^3/\text{s}$. 模型阀前后压差 $\Delta p' = 0.4\text{MPa}$，作用在模型阀芯上的作用力 $F' = 120\text{N}$. 试求模型阀芯离开阀座的开度 h' 和阀径 D' 以及实物阀前后的压差 Δp 和作用在阀芯上的力 F.

5-24　要把直径 $D = 2\text{m}$，飞行速度 $V = 140\text{m/s}$，在空气为 0℃的环境中的螺旋桨，缩小至 1/10，放在气温 30℃的风洞里进行模化实验. 测得流过模型螺旋桨的空气速度 $V' = 80\text{m/s}$，通过的空气流量 $Q_{\mathscr{V}}' = 5\text{m}^3/\text{s}$，桨叶前后压差 $\Delta p' = 1500\text{Pa}$，螺旋桨推力 $F' = 150\text{N}$，螺旋桨驱动功率 $P' = 10\text{kW}$. 试问实物螺旋桨的 $Q_{\mathscr{V}}$、Δp、F、P 各为多少？

5-25　按照新的设计方案，一辆赛车在海平面 30℃气温下的最高速度为 340km/h，用 1/10 的模型在水温 20℃的水洞进行模型试验. 试问水洞中水流速度是多少？如果在模型上测得阻力为 4.6kN，问赛车的阻力为多少？

5-26　一艘快艇模型放在清水渠中作模化实验，模型速度 $V' = 1.2\text{m/s}$，模型尺寸是原型的 $\dfrac{1}{8}$，模型受到的阻力 $F' = 21\text{N}$. 试求快艇速度 V 和受到的阻力 F 各为多少. 假定海水的相对密度 $S = 1.03$.

5-27　管径 $d = 5\text{cm}$ 的油管装有阻力件，需测定压强损失，用空气进行模型试验. 油的密度 889kg/m^3，运动黏度 $10^{-6}\text{m}^2/\text{s}$；空气密度 1.2kg/m^3，运动黏度是油的 15.7 倍. (1) 当 $V = 2\text{m/s}$ 时，求 V'；(2) $\Delta p' = 7747\text{Pa}$，求 Δp.

5-28　水库模型，当打开水闸时，4min 内水放空. 如果模型与原型的尺寸比为 $C_l = 1/225$，求原型水库放空的时间.

5-29　黄金在 1130℃时的相对密度 $S = 19.3$，与空气接触的表面张力系数 $\sigma = 1.1\text{N/m}$，与玻璃的接触角很小. 这种熔化的黄金薄膜流向一块倾斜的玻璃板，流动速度 $V = 1.0\text{mm/s}$，厚度 $\varepsilon = 0.02\text{mm}$. 这种流动用厚度 $\varepsilon' = 1\text{mm}$ 的水来模化，水的表面张力系数 $\sigma' = 0.073\text{N/m}$，熔化的黄金与玻璃的接触角和水与玻璃的接触角相等. 问如果流动相似，水的流速 V' 是多少？

5-30　飞机在大气压强 $p = 0.95\times10^5\text{Pa}$，气温 $t = 0℃$ 的空气中，以 $Ma = 1.2$ 的超音速飞行. 现在压强 $p' = 1.5\times10^5\text{Pa}$，气温 $t' = 40℃$ 的风洞中进行超音速飞机模型试验. 测得飞机模型的阻力 $F' = 50\text{N}$，飞机模型与原型的线性尺寸之比为 $C_l = 1/50$. 为保证动力相似，求风洞的风速 V' 和飞机原型的阻力 F.

第 6 章

不可压缩流体的无黏流动

第 4 章推导了不可压缩黏性流体的运动微分方程，即纳维-斯托克斯(Navier-Stokes)方程，简称 N-S 方程. 但 N-S 方程是一个二阶非线性偏微分方程，很难得到解析解. 因此，对于一些黏性作用反映不出的场合，采用不考虑黏性的理想流体的欧拉运动微分方程，解决了大空间内无切向速度梯度的流动等实际问题. 但理想流体的欧拉运动微分方程在有旋流动和无旋流动下的求解是不同的，而且有旋流动还有其本身所固有的一些流动特点. 因此，本章首先介绍理想流体定常欧拉运动微分方程的积分求解，讲述前人总结的有旋流动的一些固有特性，最后重点讨论不可压缩无黏流体的无旋流动. 由于工程实践中通常会遇到可将三维流动简化为二维流动的情形，如均匀流垂直于长柱体的绕流，水平飞行的机翼绕流等，所以本章重点讨论不可压缩无黏流体的二维无旋流动，其中有在水泵、风机和旋流燃烧器中得到广泛应用的点源和点涡的叠加流动，以及解释机翼、风筝、船帆等受侧向升力作用的库塔-茹科夫斯基定理等. 可见对不可压缩流体无黏流动的研究与认识具有实际意义.

6.1 定常欧拉运动微分方程的积分求解

本节将对 4.8 节推导的理想流体的欧拉运动微分方程按有旋流动和无旋流动分别进行积分求解. 为此，首先将欧拉运动微分方程恒等转换成兰姆运动微分方程，再结合欧拉运动微分方程直接积分求解的条件，分别给出定常无旋流动的欧拉积分，定常有旋流动的伯努利积分以及在重力场中的伯努利方程.

6.1.1 兰姆运动微分方程

将欧拉运动微分方程恒等转换成兰姆运动微分方程，可以清楚地区分有旋流动和无旋流动，从而对这两种流动条件下的运动微分方程分别给予积分求解，得到适合各自流动特点的求解结果. 4.8 节推导了理想流体的欧拉运动微分方程：

$$\begin{cases} \rho \dfrac{\mathrm{D}u}{\mathrm{D}t} = \rho f_x - \dfrac{\partial p}{\partial x} \\[2mm] \rho \dfrac{\mathrm{D}v}{\mathrm{D}t} = \rho f_y - \dfrac{\partial p}{\partial y} \\[2mm] \rho \dfrac{\mathrm{D}w}{\mathrm{D}t} = \rho f_z - \dfrac{\partial p}{\partial z} \end{cases} \tag{4-73}$$

将式(4-73)等号左边的随体导数项展开，可得

$$\begin{cases} \dfrac{\partial u}{\partial t} + u\dfrac{\partial u}{\partial x} + v\dfrac{\partial u}{\partial y} + w\dfrac{\partial u}{\partial z} = f_x - \dfrac{1}{\rho}\dfrac{\partial p}{\partial x} \\[2mm] \dfrac{\partial v}{\partial t} + u\dfrac{\partial v}{\partial x} + v\dfrac{\partial v}{\partial y} + w\dfrac{\partial v}{\partial z} = f_y - \dfrac{1}{\rho}\dfrac{\partial p}{\partial y} \\[2mm] \dfrac{\partial w}{\partial t} + u\dfrac{\partial w}{\partial x} + v\dfrac{\partial w}{\partial y} + w\dfrac{\partial w}{\partial z} = f_z - \dfrac{1}{\rho}\dfrac{\partial p}{\partial z} \end{cases} \tag{6-1}$$

虽然式(6-1)可适用于理想流体的任何运动，但式(6-1)中只有表示移动的线速度 u、v、w，而没有表示旋转运动的角速度 ω_x, ω_y, ω_z。因此，式(6-1)不能显示流体是做有旋流动，还是做无旋流动. 为此，对式(6-1)的迁移加速度作如下变换. 例如，对 x 方向的迁移速度加、减 $v\dfrac{\partial v}{\partial x}$ 和 $w\dfrac{\partial w}{\partial x}$，并重新加以组合得

$$u\frac{\partial u}{\partial x} + v\frac{\partial u}{\partial y} + w\frac{\partial u}{\partial z} = \left(u\frac{\partial u}{\partial x} + v\frac{\partial v}{\partial x} + w\frac{\partial w}{\partial x} \right) + v\left(\frac{\partial u}{\partial y} - \frac{\partial v}{\partial x} \right) + w\left(\frac{\partial u}{\partial z} - \frac{\partial w}{\partial x} \right)$$

$$= \frac{\partial}{\partial x}\left(\frac{u^2 + v^2 + w^2}{2} \right) - 2v\omega_z + 2w\omega_y$$

$$= \frac{\partial}{\partial x}\left(\frac{V^2}{2} \right) + 2(w\omega_y - v\omega_z)$$

同理，y 方向，z 方向的迁移加速度可改写成

$$u\frac{\partial v}{\partial x} + v\frac{\partial v}{\partial y} + w\frac{\partial v}{\partial z} = \frac{\partial}{\partial y}\left(\frac{V^2}{2} \right) + 2(u\omega_z - w\omega_x)$$

$$u\frac{\partial w}{\partial x} + v\frac{\partial w}{\partial y} + w\frac{\partial w}{\partial z} = \frac{\partial}{\partial z}\left(\frac{V^2}{2} \right) + 2(v\omega_x - u\omega_y)$$

将上述各式代入式(6-1)得

$$\begin{cases} \dfrac{\partial u}{\partial t} + 2(w\omega_y - v\omega_z) = f_x - \dfrac{\partial}{\partial x}\left(\dfrac{V^2}{2} \right) - \dfrac{1}{\rho}\dfrac{\partial p}{\partial x} \\[2mm] \dfrac{\partial v}{\partial t} + 2(u\omega_z - w\omega_x) = f_y - \dfrac{\partial}{\partial y}\left(\dfrac{V^2}{2} \right) - \dfrac{1}{\rho}\dfrac{\partial p}{\partial y} \\[2mm] \dfrac{\partial w}{\partial t} + 2(v\omega_x - u\omega_y) = f_z - \dfrac{\partial}{\partial z}\left(\dfrac{V^2}{2} \right) - \dfrac{1}{\rho}\dfrac{\partial p}{\partial z} \end{cases} \tag{6-2}$$

式(6-2)称为兰姆(Lamb)运动微分方程. 由于在方程中既有线速度 u, v, w, 也有角速度 ω_x, ω_y, ω_z, 所以从方程的形式上就能直接看出流动特性. 若 $\omega_x = \omega_y = \omega_z = 0$, 即式(6-2)等号左边第二项都等于零, 流动是无旋的; 否则, 便是有旋流动.

6.1.2 欧拉运动微分方程可积的条件

理想流体的欧拉运动微分方程或兰姆运动微分方程虽然比黏性流体的纳维-斯托克斯方程简单, 有可能得到解析解. 但也只能对满足以下条件的几种特殊流动直接积分求解, 这些条件是:

1) 定常流动

$$\frac{\partial u}{\partial t} = \frac{\partial v}{\partial t} = \frac{\partial w}{\partial t} = 0 \quad 和 \quad \frac{\partial p}{\partial t} = 0 \tag{6-3}$$

2) 作用在流体上的质量力有势

$$f_x = -\frac{\partial \pi}{\partial x}, \quad f_y = -\frac{\partial \pi}{\partial y}, \quad f_z = -\frac{\partial \pi}{\partial z} \tag{6-4}$$

式中, $\pi(x, y, z)$ 称为质量力 f 的势函数, 势函数 $\pi(x, y, z)$ 的相关概念已在 2.2.2 节加以讨论. 而质量力 f 则为 π 的负梯度, 即

$$f = -\nabla \pi \tag{6-5}$$

3) 流体为正压性

即流体的密度只与压强有关, $\rho = \rho(p)$. 这时可定义压强函数 $p_F(x, y, z, t)$ 为

$$p_F = \int \frac{\mathrm{d}p}{\rho(p)} \tag{6-6}$$

它在笛卡儿坐标系中三个坐标的偏导数为

$$\frac{\partial p_F}{\partial x} = \frac{1}{\rho}\frac{\partial p}{\partial x}, \quad \frac{\partial p_F}{\partial y} = \frac{1}{\rho}\frac{\partial p}{\partial y}, \quad \frac{\partial p_F}{\partial z} = \frac{1}{\rho}\frac{\partial p}{\partial z} \tag{6-7}$$

(1) 对于不可压缩流体, $\rho =$ 常数, 压强函数 p_F 为

$$\rho_F = \frac{p}{\rho} \tag{6-8}$$

(2) 对可压缩流体的等温流动, 若流体符合完全气体的状态方程, $\rho = \dfrac{p}{RT}$, 则压强函数 p_F 为

$$p_F = RT \ln p \tag{6-9}$$

(3)对可压缩流体的绝热流动, 若流体符合完全气体的状态方程, 则对完全气体的绝热流动有 $\rho = Cp^{\frac{1}{k}}$, 压强函数 p_F 为

$$p_F = \frac{k}{k-1}\frac{p}{\rho} \tag{6-10}$$

具备这三个条件的流体流动，兰姆运动微分方程可简化为

$$
\begin{cases}
\dfrac{\partial}{\partial x}\left(\dfrac{V^2}{2}+\pi+p_F\right)=-2(w\omega_y-v\omega_z) \\[3mm]
\dfrac{\partial}{\partial y}\left(\dfrac{V^2}{2}+\pi+p_F\right)=-2(u\omega_z-w\omega_x) \\[3mm]
\dfrac{\partial}{\partial z}\left(\dfrac{V^2}{2}+\pi+p_F\right)=-2(v\omega_x-u\omega_y)
\end{cases}
\tag{6-11}
$$

6.1.3　欧拉运动微分方程的积分求解

1) 无旋流动的欧拉积分

对无旋流动 $\omega_x=\omega_y=\omega_z=0$，式(6-11)成为

$$
\begin{cases}
\dfrac{\partial}{\partial x}\left(\dfrac{V^2}{2}+\pi+p_F\right)=0 \\[3mm]
\dfrac{\partial}{\partial y}\left(\dfrac{V^2}{2}+\pi+p_F\right)=0 \\[3mm]
\dfrac{\partial}{\partial z}\left(\dfrac{V^2}{2}+\pi+p_F\right)=0
\end{cases}
\tag{6-12}
$$

在流场中，任意选取长为 $\mathrm{d}l$ 的微元段，它在三个坐标轴上的分量分别为 $\mathrm{d}x$、$\mathrm{d}y$ 和 $\mathrm{d}z$，将 $\mathrm{d}x$、$\mathrm{d}y$、$\mathrm{d}z$ 分别依次与上面三式相乘，然后相加，得

$$
\frac{\partial}{\partial x}\left(\frac{V^2}{2}+\pi+p_F\right)\mathrm{d}x+\frac{\partial}{\partial y}\left(\frac{V^2}{2}+\pi+p_F\right)\mathrm{d}y+\frac{\partial}{\partial z}\left(\frac{V^2}{2}+\pi+p_F\right)\mathrm{d}z=0
$$

写成全微分形式

$$
\mathrm{d}\left(\frac{V^2}{2}+\pi+p_F\right)=0
$$

积分得

$$
\frac{V^2}{2}+\pi+p_F=常数
\tag{6-13}
$$

式(6-13)称为无旋流动欧拉积分. 式(6-13)说明，对正压性的理想流体，在有势的质量力作用下作定常、无旋流动时，单位质量流体的动能 $V^2/2$，位势能 π 和压强势能 p_F 之和在流场中任一点都保持常数，而且这三种机械能可以互相转换.

2) 定常流动的伯努利积分

对有旋流场，在流场中沿流线选取长为 $\mathrm{d}s$ 的微元段，它在三个坐标轴上的分量分别为 $\mathrm{d}x$，$\mathrm{d}y$，$\mathrm{d}z$. 由于定常流动中的流线与迹线重合，故 $\mathrm{d}s=V\mathrm{d}t$，即 $\mathrm{d}x=u\mathrm{d}t$，$\mathrm{d}y=v\mathrm{d}t$，$\mathrm{d}z=w\mathrm{d}t$. 将 $\mathrm{d}x$，$\mathrm{d}y$，$\mathrm{d}z$ 分别乘以式(6-11)沿三个坐标轴的对应公式，可得

$$
\begin{cases}
\dfrac{\partial}{\partial x}\left(\dfrac{V^2}{2}+\pi+p_F\right)\mathrm{d}x = -2(w\omega_y - v\omega_z)u\mathrm{d}t \\[3mm]
\dfrac{\partial}{\partial y}\left(\dfrac{V^2}{2}+\pi+p_F\right)\mathrm{d}y = -2(u\omega_z - w\omega_x)v\mathrm{d}t \\[3mm]
\dfrac{\partial}{\partial z}\left(\dfrac{V^2}{2}+\pi+p_F\right)\mathrm{d}z = -2(v\omega_x - u\omega_y)w\mathrm{d}t
\end{cases}
\tag{6-14}
$$

将上列三式相加后，等式右边各项相互抵消等于零，等号左边三项刚好是一个全微分式，即

$$
\mathrm{d}\left(\frac{V^2}{2}+\pi+p_F\right) = 0
$$

积分后可得伯努利积分

$$
\frac{V^2}{2}+\pi+p_F = 常数 \tag{6-15}
$$

式(6-15)表明，对正压性的理想流体，在有势质量力作用下作定常有旋流动时，沿某条流线上各点的单位质量的动能 $V^2/2$，位势能 π 和压强势能 p_F 之和保持常数，而且这三种机械能可以互相转换.

3) 伯努利方程

对不可压缩理想流体在重力场作用下的定常流动，由于此时质量力仅为重力，且重力的方向垂直向下，则质量力的势函数为

$$
\pi = gz \tag{6-16a}
$$

对不可压缩流体，ρ=常数，则压强函数为

$$
p_F = \frac{p}{\rho} \tag{6-16b}
$$

将式(6-16a)、式(6-16b)代入式(6-13)或式(6-15)，可得

$$
\frac{V^2}{2}+gz+\frac{p}{\rho} = 常数 \tag{6-16}
$$

式(6-16)就是伯努利方程，它与 4.5 节推导的不可压缩理想流体在重力场作用下作一维流动时的伯努利方程(4-31)在形式上是一致的. 现在我们知道，对于有旋流动，4.5 节推导时用的沿一根流线的假定是应用伯努利方程的必要条件，即对有旋流动，沿同一条流线各点单位质量流体的压强势能 p/ρ，动能 $V^2/2$ 和位势能 gz 之和保持不变. 而对无旋流动，则无须此假定，因为此时不但同一条流线上的各点，而且整个流场中所有各点的总机械能都保持不变.

6.2 无黏流体有旋流动的基本定理

在 3.3 节有旋流动的介绍中，曾指出有旋流场中存在漩涡. 用涡线、涡管、涡束描述

漩涡流动，并用涡通量或漩涡强度反映漩涡的剧烈程度，用速度环量描述流体的旋转运动. 那么速度环量与漩涡强度间存在何种关系？速度环量随时间和空间的变化规律是什么？本节介绍的斯托克斯定理、汤姆孙定理、亥姆霍兹定理就回答了这些问题.

6.2.1　斯托克斯定理

当封闭周线内有涡束时，沿封闭周线的速度环量等于该封闭周线内所有涡束的漩涡强度(涡通量)之和. 这就是斯托克斯定理. 用 ω_n 表示微元面积 $\mathrm{d}A$ 法线方向上的旋转角速度，则斯托克斯定理表示为

$$\Gamma = 2\int_A \omega_n \mathrm{d}A \tag{6-17}$$

下面证明斯托克斯定理. 先证明关于平面上微小封闭周线的斯托克斯定理. 在平面 xOy 上取微小矩形封闭周线 $ABCD$，如图 6-1 所示. 流体在 A 点的速度分量为 u、v，则 B、C 和 D 点的速度分量可写成

$$u_B = u + \frac{\partial u}{\partial x}\mathrm{d}x, \quad v_B = v + \frac{\partial v}{\partial x}\mathrm{d}x$$

$$u_C = u + \frac{\partial u}{\partial x}\mathrm{d}x + \frac{\partial u}{\partial y}\mathrm{d}y, \quad v_C = v + \frac{\partial v}{\partial x}\mathrm{d}x + \frac{\partial v}{\partial y}\mathrm{d}y$$

$$u_D = u + \frac{\partial u}{\partial y}\mathrm{d}y, \quad v_D = v + \frac{\partial v}{\partial y}\mathrm{d}y$$

那么沿封闭周线 $ABCDA$ 的速度环量为

$$\mathrm{d}\Gamma = \frac{u + u_B}{2}\mathrm{d}x + \frac{v_B + v_C}{2}\mathrm{d}y - \frac{u_C + u_D}{2}\mathrm{d}x - \frac{v_D + v}{2}\mathrm{d}y$$

$$= \left(\frac{\partial v}{\partial x} - \frac{\partial u}{\partial y}\right)\mathrm{d}x\mathrm{d}y = 2\omega_z \mathrm{d}A \tag{6-18}$$

式中，ω_z 是垂直于 $\mathrm{d}A$ 的旋转角速度. 这就证明了关于微小封闭周线的斯托克斯定理.

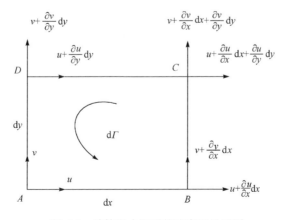

图 6-1　计算微小矩形的速度环量用图

在此基础上将定理推广到平面内有限单连通区域,如图 6-2(a)所示. 如果区域中的任何封闭周线都可连续收缩成一点而不越出边界,则称此区域为单连通域. 将封闭周线 L 所围成的面积用两组相互垂直的直线分割成无数的微小矩形. 每一微小矩形周线的速度环量为

$$\mathrm{d}\Gamma = 2\omega_z \mathrm{d}A$$

将所有微小矩形周线上的速度环量相加,有

$$\sum \mathrm{d}\Gamma = \sum 2\omega_z \mathrm{d}A$$

由图 6-2(a)可见,在周线内部沿相邻两个微小矩形的共有线段上,其速度线积分对两个微小矩形大小相等,方向相反. 因此,在封闭周线所包围区域中的分割线上的速度环量之和等于零,而外边线上的速度环量之和就是整个封闭周线的速度环量,即

$$\sum \mathrm{d}\Gamma = \sum \mathrm{d}\Gamma_{\mathrm{in}} + \sum \mathrm{d}\Gamma_{\mathrm{out}} = \sum \mathrm{d}\Gamma_{\mathrm{out}} = \Gamma_L = 2\int_A \omega_z \mathrm{d}A \tag{6-19}$$

这就证明了平面内有限单连通区域的斯托克斯定理.

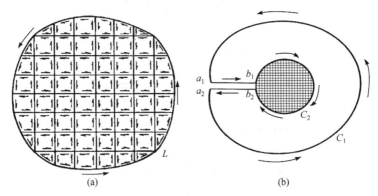

图 6-2　证明有限区域的斯托克斯定理用图

如图 6-2(b)所示,封闭周线 C_1 内有一固体(如一固体圆球或圆管),封闭周线 C_1 收缩成一点时将要跨越固体的边界 C_2,这种区域称为多连通区域. 上述单连通区域的斯托克斯定理不再适用. 但可在封闭周线 C_1 的 a_1 点处将封闭周线 C_1 切开,用线段 a_1b_1 在 b_1 点与固体边界的内周线 C_2 相连,并用与 a_1b_1 线方向相反的 b_2a_2 线再度连接内外两个周线,所得封闭周线 $a_1b_1C_2b_2a_2C_1$ 围成一新的单连通区域,如图 6-2(b)所示. 对这个由多连通区域改成的单连通域,其速度环量为

$$\Gamma_{a_1b_1C_2b_2a_2C_1} = \Gamma_{a_1b_1} + \Gamma_{b_1C_2b_2} + \Gamma_{b_2a_2} + \Gamma_{a_2C_1a_1}$$

由于沿线段 a_1b_1 和线段 a_2b_2 的切向速度线积分大小相等,方向相反,故 $\Gamma_{a_1b_1} + \Gamma_{b_2a_2} = 0$,沿外周线的速度环量 $\Gamma_{a_2C_1a_1} = \Gamma_{C_1}$,沿内周线的速度环量 $\Gamma_{b_1C_2b_2} = -\Gamma_{C_2}$,所以根据斯托克斯定理得

$$\Gamma_{a_1b_1C_2b_2a_2C_1} = \Gamma_{C_1} - \Gamma_{C_2} = 2\int_A \omega_z \mathrm{d}A \tag{6-19a}$$

若外周线内有多个内周线,则式(6-19a)就变为

$$\Gamma_{C_1} - \Sigma \Gamma_{C_2} = 2\int_A \omega_z \mathrm{d}A \tag{6-19b}$$

式(6-19a)、式(6-19b)说明，通过多连通域外周线的速度环量与所有内周线速度环量之和的差等于通过该多连通域的总漩涡强度(涡通量).

斯托克斯定理说明，漩涡对流动的影响可等价地看作漩涡区域周线上的速度环量对流动的影响. 从数学上看，它是线积分与面积分的关系. 速度环量不等于零，则必然存在漩涡；反之，则总的漩涡强度为零.

例 6-1　已知一平面流动符合如下速度分布：

$$r \leqslant 3, \quad u = -\frac{y}{3}, \quad v = \frac{x}{3}$$

$$r > 3, \quad u = -\frac{3y}{x^2+y^2}, \quad v = \frac{3x}{x^2+y^2}$$

试分别求出半径 $r = 2$，$r = 3$，$r = 8$ 三个圆周上的速度环量 Γ_2，Γ_3，Γ_8.

解　如图 6-3 所示，将 $r=3$ 的内圆区域定为 A_1，$r=3$ 和 $r=8$ 之间的环形区域定为 A_2. 在 A_1 内，因为

$$\omega_z = \frac{1}{2}\left(\frac{\partial v}{\partial x} - \frac{\partial u}{\partial y}\right) = \frac{1}{3}$$

故当 $r \leqslant 3$ 时，以 r 为半径的圆上的速度环量为

$$\Gamma_r = 2\int_{A_1} \omega_z \mathrm{d}A = 2\int_0^{2\pi} \mathrm{d}\theta \int_0^r \frac{1}{3}r\mathrm{d}r = \frac{2}{3}\pi r^2$$

故可得

$$\Gamma_2 = \frac{8}{3}\pi, \quad \Gamma_3 = 6\pi$$

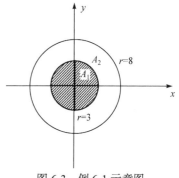

图 6-3　例 6-1 示意图

在 A_2 内

$$\omega_z = \frac{1}{2}\left(\frac{\partial v}{\partial x} - \frac{\partial u}{\partial y}\right) = \frac{1}{2}\left[\left(\frac{3}{x^2+y^2} + \frac{3x(-2x)}{(x^2+y^2)^2}\right) - \left(\frac{-3}{x^2+y^2} - \frac{3y(-2y)}{(x^2+y^2)^2}\right)\right] = 0$$

所以，$\displaystyle\int_{A_2} \omega_z \mathrm{d}A = 0$，由于 $r=3$ 和 $r=8$ 之间的环形区域 A_2 是双连通区域，故

$$\Gamma_8 + \Gamma_3^0 = 2\int_{A_2} \omega_z \mathrm{d}A = 0$$

式中 $\Gamma_3^0 = -\Gamma_3$，为按顺时针方向求得的速度环量，所以

$$\Gamma_8 = -\Gamma_3^0 = \Gamma_3 = 6\pi$$

可见由于 $r>3$ 的区域内无旋，任何围绕 $r=3$ 这个圆的封闭曲线上的速度环量恒等于 6π.

6.2.2　汤姆孙定理

正压性的理想流体在有势的质量力作用下，沿任何由流体质点所组成的封闭周线的速度环量不随时间变化，这是汤姆孙(Thomson)于 1869 年提出的，称为汤姆孙定理．下面给出证明．沿封闭周线的速度环量为

$$\Gamma = \oint_L (u\mathrm{d}x + v\mathrm{d}y + w\mathrm{d}z) \tag{3-42}$$

速度环量随时间的变化率为

$$\frac{\mathrm{D}\Gamma}{\mathrm{D}t} = \frac{\mathrm{D}}{\mathrm{D}t}\oint_L (u\mathrm{d}x + v\mathrm{d}y + w\mathrm{d}z)$$

$$= \oint_L \left[u\frac{\mathrm{D}}{\mathrm{D}t}(\mathrm{d}x) + v\frac{\mathrm{D}}{\mathrm{D}t}(\mathrm{d}y) + w\frac{\mathrm{D}}{\mathrm{D}t}(\mathrm{d}z) \right] + \oint_L \left[\frac{\mathrm{D}u}{\mathrm{D}t}\mathrm{d}x + \frac{\mathrm{D}v}{\mathrm{D}t}\mathrm{d}y + \frac{\mathrm{D}w}{\mathrm{D}t}\mathrm{d}z \right] \tag{6-20}$$

因积分所沿的封闭周线在流动中始终是由同样的流体质点组成，在某一时刻 t，在流场中有一条由流体质点所组成的封闭周线，经时间 $\mathrm{D}t$ 后，该封闭周线运动到一个新的位置．如图 6-4 所示为封闭周线上的微小线段 $\mathrm{d}s$，经时间 $\mathrm{D}t$ 后从 AB 移动到 $A'B'$，长度变成 $\mathrm{d}s + \mathrm{D}(\mathrm{d}s)$，端点 A、B 分别移动了 $V\mathrm{D}t$ 和 $(V+\mathrm{d}V)\mathrm{D}t$．从矢量四边形可得

$$\mathrm{d}s + (V+\mathrm{d}V)\mathrm{D}t = V\mathrm{D}t + \mathrm{d}s + \mathrm{D}(\mathrm{d}s)$$

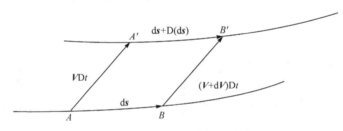

图 6-4　推导汤姆孙定理用图

即

$$\frac{\mathrm{D}}{\mathrm{D}t}(\mathrm{d}s) = \mathrm{d}\frac{\mathrm{D}s}{\mathrm{D}t} = \mathrm{d}V$$

写成坐标分量形式为

$$\frac{\mathrm{D}}{\mathrm{D}t}(\mathrm{d}x) = \mathrm{d}u, \quad \frac{\mathrm{D}}{\mathrm{D}t}(\mathrm{d}y) = \mathrm{d}v, \quad \frac{\mathrm{D}}{\mathrm{D}t}(\mathrm{d}z) = \mathrm{d}w$$

因此有

$$\oint_L \left[u\frac{\mathrm{D}}{\mathrm{D}t}(\mathrm{d}x) + v\frac{\mathrm{D}}{\mathrm{D}t}(\mathrm{d}y) + w\frac{\mathrm{D}}{\mathrm{D}t}(\mathrm{d}z) \right]$$

$$= \oint_L (u\mathrm{d}u + v\mathrm{d}v + w\mathrm{d}w) = \oint_L \left[\mathrm{d}\left(\frac{u^2}{2}\right) + \mathrm{d}\left(\frac{v^2}{2}\right) + \mathrm{d}\left(\frac{w^2}{2}\right) \right] = \oint_L \mathrm{d}\frac{V^2}{2}$$

$$\oint_L \left[\frac{\mathrm{D}u}{\mathrm{D}t}\mathrm{d}x + \frac{\mathrm{D}v}{\mathrm{D}t}\mathrm{d}y + \frac{\mathrm{D}w}{\mathrm{D}t}\mathrm{d}z \right]$$

$$= \oint_L \left[\left(f_x - \frac{1}{\rho}\frac{\partial p}{\partial x}\right)\mathrm{d}x + \left(f_y - \frac{1}{\rho}\frac{\partial p}{\partial y}\right)\mathrm{d}y + \left(f_z - \frac{1}{\rho}\frac{\partial p}{\partial z}\right)\mathrm{d}z \right]$$

$$= \oint_L \left[(f_x)\mathrm{d}x + (f_y)\mathrm{d}y + (f_z)\mathrm{d}z - \frac{1}{\rho}\left(\frac{\partial p}{\partial x}\mathrm{d}x + \frac{\partial p}{\partial y}\mathrm{d}y + \frac{\partial p}{\partial z}\mathrm{d}z \right) \right] = \oint_L (-\mathrm{d}\pi - \mathrm{d}p_F)$$

于是，式(6-20)变为

$$\frac{\mathrm{D}\varGamma}{\mathrm{D}t} = \oint_L \mathrm{d}\left(\frac{V^2}{2} - \pi - p_F \right) = 0 \tag{6-21}$$

这是因为前面已假定，V、π、p_F 都是 x、y、z、t 的单值连续函数，所以沿封闭周线的积分值为零，即速度环量不随时间变化. 汤姆孙定理得证.

汤姆孙定理和斯托克斯定理说明：在理想流体中速度环量和旋涡不能自行产生，也不能自行消失. 本质上是由于理想流体中不存在切向应力，不能传递旋转运动，既不能使不旋转的流体微团产生旋转，也不能使旋转的流体微团停止旋转. 当汤姆孙定理的条件得不到满足时，流体在运动过程中可能会产生漩涡，例如，大范围的大气应视为非正压性流体，哥氏力是无势的质量力，故大范围的大气会形成环流和旋风. 但对在有势质量力作用下的正压性理想流体而言，如果从静止开始的流动，由于某种原因产生了漩涡，那么同时必然产生一个环量大小相同方向相反的漩涡，使总环量为零. 而真实流体有黏性，漩涡可以产生、消失，汤姆孙定理不再适用.

6.2.3　亥姆霍兹定理

1857 年，亥姆霍兹提出了关于理想流体有旋流动的三个基本定理，说明了漩涡的基本性质.

亥姆霍兹第一定理　同一时刻涡管各截面上的漩涡强度都相等.

证明　在涡管上任取两个截面 A、B，在涡管表面取两条无限接近的线 AB、$A'B'$，如图 6-5 所示. 封闭周线 $ABB'A'A$ 包围的涡管表面无涡线通过，所以沿该封闭周线的速度环量为零. 另外沿 AB、$B'A'$ 的速度线积分大小相等、方向相反，相互抵消. 有

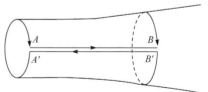

$$\varGamma_{ABB'A'A} = \varGamma_{AB} + \varGamma_{BB'} + \varGamma_{B'A'} + \varGamma_{A'A}$$
$$= \varGamma_{BB'} + \varGamma_{A'A} = 0$$

图 6-5　证明亥姆霍兹第一定理用图

于是有

$$\varGamma_{BB'} = \varGamma_{AA'} \tag{6-22}$$

所以包围涡管任一截面的速度环量都相等，再根据斯托克斯定理可得，在涡管各截面上的漩涡强度都相等. 假如涡管的截面变为无穷小，则旋转角速度变为无穷大，这是不可能的. 因此该定理说明涡管在流体中既不可能开始，也不可能终止，只能是自我封闭的管圈，或在边界(容器壁面或自由表面)上开始、终止，如图 6-6 所示. 实际生活中的例子有：吸

烟人吐出的烟圈是一个自我封闭的圆环,大气中的龙卷风开始于云团终止于地面或水面等. 真实流体具有黏性,由于黏性摩擦消耗能量,涡管将在运动中逐渐消失.

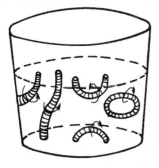

图 6-6 涡管在流体中存在的形状

亥姆霍兹第二定理 正压性理想流体在有势质量力作用下,涡管在运动过程中一直保持为相同流体质点组成的涡管.

证明 在涡管表面任取一条由许多流体质点组成的封闭周线,因周线所包围的面积无涡线通过,由斯托克斯定理知,沿周线的速度环量为零. 根据汤姆孙定理,速度环量不能自生自灭,沿周线的速度环量始终为零. 换句话说,在涡管运动过程中,涡线总是不通过涡管表面,涡管表面的流体质点始终在涡管上,涡管不会被破坏,即使它的形状会变化.

亥姆霍兹第三定理 正压性理想流体在有势质量力作用下,在运动过程中涡管的漩涡强度不随时间变化.

证明 由斯托克斯定理,沿围绕涡管截面的封闭周线的速度环量等于涡管的漩涡强度. 再根据汤姆孙定理,该速度环量不随时间变化,所以涡管的漩涡强度也不随时间变化.

亥姆霍兹第三定理说明涡管的漩涡强度不随时间变化. 对于真实流体,黏性摩擦消耗能量会使漩涡逐渐减弱,故第三定理只适用于理想流体.

6.3 速度势与流函数

本节开始重点讨论不可压缩无黏流体的无旋流动. 我们先从无旋流动的特性引出速度势,再从二维不可压缩流体的连续性方程导入流函数,分析速度势与流函数之间的联系,为后续平面势流流动的讨论打下基础.

6.3.1 有势流动和速度势

由 3.2 节流体微团的运动分析,可按流体微团本身是否旋转将流体的运动分为有旋流动和无旋流动两种类型. 若流动是无旋的,则

$$\omega_x = \frac{1}{2}\left(\frac{\partial w}{\partial y} - \frac{\partial v}{\partial z}\right) = 0, \quad \omega_y = \frac{1}{2}\left(\frac{\partial u}{\partial z} - \frac{\partial w}{\partial x}\right) = 0, \quad \omega_z = \frac{1}{2}\left(\frac{\partial v}{\partial x} - \frac{\partial u}{\partial y}\right) = 0$$

即 $\nabla \times V = 0$,也就是速度 V 的旋度等于零. 由数学分析知,一个标量函数的梯度的旋度为零. 故可将速度 V 设为一标量函数 φ 的梯度,即 $V = \nabla\varphi$,或

$$u = \frac{\partial \varphi}{\partial x}, \quad v = \frac{\partial \varphi}{\partial y}, \quad w = \frac{\partial \varphi}{\partial z} \tag{6-23}$$

这个标量函数 φ 就称为速度的势函数，简称速度势 φ.

可见一个速度势函数 $\varphi(x,y,z)$ 就可以代表具有三个分量 u,v,w 的速度矢量 V. 将 $V=\nabla\varphi$ 代入不可压缩流体的连续性方程 $\nabla\cdot V=0$，可得 $\nabla\cdot\nabla\varphi=0$，即 $\nabla^2\varphi=0$，或

$$\Delta\varphi=0 \tag{6-24}$$

在直角坐标中写成分量形式，有

$$\frac{\partial^2\varphi}{\partial x^2}+\frac{\partial^2\varphi}{\partial y^2}+\frac{\partial^2\varphi}{\partial z^2}=0 \tag{6-24a}$$

式(6-24)称为拉普拉斯方程，是一个线性的二阶偏微分方程. 因此，对定常不可压缩无黏流体无旋运动的求解，就归结为结合具体边界条件，求解拉普拉斯方程(6-24)，得到速度势 φ，由此求取 φ 的梯度，就可得到速度矢量 V，再结合伯努利方程，就可求得流场的压强分布. 可见，速度势 φ 的引入，大大简化了不可压缩无黏流体无旋运动的求解.

可见当流体作无旋流动时，总有速度势存在，所以无旋流动又称为有势流动. 在有势流动中速度沿曲线 AB 的线积分为

$$\int_A^B(u\mathrm{d}x+v\mathrm{d}y+w\mathrm{d}z)$$
$$=\int_A^B\left(\frac{\partial\varphi}{\partial x}\mathrm{d}x+\frac{\partial\varphi}{\partial y}\mathrm{d}y+\frac{\partial\varphi}{\partial z}\mathrm{d}z\right)=\int_A^B\mathrm{d}\varphi=\varphi_B-\varphi_A \tag{6-25}$$

该线积分值与曲线的形状无关. 在有势流动中沿任一封闭周线的速度环量为

$$\varGamma=\oint_L(u\mathrm{d}x+v\mathrm{d}y+w\mathrm{d}z)=\oint_L\mathrm{d}\varphi \tag{6-25a}$$

当速度势为单值连续函数时，沿任一封闭周线的速度环量为零.

对于平面无旋流动，可假定流体在 xOy 平面内流动. 由于此时 $w\to0$，$\dfrac{\partial}{\partial z}\to0$，所以只要考虑 $\omega_z=\dfrac{1}{2}\left(\dfrac{\partial v}{\partial x}-\dfrac{\partial u}{\partial y}\right)=0$，由此导出速度势函数 $\varphi(x,y)$，使得

$$u=\frac{\partial\varphi}{\partial x},\quad v=\frac{\partial\varphi}{\partial y} \tag{6-26}$$

在平面运动中，不可压缩流体的连续性方程为 $\dfrac{\partial u}{\partial x}+\dfrac{\partial v}{\partial y}=0$，将式(6-26)代入，得

$$\frac{\partial^2\varphi}{\partial x^2}+\frac{\partial^2\varphi}{\partial y^2}=0 \tag{6-27}$$

式(6-27)为二维的拉普拉斯方程.

例 6-2 已知一个平面不可压缩定常有势流动的速度势函数为 $\varphi=x^2+y^2$，求在点 $(2.0,1.5)$ 处速度的大小.

解

$$u = \frac{\partial \varphi}{\partial x} = 2x = 4\text{m/s}$$

$$v = \frac{\partial \varphi}{\partial y} = -2y = -3\text{m/s}$$

$$V = \sqrt{u^2 + v^2} = 5\text{m/s}$$

6.3.2 流函数

对于平面不可压缩流体的流动,可引出另一个描绘流场的函数——流函数.

由不可压缩流体二维流动的连续性方程

$$\frac{\partial u}{\partial x} + \frac{\partial v}{\partial y} = 0 \tag{4-62}$$

结合数学分析,可推出,存在函数 $\psi(x,y)$,使得

$$u = \frac{\partial \psi}{\partial y}, \quad v = -\frac{\partial \psi}{\partial x} \tag{6-28}$$

ψ 称为流函数. 式(6-28)建立了流函数 ψ 与速度 u,v 之间的函数关系. 若 ψ 已知,由式(6-28)可求取 u,v,若 u,v 已知,则可由

$$\psi(A) - \psi(B) = \int_B^A \mathrm{d}\psi = \int_B^A \left(\frac{\partial \psi}{\partial x} \mathrm{d}x + \frac{\partial \psi}{\partial y} \mathrm{d}y \right) = \int_B^A (-v\mathrm{d}x + u\mathrm{d}y)$$

求解 ψ. 此外,将式(6-28)代入 3.1 节给出的流线方程 $-v\mathrm{d}x + u\mathrm{d}y = 0$,得 $\frac{\partial \psi}{\partial x}\mathrm{d}x + \frac{\partial \psi}{\partial y}\mathrm{d}y = 0$,即 $\mathrm{d}\psi = 0$,积分得 $\psi =$ 常数. 因此, $\psi(x,y) =$ 常数,对应一根流线. ψ 取不同的值可得不同的流线,故 ψ 称为流函数. 在引出流函数时,并未涉及流体的黏性和是否为有势流动,故只要是不可压缩流体的平面流动,就必然存在流函数. 三维流动除轴对称流动外一般不存在流函数.

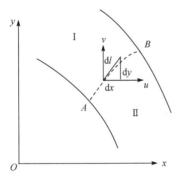

图 6-7　流函数物理意义示意图

下面进一步分析流函数的物理意义. 如图 6-7 所示,流场中有两条流线分别流经 A、B 两点,虚线 AB 与流场中所有流线正交,并将两流线间的流场分为 I、II 两个区域. 计算两条流线之间单位厚度平面上的流量. 在虚线 AB 上取一微元弧段 $\mathrm{d}l$,显然, $u\mathrm{d}y$ 是经 $\mathrm{d}l$ 从 I 区进入 II 区的流量, $v\mathrm{d}x$ 是经 $\mathrm{d}l$ 从 II 区进入 I 区的流量,则经 $\mathrm{d}l$ 从 I 区进入 II 区的流量为

$$\mathrm{d}q = u\mathrm{d}y - v\mathrm{d}x \tag{6-29}$$

沿虚线 AB 积分可得到两条流线之间的总流量

$$Q_V = \int_A^B \mathrm{d}q = \int_A^B (u\mathrm{d}y - v\mathrm{d}x) = \int_A^B \mathrm{d}\psi = \psi(B) - \psi(A) \tag{6-30}$$

因此，得到流函数的物理意义：平面流动中两条流线之间通过的流体流量，等于两条流线上流函数值的差. 由式(6-30)，沿流线长度方向两流线之间的流量保持不变. 由于两流线之间流量一定，故流线越接近则流速越高. 对于按相等流函数差值绘制的流线图，高流速区流线密集，低流速区流线稀疏.

不可压缩流体的平面势流，必然同时存在速度势和流函数. 由无旋流动条件

$$\frac{\partial v}{\partial x} - \frac{\partial u}{\partial y} = 0$$

将速度与流函数关系式(6-28)代入上式，有

$$\frac{\partial^2 \psi}{\partial x^2} + \frac{\partial^2 \psi}{\partial y^2} = \nabla^2 \psi = \Delta \psi = 0 \tag{6-31}$$

因此，不可压缩流体平面势流的速度势和流函数都满足拉普拉斯方程，它们都是调和函数. 由速度与速度势及流函数的关系可得速度势 φ 与流函数 ψ 有如下关系：

$$\frac{\partial \varphi}{\partial x} = \frac{\partial \psi}{\partial y}, \quad \frac{\partial \varphi}{\partial y} = -\frac{\partial \psi}{\partial x} \tag{6-32}$$

$$\frac{\partial \varphi}{\partial x}\frac{\partial \psi}{\partial x} + \frac{\partial \varphi}{\partial y}\frac{\partial \psi}{\partial y} = 0 \tag{6-33}$$

式(6-32)称为柯西-黎曼(Cauchy-Riemann)条件，表明等势线与流线相互正交. 这是由于式(6-33)表明 $\nabla \varphi \cdot \nabla \psi = \dfrac{\partial \varphi}{\partial x}\dfrac{\partial \psi}{\partial x} + \dfrac{\partial \varphi}{\partial y}\dfrac{\partial \psi}{\partial y} = 0$，意味着 $\nabla \varphi$ 与 $\nabla \psi$ 正交；由于等势线 φ 与 $\nabla \varphi$ 垂直，流线 ψ 与 $\nabla \psi$ 垂直，所以等势线和流线正交. 按此结果可以在平面上绘出一组等势线和一组流线构成的正交网络，称为流网，如图 6-8 所示.

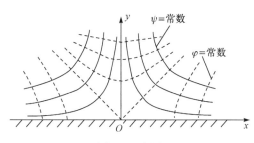

图 6-8　流网

例 6-3　不可压缩平面流场中流函数 $\psi = 2xy$，证明流动有势，并求速度势.

解　根据角速度公式和流函数公式

$$\omega_z = \frac{1}{2}\left(\frac{\partial v}{\partial x} - \frac{\partial u}{\partial y}\right) = \frac{1}{2}\left(-\frac{\partial^2 \psi}{\partial x^2} - \frac{\partial^2 \psi}{\partial y^2}\right) = 0$$

可知流动是有势的.

$$u = \frac{\partial \psi}{\partial y} = 2x, \quad v = -\frac{\partial \psi}{\partial x} = -2y$$

速度势

$$\varphi = \int (2x\mathrm{d}x - 2y\mathrm{d}y) = x^2 - y^2 + C$$

例 6-4 已知不可压缩平面流动的速度场 $u = x^2 + 4x - y^2$，$v = -2xy - 4y$，试确定：
(1) 流动是否连续；(2) 流动是否有旋；(3) 速度为零的驻点位置；(4) 速度势和流函数.

解 (1) 由微分形式的连续性方程

$$\frac{\partial u}{\partial x} + \frac{\partial v}{\partial y} = 2x + 4 - 2x - 4 = 0$$

可知流动连续.

(2) 由旋转角速度公式

$$\omega_z = \frac{1}{2}\left(\frac{\partial v}{\partial x} - \frac{\partial u}{\partial y}\right) = \frac{1}{2}(-2y + 2y) = 0$$

可知该平面流动无旋.

(3) 令速度分量为零

$$x^2 + 4x - y^2 = 0$$
$$-2xy - 4y = 0$$

得驻点位置 (0,0) 和 (-4,0).

(4) 由速度势定义

$$\frac{\partial \varphi}{\partial x} = x^2 + 4x - y^2$$

积分，得

$$\varphi = \frac{x^3}{3} + 2x^2 - y^2x + f(y)$$

又由

$$\frac{\partial \varphi}{\partial y} = -2xy + f'(y) = -2xy - 4y$$

得

$$f(y) = -2y^2 + C$$

所以得速度势

$$\varphi = \frac{x^3}{3} + 2x^2 - y^2x - 2y^2 + C$$

用同样的方法，得流函数

$$\psi = x^2y + 4xy - \frac{y^3}{3} + C$$

式中，常数 C 可略去.

6.4　基本平面势流

本节讨论平行流、点源、点汇、点涡等基本平面势流. 这些基本平面势流是研究平面无旋流动的基础，这些基本平面势流相叠加，就可以得到在工程实践中有广泛应用的螺旋流等流动实例.

6.4.1　平行流

在研究流体绕物体边界的流动时，距物体表面某一距离以外的流场通常可近似为平行流. 在平行流场中，流体做匀速直线运动，所有流体质点的速度都大小相等且方向相同. $u = u_0$，$v = v_0$，皆为常数. 由

$$\mathrm{d}\varphi = u_0 \mathrm{d}x + v_0 \mathrm{d}y$$

得速度势

$$\varphi = u_0 x + v_0 y \qquad (6\text{-}34)$$

由

$$\mathrm{d}\psi = u_0 \mathrm{d}y - v_0 \mathrm{d}x$$

得流函数

$$\psi = u_0 y - v_0 x \qquad (6\text{-}35)$$

显然，速度势和流函数都满足拉普拉斯方程. 如图 6-9 所示，其中的等势线与流线相互垂直.

因平行流中各点的速度相同，由伯努利方程得

$$\rho g z + p = C \qquad (6\text{-}36)$$

在平面势流中重力的影响可忽略不计，则有

$$p = C \qquad (6\text{-}37)$$

即在平行流流场中任意点的流体压强都相同.

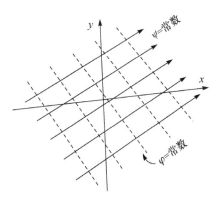

图 6-9　平行流

6.4.2　点源和点汇

流体从平面上的一点沿径向直线均匀地向各个方向流出，这种流动称为点源，出发点称为源点. 与此相反，如果流体沿径向直线均匀地从各方流入一点，这种流动称为点汇，汇集点称为汇点. 点源和点汇如图 6-10 所示. 在点源和点汇中，流体的速度只有径向速度 v_r，圆周速度(或切向速度)v_θ 为零. 在极坐标下速度与速度势关系

$$v_r = \frac{\partial \varphi}{\partial r}, \quad v_\theta = \frac{1}{r}\frac{\partial \varphi}{\partial \theta} \qquad (6\text{-}38a)$$

取源点(或汇点)作为极坐标原点，有

$$v_r = \frac{\partial \varphi}{\partial r}, \quad v_\theta = 0$$

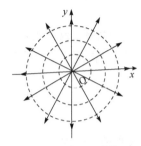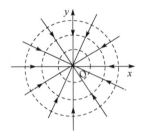

图 6-10　点源和点汇

由流动的连续性条件，流体通过任一圆柱面的流量 $Q_{\mathscr{V}}$ 都相等. 对于单位高度、半径为 r 的圆柱面，有

$$v_r = \pm \frac{Q_{\mathscr{V}}}{2\pi r} \tag{6-38b}$$

式中，加"±"是因为令 $Q_{\mathscr{V}}$ 为从源点流出的流量(或称为点源的强度)，与 r 同向，取"$+Q_{\mathscr{V}}$"；而对于点汇，则流入汇点的流量(或点汇的强度)，与 r 异向，取"$-Q_{\mathscr{V}}$". 所以

$$\mathrm{d}\varphi = v_r \mathrm{d}r = \pm \frac{Q_{\mathscr{V}}}{2\pi} \frac{\mathrm{d}r}{r}$$

积分后得速度势

$$\varphi = \pm \frac{Q_{\mathscr{V}}}{2\pi} \ln r = \pm \frac{Q_{\mathscr{V}}}{2\pi} \ln \sqrt{x^2 + y^2} \tag{6-38}$$

式中，点源取"+"；点汇取"–".

当 $r = 0$ 时，速度和速度势都变为无穷大，故源点和汇点是奇点，速度和速度势的表达式在源点和汇点以外的区域才可应用. 下面求取流函数.

$$\mathrm{d}\psi = -v\mathrm{d}x + u\mathrm{d}y = -\frac{\partial \varphi}{\partial y}\mathrm{d}x + \frac{\partial \varphi}{\partial x}\mathrm{d}y$$

$$= \mp \frac{Q_{\mathscr{V}} y}{2\pi(x^2 + y^2)}\mathrm{d}x \pm \frac{Q_{\mathscr{V}} x}{2\pi(x^2 + y^2)}\mathrm{d}y = \pm \frac{Q_{\mathscr{V}}}{2\pi} \frac{x\mathrm{d}y - y\mathrm{d}x}{(x^2 + y^2)}$$

积分后有

$$\psi = \pm \int \frac{Q_{\mathscr{V}}}{2\pi} \frac{x\mathrm{d}y - y\mathrm{d}x}{(x^2 + y^2)} = \pm \frac{Q_{\mathscr{V}}}{2\pi} \int \frac{\mathrm{d}(y/x)}{1 + (y/x)^2} = \pm \frac{Q_{\mathscr{V}}}{2\pi} \arctan \frac{y}{x} + C \tag{6-39a}$$

令积分常数 $C = 0$ ，得流函数

$$\psi = \pm \frac{Q_{\mathscr{V}}}{2\pi} \theta \tag{6-39}$$

同理，式(6-39)中，点源取"+"，点汇取"–". 流线($\psi =$const，即 $\theta =$const)是一组径向直线，如图 6-10 中的径向实线；等势线($\varphi =$const，即 $r=$const)是一组同心圆，如图 6-10 中的同心圆虚线，两者相互正交.

如果平面 xOy 是无限大的水平面，根据伯努利方程

$$p + \frac{1}{2}\rho v_r^2 = p_\infty$$

式中，p_∞ 是在 $r \to \infty$ 时的压强，该处速度为零. 将速度表达式代入上式

$$p = p_\infty - \frac{Q_{\mathscr{V}}^2 \rho}{8\pi^2 r^2} \tag{6-40}$$

由式(6-40)可见，压强随着半径的减小而降低，当 $r \to r_0$ 时，$p = 0$，其中

$$r_0 = \sqrt{\frac{Q_{\mathscr{V}}^2 \rho}{8\pi^2 p_\infty}}$$

6.4.3　涡流和点涡

设有一无限长的直线涡束，像刚体一样以匀角速度绕中心轴旋转，其周围的流体也将绕涡束产生与涡束同向的环形流动. 由于涡束无限长，则在与涡束轴线垂直的每个平面内的流动情况都是一致的，这种以涡束诱导出的平面流动，称为涡流. 在 xOy 平面内的涡束和涡流，如图 6-11 所示，涡束为逆时针转动，环量 $\Gamma > 0$. 坐标原点为涡束的轴心，r_0 为涡束的半径，外围区域为涡流.

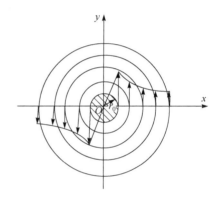

图 6-11　涡束诱导出的涡流

涡流流场中的速度在与轴心等距离处是相等的，当该距离增加时速度将减小. 设涡束的旋涡强度为一常数，由斯托克斯定理，包围涡束的速度环量 Γ 也为常数. 利用环量的定义，可求出涡流在不同半径的圆周线上的速度，即

$$v_\theta = \frac{\Gamma}{2\pi r} \tag{6-41}$$

式(6-41)表明，在涡流区域速度 v_θ 与半径成反比，在涡束内部速度 v_θ 与半径成正比，$v_\theta = r\omega$. 涡流区域也可称为势流旋转区，涡束内部称为涡核区.

将涡流速度表达式(6-41)代入伯努利方程，得势流旋转区的压强分布

$$p = p_\infty - \frac{1}{2}\rho v_\theta^2 = p_\infty - \frac{\Gamma^2 \rho}{8\pi^2 r^2} \tag{6-42}$$

式中，p_∞ 是 $r \to \infty$ 处的压强. 势流旋转区的压强随半径的增加而增加. 假设涡核表面压强为 p_0，可求得涡核的半径为

$$r_0 = \sqrt{\frac{\Gamma^2 \rho}{8\pi^2}\frac{1}{p_\infty - p_0}}$$

涡核内部的压强分布，可用欧拉运动微分方程来计算：

$$\begin{cases} u\dfrac{\partial u}{\partial x} + v\dfrac{\partial u}{\partial y} = -\dfrac{1}{\rho}\dfrac{\partial p}{\partial x} \\[3mm] u\dfrac{\partial v}{\partial x} + v\dfrac{\partial v}{\partial y} = -\dfrac{1}{\rho}\dfrac{\partial p}{\partial y} \end{cases}$$

而 $u = -\omega y, v = \omega x$，代入上式有

$$\begin{cases} \omega^2 x = \dfrac{1}{\rho}\dfrac{\partial p}{\partial x} \\[3mm] \omega^2 y = \dfrac{1}{\rho}\dfrac{\partial p}{\partial y} \end{cases}$$

分别用 dx 和 dy 乘以上两个式子再相加，有

$$\omega^2(x\,dx + y\,dy) = \frac{1}{\rho}\left(\frac{\partial p}{\partial x}dx + \frac{\partial p}{\partial y}dy\right)$$

$$\frac{1}{2}\omega^2 d(x^2 + y^2) = \frac{1}{\rho}dp$$

积分后

$$p = \frac{1}{2}\rho\omega^2(x^2 + y^2) + C = \frac{1}{2}\rho\omega^2 r^2 + C = \frac{1}{2}\rho v_\theta^2 + C$$

设在涡核表面，$r = r_0, p = p_0, v_\theta = v_0$，代入上式，得积分常数

$$C = p_0 - \frac{1}{2}\rho v_0^2 = p_0 + \frac{1}{2}\rho v_0^2 - \rho v_0^2 = p_\infty - \rho v_0^2$$

则涡核区的压强分布为

$$p = p_\infty + \frac{1}{2}\rho v_\theta^2 - \rho v_0^2 \tag{6-43}$$

或

$$p = p_\infty + \frac{1}{2}\rho\omega^2 r^2 - \rho\omega^2 r_0^2$$

涡核中心的压强

$$p_c = p_\infty - \rho v_0^2$$

涡核边缘的压强

$$p_0 = p_\infty - \frac{1}{2}\rho v_0^2$$

可见涡核内外的压强变化幅度相等，都等于涡核边缘速度所转换成的动压强. 涡核内外的压强分布如图 6-12 所示. 由于涡核区内部压强低于势流旋转区，将会有流体从势流

旋转区被抽吸到涡核区.

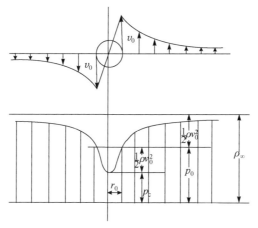

图 6-12　涡流中的压强分布

在热能工程中，常利用旋转气流的这种特性，制造出旋风燃烧室、离心式分离器、离心式雾化器、离心式除尘器等设备.

当涡束的半径趋于无穷小时，涡束成为一条涡线，这样的涡流称为点涡. 点涡的中心点是一个奇点，因该点处的角速度为无穷大. 下面来求取点涡的速度势和流函数.

$$v_r = \frac{\partial \varphi}{\partial r} = 0, \quad v_\theta = \frac{1}{r}\frac{\partial \varphi}{\partial \theta} = \frac{\Gamma}{2\pi r}$$

$$\mathrm{d}\varphi = \frac{\partial \varphi}{\partial r}\mathrm{d}r + \frac{\partial \varphi}{\partial \theta}\mathrm{d}\theta = \frac{\Gamma}{2\pi}\mathrm{d}\theta$$

积分得速度势

$$\varphi = \frac{\Gamma}{2\pi}\theta = \frac{\Gamma}{2\pi}\arctan\frac{y}{x} \tag{6-44}$$

由速度势可求得流函数，由于

$$\frac{\partial \psi}{\partial x} = -\frac{\partial \varphi}{\partial y} = -\frac{\Gamma}{2\pi}\frac{x}{x^2 + y^2}$$

$$\frac{\partial \psi}{\partial y} = \frac{\partial \varphi}{\partial x} = -\frac{\Gamma}{2\pi}\frac{y}{x^2 + y^2}$$

有

$$\mathrm{d}\psi = \frac{\partial \psi}{\partial x}\mathrm{d}x + \frac{\partial \psi}{\partial y}\mathrm{d}y = -\frac{\Gamma}{2\pi}\frac{\mathrm{d}(x^2 + y^2)}{2(x^2 + y^2)} = -\frac{\Gamma}{2\pi}\frac{\mathrm{d}r^2}{2r^2}$$

则流函数为

$$\psi = -\frac{\Gamma}{2\pi}\ln r = -\frac{\Gamma}{2\pi}\ln\sqrt{x^2 + y^2} \tag{6-45}$$

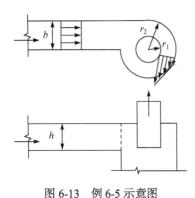

图 6-13　例 6-5 示意图

例 6-5　设有一立式离心式旋风除尘器，如图 6-13 所示. 已知除尘器内筒半径 r_1=0.4m，外筒半径 r_2=1.0m，长方形的切向引入管道的宽度 b=0.6m，高度 h=0.8m，气流沿管道进入除尘器，旋转后经内筒上部流出. 管道内气流的平均速度 u=10m/s. 试估计旋转气流中切向速度 v_θ 的分布.

解　除尘器内旋转气流的切向速度 v_θ 沿半径方向上的分布，相当于涡束外涡流区内的速度分布. 由式(6-41)知 $v_\theta = \dfrac{\Gamma}{2\pi r}$，而环量 Γ 则可由连续性方程根据入口段流量确定，即

$$ubh = h\int_{r_1}^{r_2} v_\theta \mathrm{d}r = h\int_{r_1}^{r_2} \frac{\Gamma}{2\pi}\frac{\mathrm{d}r}{r} = \frac{\Gamma h}{2\pi}\ln\frac{r_2}{r_1}$$

所以

$$\frac{\Gamma}{2\pi} = \frac{ub}{\ln\dfrac{r_2}{r_1}} = \frac{10\times 0.6}{\ln\dfrac{1}{0.4}} = 6.55\text{m}^2/\text{s}$$

切向速度 v_θ 的分布为

$$v_\theta = \frac{\Gamma}{2\pi r} = \frac{6.55}{r}\ (\text{m/s})$$

内筒外壁处

$$v_{\theta_1} = \frac{6.55}{r_1} = \frac{6.55}{0.4} = 16.38\ (\text{m/s})$$

外筒内壁处

$$v_{\theta_2} = \frac{6.55}{r_2} = \frac{6.55}{1.0} = 6.55\ (\text{m/s})$$

6.5　基本平面势流的简单叠加

几种简单的平面势流叠加后，可得到复杂平面势流. 不可压缩平面势流的速度势和流函数都是调和函数，而调和函数的特点是其解可以线性叠加. 流动的叠加就是速度场的叠加. 例如，有两个不可压缩平面势流叠加，有

$$\begin{cases} u = u_1 + u_2 \\ v = v_1 + v_2 \end{cases}$$

而

$$u_1 = \frac{\partial \varphi_1}{\partial x} = \frac{\partial \psi_1}{\partial y}, \quad u_2 = \frac{\partial \varphi_2}{\partial x} = \frac{\partial \psi_2}{\partial y}$$

$$v_1 = \frac{\partial \varphi_1}{\partial y} = -\frac{\partial \psi_1}{\partial x}, \quad v_2 = \frac{\partial \varphi_2}{\partial y} = -\frac{\partial \psi_2}{\partial x}$$

那么

$$u = u_1 + u_2 = \frac{\partial(\varphi_1 + \varphi_2)}{\partial x}$$

$$v = v_1 + v_2 = \frac{\partial(\varphi_1 + \varphi_2)}{\partial y}$$

φ 与 φ_1、φ_2 的关系为

$$\begin{aligned} \varphi &= \int \mathrm{d}\varphi = \int (u\mathrm{d}x + v\mathrm{d}y) \\ &= \int (u_1\mathrm{d}x + v_1\mathrm{d}y + u_2\mathrm{d}x + v_2\mathrm{d}y) \\ &= \int \mathrm{d}(\varphi_1 + \varphi_2) = \varphi_1 + \varphi_2 \end{aligned}$$

同理可得

$$\psi = \psi_1 + \psi_2$$

因此，几个势流叠加以后得到新的势流，其速度势和流函数分别为被叠加势流的速度势和流函数的代数和. 下面列举几种简单而重要的平面势流叠加的例子.

6.5.1 偶极流

图 6-14 所示为一位于点 $(-a, 0)$ 的点源和一位于点 $(a, 0)$ 的点汇叠加后的流动图形，点源和点汇强度相等.

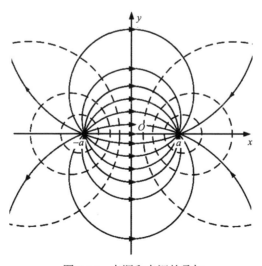

图 6-14 点源和点汇的叠加

叠加后流场的速度势为

$$\varphi = \frac{Q_{\mathscr{V}}}{2\pi}\ln\sqrt{y^2+(x+a)^2} - \frac{Q_{\mathscr{V}}}{2\pi}\ln\sqrt{y^2+(x-a)^2} = \frac{Q_{\mathscr{V}}}{4\pi}\ln\frac{y^2+(x+a)^2}{y^2+(x-a)^2} \qquad (6\text{-}46)$$

叠加后流场的流函数为

$$\psi = \frac{Q_{\mathscr{V}}}{2\pi}\arctan\frac{y}{x+a} - \frac{Q_{\mathscr{V}}}{2\pi}\arctan\frac{y}{x-a} = -\frac{Q_{\mathscr{V}}}{2\pi}\arctan\frac{2ay}{x^2+y^2-a^2} \qquad (6\text{-}47)$$

当点源和点汇无限接近，即 $a \to 0$，同时保证偶极矩 $M \to 2aQ_{\mathscr{V}}$ 为一常数，便得到一种新的平面势流——偶极流，也称为偶极子，如图 6-15 所示.

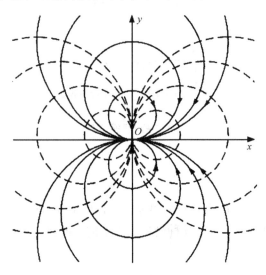

图 6-15　偶极流的流线和等势线

偶极流的速度势为

$$\varphi = \lim_{\substack{a\to 0 \\ 2aQ_{\mathscr{V}}\to M}} \frac{Q_{\mathscr{V}}}{4\pi}\ln\frac{(x+a)^2+y^2}{(x-a)^2+y^2} = \lim_{\substack{a\to 0 \\ 2aQ_{\mathscr{V}}\to M}} \frac{Q_{\mathscr{V}}}{4\pi}\ln\left(1+\frac{4ax}{(x-a)^2+y^2}\right)$$

即

$$\varphi = \frac{1}{4\pi}\frac{2xM}{x^2+y^2} = \frac{M}{2\pi}\frac{x}{x^2+y^2} \qquad (6\text{-}48)$$

令速度势 φ 为常数，即 $\varphi = C_1$，则由式(6-48)得等势线方程

$$\left(x-\frac{M}{4\pi C_1}\right)^2 + y^2 = \left(\frac{M}{4\pi C_1}\right)^2$$

可见等势线是一组与 y 轴在原点相切的圆，其半径为 $\left|\dfrac{M}{4\pi C_1}\right|$，圆心在 $\left(\dfrac{M}{4\pi C_1},0\right)$，如图 6-15 虚线所示.

另外，偶极流的流函数为

$$\psi = \lim_{\substack{a \to 0 \\ 2aQ_{\mathcal{V}} \to M}} -\frac{Q_{\mathcal{V}}}{2\pi} \arctan \frac{2ay}{(x-a)^2 + y^2}$$

即

$$\psi = -\frac{M}{2\pi} \frac{y}{x^2 + y^2} \tag{6-49}$$

同样令流函数 ψ 为常数，即 $\psi = C_2$，则由式(6-49)得流线方程

$$x^2 + \left(y + \frac{M}{4\pi C_2}\right)^2 = \left(\frac{M}{4\pi C_2}\right)^2$$

可见流线是一组与 x 轴在原点相切的圆，其半径为 $\left|\dfrac{M}{4\pi C_2}\right|$，圆心在 $\left(0, \dfrac{M}{4\pi C_2}\right)$，如图 6-15 实线所示. 在 6.6 节可看到，偶极流和平行流叠加可模拟圆柱体外部绕流.

6.5.2　螺旋流

离心式水泵、风机外壳中的流动，以及旋流燃烧器内的流动是点源和点涡叠加的例子，此时，流体连续不断地从中央流入，又从圆周四周切向流出，如图 6-16 所示. 这种流动也称为螺旋流，点源与点涡叠加后流场的速度势为

$$\varphi = \frac{1}{2\pi}(\varGamma\theta + Q_{\mathcal{V}}\ln r) \tag{6-50a}$$

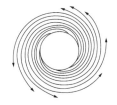

图 6-16　点源和点涡叠加及其应用

令速度势 φ 为常数，则由式(6-50a)得等势线方程

$$r = C_1 \mathrm{e}^{-\frac{\varGamma}{Q_{\mathcal{V}}}\theta} \tag{6-50}$$

式中，C_1 为常数.另外，点源与点涡叠加后流场的流函数为

$$\psi = \frac{1}{2\pi}(Q_{\mathcal{V}}\theta - \varGamma\ln r) \tag{6-51a}$$

令流函数 ψ 为常数，则由式(6-51a)得流线方程

$$r = C_2 \mathrm{e}^{\frac{Q_{\mathcal{V}}}{\varGamma}\theta} \tag{6-51}$$

式中，C_2 为常数. 等势线和流线构成两组相互正交的对数螺旋线簇，即螺旋流，如图 6-17 所示.

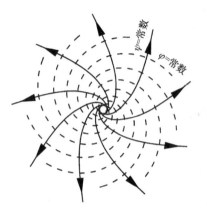

图 6-17　螺旋流

切向速度

$$v_\theta = \frac{1}{r}\frac{\partial \varphi}{\partial \theta} = \frac{\Gamma}{2\pi r}$$

径向速度

$$v_r = \frac{\partial \varphi}{\partial r} = \frac{Q_\mathscr{V}}{2\pi r}$$

合成速度

$$V = \sqrt{v_r^2 + v_\theta^2} = \frac{\sqrt{\Gamma^2 + Q_\mathscr{V}^2}}{2\pi r}$$

代入伯努利方程，得流场中的压强分布

$$p_1 = p_2 - \frac{\rho(\Gamma^2 + Q_\mathscr{V}^2)}{8\pi^2}\left(\frac{1}{r_1^2} - \frac{1}{r_2^2}\right) \tag{6-52}$$

在离心式的喷油嘴、除尘器等设备中，流体连续不断从圆周切向进入，又从中央不断流出，这样的流动可看成是点汇和点涡的叠加，这种流动也称为螺旋流. 此时

速度势为

$$\varphi = \frac{1}{2\pi}(\Gamma\theta - Q_\mathscr{V}\ln r) \tag{6-50b}$$

流函数为

$$\psi = -\frac{1}{2\pi}(Q_\mathscr{V}\theta + \Gamma\ln r) \tag{6-51b}$$

例 6-6　一个强度为 $Q = 0.2\,\mathrm{m}^2/\mathrm{s}$ 的点源和一个强度为 $\Gamma = 1.0\,\mathrm{m}^2/\mathrm{s}$ 的点涡叠加于坐标原点，求速度势和流函数表达式，以及在坐标(1m，0.5m)处的速度.

解　点源的速度势和流函数

$$\varphi = \frac{0.2}{2\pi}\ln r, \quad \psi = \frac{0.2}{2\pi}\theta$$

点涡的速度势和流函数

$$\varphi = \frac{1}{2\pi}\theta, \quad \psi = -\frac{1}{2\pi}\ln r$$

叠加后得到螺旋流，其速度势和流函数

$$\varphi = \frac{1}{2\pi}(0.2\ln r + \theta), \quad \psi = \frac{1}{2\pi}(0.2\theta - \ln r)$$

点(1m，0.5m)处的径向速度和切向速度

$$v_r = \frac{Q_{\mathscr{V}}}{2\pi r} = \frac{0.2}{2\pi\sqrt{1^2 + 0.5^2}} = 0.0285 \ (\text{m/s})$$

$$v_\theta = \frac{\Gamma}{2\pi r} = \frac{1}{2\pi\sqrt{1^2 + 0.5^2}} = 0.142 \ (\text{m/s})$$

6.5.3　兰金半体流

沿 x 轴的平行流叠加一个位于坐标原点的点源，形成兰金(Rankine)半体流，流线如图 6-18 所示.

图 6-18 中，平行流流动方向与 x 轴一致，点源位于坐标原点，强度为 $Q_{\mathscr{V}}$. 在 x 轴 $(-a,\ 0)$ 处，平行流流速与点源流速相互抵消，形成流场中的唯一驻点，流速为零. 通过驻点的流线向右方延伸，形成一个无限长钝头物体.

兰金半体流的流函数

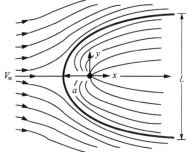

图 6-18　兰金半体流

$$\psi = V_\infty y + \frac{Q_{\mathscr{V}}}{2\pi}\theta = V_\infty r\sin\theta + \frac{Q_{\mathscr{V}}}{2\pi}\theta \qquad (6\text{-}53)$$
$$= V_\infty y + \frac{Q_{\mathscr{V}}}{2\pi}\arctan\frac{y}{x}$$

流速

$$u = \frac{\partial\psi}{\partial y} = V_\infty + \frac{Q_{\mathscr{V}}}{2\pi}\frac{x}{x^2 + y^2}, \quad v = -\frac{\partial\psi}{\partial x} = \frac{Q_{\mathscr{V}}}{2\pi}\frac{y}{x^2 + y^2}$$

在 x 轴上的驻点 $y = 0, x = -\dfrac{Q_{\mathscr{V}}}{2\pi V_\infty} = -a$ 或 $\theta = \pi$，此时

$$\psi = \frac{Q_{\mathscr{V}}}{2}$$

通过驻点的流线代表兰金半体表面，有

$$V_\infty r\sin\theta + \frac{Q_{\mathscr{V}}}{2\pi}\theta = \frac{Q_{\mathscr{V}}}{2}$$

故兰金半体表面方程为

$$r = \frac{Q_{\mathscr{V}}}{2\pi}\frac{\pi - \theta}{V_\infty\sin\theta} \qquad (6\text{-}53\text{a})$$

当 $x \to +\infty$，$\theta \to 0$，可得兰金半体的厚度

$$L = 2r\sin\theta \to \frac{Q_{\mathscr{V}}}{V_\infty} \qquad (6\text{-}53\text{b})$$

例 6-7 某发电厂从海中抽取海水用于冷却，收集海水装置设计成兰金半体形状，海水从进水管吸入，俯视图如图 6-19 所示，水面以下装置总高度 5m，海中水速 0.2m/s，流量 15m³/s，求进水管与左侧壳体的距离 a，以及装置进水宽度 L.

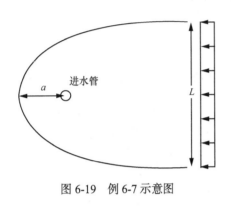

图 6-19 例 6-7 示意图

解 由题意可知，这是一个点汇与一个平行流叠加，与前面所述兰金半体流相似，不同的是流速方向正好相反. 先求点汇的强度

$$Q_{\mathscr{V}} = \frac{15}{5} = 3\text{m}^2/\text{s}$$

进水管与左侧壳体的距离

$$a = \frac{Q_{\mathscr{V}}}{2\pi V_\infty} = 2.39\text{m}$$

装置进水宽度

$$L = \frac{Q_{\mathscr{V}}}{V_\infty} = 15\text{m}$$

6.6 平行流绕圆柱体的流动

任一有实际意义的不可压缩流体的平面势流，都可由几个简单的流场叠加而成. 平行流绕圆柱体的流动就是一个典型的例子，也可利用叠加法来求解. 使用叠加法的原则是必须找到满足流场的边界条件. 例如，对于物体绕流问题，必须满足物面条件. 在物体表面上流体速度与物面相切，对于平面问题，也就是物面与一条流线相重合. 下面分无环流和有环流两种情况进行讨论.

6.6.1 平行流绕圆柱体无环量的流动

平行流绕圆柱体无环量的流动可视为平行流与偶极流的叠加. 叠加后的流函数为

$$\psi = V_\infty y - \frac{M}{2\pi} \frac{y}{x^2 + y^2} = V_\infty y \left(1 - \frac{M}{2\pi V_\infty} \frac{1}{x^2 + y^2}\right) \tag{6-54}$$

当流函数取不同的常数值时，可得如图 6-20 所示的流线图形. 令 $\psi = 0$，得零流线方程

$$\begin{cases} y = 0 \\ x^2 + y^2 = \dfrac{M}{2\pi V_\infty} \end{cases}$$

可见，零流线是一个以坐标原点为圆心，半径为 $r_0 = \sqrt{M/2\pi V_\infty}$ 的圆周和 x 轴所构成的图形. 零流线到 A 点处分成两股，沿上下两个圆周汇合于 B 点，满足物体表面条件，即无流体穿越物体表面，所以用平行流和偶极流的叠加来描述平行流绕圆柱体的流动是合理的. 该偶极流的偶极矩 $M = 2\pi V_\infty r_0^2$. 于是叠加流场的流函数可改写为

$$\psi = V_\infty y\left(1 - \frac{r_0^2}{x^2 + y^2}\right) = V_\infty\left(1 - \frac{r_0^2}{r^2}\right)r\sin\theta \tag{6-55a}$$

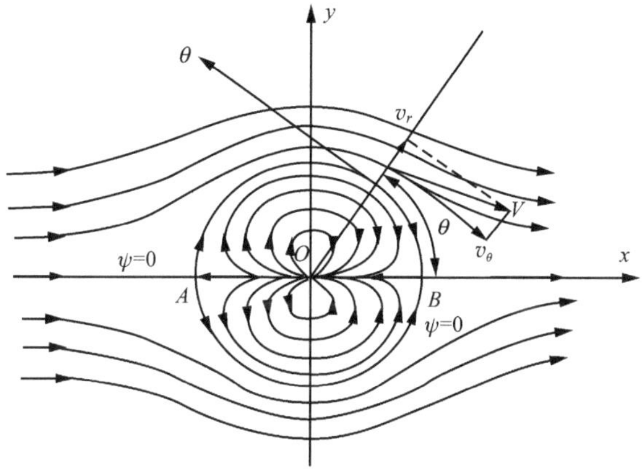

图 6-20　平行流绕圆柱体无环量流动

同样可得叠加流场的速度势为

$$\varphi = V_\infty x + \frac{M}{2\pi}\frac{x}{x^2 + y^2} = V_\infty x\left(1 + \frac{r_0^2}{x^2 + y^2}\right) = V_\infty\left(1 + \frac{r_0^2}{r^2}\right)r\cos\theta \tag{6-55b}$$

以上两式中 $r \geqslant r_0$，否则位于圆柱体内，无实际意义. 流场中任一点的速度分量为

$$u = \frac{\partial\varphi}{\partial x} = V_\infty\left[1 - \frac{r_0^2(x^2 - y^2)}{(x^2 + y^2)^2}\right]$$

$$v = \frac{\partial\varphi}{\partial y} = -2V_\infty r_0^2\frac{xy}{(x^2 + y^2)^2}$$

当 $x \to \infty$，$y \to \infty$ 时，$u = V_\infty$，$v = 0$. 也就是说在距离圆柱体无穷远处是速度为 V_∞ 的平行流. 在图 6-20 中的 A 点 $(-r_0, 0)$ 和 B 点 $(r_0, 0)$ 处，$u = v = 0$，A 为前驻点，B 为后驻点. 在极坐标下的速度分量为

$$v_r = \frac{\partial\varphi}{\partial r} = V_\infty\left(1 - \frac{r_0^2}{r^2}\right)\cos\theta$$

$$v_\theta = \frac{1}{r}\frac{\partial\varphi}{\partial\theta} = -V_\infty\left(1 + \frac{r_0^2}{r^2}\right)\sin\theta$$

沿圆柱体周线的速度环量为

$$\Gamma = \oint v_\theta \mathrm{d}s = -V_\infty r\left(1 + \frac{r_0^2}{r^2}\right)\oint\sin\theta\mathrm{d}\theta = 0$$

因此叠加后的平面流动无速度环量.

在圆柱体表面上，$r = r_0$，$v_r = 0$，$v_\theta = -2V_\infty\sin\theta$. 径向速度为零说明符合物面条件.

切向速度按正弦规律分布,在前、后驻点($\theta=\pi$、$\theta=0$)处为零,在 $\theta=\pi/2$ 处达到最大值 $2V_\infty$,即无穷远处平行流速度的两倍.

在圆柱体表面上,压强分布可由伯努利方程得到

$$p = p_\infty + \frac{1}{2}\rho V_\infty^2(1-4\sin^2\theta) \tag{6-56a}$$

引入量纲一压强系数 C_p,表示流体作用在物体表面任一点的相对压强,其定义式为

$$C_p = \frac{p-p_\infty}{\frac{1}{2}\rho V_\infty^2} \tag{6-56b}$$

合并(6-65a)、(6-56b)两式可得

$$C_p = 1-4\sin^2\theta \tag{6-56}$$

与式(6-56)所对应的量纲一压强系数如图 6-21 实线所示. 圆柱体表面压强的变化规律是,在圆柱体的表面上压强分布是关于坐标轴和原点对称,因此圆柱体所受到流体的作用力在任意方向平衡,合力为零. 下面给出证明.

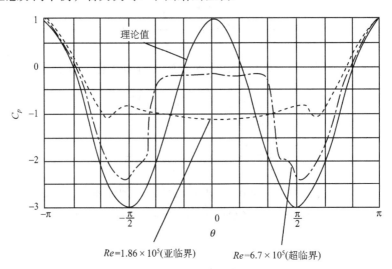

图 6-21 压强系数沿圆柱体表面的分布

如图 6-22 所示,在单位柱长的圆柱面上,作用在微小弧段 $ds = r_0 d\theta$ 上的作用力为 $dF = pr_0 d\theta$,dF 在 x 轴、y 轴的分量为

$$dF_x = -pr_0\cos\theta d\theta, \quad dF_y = -pr_0\sin\theta d\theta$$

将压强分布 p 的表达式代入上两式,沿圆周积分,得 x 轴、y 轴方向的合作用力为

$$F_D = F_x = -\int_0^{2\pi} r_0\left[p_\infty + \frac{1}{2}\rho V_\infty^2(1-4\sin^2\theta)\right]\cos\theta d\theta = 0 \tag{6-57a}$$

$$F_{\mathrm{L}} = F_y = -\int_0^{2\pi} r_0 \left[p_\infty + \frac{1}{2}\rho V_\infty^2 (1 - 4\sin^2\theta) \right] \sin\theta \mathrm{d}\theta = 0 \qquad (6\text{-}57\mathrm{b})$$

所以流体作用于圆柱体的合力为零. 式中, F_{D} 称为阻力, 与来流方向平行; F_{L} 称为升力, 与来流方向垂直. 这一结论表明, 理想流体平行流无环量地绕流圆柱体时, 圆柱体不受到阻力. 然而, 这一结论并不能用实验来验证, 这就是历史上有名的达朗贝尔佯谬, 1752 年由达朗贝尔提出. 实际流体存在黏性, 即使黏性很小, 也会产生不可忽略的阻力. 当时的科学界不能解释这一理论为什么与实际情况不符, 因而理想流体流动理论一直不被信任, 无法应用, 直到 20 世纪初普朗特提出边界层理论, 人们才认识到, 黏性的影响主要集中在贴近固体壁面的边界层区域, 而理想流体流动理论只对边界层以外的势流区有用.

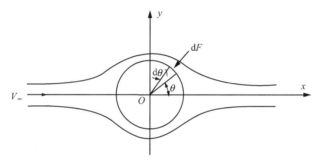

图 6-22　推导理想流体对圆柱体作用力用图

图 6-21 中虚线和点划线表示实际流体的两组实验数据, 超临界雷诺数($Re > 2\times10^5$)下的压强分布曲线比亚临界雷诺数($Re < 2\times10^5$)下的曲线更加接近理论曲线, 说明后者阻力较大, 其原因将在第 8 章讲述黏性流体的边界层流动特性后介绍.

6.6.2　平行流绕圆柱体有环量的流动

平行流绕圆柱体有环量的流动, 是由平行流、偶极流、点涡三种基本势流叠加而成. 假定产生点涡的速度环量是顺时针方向, 即速度环量为 $-\Gamma$ ($\Gamma > 0$), 叠加后流场的流函数和速度势为

$$\psi = V_\infty \left(1 - \frac{r_0^2}{r^2} \right) r\sin\theta + \frac{\Gamma}{2\pi}\ln r \qquad (6\text{-}58\mathrm{a})$$

$$\varphi = V_\infty \left(1 + \frac{r_0^2}{r^2} \right) r\cos\theta - \frac{\Gamma}{2\pi}\theta \qquad (6\text{-}58\mathrm{b})$$

下面讨论这种叠加的合理性. 当 $r = r_0$ 时, $\psi = \Gamma/(2\pi)\ln r_0 = \mathrm{const}$, 则 $r = r_0$ 的圆周是一条流线. 由速度势求得径向速度 $v_r = 0$, 所以满足物面条件. 当 $r \to \infty$ 时, 由速度势求得速度分量 $u = V_\infty, v = 0$. 也就是说在距离圆柱体无穷远处, 保持为原来的平行流. 由于叠加了环流, 在圆柱体上部环流方向与平行流方向相同, 而在下部则相反, 于是在上部形成速度增加的区域, 在下部形成速度降低的区域, 驻点向下移动, 如图 6-23 所示. 为

确定驻点位置，写出流场中任意一点的速度分量

$$\begin{cases} v_r = \dfrac{\partial \varphi}{\partial r} = V_\infty \left(1 - \dfrac{r_0^2}{r^2}\right)\cos\theta \\[3mm] v_\theta = \dfrac{1}{r}\dfrac{\partial \varphi}{\partial \theta} = -V_\infty \left(1 + \dfrac{r_0^2}{r^2}\right)\sin\theta - \dfrac{\Gamma}{2\pi r} \end{cases} \tag{6-59a}$$

由 $r = r_0$，得流体在圆柱体表面的速度分量

$$\begin{cases} v_r = 0 \\[3mm] v_\theta = -2V_\infty \sin\theta - \dfrac{\Gamma}{2\pi r_0} \end{cases} \tag{6-59b}$$

径向速度为零表明流体与圆柱体未发生分离现象. 令圆周切向速度为零，可求出驻点位置

$$\sin\theta = -\dfrac{\Gamma}{4\pi r_0 V_\infty} \tag{6-60}$$

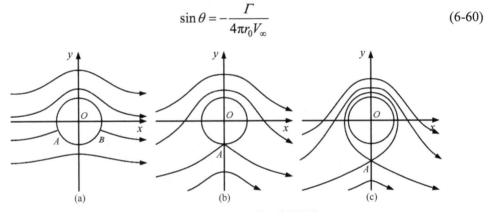

图 6-23　环量大小对流动图形的影响

对式(6-60)按 Γ 的不同取值分三种情况进行讨论.

如果 $\Gamma < 4\pi r_0 V_\infty$，则两个驻点位于圆柱体表面，且左右对称位于第三、四象限内. 随着环量的增加，$|\sin\theta| \to 1$，两个驻点向下移动并逐渐靠近，如图 6-23(a)所示.

如果 $\Gamma = 4\pi r_0 V_\infty$，则 $\sin\theta = -1$，两个驻点重合成一点，位于圆柱体表面最下端，如图 6-23(b)所示.

如果 $\Gamma > 4\pi r_0 V_\infty$，则 $|\sin\theta| > 1$，无解，表明圆柱体表面不存在驻点，实际上驻点已移动到圆柱体表面下方. 利用流场中任意一点的速度分量公式(6-59a)，可得到两个位于 y 轴上的驻点，一个在圆柱体内部，一个在圆柱体外部，前者并不存在，故只有一个圆柱体外的自由驻点，如图 6-23(c)所示.

圆柱体表面的压强分布按势流伯努利方程求得，令 p_∞ 为无穷远处的压强，有

$$p = p_\infty + \frac{1}{2}\rho V_\infty^2 - \frac{1}{2}\rho(v_r^2 + v_\theta^2)$$

代入圆柱体表面的速度表达式(6-59b)，有

$$p = p_\infty + \frac{1}{2}\rho\left[V_\infty^2 - \left(2V_\infty\sin\theta + \frac{\Gamma}{2\pi r_0}\right)^2\right] \tag{6-61}$$

6.6.3 库塔–茹科夫斯基公式

在讨论了平行流绕圆柱体有环量流动中的流速分布与压强分布后，接下来考虑单位长圆柱体所受的阻力和升力（如图 6-22 所示）.

$$
\begin{aligned}
F_D = F_x &= -\int_0^{2\pi} pr_0\cos\theta\,\mathrm{d}\theta = -\int_0^{2\pi}\left\{p_\infty + \frac{1}{2}\rho\left[V_\infty^2 - \left(2V_\infty\sin\theta + \frac{\Gamma}{2\pi r_0}\right)^2\right]\right\}r_0\cos\theta\,\mathrm{d}\theta \\
&= -r_0\left(p_\infty + \frac{1}{2}\rho V_\infty^2 - \frac{\rho\Gamma^2}{8\pi^2 r_0^2}\right)\int_0^{2\pi}\cos\theta\,\mathrm{d}\theta + \frac{\rho V_\infty\Gamma}{\pi}\int_0^{2\pi}\sin\theta\cos\theta\,\mathrm{d}\theta \\
&\quad + 2r_0\rho V_\infty^2\int_0^{2\pi}\sin^2\theta\cos\theta\,\mathrm{d}\theta = 0
\end{aligned} \tag{6-62}
$$

式(6-62)说明，当理想流体的均匀流绕流圆柱体时，即使存在环量，流体作用于圆柱体的力在来流方向的分量也等于零.

$$
\begin{aligned}
F_L = F_y &= -\int_0^{2\pi} pr_0\sin\theta\,\mathrm{d}\theta = -\int_0^{2\pi}\left\{p_\infty + \frac{1}{2}\rho\left[V_\infty^2 - \left(2V_\infty\sin\theta + \frac{\Gamma}{2\pi r_0}\right)^2\right]\right\}r_0\sin\theta\,\mathrm{d}\theta \\
&= -r_0\left(p_\infty + \frac{1}{2}\rho V_\infty^2 - \frac{\rho\Gamma^2}{8\pi^2 r_0^2}\right)\int_0^{2\pi}\sin\theta\,\mathrm{d}\theta + \frac{\rho V_\infty\Gamma}{\pi}\int_0^{2\pi}\sin^2\theta\,\mathrm{d}\theta + 2r_0\rho V_\infty^2\int_0^{2\pi}\sin^3\theta\,\mathrm{d}\theta \\
&= \frac{\rho V_\infty\Gamma}{\pi}\left(-\frac{1}{2}\cos\theta\sin\theta + \frac{\theta}{2}\right)\Big|_0^{2\pi} = \rho V_\infty\Gamma
\end{aligned} \tag{6-63}
$$

式(6-63)称为库塔–茹科夫斯基(Kutta-Joukowsky)升力公式，由库塔和茹科夫斯基分别于 1902 年和 1906 年独立提出. 由此可见，理想流体平行流绕圆柱体有环量流动时，阻力仍为零，升力不为零，升力大小等于流体密度、平行流速度和速度环量三者的乘积. 升力方向由来流速度矢量 V_∞ 逆环流方向 Γ 旋转 90°确定，如图(6-24)所示，如 $\Gamma > 0$，则在环流平面内，从来流速度矢量 V_∞ 开始，顺时针转动 90°得升力方向；如 $\Gamma < 0$，则在环流平面内，从来流速度矢量 V_∞ 开始，逆时针转动 90°得升力方向. 写成矢量公式可表示成

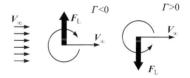

图 6-24　确定升力方向的示意图

$$F_L = \rho V_\infty \times \Gamma \tag{6-64}$$

升力公式可用来解释很多有趣而重要的物理现象，例如，在空气中风筝和飞机机翼受到向上的升力，帆船上的帆受到侧向升力可以使帆船逆风行驶，乒乓球运动员打出的弧圈球，足球运动员踢出的香蕉球等. 在与热能工程有关的许多热力设备中，如涡轮机、

风机、压气机、水轮机等流体机械叶栅的工作原理也会用到库塔-茹科夫斯基公式.

例 6-8　船在静水中以 $u = 1.11\text{m/s}$ 的速度前进,风速为 $V = 8.33\text{m/s}$,方向如图 6-25 所示.船上装有两个直径 $d = 2\text{m}$,高 $L = 15\text{m}$ 的圆柱体,以 $\omega = 750\text{r/min}$ 作逆时针转动.空气密度为 $\rho = 1.209\text{kg/m}^3$,求船在 x 方向所受到的推进力 F.

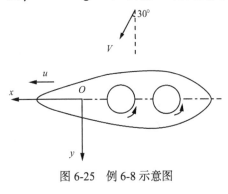

图 6-25　例 6-8 示意图

解　把坐标系固定在船上,则船受到的风速在 x 方向的分量为

$$V_x = 8.33\sin 30° - 1.11 = 3.06(\text{m/s})$$

在 y 方向的分量为

$$V_y = 8.33\cos 30° = 7.21(\text{m/s})$$

风速在 y 方向的分量影响升力的大小.由于圆柱体以一定速度旋转,带动了圆柱体表面上的空气一道旋转,因此在圆柱体表面产生了速度环量.

$$\Gamma = 2\pi \frac{\omega}{60} \frac{d}{2} \cdot \pi d = 493\text{m}^2/\text{s}$$

两个圆柱体在 x 方向受到的总升力

$$F_x = 2L\rho V_y \Gamma = 129\text{kN}$$

两个圆柱体受到气流在 x 方向的总升力也就是船受到的推进力.

1852 年,马格努斯(Magnus)在实验中发现了侧向的升力,它使圆柱产生横向运动,这个现象后来被称为马格努斯效应.例 6-8 是利用库塔-茹科夫斯基公式计算马格努斯效应所得的一个理论值.马格努斯曾设想在船舶上安装垂直且旋转的圆柱体,利用侧风产生的升力推动船舶前进.但实验得到的升力远小于理论上的升力,这是因为实际的空气绕流不能保持理论上的无旋流动状态,另外,空气绕流圆柱体时还会产生摩擦和边界层分离.

马格努斯效应是应用库塔-茹科夫斯基升力公式的一个典型例子,库塔-茹科夫斯基升力公式最成功的应用实例是用于解释飞机机翼的升力效应.飞机飞行要靠机翼提供升力,许多叶轮式流体机械的叶片绕流也和机翼相似.因此,一般机翼(或叶片)具有圆头尖尾的流线型,且呈轴对称或向上弯曲.机翼截面外形称为翼型,翼型的周线为型线.此外,将翼型内切圆的圆心连线称为中弧线,中弧线与型线的前后交点为前缘点和后缘点,连接两交点的直线为翼弦,如图 6-26 所示.

有了翼型的概念就可以了解机翼的升力是如何产生的.机翼的翼型平移时翼弦与气流方向有一攻角 α.机翼刚起动时,绕翼型流动是无环量流动,后驻点位于翼型上表面 B,如图 6-27(a)所示.下部流体绕过尖锐后缘点 A,形成逆时针方向的尾部涡量.随着流体向下游流动,带动旋涡从翼型尾部脱落,这个旋涡称为启动涡.

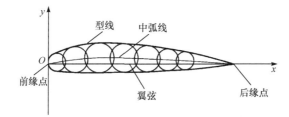

图 6-26　机翼(或叶片)的翼型

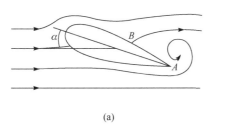
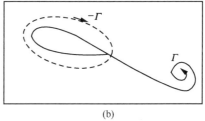

(a)　　　　　　　　　　　　(b)

图 6-27　启动涡和环量的产生

在机翼外围作一封闭周线，如图 6-27(b)所示. 由于启动前沿此封闭周线的速度环量为零，而启动初期形成逆时针方向的启动涡，由汤姆孙定理，封闭周线环量守恒，必定在围绕翼型的表面产生一个顺时针方向且大小与启动涡相同的环量，称为附着涡，使封闭周线总环量为零. 在附着涡作用下，后驻点向尾缘移动，如环量大小不足以使后驻点到达后缘点，后缘点仍会有涡脱落，从而增强附着涡，直到后驻点移到后缘点为止. 此时翼型上下流体在后缘点平滑连接，后缘点流速为有限值，从而满足库塔光滑流动条件. 这个顺时针的附着涡的环量大小取决于翼型的形状及攻角. 附着涡使翼型上部区域速度增加，压强减小，而使下部区域速度减小，压强增加，翼型上下的压强差对机翼产生了升力. 该升力的大小和方向与库塔-茹科夫斯基公式一致，故升力用库塔-茹科夫斯基公式计算.

6.6.4　叶栅的库塔-茹科夫斯基公式

叶栅是汽轮机等流体机械的一个重要部件，叶栅实际上就是多个翼型相同的叶片在同一旋转面上等间距排列而成的叶片阵列(图 6-28). 当叶栅的平均直径 D(叶片中部的直径)与叶片高度 h 之比足够大($D/h>10$)时，可近似地将叶片视为排列在一个平面上，称为平面叶栅. 此时，连接各翼型前缘点(或后缘点)的线称为额线，如图 6-29 所示.

为了分析不可压缩无黏流体绕流叶栅作定常平面无旋流动时给叶栅中任一翼型的作用力，在平面叶栅中选取一控制面，如图 6-29 中点划线 $ABCDA$ 所示，由两条平行于叶栅额线且长度等于栅距 l 的线段 AB、CD 和两条等间距流经叶栅的流线 BC、AD 组成. 两条平行于额线的线段远离叶栅，故线段上的速度和压强都分别为均一的常数. 设 AB 线段上的速度为气流的入口速度 V_1，与额线间的夹角为入口角 β_1，在 CD 线段上的速度为气流的出口速度 V_2，与额线间的夹角为出口角 β_2，两条等间距流经叶栅的流线 AD 和 BC 处处相距一个栅距 l. 由于叶栅中围绕每一个翼型的流动都相同，两条流线在叶栅中的相对位置也相同，故两条流线上的压强分布完全一致，所以作用在 AD 和 BC 上的压强合力

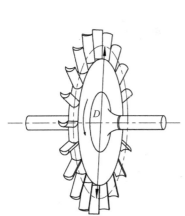

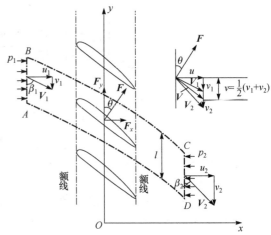

图 6-28 汽轮机的环列叶栅   图 6-29 作用在平面叶栅翼型上的合力分解图

刚好大小相等，方向相反，互相平衡. 设控制面内流体作用于翼型(单位高度的叶片)的合力为 F，可分解成轴向作用力 F_x 和切向(周向)作用力 F_y，则作用在控制面内流体上的表面力 F_S 由两部分组成：一为翼型对流体的反作用力 $-F_x$ 和 $-F_y$，二为控制面以外流体对控制面以内流体的作用力 $(p_1 - p_2)l$. 所以 F_S 的轴向分量

$$F_{Sx} = -F_x + (p_1 - p_2)l \tag{6-65}$$

F_S 的切向分量

$$F_{Sy} = -F_y \tag{6-66}$$

每秒流进(或流出)控制面的流体质量

$$Q_m = \rho u_1 l = \rho u_2 l$$

得

$$u_1 = u_2 = u$$

根据动量定理，得

$$F_{Sx} = -F_x + (p_1 - p_2)l = \rho u l(u_2 - u_1) = 0$$

$$F_{Sy} = -F_y = \rho u l(v_2 - v_1)$$

即

$$F_x = (p_1 - p_2)l \tag{6-67}$$

$$F_y = \rho u l(v_1 - v_2) \tag{6-67a}$$

由于沿流线 BC 和 DA 的速度线积分大小相等，方向相反，互相抵消，故绕封闭周线 $ABCDA$ 的速度环量 Γ 为

$$\Gamma = \Gamma_{ABCDA} = \Gamma_{AB} + \Gamma_{BC} + \Gamma_{CD} + \Gamma_{DA} = \Gamma_{CD} + \Gamma_{AB} = l(v_2 - v_1) \tag{6-68}$$

根据不可压缩无黏流体的伯努利方程，且略去质量力的影响，得

$$p_1 - p_2 = \frac{\rho}{2}(V_2^2 - V_1^2) = \frac{\rho}{2}(v_2^2 - v_1^2) = \rho(v_2 - v_1)v \tag{6-69}$$

式中

$$v = \frac{1}{2}(v_1 + v_2)$$

将式(6-68)代入式(6-69)得

$$p_1 - p_2 = \frac{\rho v \Gamma}{l} \tag{6-70}$$

将式(6-70)代入式(6-67)，得

$$F_x = \rho v \Gamma \tag{6-71}$$

将式(6-68)代入式(6-67a)，得

$$F_y = -\rho u \Gamma \tag{6-71a}$$

故

$$F = \sqrt{F_x^2 + F_y^2} = \rho \Gamma \sqrt{u^2 + v^2} = \rho V \Gamma \tag{6-72}$$

式(6-72)是叶栅的库塔-茹科夫斯基公式. 表示不可压缩无黏流体绕叶栅作定常无旋流动时，流体作用在翼型上合力的大小等于流体密度 ρ、合成速度 V 和速度环量 Γ 的乘积，合力 F 的方向为合成速度 V 沿反速度环流方向旋转 90°，如图 6-29 所示.

习　题　六

6-1　已知平面速度场为 $u = -\dfrac{y}{k}$，　$v = \dfrac{x}{k}$，k 为大于零的常数. 求沿周线 $x^2 + y^2 = r^2$ 的速度环量.

6-2　已知速度场为 $V = (x^2 y, -xy^2, 0)$，试用斯托克斯法求沿圆周 $x^2 + y^2 = 1$ 的速度环量.

6-3　已知速度场为 $V = (3y, 2x, -6)$，试求沿椭圆 $4x^2 + 9y^2 = 36$ 的速度环量.

6-4　已知速度场为 $V = (2, 3, 0)$，求速度势 φ 和流函数 ψ.

6-5　已知速度势为 $\varphi = xy$，求速度分量和流函数，画出 $\varphi = 1, 2, 3$ 的等势线，证明等势线和流线相互正交.

6-6　已知不可压缩流体平面流动的速度势为 $\varphi = x^2 - y^2 + x$，求流函数 ψ.

6-7　已知不可压缩流体平面流动的流函数为 $\psi = xy + 2x - 3y + 10$，求速度势 φ.

6-8　已知不可压缩流体平面流动的流函数为 $\psi = 3y + x^2 - y^2$，求速度势 φ，并求出点(0,4)和点(3,5)之间的压强差(流体密度为 ρ，且为常数).

6-9　判断下列流函数的流动是否为有势流动，若有势，写出势函数.

(1) $\psi = kxy$；　(2) $\psi = x^2 - y^2$；　(3) $\psi = k\ln(xy^2)$.

6-10 两个强度 $Q = 4\pi$ 的点源分别位于点(1,0)和(–1,0)，求在点(0,0)、(0,1)、(0,–1)和(1,1) 处的速度.

6-11 将龙卷风视为一点涡，已知距涡心 30m 处的压降 $\Delta p_1 = 192\text{Pa}$，求该点旋风的线速度 V_1. 若该处外围有一点测得压降为 $\Delta p_2 = 48\text{Pa}$，试求两点间的线速度之差.

6-12 速度为 $V=1.0\text{m/s}$ 的均匀流和一强度为 $Q = 1\text{m}^2/\text{s}$ 的点源叠加，其组合流场等价于一钝头半无限长物体的绕流. 取源点为极坐标原点，并使长度坐标与 V 同方向，写出此半体的表面方程(参数为 r、θ).

6-13 直径为 $D = 1.2\text{m}$、长度为 $L=50\text{m}$ 的圆柱体在来流速度为 $V =80\text{km/h}$ 的空气流中转动，已知转速为 $n = 90\text{r/min}$，空气密度为 $\rho = 1.205\text{kg/m}^3$，求速度环量、驻点位置和升力.

6-14 直径为 $D = 2\text{m}$ 的圆柱体在来流速度为 $V = 20\text{m/s}$ 的气流中转动，已知转速为 $n = 18000\text{r/min}$，气体密度为 $\rho = 1.2\text{kg/m}^3$，求每米长圆柱体所受的升力和阻力.

6-15 速度为 V_∞ 均匀流垂直绕流半径为 r_0 的圆柱体，在圆柱截面中心建立坐标，使 x 轴与来流速度 V_∞ 同方向，求第一象限 1/4 圆柱体单位长度上所受的合力 F_x、F_y(设无穷远处的压强为 p_∞).

6-16 一沿 x 轴正方向的均匀流 $V = 10\text{m/s}$，与一位于坐标原点的点涡叠加. 已知驻点位于点(0,–5)，试求：(1) 点涡的强度 Γ；(2) 点(0,5)处的流速；(3) 通过驻点的流线方程.

6-17 一平面势流由点源和点汇叠加，点源位于(–1,0)，强度 $Q_1 = 20\text{m}^2/\text{s}$，点汇位于(2,0)，强度 $Q_1 = 40\text{m}^2/\text{s}$，流体密度 $\rho = 1.8\text{kg/m}^3$. 已知流场中点(0,0)处压强为 0,试求点(0,1)和(1,1)处的流速、压强.

6-18 兰金半体其点源位于坐标原点，$V_\infty = 8\text{m/s}$，与 x 轴同向，半体与 y 轴交于(0，3)，求：(1) 点源强度 Q_y；(2) 驻点位置.

6-19 均匀流水流绕流圆柱体，流速 $V_\infty = 5\text{m/s}$，$p_\infty = 100\text{kPa}$，圆柱体直径 1m，在圆柱体中心叠加一个纯环量，使驻点位于圆柱表面 45°和 135°处. 求：(1) 环量的大小；(2) 驻点的压强；(3) 90°处的速度和压强；(4) 每米长圆柱体的升力.

第 7 章

不可压缩黏性流体的内部流动

流体被固体壁面包围,在管道或渠道中的流动称为内部流动,简称内流. 不可压缩黏性流体的内部流动是工程中最广泛的一种流动. 与第 4、6 章讨论的不可压缩理想流体(或无黏流体)的流动相比,不可压缩黏性流体的内部流动由于黏性的影响,使相对运动着的流层之间出现切向应力,形成阻力. 要克服阻力,维持黏性流体的流动,就要消耗机械功,故不可压缩黏性流体流动时的机械能将逐渐减少;另外,对黏性流体,根据其流动时雷诺数的不同,将分为层流和湍流两种流动形态,这两种流动有着不同的流动规律和阻力特性. 因此,出现流动阻力和形成层流、湍流两种形态,是不可压缩黏性流体的内部流动呈现的两大新特点. 本章将围绕不可压缩黏性流体内部流动形成的这两大特点展开讨论.

7.1 流 动 阻 力

当不可压缩黏性流体作内部流动时,由于黏性的影响,紧贴固体壁面的流体质点将黏附在固体壁面上,它们与固体壁面的相对速度为零,而轴线附近的流体则仍以较大的流速 V 流动. 假定固体壁面静止不动,则存在一个流速由零到 V 的变化区域,这样,在相对运动着的流层之间就出现切向阻力,要克服阻力,维持黏性流体的流动,就要消耗机械能,因此,由理想流体伯努利方程反映的流动中总机械能守恒的规律不再成立.

7.1.1 不可压缩黏性流体总流的伯努利方程

为了对理想流体的伯努利方程进行修正,可重温一下 6.1 节对其下的定义:不可压缩理想流体在重力作用下作定常流动,若流动是有旋的,则沿同一条流线总机械能守恒,若流动是无旋的,则在整个流场中各点的总机械能守恒. 为同时考虑有旋和无旋两种流动,我们对不可压缩理想流体沿同一流线(或同一微元流束)上、下游①、②两点应用伯努利方程,则对单位质量的不可压缩理想流体有

$$\frac{V_1^2}{2} + gz_1 + \frac{p_1}{\rho} = \frac{V_2^2}{2} + gz_2 + \frac{p_2}{\rho} \tag{7-1}$$

而对单位重量的不可压缩理想流体,则可写出

$$\frac{V_1^2}{2g} + z_1 + \frac{p_1}{\rho g} = \frac{V_2^2}{2g} + z_2 + \frac{p_2}{\rho g} \tag{7-2}$$

对于黏性流体，由于克服黏性阻力要消耗机械能，使得下游的机械能要小于上游的机械能，故有

$$\frac{V_1^2}{2g} + z_1 + \frac{p_1}{\rho g} > \frac{V_2^2}{2g} + z_2 + \frac{p_2}{\rho g} \tag{7-3}$$

式(7-3)也可写成

$$\frac{V_1^2}{2g} + z_1 + \frac{p_1}{\rho g} = \frac{V_2^2}{2g} + z_2 + \frac{p_2}{\rho g} + h_{wl} \tag{7-4}$$

式中，h_{wl} 表示单位重量流体沿一根流线从上游①点流至下游②点所消耗的机械能，它的单位为 J/N. 式(7-4)称为黏性流体沿流线(或微元流束)的伯努利方程.

对不可压缩黏性流体的内部流动，即在管道或渠道中的流动，是有效截面为有限的流动，称为总流. 因此，总流是由无数微元流束(或流线)组成的有效截面为有限的流束. 由于在管道(或渠道)中存在弯管、阀门等阻力件，使得总流流动不再是微元流束流动的简单组合. 故要对总流流动应用伯努利方程，需要注意以下两点.

(1) 不能在弯管、阀门等流动发生急剧变化的急变流处建立伯努利方程，而只能将伯努利方程建在缓变流处. 缓变流必然是流线间夹角很小、流线的曲率半径很大的流动，否则，就是急变流，如图 7-1 所示.

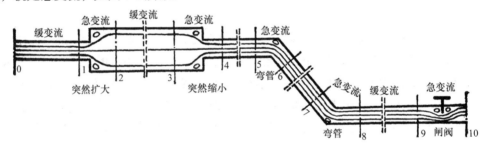

图 7-1　缓变流和急变流

(2) 由于总流各截面上流速不一致，可用平均流速 $\overline{V}$，但需乘上总流的动能修正系数 α，可以证明

$$\alpha = \frac{1}{A} \int_A \left(\frac{V}{\overline{V}}\right)^3 dA \tag{7-5}$$

式中，A 为总流的有效截面面积. 在工业管道中，$\alpha = 1.01 \sim 1.10$，且湍流流动的 α 比层流流动的 α 更接近于 1，故在本书后面的应用中，都近似地取 $\alpha = 1$.

这样，我们可写出在总流两缓变流截面处单位重量流体的伯努利方程

$$\alpha_1 \frac{\overline{V}_1^2}{2g} + z_1 + \frac{p_1}{\rho g} = \alpha_2 \frac{\overline{V}_2^2}{2g} + z_2 + \frac{p_2}{\rho g} + h_w \tag{7-6}$$

式中，α_1，α_2 均为动能修正系数，在工程应用中可近似地将它们取作 1；$\overline{V}$ 为平均流速，为简便计，后面用 V 取代. h_w 为流体流经两缓变流截面时，单位重量流体平均损失的能量，即由流动阻力引起的能量损失，表达为

$$h_w = \frac{1}{Q_{\mathscr{V}}} \int_{Q_{\mathscr{V}}} h_{wl} \mathrm{d}Q_{\mathscr{V}} \tag{7-7}$$

式(7-6)就是单位重量不可压缩黏性流体总流的伯努利方程. 它适用于重力作用下不可压缩黏性流体定常流动的总流的两任意缓变流截面，不必考虑在这两个缓变流截面之间有无急变流存在，由式(7-6)可知，为了克服黏性阻力，总流的总机械能也是逐渐减小的，即实际的总水头线也是逐渐降低的，图 7-2 形象地表明了这一点.

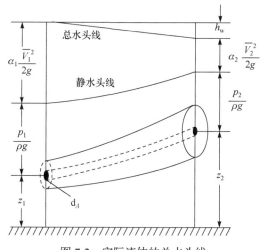

图 7-2   实际流体的总水头线

7.1.2   流动阻力损失

从上面的分析可知，不可压缩黏性流体的内部流动与理想流体流动的最大区别就是存在流动阻力，流动阻力的存在使流体流动中出现能量损失，总机械能不再守恒. 我们把不可压缩黏性流体作内部流动时，由流动阻力引起的能量损失 h_w 称为流动阻力损失，简称阻力损失，它由沿缓变流流动的总沿程阻力损失 $\sum h_f$ 和在急变流处产生的总局部阻力损失 $\sum h_j$ 两部分组成，即

$$h_w = \sum h_f + \sum h_j \tag{7-8}$$

下面分别对沿程阻力损失 h_f 和局部阻力损失 h_j 作简单的说明.

1. 沿程阻力损失

沿程阻力损失简称沿程阻力，或沿程损失. 是发生在缓变流流程中的能量损失，由流体黏性力造成. 单位重量流体的沿程阻力损失可用达西(Darcy)公式表示

$$h_f = \lambda \frac{l}{d} \frac{V^2}{2g} \tag{7-9}$$

式中，l 为管道长度；d 为管道内径(对非圆形管道，用当量直径)；$\dfrac{V^2}{2g}$ 为流体的动压头(速度水头)；λ 为沿程阻力系数，是一个量纲一量，主要与流体流动的 Re、管壁粗糙度以及由 Re 决定的流动状态——层流或湍流有关．由式(7-9)可知，h_f 与 l 成正比，故流经管道越长，能量损失越大，这是沿程阻力的特征．

2. 局部阻力损失

局部阻力损失简称局部阻力或局部损失，是发生在流动状态急剧变化的急变流中的能量损失．它主要由在弯头、闸门等管件处流体质点的碰撞、漩涡等造成．单位重量流体的局部阻力损失表示为

$$h_j = \zeta \frac{V^2}{2g} \tag{7-10}$$

式中，ζ 为局部阻力系数，是一个量纲一量，由实验确定．

例 7-1　用图 7-3 所示的水泵将水池中的水提升至水箱．水泵安装高度 $h_s = 3\text{m}$，水箱液面和水池液面高度差 $z_0 = 12\text{m}$．进水管的管径 $d_1 = 0.2\text{m}$，长度 $l_1 = 4\text{m}$，沿程阻力系数 $\lambda_1 = 0.024$，总的局部阻力系数 $\zeta_1 = 6$；出水管的管径 $d_2 = 0.15\text{m}$，管长 $l_2 = 30\text{m}$，沿程阻力系数 $\lambda_2 = 0.028$，总的局部阻力系数 $\zeta_2 = 8.5$．测得水泵出口的相对压强 $p_2 - p_a = 1.2 \times 10^5 \text{Pa}$．试计算水泵输水量 Q，水泵扬程 H 和水泵有效功率 P．

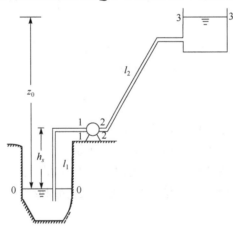

图 7-3　例 7-1 示意图

解　对水泵出口截面 2-2 和水箱液面 3-3 应用伯努利方程，有

$$h_s + \frac{p_2}{\rho g} + \frac{V_2^2}{2g} = z_0 + \frac{p_a}{\rho g} + \left(\lambda_2 \frac{l_2}{d_2} + \zeta_2 \right) \frac{V_2^2}{2g} \tag{7-6a}$$

整理，得

$$\left(\lambda_2 \frac{l_2}{d_2} + \zeta_2 - 1 \right) \frac{V_2^2}{2g} = \frac{p_2 - p_a}{\rho g} + h_s - z_0$$

代入已知数据，得

$$V_2 = 2.205\text{m/s} ， \quad Q_{\mathscr{V}} = V_2 A_2 = 0.03976\text{m}^3/\text{s}$$

在水池液面 0-0 和水泵进水口截面 1-1 间应用伯努利方程，得

$$\frac{p_{\text{a}}}{\rho g} = \frac{p_1}{\rho g} + h_s + \left(\lambda_1 \frac{l_1}{d_1} + \zeta_1 + 1 \right) \frac{V_1^2}{2g} \tag{7-6b}$$

由此得水泵进水口的真空

$$\frac{p_{\text{a}} - p_1}{\rho g} = h_s + \left(\lambda_1 \frac{l_1}{d_1} + \zeta_1 + 1 \right) \frac{V_1^2}{2g}$$

因为

$$V_1 = \frac{Q_{\mathscr{V}}}{A_1} = 1.265\text{m/s}$$

在上式中代入已知其他数据得

$$\frac{p_{\text{a}} - p_1}{\rho g} = 3.611\text{m}$$

因为水泵的扬程 H 等于水泵出水口和进水口的压强水头的差，即

$$H = \frac{p_2 - p_1}{\rho g} = \frac{p_2 - p_{\text{a}}}{\rho g} + \frac{p_{\text{a}} - p_1}{\rho g} = 6.861\text{m}$$

所以水泵的有效功率为

$$P = \rho g Q_{\mathscr{V}} H = 2673\text{W}$$

另外，由式(7-6a)、式(7-6b)可得

$$H = \frac{p_2 - p_1}{\rho g} = z_0 + \frac{V_1^2 - V_2^2}{2g} + \left(\lambda_1 \frac{l_1}{d_1} + \zeta_1 \right) \frac{V_1^2}{2g} + \left(\lambda_2 \frac{l_2}{d_2} + \zeta_2 \right) \frac{V_2^2}{2g}$$

　　可见水泵扬程等于抽水高程(即两液面的位置水头之差)和两管内的速度水头之差,加上总的水头损失之和,所以水泵在此主要用于提高水的位势能和动能以及克服阻力做功.

7.2　圆管内层流

　　不可压缩黏性流体在圆管内流动时，当 $Re < 2000$ 时，就出现圆管内的层流流动. 由 Re 的表达式可知，此时管径 d 较小，平均流速 V 较小，而运动黏度 ν 较大. 因此，在液压控制、石油运输、地下水渗流、血管内血液的流动等 Re 较小的应用场合，都会遇到圆管内层流的问题. 下面通过对圆管内流体单元的受力分析来建立圆管内层流流动的微分方程.

7.2.1　圆管内层流流动的微分方程

　　如图 7-4 所示，在半径为 R 的水平圆管轴线处，取一半径为 r，长度为 l 的圆柱体微元，圆柱两端面上的压强为 p_1 和 $p_2 = p_1 - \Delta p$，侧面上的切应力为 τ，方向如图.

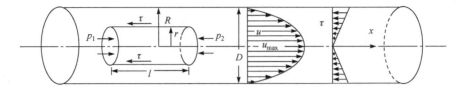

图 7-4　圆管内层流

现假定圆管内为定常流动，且管内流速仅沿 r 方向有变化，沿 x 方向无变化，这种流动称为充分发展的定常管内流动. 对充分发展的定常管内流动，沿 x 方向圆柱体所受净力为零，即

$$p_1 \pi r^2 - (p_1 - \Delta p)\pi r^2 - \tau 2\pi r l = 0 \tag{7-11a}$$

化简式(7-11a)并将牛顿内摩擦定律 $\tau = -\mu \dfrac{\mathrm{d}u}{\mathrm{d}r}$ (取负号是因 $\tau > 0$, $\dfrac{\mathrm{d}u}{\mathrm{d}r} < 0$)代入得

$$\Delta p \pi r^2 + \mu \frac{\mathrm{d}u}{\mathrm{d}r} 2\pi r l = 0 \tag{7-11b}$$

经整理得

$$\frac{\mathrm{d}u}{\mathrm{d}r} = -\frac{\Delta p}{2\mu l} r \tag{7-11}$$

式(7-11)就是圆管内层流流动的常微分方程，负号表示 $\dfrac{\mathrm{d}u}{\mathrm{d}r} < 0$，轴线处流速最大.

7.2.2　圆管内层流流动的速度分布和流量表达式

将式(7-11)对 r 积分，得

$$u = -\frac{\Delta p}{4\mu l} r^2 + C \tag{7-12a}$$

在管壁处 $r = R$, $u = 0$，得 $C = \dfrac{\Delta p}{4\mu l} R^2$，代入式(7-12a)得

$$u = \frac{\Delta p}{4\mu l}(R^2 - r^2) \tag{7-12}$$

式(7-12)即为圆管内层流流动的速度分布表达式，它说明不可压缩黏性流体在圆管内作层流流动时，流速在圆管的有效截面上呈旋转抛物面分布，如图 7-4 中的速度剖面所示. 在轴线 $r = 0$ 处，取得最大流速

$$u_{\max} = \frac{\Delta p}{4\mu l} R^2 = \frac{\Delta p d^2}{16\mu l} \tag{7-13}$$

式中，d 为圆管内径. 将速度分布表达式(7-12)沿圆管的有效截面积分，可得计算圆管体积流量的表达式

$$Q_{\mathcal{V}} = \int_A u \mathrm{d}A = \int_0^R \frac{\Delta p}{4\mu l}(R^2 - r^2) 2\pi r \mathrm{d}r = \frac{\pi \Delta p R^4}{8\mu l}$$

或

$$Q_V = \frac{\pi \Delta p d^4}{128 \mu l} \tag{7-14}$$

式(7-14)称为哈根-泊肃叶(Hagen-Poiseuille)公式,分别由哈根和泊肃叶根据各自的实验数据于 1839 年和 1840 年独立提出. 根据哈根-泊肃叶公式,可通过测量不可压缩黏性流体层流流过一段等直径管道的压降 Δp 和流量 Q_V,求得流体的动力黏度 μ. 由此发展了测量流体动力黏度的管流法.

由式(7-14)求管内平均流速

$$V = \frac{Q_V}{A} = \frac{\pi \Delta p d^4}{128 \mu l} \frac{4}{\pi d^2} = \frac{\Delta p d^2}{32 \mu l} = \frac{u_{max}}{2} \tag{7-15}$$

可见,对圆管层流而言,若能测得轴线处的最大流速,就可求得管内平均流速,进而计算出流体流量.

7.2.3　圆管内层流流动的沿程阻力公式

根据牛顿内摩擦定律 $\tau = -\mu \dfrac{du}{dr}$,对不可压缩黏性流体的圆管内层流流动,其速度分布为 $u = \dfrac{\Delta p}{4\mu l}(R^2 - r^2)$,由此可求得不可压缩黏性流体作圆管内层流流动时的切应力

$$\tau = \frac{\Delta p}{2l} r \tag{7-16}$$

式(7-16)显示切应力 τ 与半径 r 呈线性分布,如图 7-4 所示,呈 K 形,在轴线($r = 0$)处 $\tau = 0$,在管壁($r = R$)处,$\tau_w = \dfrac{\Delta p}{2l} R$,为最大.

根据哈根-泊肃叶公式还能求得不可压缩黏性流体作圆管内层流流动时,克服黏性阻力,所产生的压降损失 Δp

$$\Delta p = \frac{128 \mu l Q_V}{\pi d^4} \tag{7-17}$$

而单位重量流体的沿程阻力损失则为

$$h_f = \frac{\Delta p}{\rho g} = \frac{128 \mu l \frac{\pi}{4} d^2 V}{\rho g \pi d^4} = \frac{32 \mu l V}{\rho g d^2} = \frac{64 \mu l V^2}{\rho V d d 2g} = \frac{64}{Re} \frac{l}{d} \frac{V^2}{2g} \tag{7-18}$$

与达西公式(7-9)对比,对圆管内层流,得沿程阻力系数

$$\lambda = \frac{64}{Re} \tag{7-19}$$

可见,不可压缩黏性流体管内层流流动的沿程阻力损失与平均流速的一次方成正比,沿程阻力系数 λ 仅与 Re 有关,而与管道壁面粗糙度无关,这已为实验所证实.

7.2.4　入口段与充分发展的管内流动

以上分析是建立在流动为充分发展的管内层流流动的基础上的. 此时, 管内任一处有效截面上的流体的速度剖面都相等, 且服从抛物面分布, 速度 u 仅随径向坐标 r 变化, 而不随轴向坐标 x 变化. 这样的速度分布并不是流体一进入圆管就能实现的, 而要经过一段所谓的入口段(或起始段)以后, 管内流动才进入充分发展的管内流动.

如图 7-5(a)所示, 假定不可压缩黏性流体从一个大容器中经圆弧形入口进入圆管, 在入口处的横截面上, 流速接近一致. 进入圆管后, 紧贴壁面的黏性流体受到壁面的阻滞, 速度为零, 而轴线处的主流还是以与入口流速基本接近的速度流动, 这样就形成一个流速从零变到主流流速的速度增长层. 这一速度增长层称为边界层(有关边界层的特点在第 8 章详细讨论). 可以看到, 随着流体进入管内距离的增加, 边界层逐渐加厚, 而轴线附近均一流速的主流区范围逐渐减小, 当流体进入圆管一定距离后, 边界层增厚至轴线处相交, 使得其后的速度剖面处处相等, 即流动进入充分发展的管内层流流动, 速度分布服从抛物线分布. 从入口处到边界层交会形成充分发展的层流管流这一段称为管内流动的入口段(或起始段). 实验表明, 层流起始段的长度 L_e 与管径 d 之比和 Re 成正比

$$\frac{L_e}{d} = 0.06Re \tag{7-20}$$

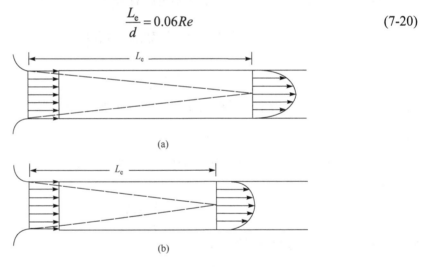

(a)

(b)

图 7-5　圆管入口段的流动

若管道总长 $L \gg L_e$, 则入口段影响可忽略, 否则应记及入口段的影响, 一般而言, 入口段的沿程阻力系数要大于充分发展段的.

若管内流动是湍流, 如图 7-5(b)所示, 由于流体质点的横向脉动, 互相掺混, 使圆管入口段长度变短, 从管入口到边界层交会的湍流入口段长度 L_e 与管径 d 之比约为

$$\frac{L_e}{d} = 25 \sim 40 \tag{7-21}$$

入口段后为充分发展的管内湍流流动区, 我们将在后面证明, 该区域内流动呈指数分布.

7.3　平板间的层流

研究不可压缩黏性流体在两平行平板间的层流流动具有较大的实用价值. 例如,机床的工作台与导轨间存在间隙,如果机件发生相对运动,间隙内的润滑油就会流动,这种流动就是不可压缩黏性流体在两平行平板间的层流流动. 下面应用不可压缩黏性流体的纳维-斯托克斯方程推导平行平板间层流流动的微分方程.

7.3.1　平行平板间层流流动的微分方程和速度分布

如图 7-6 所示,假设水平放置的上、下两平板长 L,单位宽度(垂直纸面方向). 两板间距为 $2h$,上板以均速 V 沿 x 方向运动,下板固定不动. 两板之间充满不可压缩黏性流体,这些流体在 x 方向的压强差 $\Delta p = p_1 - p_2$ 和由上板运动引起的黏性力的共同作用下作定常层流流动.

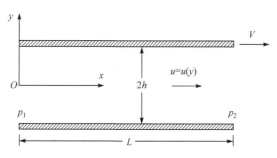

图 7-6　平板间的层流流动

如图 7-6 建立坐标系. 由于流动仅沿 x 方向, $v = w = 0$, N-S 方程只要考虑 x 方向的方程

$$\rho \frac{Du}{Dt} = \rho f_x - \frac{\partial p}{\partial x} + \mu \left(\frac{\partial^2 u}{\partial x^2} + \frac{\partial^2 u}{\partial y^2} + \frac{\partial^2 u}{\partial z^2} \right) \tag{4-77}$$

又因为运动是定常的, $\frac{\partial u}{\partial t} = 0$,而 x 方向流速 u 仅随 y 变化,即 $u = u(y)$, $\frac{\partial u}{\partial x} = 0$,故 $\frac{Du}{Dt} = 0$;质量力只是重力, $f_x = 0$;也由于 $u = u(y)$, $\frac{\partial^2 u}{\partial x^2} = \frac{\partial^2 u}{\partial z^2} = 0$, 故 $\frac{\partial^2 u}{\partial y^2} = \frac{d^2 u}{dy^2}$;压强 p 只沿 x 方向变化,所以式(4-77)简化为

$$-\frac{dp}{dx} + \mu \frac{d^2 u}{dy^2} = 0 \tag{7-22}$$

边界条件为

$$y = h, u = V; \quad y = -h, u = 0 \tag{7-23}$$

对式(7-22)积分得

$$u = \frac{1}{2\mu} \frac{dp}{dx} y^2 + C_1 y + C_2 \tag{7-24a}$$

代入边界条件, 可确定

$$C_1 = \frac{V}{2h} \tag{7-24b}$$

$$C_2 = -\frac{1}{2\mu} \frac{\mathrm{d}p}{\mathrm{d}x} h^2 + \frac{V}{2} \tag{7-24c}$$

由此得速度分布

$$u = -\frac{1}{2\mu} \frac{\mathrm{d}p}{\mathrm{d}x} (h^2 - y^2) + \frac{V}{2}\left(1 + \frac{y}{h}\right) = \frac{1}{2\mu} \frac{\Delta p}{L} (h^2 - y^2) + \frac{V}{2}\left(1 + \frac{y}{h}\right) \tag{7-24}$$

式(7-24)第二个等号正负号变化是由于若 $\Delta p > 0$, 则 $\frac{\mathrm{d}p}{\mathrm{d}x} < 0$. 对式(7-24)可按以下两种情况加以讨论.

(1) 若上板不动, 则 $V = 0$, 式(7-24)成为

$$u = \frac{1}{2\mu} \frac{\Delta p}{L} (h^2 - y^2) \tag{7-25}$$

由式(7-25)知, 此时速度成抛物线分布, 在 $y = 0$ 处取得最大值

$$u_{\max} = \frac{1}{2\mu} \frac{\Delta p}{L} h^2 \tag{7-25a}$$

这种上、下两板均不运动, 两平行平板间的黏性流体在压强梯度作用下的层流流动称为泊肃叶流动.

(2) 若两板间压强梯度为零, 即 $\frac{\mathrm{d}p}{\mathrm{d}x} = 0$, 式(7-24)成为

$$u = \frac{V}{2}\left(1 + \frac{y}{h}\right) \tag{7-26}$$

由式(7-26)可知, 此时速度随 y 呈线性分布, 这种由上板运动带动而产生的流动称为库埃特(Couette)剪切流.

因此, 不可压缩黏性流体在两平行平板间的定常层流流动可视为上述两种流动的简单叠加. 若令 $y^* = \frac{y}{h}$ 为量纲一坐标, $u^* = \frac{u}{V}$ 为量纲一速度, 则两者之间的关系为

$$u^* = \frac{u}{V} = \frac{B}{2}(1 - y^{*2}) + \frac{1}{2}(1 + y^*) \tag{7-27}$$

式中, B 为量纲一压强梯度.

$$B = -\frac{h^2}{\mu V} \frac{\mathrm{d}p}{\mathrm{d}x} \tag{7-27a}$$

根据式(7-27), 可给出 B 为参变量, 即不同压强梯度下的量纲一速度分布如图 7-7 所示. 由图可见, 当 $B = 0$, 即没有压强差的作用, 两平板间流体的速度分布是一条斜直线; 当 $B > 0$, 即 $\frac{\mathrm{d}p}{\mathrm{d}x} < 0$, 也就是上游压强大于下游压强, 两平板间流体的速度分布呈抛物线分布,

且各处流速大于 $B=0$ 时的流速，这种情况称为正压强梯度流动；反之 $B<0$，即 $\dfrac{\mathrm{d}p}{\mathrm{d}x}>0$，也就是下游压强大于上游压强，两平板间流体的速度则小于无压强梯度作用时的速度，当 $\dfrac{\mathrm{d}p}{\mathrm{d}x}$ 增大到一定程度，有可能使 $u^*<0$，即出现回流，对 $\dfrac{\mathrm{d}p}{\mathrm{d}x}>0$ 作用下的流动，称之为逆压强梯度流动.

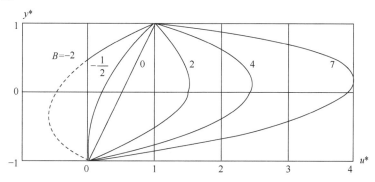

图 7-7　平板间层流流动的量纲一速度分布

将式(7-24)在 $-h$ 和 h 间积分，可得到在单位宽度平板间流过的流量

$$Q_r = \int_{-h}^{h} u\mathrm{d}y = -\frac{2}{3\mu}\frac{\mathrm{d}p}{\mathrm{d}x}h^3 + Vh \tag{7-28}$$

对式(7-24)求导，则可得流体间切应力

$$\tau = \mu\frac{\mathrm{d}u}{\mathrm{d}y} = \frac{\mathrm{d}p}{\mathrm{d}x}y + \frac{\mu V}{2h} \tag{7-29}$$

例 7-2　如图 7-8 所示为一皮带输运装置，装在环保工程船上用以收集海面的污油. 假定皮带以恒速 V 运转，所收集的污油层为定常层流运动，污油层厚度为 h，皮带与水平面的倾角为 θ，污油的密度为 ρ，动力黏度为 μ，试求单位宽度皮带收集污油流量的表达式.

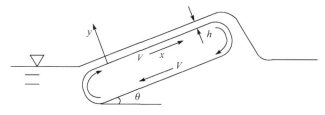

图 7-8　例 7-2 示意图

解　如图所示建立坐标系. 假定被皮带带动的污油层沿 x 方向作层流流动. 其速度分量 u 仅随 y 变化，即 $u=u(y)$，$v=0$，$w=0$，$\dfrac{\partial u}{\partial x}=\dfrac{\partial^2 u}{\partial x^2}=0$，沿 x 方向压强无变化，即 $\dfrac{\partial p}{\partial x}=0$，单位质量力沿 x 方向的分量 $f_x=-g\sin\theta$. x 方向 N-S 方程为

$$f_x + \nu \frac{\partial^2 u}{\partial y^2} = 0$$

代入单位质量力沿 x 方向的分量表达式

$$f_x = -g \sin \theta$$

得

$$\frac{\partial^2 u}{\partial y^2} = \frac{\rho g}{\mu} \sin \theta$$

积分两次，得

$$u = \frac{\rho g}{\mu} \sin \theta \frac{y^2}{2} + C_1 y + C_2$$

因皮带以恒速 V 运转，污油层表面 h 处黏性切应力为零. 故有 $y = 0, u = V, y = h, \frac{\partial u}{\partial y} = 0$，代入求得

$$C_1 = -\frac{\rho g h}{\mu} \sin \theta, \quad C_2 = V$$

所以

$$u = V - \frac{\rho g \sin \theta}{\mu} \left(hy - \frac{y^2}{2} \right)$$

单位宽度皮带输运的污油流量为

$$Q_{\mathscr{V}} = \int_0^h u \mathrm{d}y = \int_0^h \left[V - \frac{\rho g \sin \theta}{\mu} \left(hy - \frac{y^2}{2} \right) \right] \mathrm{d}y = Vh - \frac{\rho g \sin \theta h^3}{3\mu}$$

令 $\dfrac{\mathrm{d}Q_{\mathscr{V}}}{\mathrm{d}h} = 0$，可求得当 $h = \left(\dfrac{V\mu}{\rho g \sin \theta} \right)^{\frac{1}{2}}$ 时，获得最大污油的收集量

$$Q_{\max} = \frac{2V^{\frac{3}{2}}}{3} \left(\frac{\mu}{\rho g \sin \theta} \right)^{\frac{1}{2}}$$

7.3.2　流体润滑

流体润滑是各类转动机械中广泛应用的润滑轴承的理论基础，其核心内容就是不平行平板间不可压缩黏性流体的层流流动. 润滑轴承分为水平滑动轴承(图 7-9(a))和径向滑动轴承(图 7-9(b)). 由于径向滑动轴承的曲表面可以通过保角变换展成平面，从而将水平滑动轴承的求解结果应用于径向滑动轴承. 故为简单计，下面只讨论水平滑动轴承楔形间隙中不可压缩黏性流体定常流动时的总压力(即承载能力)和切向摩擦阻力. 求解结果表明，轴承间隙中的承载能力远远大于摩擦阻力.

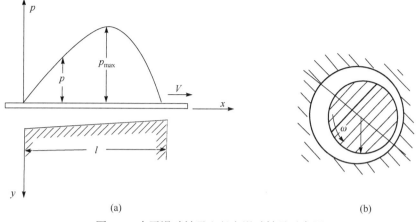

图 7-9　水平滑动轴承和径向滑动轴承示意图

如图 7-10 所示，假定上、下两板在垂直纸面方向足够宽，可忽略端部影响，下板水平放置，上板稍有倾斜，长度为 L，两板间距 $h=h(x)$ 是 x 的函数，下板以速度 V 沿 x 方向匀速运动. 这相当于讨论不平行平板间不可压缩黏性流体沿 x 方向的流动，故仍可仅考虑纳维-斯托克斯方程的 x 分量.

$$\rho\left(\frac{\partial u}{\partial t}+u\frac{\partial u}{\partial x}+v\frac{\partial u}{\partial y}+w\frac{\partial u}{\partial z}\right)=\rho f_x-\frac{\partial p}{\partial x}+\mu\left(\frac{\partial^2 u}{\partial x^2}+\frac{\partial^2 u}{\partial y^2}+\frac{\partial^2 u}{\partial z^2}\right) \tag{4-77}$$

对所讨论的流动问题，流动是定常的，$\frac{\partial u}{\partial t}=0$，质量力是重力，$f_x=0$；垂直纸面方向板很宽，无流体运动，忽略端部效应，$w=0$，$\frac{\partial^2 u}{\partial z^2}=0$；$y$ 方向距离较 x 方向距离小得多，故 y 方向分速度 $v\ll u$，且 $\frac{\partial^2 u}{\partial x^2}\ll\frac{\partial^2 u}{\partial y^2}$，可忽略；而运动方程中惯性力与黏性力的比值

$$\frac{\rho u\dfrac{\partial u}{\partial x}}{\mu\dfrac{\partial^2 u}{\partial y^2}}\sim\frac{\dfrac{\rho V^2}{L}}{\dfrac{\mu V}{h^2}}=\frac{\rho VL}{\mu}\left(\frac{h}{L}\right)^2=Re\left(\frac{h}{L}\right)^2$$

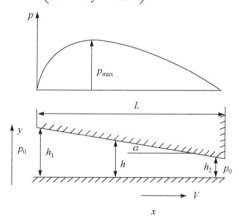

图 7-10　两不平行平板间黏性流体的流动

对于轴承内流体的运动，Re 很小，$h\ll L$，所以在轴承润滑理论中，相对于黏性力项，惯性力项可以忽略. 另外，压强 p 仅随 x 变化，速度 u 仅随 y 变化. 根据上述分析，式(4-77)可简化为

$$\frac{\mathrm{d}p}{\mathrm{d}x}=\mu\frac{\mathrm{d}^2 u}{\mathrm{d}y^2} \tag{7-30}$$

边界条件

$$y = 0, \quad u = V; \qquad y = h, \quad u = 0 \tag{7-31}$$

$$x = 0, \quad p = p_0; \qquad x = L, \quad p = p_0 \tag{7-32}$$

将式(7-30)对 y 积分两次，代入边界条件式(7-31)，可得速度分布

$$u = V\left(1 - \frac{y}{h}\right) - \frac{dp}{dx}\frac{h^2}{2\mu}\frac{y}{h}\left(1 - \frac{y}{h}\right) \tag{7-33}$$

式中 h 为任一 x 处两平板间的距离，为 x 的函数，设

$$h = h_1 + \alpha x \tag{7-34}$$

式中，h_1 为起始端，即 $x = 0$ 处两平板间的距离；α 为斜率.

根据连续性条件，单位宽度的流量

$$Q_{\mathscr{V}} = \int_0^{h(x)} u\,dy = 常数 \tag{7-35}$$

将式(7-33)代入式(7-35)，求得

$$Q_{\mathscr{V}} = \frac{Vh}{2} - \frac{h^3}{12\mu}\frac{dp}{dx} \tag{7-36}$$

即

$$\frac{dp}{dx} = 12\mu\left(\frac{V}{2h^2} - \frac{Q_{\mathscr{V}}}{h^3}\right) \tag{7-37}$$

积分式(7-37)得楔形间隙内流体的压强分布为

$$p = p_0 + 6\mu V\int_0^x \frac{dx}{h^2} - 12\mu Q_{\mathscr{V}}\int_0^x \frac{dx}{h^3} \tag{7-38}$$

根据边界条件 $x = L$ 时，$p = p_0$，得

$$Q_{\mathscr{V}} = \frac{V}{2}\frac{\displaystyle\int_0^L \frac{dx}{h^2}}{\displaystyle\int_0^L \frac{dx}{h^3}} \tag{7-39}$$

根据几何条件式(7-34)，$h = h_1 + \alpha x$ 及 $h_2 = h_1 + \alpha L$，积分式(7-39)和式(7-38)，得流量

$$Q_{\mathscr{V}} = \frac{h_1 h_2}{h_1 + h_2}V \tag{7-40}$$

压强分布

$$p = p_0 + \frac{6\mu VL}{h_1^2 - h_2^2}\frac{(h_1 - h)(h - h_2)}{h^2} \tag{7-41}$$

由式(7-41)知，当 V 为正值时，液膜中具有过余压强 $p - p_0$，即具有承载能力的必要条件是 $h_1 > h_2$. 只有这样，楔形间隙中的流体才能在下板运动时受到挤压而产生承载力，而 $h = h_1 = h_2$(两平板平行)时则不会产生承载力. 积分式(7-41)，可得轴承的承载力

$$P_t = \int_0^L (p - p_0)\mathrm{d}x = \frac{1}{\alpha}\int_{h_1}^{h_2}(p - p_0)\mathrm{d}h = \frac{6\mu V L^2}{(k_1 - 1)^2 h_2^2}\left[\ln k_1 - \frac{2(k_1 - 1)}{k_1 + 1}\right] \tag{7-42}$$

式中，$k_1 = h_1/h_2$. 作用在运动平板上的摩擦阻力为

$$F = -\int_0^L \mu\left(\frac{\mathrm{d}u}{\mathrm{d}y}\right)_{y=0}\mathrm{d}x = \frac{\mu V L}{(k_1 - 1)h_2}\left[4\ln k_1 - \frac{6(k_1 - 1)}{k_1 + 1}\right] \tag{7-43}$$

由式(7-42)知，P_t 是 k_1 的函数，可求得当 $k_1 \approx 2.2$ 时，P_t 取得最大值，为

$$P_{t,\max} \approx 0.16\frac{\mu V L^2}{h_2^2} \tag{7-44}$$

而此时的摩擦阻力为

$$F \approx 0.75\frac{\mu V L}{h_2} \tag{7-45}$$

可求得此时两者之比为

$$\frac{P_{t,\max}}{F} \approx 0.21\frac{L}{h_2} \tag{7-46}$$

由于 $h_2 \ll L$，所以摩擦阻力远小于轴承的承载力. 这就是流体润滑的最基本结论.

7.4　管内湍流

7.2 节介绍了圆管内的层流流动，在那里管内流速呈规整的旋转抛物型分布，而且管内层流流动的沿程阻力系数 λ 仅与 Re 有关，与管道壁面粗糙度无关. 但由 3.4 节黏性流体的流动形态可知，湍流流动是和层流流动性质截然不同的两种流动. 因此，管内湍流不再同管内层流一样呈规整的旋转抛物型速度分布，而会反映湍流运动的新特点，展现新的流速分布，而且这种流速分布以及管内流动时所受的阻力，受管壁粗糙度的影响很大，所以下面首先讨论管壁粗糙度对流动阻力的影响.

7.4.1　水力粗糙管与水力光滑管

黏性流体做管内湍流流动时，会受到管壁处黏性阻力的影响，因此，虽然管内绝大部分区域的流体处在湍流状态，而贴壁处流体的速度仍为零，这种黏性作用，使得壁面附近流体的脉动掺混减弱，以至在紧贴壁面处产生一个很薄的流层，在这一流层中，湍流脉动完全消失，流体保持层流状态. 这一流层称为层流底层，其厚度用 δ 表示. 因此，黏性流体的管内湍流流动，可分为三个部分：第一部分为紧靠壁面的层流底层，第二部分为湍流充分发展的湍流核心区，第三部分为层流底层与湍流核心区之间的过渡区. 由于过渡区厚度很小，一般不单独考虑，将其与湍流核心区合在一起统称为湍流区. 层流底层的厚度 δ 也很小，一般不到 1mm. 实验证明，层流底层厚度 δ 与 Re、沿程阻力系数 λ 有关. 有下列计算 δ 的半经验公式：

$$\frac{\delta}{d} = \frac{32.8}{Re\sqrt{\lambda}} \tag{7-47}$$

式中，d 为管道直径.

虽然层流底层很薄，但它对湍流流动中的流动阻力损失却起着相当重要的作用，这种作用与管道壁面的粗糙度有关. 管壁的粗糙度可以这样来定义，即将管壁粗糙凸出部分的平均高度 ε 称为管壁的绝对粗糙度，而把绝对粗糙度 ε 与管径 d 的比值 ε/d 称为管壁的相对粗糙度. 表 7-1 列出了常用管道管壁的绝对粗糙度 ε.

表 7-1　常用管道管壁的绝对粗糙度 ε

管道材料及状况	ε/mm	管道材料及状况	ε/mm
新铜管、不锈钢管	0.0015～0.01	塑料板风管	0.01
新无缝钢管	0.04～0.17	橡皮软管	0.01～0.03
旧无缝钢管	0.20	陶土排水管	0.45～6.0
精制镀锌钢管	0.15	混凝土管	0.30～3.0
普通镀锌钢管	0.30	纯水泥表面	0.25～1.25
钢板风管	0.15	混凝土槽	0.80～9.0
生锈钢管	0.50	石棉水泥管	0.09
生锈铁管	1.0	胶合板、矿渣石膏板风管	1.0
新铸铁管	0.25	砖砌风道	5～10
输水用镀锌铁管	0.25～1.25	矿渣混凝土风道	1.5

当 $\delta > \varepsilon$，即管壁粗糙凸出部分的平均高度小于层流底层厚度时，管壁的粗糙凸出部分淹没在层流底层中，如图 7-11(a)所示. 这时，管壁的粗糙凸出部分对湍流流动毫无影响，湍流流体就像在完全光滑的管子中流动一样. 这种情况下的管内流动称为是"水力光滑"的，这时的管道称为"水力光滑管".

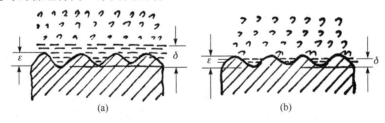

(a)　　　　　　　　　　　　　(b)

图 7-11　水力光滑与水力粗糙

与此相反，当 $\delta < \varepsilon$，即管壁粗糙凸出部分的平均高度大于层流底层厚度时，管壁的粗糙凸出部分大部暴露在湍流区中，如图 7-11(b)所示. 这时，湍流流体流过凸出部分，导致流体产生碰撞、冲击，形成漩涡，增加能量损失，管壁粗糙度对管内湍流流动发生影响，这种情况下的管内流动则称为是"水力粗糙"的，这时的管道称为"水力粗糙管".

由此可见，管壁粗糙度对流动阻力损失的影响只有在流动处于水力粗糙状态时才有所体现. 因此，区分黏性流体管内流动的水力粗糙与水力光滑对流动阻力计算是非常重要的.

7.4.2　雷诺应力

黏性流体作管内湍流流动时，除了要考虑管壁粗糙度的影响外，其所受的湍流切应力的影响更是必须重点关注的. 在黏性流体的层流流动中，切向应力是由流层之间速度不同引起的相对运动造成的，称为牛顿切应力 τ_1. 在黏性流体的湍流流动中，杂乱无章的湍流流动取代了有规律的层流流动，流体质点除了沿主流方向的流动外，还存在着横向脉动，雷诺发现，由于横向脉动的存在，使流体流层之间发生了动量交换，从而引起能量损失，其宏观效果也是产生一种切向应力，称为湍流脉动切应力. 因由雷诺首先提出，故又称为雷诺应力，用 τ_t 表示，与脉动速度 $u'v'$ 有关，即

$$\tau_t = \rho u' v' \tag{7-48}$$

雷诺应力 τ_t 的表达式可用图 7-12 所示的沿 x 方向的湍流流动加以验证. 如图 7-12 所示，坐标为 y 的 dA 处的流体质点的 x 方向时均速度为 u，横向脉动速度为 v'，与它向上相距一自由行程 l，坐标为 $y+l$ 的流体质点的 x 方向时均速度为 $u+du$ (关于自由行程 l 的物理意义，见后面说明)，且 du 的大小与 u' 相当，同样，与它向下相距一自由行程 l，坐标为 $y-l$ 的流体质点的 x 方向的速度为 $u-du$. 在某一瞬间，y 层 dA 处的流体质点由横向脉动速度 v' 跃迁到 $y+l$ 层，在 $u+du$ 速度的流层中加入了速度为 u 的流体质点，速度变化 $u-(u+du)=-du=-u'$，转移动量 $\rho u'v'$，使该层速度变慢，相当于一个负向的切应力. dA 处的流体质点也可由横向脉动速度 $-v'$ 跃迁到 $y-l$ 层，

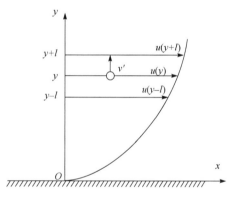

图 7-12　脉动速度及分布

在 $u-du$ 速度的流层中加入速度为 u 的流体质点，速度变化 $u-(u-du)=du=u'$，转移动量 $\rho u'v'$，使该层速度变快，相当于一个正向的切应力. 可见，由脉动速度引起的动量交换，其效果与牛顿切应力 τ_1 相当，故将其称为雷诺应力 τ_t.

在 7.4.1 节我们看到，黏性流体作管内湍流流动时，存在层流底层和湍流区两部分流动. 在层流底层中，牛顿切应力 τ_1 占主，而湍流区则是雷诺应力 τ_t 为主. 所以管内湍流流动时的湍流切应力 τ 由牛顿切应力 τ_1 和雷诺应力 τ_t 两部分组成，为了更好地描述管内湍流的切应力 τ，将其表示成

$$\tau = \tau_1 + \tau_t = (\mu + \mu_t)\frac{du}{dy} \tag{7-49}$$

可见雷诺应力

$$\tau_{\mathrm{t}} = \mu_{\mathrm{t}} \frac{\mathrm{d}u}{\mathrm{d}y} = \rho u'v' \tag{7-50}$$

式中，μ_{t} 为湍流黏性系数. 由式(7-50)知，湍流黏性系数 μ_{t} 与动力黏度 μ 不一样，它不是物性，而是随着流体湍流脉动的大小而变化的量. 为了确定 μ_{t}，普朗特(Prandtl)提出，在湍流流动中流体质点的相互掺混类似于气体中的分子运动. 气体分子运动时，在和其他分子碰撞之前要经过一段所谓的平均自由行程. 与此类似，流体质点在横向移动一个自由行程 l 之前保持着原有的纵向动量分量，而在移动自由行程 l 之后，便与其他流体质点混合，改变纵向流速. 普朗特把这样定义的自由行程 l，称为混合长. 如图 7-12 所示，y 层 $\mathrm{d}A$ 处的流体质点的 x 方向速度为 $u(y)$，横向跃迁 l 距离后，到达 $y+l$ 层，与该层流体质点混合，速度变为 $u(y+l)$，将此速度在 y 处展开，得

$$u(y+l) = u(y) + l\frac{\mathrm{d}u}{\mathrm{d}y} + \frac{l^2}{2}\frac{\mathrm{d}^2u}{\mathrm{d}y^2} + \cdots$$

忽略二阶以上高阶小量，得

$$u(y+l) - u(y) = l\frac{\mathrm{d}u}{\mathrm{d}y} \sim u' \tag{7-51}$$

即纵向脉动速度 u' 的大小与混合长 l 和时均速度梯度 $\dfrac{\mathrm{d}u}{\mathrm{d}y}$ 的乘积相当. 另外，根据连续性要求，横向脉动速度 v' 的大小应与 u' 相当，即

$$v' \sim u' \sim l\frac{\mathrm{d}u}{\mathrm{d}y}$$

所以

$$\tau_{\mathrm{t}} = \rho l^2 \left(\frac{\mathrm{d}u}{\mathrm{d}y}\right)^2 \tag{7-52}$$

将式(7-52)与式(7-50)相比，可得

$$\mu_{\mathrm{t}} = \rho l^2 \frac{\mathrm{d}u}{\mathrm{d}y} \tag{7-53}$$

可见，湍流黏性系数与动力黏度 μ 不同，它不是流体的物性，而取决于流体的密度、时均速度梯度以及普朗特混合长. 有了雷诺应力表达式，就可以进一步讨论圆管内湍流流动的速度分布.

7.4.3　圆管内湍流流动的速度分布

由于湍流流动中横向脉动的影响，使圆管内湍流流动的轴向速度分布与管内层流时不同. 图 7-13 分别示出了平均流速相等时，管内层流与湍流的速度分布剖面. 由图可见，当 $Re < 2000$ 时，管内流速为典型的抛物面分布，完全服从按管内层流导出的速度分布规律. 而当 $Re = 10^4$ 时，管中心部分的速度分布就显得比较均匀，这是湍流中横向

脉动产生流层间动量交换的结果；而靠近壁面处，则由于壁面黏性阻滞作用使流速急剧下降，呈现较大的速度梯度. Re 越大，横向脉动引起的动量交换越甚，管中心部分速度分布越平坦，壁面附近速度梯度越大，故 $Re = 10^6$ 时，管中心处速度分布就比 $Re = 10^4$ 时的分布平坦，而贴壁附近速度梯度更大.

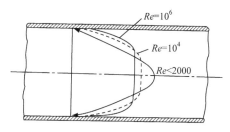

图 7-13　不同 Re 下管内流动速度剖面

圆管中湍流流动的速度分布可借助前述普朗特混合长理论导出. 先考虑光滑管的情形. 当 $y \leqslant \delta$ 时，为层流底层，层流底层中的黏性切应力为

$$\tau = \mu \frac{\mathrm{d}u}{\mathrm{d}y} \quad 或 \quad \mathrm{d}u = \frac{\tau}{\mu}\mathrm{d}y \tag{7-54a}$$

由于层流底层很薄，黏性切应力 τ 可近似用壁面上的切应力 τ_w 表示，并将式(7-54a)积分，得

$$u = \frac{\tau_\mathrm{w}}{\mu} y \tag{7-54b}$$

可见层流底层内速度分布呈线性规律. 将式(7-54b)改写成

$$\frac{\tau_\mathrm{w}}{\rho} = \nu \frac{u}{y} \tag{7-54}$$

式(7-54)等号左边的 τ_w / ρ 的量纲是速度的平方，故令

$$u_* = \sqrt{\frac{\tau_\mathrm{w}}{\rho}} \tag{7-55}$$

因 u_* 与壁面切应力 τ_w 有关，故称 u_* 为摩擦速度，将式(7-55)代入式(7-54)得

$$\frac{u}{u_*} = \frac{yu_*}{\nu} \tag{7-56}$$

当 $y > \delta$ 时，为湍流区，湍流脉动切应力即雷诺应力占主，按普朗特混合长理论，雷诺应力可表示为

$$\tau_\mathrm{t} = \rho l^2 \left(\frac{\mathrm{d}u}{\mathrm{d}y}\right)^2 \tag{7-52}$$

普朗特通过实验观察提出，在层流底层向外的一定范围内，混合长 l 与离壁面的距离 y 成正比，令 $l = ky$，代入式(7-52)得

$$\mathrm{d}u = \frac{u_*}{k} \frac{\mathrm{d}y}{y} \tag{7-57}$$

积分得

$$\frac{u}{u_*} = \frac{1}{k}\ln y + C_1 \tag{7-58}$$

式(7-58)中积分常数可利用层流底层与湍流分界面上的流速 u_δ 求得，即由式(7-56)可得

$$\delta = \frac{u_\delta}{u_*}\frac{v}{u_*} \tag{7-59a}$$

而由式(7-58)得

$$\frac{u_\delta}{u_*} = \frac{1}{k}\ln\delta + C_1 \tag{7-59b}$$

将式(7-59b)、式(7-59a)代入式(7-58)得

$$\frac{u}{u_*} = \frac{1}{k}\ln\frac{yu_*}{v} + \frac{u_\delta}{u_*} - \frac{1}{k}\ln\frac{u_\delta}{u_*} = \frac{1}{k}\ln\frac{yu_*}{v} + C_2 \tag{7-59}$$

图 7-14 示出了尼古拉兹(Nikuradse)水力光滑管的实验曲线. 纵坐标是 u/u_*，横坐标是 $\lg\dfrac{yu_*}{v}$，圈点代表黏性底层，实黑点代表湍流区. 可见，实黑点的实验结果均落在式(7-59)表示的速度分布曲线附近. 由图可见，截距 $C_2 = 5.5$，混合长系数 $k = \dfrac{1}{\tan\theta} = \dfrac{1}{\tan 68.2°} = 0.4$. 注意到尼古拉兹实验的横坐标是采用的常用对数，将式(7-59)中的自然对数改为常用对数，得光滑管湍流区的速度分布

$$\frac{u}{u_*} = 5.75\lg\frac{yu_*}{v} + 5.5 \tag{7-60}$$

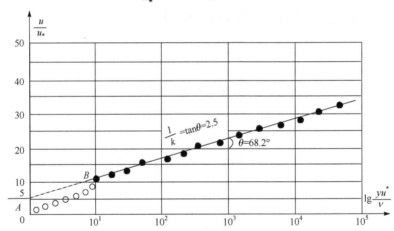

图 7-14　尼古拉兹水力光滑管的实验曲线

对水力粗糙管，引入管壁粗糙修正系数 φ，则在 $y = \varphi\varepsilon$ 处，$u = u_\delta$，由式(7-59b)得

$$\frac{u_\delta}{u_*} = \frac{1}{k}\ln\varphi\varepsilon + C_1 \tag{7-61a}$$

代入式(7-59)得

$$\frac{u}{u_*} = \frac{1}{k}\ln\frac{y}{\varepsilon} + \frac{u_\delta}{u_*} - \frac{1}{k}\ln\varphi = \frac{1}{k}\ln\frac{y}{\varepsilon} + C_3 \tag{7-61}$$

若将尼古拉兹水力粗糙管实验结果按纵坐标 $\dfrac{u}{u_*}$，横坐标 $\lg\dfrac{y}{\varepsilon}$ 整理，可得 $k = 0.40$，$C_3 = 8.48$，故将式(7-61)中的自然对数改为常用对数，得粗糙管速度分布

$$\frac{u}{u_*} = 5.75\lg\frac{y}{\varepsilon} + 8.48 \tag{7-62}$$

水力光滑管湍流速度分布也可用形式较为简单的指数关系式表示，即

$$\frac{u}{u_{\max}} = \left(\frac{y}{R}\right)^n \tag{7-63}$$

式中，$u_{\max}$ 为管轴处的最大流速；R 为圆管的半径；指数 n 随雷诺数变化，具体见表 7-2. 当 $Re = 1.1\times10^5$ 时，$n = 1/7$，这就是著名的卡门七分之一次方规律. 表 7-2 还列出了平均流速 V 和最大流速 $u_{\max}$ 的比值. 由表中数值知，随着雷诺数增大，$V/u_{\max}$ 不断增大. 这是由于雷诺数的增大，速度分布曲线中湍流核心区的速度分布更为平坦，层流底层更薄，壁面附近速度变化更快，从而使 $V/u_{\max}$ 不断增大. 另外，对圆管内层流，$V/u_{\max} = 0.5$，可见圆管内湍流的 $V/u_{\max}$ 要比层流大，这也是速度分布曲线变化的结果，如图 7-13 所示.

表 7-2　管内湍流流动指数速度分布特性

Re	4×10^3	2.3×10^4	1.1×10^5	1.1×10^6	2.0×10^6	3.2×10^6
n	1/6	1/6.6	1/7	1/8.8	1/10	1/10
$V/u_{\max}$	0.79	0.81	0.82	0.85	0.86	0.86

7.5　沿程阻力系数和局部阻力系数

对不可压缩黏性流体的内部流动，不管是层流流动还是湍流流动，其流动阻力都可分解为沿缓变流的沿程阻力和沿急变流的局部阻力两部分，并分别按式(7-9)、式(7-10)计算. 在这两个公式的应用中，较为困难的就是沿程阻力系数 λ 和局部阻力系数 ζ 的确定. 本节就专门讨论这两个阻力系数.

7.5.1　沿程阻力系数与穆迪图

在 7.2 节圆管内层流的讨论中，我们已经用解析的方法求得圆管内层流的沿程阻力系数 $\lambda = 64/Re$. 对于湍流，到目前为止，还基本上无法通过解析方法求得管内湍流的沿程阻力系数，而只能通过实验总结出针对不同流态的沿程阻力系数，这就是目前工程上广泛采用的穆迪(Moody)图.

穆迪根据科勒布鲁克(Colebrook)公式，以相对粗糙度 ε/d 作为参变量，把沿程阻力系数总结成 Re 的函数，即 $\lambda = f(Re, \varepsilon/d)$，将实验结果绘成图形，方便查阅，如图 7-15 所示.

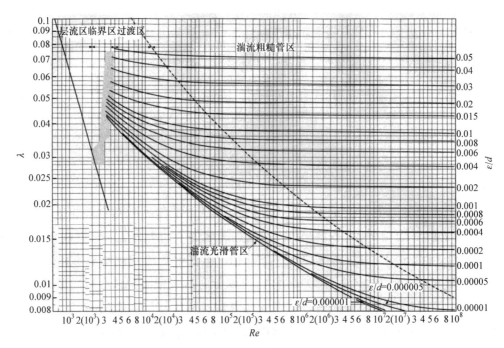

图 7-15　穆迪图

（引自 Rmunson B,YongDE,Okiishi TH. Fundamentals of Fluid Mechanics.New York:John Wiley&Sons Inc.1990.）

穆迪图按流动特性分为层流区、临界区、湍流光滑管区、过渡区和湍流粗糙管区五个区.

(1) 层流区：当 $Re<2000$ 时，流动处于层流区，不论管道的相对粗糙度为多少，沿程阻力系数都服从 $\lambda=64/Re$ 的分布.

(2) 临界区：当 $2000<Re<4000$ 时，流动处于层流向湍流过渡的临界区，可能是层流，可能是湍流，很不稳定，总趋势是沿程阻力系数 λ 随 Re 增长而增长.

(3) 湍流光滑管区：当 $4000<Re<22.2(d/\varepsilon)^{\frac{8}{7}}$ 时，流动处于湍流光滑管区，这时，壁面凹凸不平部分淹没在层流底层中，壁面相对粗糙度 ε/d 对湍流流动区无影响. 沿程阻力系数 λ 只与 Re 有关，而与相对粗糙度 ε/d 无关. 在 $4\times10^3<Re<10^6$ 这一区间内，布拉修斯(Blasius)总结出

$$\lambda=\frac{0.3164}{Re^{0.25}} \tag{7-64}$$

将式(7-64)代入式(7-9)计算阻力损失，可得沿程阻力损失 h_f 与速度 $V^{1.75}$ 成正比，故湍流光滑管区又称为 1.75 次方阻力区.

(4) 过渡区：当 $22.2(d/\varepsilon)^{\frac{8}{7}}<Re<597(d/\varepsilon)^{\frac{9}{8}}$ 时，流动处于由湍流光滑管区向湍流粗糙管区转变的过渡区. 这时，随着 Re 的增加，层流底层逐渐变薄，壁面粗糙度凸出部分最终暴露在湍流区域，对流动产生影响，故在过渡区，Re 和壁面相对粗糙度 ε/d 均对沿程阻力系数有影响. 在穆迪图上，过渡区对应着从左边光滑管曲线到右边由粗糙管起始点

连成的虚线之间的整个区域，此时各曲线均以 ε/d 作为参变量，反映 λ 随 Re 的变化. 穆迪提出，在过渡区，λ 可按下式计算：

$$\lambda = 0.0055\left[1+\left(20000\frac{\varepsilon}{d}+\frac{10^6}{Re}\right)^{\frac{1}{3}}\right] \tag{7-65}$$

(5) 湍流粗糙管区：当 $Re > 597(d/\varepsilon)^{\frac{9}{8}}$ 时，流动进入湍流粗糙管平方阻力区，此时，沿程阻力系数 λ 与 Re 无关，只与相对粗糙度 ε/d 有关，对应在穆迪图上，则为一根根水平直线. 由于沿程阻力系数 λ 与 Re 无关，流动的沿程阻力损失 h_f 就与流速 V^2 成正比，故该区域又称为平方阻力区.

在穆迪图发表以前，尼古拉兹通过把不同粒径的均匀砂粒粘贴到管道内壁上，再按相似准则整理实验结果，同样得到了沿程阻力系数 λ 随 Re 和相对粗糙度 ε/d 的变化曲线，其基本规律与穆迪图揭示的大致相同，但由于尼古拉兹实验曲线是将均匀砂粒粘贴到管壁上得出的，与实际工业管道内壁的粗糙度特性和分布尚有一定差距. 因此，目前在工程应用上，大多采用穆迪图，即先计算 Re 和相对粗糙度 ε/d，再通过穆迪图查找沿程阻力系数 λ.

7.5.2 局部阻力系数

对于缓变流处的流动阻力损失可按式(7-9)计算，其中最关键的参数——沿程阻力系数 λ 通过上面讨论到，可通过穆迪图得到. 而对急变流处的流动阻力损失，则应按式(7-10)计算，这就遇到了局部阻力系数 ζ 的计算问题. 由于急变流处的管件形状各异，常用的管件有弯头、三通、变形截面渐扩管、圆形截面渐扩管、进出口、过滤器、节流元件、各种阀门等. 流体在这些管件中流动时受到扰动，形成漩涡和速度重新分布. 在漩涡中流体不规则地旋转、摩擦、给主流造成阻碍，消耗能量；另外，速度重新分布使主流摩擦加剧，引起流体质点相互碰撞，同样消耗能量造成损失. 因此，急变流管件处的局部阻力损失是相当可观的.

由上面急变流管件处流体流动的简单分析可知，由于急变流管件处的流动十分复杂，除个别情形外，大多难以从理论上导出局部阻力系数的计算式，因此，局部阻力系数大多由实验得出. 表 7-3 给出了常用管道阻力件的局部阻力系数 ζ.

表 7-3　常用管道阻力件的局部阻力系数

闸阀					球阀					蝶阀				
开度/%	20	40	60	80	100	20	40	60	80	100	20	40	60	80	100
ζ	16	3.2	1.1	0.3	0.1	24	7.5	4.8	4.1	3.9	65	16	4.0	0.8	0.3

续表

截面突然扩大

A_1/A_2	ζ_1	ζ_2
1	0	0
0.90	0.01	0.0123
0.80	0.04	0.0625
0.70	0.09	0.184
0.60	0.16	0.444
0.50	0.25	1
0.40	0.36	2.25
0.30	0.49	5.44
0.20	0.64	16
0.10	0.81	81
0	1	∞

$\zeta_1=(1-A_1/A_2)^2$；$\zeta_2=(A_2/A_1-1)^2$

截面突然缩小

A_2/A_1	ζ_2
0.01	0.50
0.10	0.47
0.20	0.45
0.30	0.38
0.40	0.34
0.50	0.30
0.60	0.25
0.70	0.20
0.80	0.15
0.90	0.09
1.0	0

$\zeta_2=0.5(1-A_2/A_1)$

直角汇流三通

$\zeta_{13}=1.55(Q_2/Q_3)-(Q_2/Q_3)^2$
$\zeta_{23}=K\{[1+(Q_2A_3)/(Q_3A_2)]^2-2[1-(Q_2/Q_3)]\}$
基于 $V_3^2/(2g)$

A_1/A_2	$0\sim0.2$	$0.3\sim0.4$	0.6	0.8	1.0
K	1.00	0.75	0.70	0.65	0.60

直角分流三通

$\zeta_{12}=K[1+(V_2/V_1)^2]$，$(d_2/d_1<2/3)$
$\zeta_{12}=K[0.34+(V_2/V_1)^2]$，$(d_2/d_1=1)$
$\zeta_{13}=0.24[1-(V_3/V_1)]^2$
基于 $V_1^2/(2g)$

V_2/V_1	$\leqslant0.8$	>0.8
K	0.1	0.9

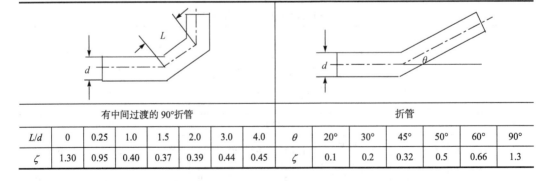

有中间过渡的 90°折管

L/d	0	0.25	1.0	1.5	2.0	3.0	4.0
ζ	1.30	0.95	0.40	0.37	0.39	0.44	0.45

折管

θ	20°	30°	45°	50°	60°	90°
ζ	0.1	0.2	0.32	0.5	0.66	1.3

续表

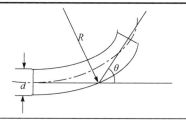	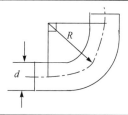
弧形弯管 $\zeta = 0.73ab$	直角弯头

<table>
<tr><td>θ</td><td>20°</td><td>30°</td><td>45°</td><td>60°</td><td>90°</td><td>120°</td><td>d/R</td><td>0.2</td><td>0.4</td><td>0.6</td><td>0.8</td><td>1.0</td></tr>
<tr><td>a</td><td>0.30</td><td>0.43</td><td>0.62</td><td>0.77</td><td>0.98</td><td>1.16</td><td>$\zeta_{90°}$</td><td>0.132</td><td>0.137</td><td>0.157</td><td>0.204</td><td>0.291</td></tr>
<tr><td>R/d</td><td>1</td><td>2</td><td>4</td><td>5</td><td>8</td><td>10</td><td>d/R</td><td>1.2</td><td>1.4</td><td>1.6</td><td>1.8</td><td>2.0</td></tr>
<tr><td>b</td><td>0.3</td><td>0.2</td><td>0.14</td><td>0.11</td><td>0.10</td><td>0.09</td><td>$\zeta_{90°}$</td><td>0.434</td><td>0.660</td><td>0.980</td><td>1.41</td><td>1.98</td></tr>
</table>

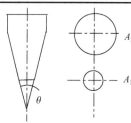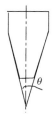	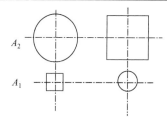
圆形截面渐扩管	变形截面渐扩管

A_2/A_1	不同 θ 角时的 ζ_1						A_1/A_2	不同 θ 角时的 ζ_1				
	10°	15°	20°	25°	30°	45°		10°	15°	20°	25°	30°
1.25	0.01	0.02	0.03	0.04	0.05	0.06						
1.50	0.02	0.03	0.05	0.08	0.11	0.13	1.25	0.02	0.02	0.02	0.03	0.04
1.75	0.03	0.05	0.07	0.11	0.15	0.20	1.50	0.03	0.04	0.05	0.06	0.08
2.00	0.04	0.06	0.10	0.15	0.21	0.27	1.75	0.05	0.05	0.07	0.10	0.11
2.25	0.05	0.08	0.13	0.19	0.27	0.34	2.00	0.06	0.07	0.09	0.13	0.15
2.50	0.06	0.10	0.15	0.23	0.32	0.40	2.25	0.08	0.08	0.12	0.17	0.19
							2.50		0.10	0.14	0.20	0.23
							2.75		0.12	0.16	0.23	0.27
							3.00		0.13	0.19	0.27	0.31
							3.25		0.15	0.21	0.30	0.35
$\theta > 45°$　$\zeta_1 = (1-A_1/A_2)^2$							3.50		0.17	0.24	0.34	0.39
							3.75		0.18	0.26	0.37	0.43
							4.00		0.20	0.28	0.40	0.47

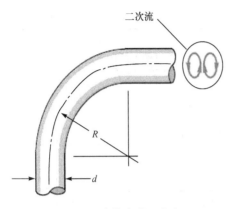

二次流

图 7-16　弯管中的二次流

在工程中因结构要求或为了强化传热，常采用弯管. 流体在弯管中流动将产生二次流，即在与主流相垂直的方向产生附加流动. 如图 7-16 所示，流体流经弯管将受到离心力作用，管道轴线处的流体流速较大，离心力也大，故以较大的二次流速度流向外侧，同时管道外侧的流体只能沿截面外圈流向内侧，形成双涡二次流分布，流体质点的迹线呈螺旋线. 二次流使管道轴线处的流体很快到达壁面附近，促进了流体混合，工程上常用的蛇形管换热器就是利用这一原理来提高传热效果的. 另外，由于二次流的存在改变了管内的流速分布，在内外侧管壁造成压强分布变化，沿主流方向各形成一段逆压强梯度区域，造成边界层分离(详见第 8 章). 因此，弯管中的流动损失可概括为：主流摩擦、二次流、边界层分离三个方面. 在计算弯管的流动损失时除了要根据表 7-3 计算局部阻力损失外，还要单独计算沿管长的沿程阻力损失.

例 7-3　如图 7-17 所示，截面分别为 A_2 和 A_1 的大、小两个管道连接在一起，试推导黏性流体从截面为 A_1 的小截面管道流向截面为 A_2 的大截面管道时，由管道截面突然扩大所产生的局部阻力损失 h_j 及相应的局部阻力系数 ζ.

解　取图 7-17 中 1-1，2-2 两个有效截面以及它们之间的管壁作为控制面，观察黏性流体流过该控制面的能量变化和动量变化. 根据不可压缩流体的连续性方程得

$$V_2 = \frac{A_1}{A_2}V_1 \quad \text{或} \quad V_1 = \frac{A_2}{A_1}V_2 \qquad (7\text{-}66a)$$

根据动量方程得

$$p_1 A_1 - p_2 A_2 + p(A_2 - A_1) = \rho Q_V (V_2 - V_1) \qquad (7\text{-}66b)$$

式中，$p(A_2 - A_1)$ 为作用于扩大管凸肩圆环上的压力. 实验证明，$p = p_1$，故式(7-66b)可改写为

$$p_1 - p_2 = \rho V_2 (V_2 - V_1) \qquad (7\text{-}66c)$$

根据能量方程得

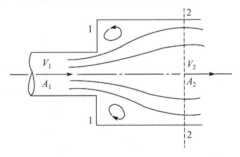

图 7-17　例 7-3 示意图

$$\frac{V_1^2}{2g} + \frac{p_1}{\rho g} = \frac{V_2^2}{2g} + \frac{p_2}{\rho g} + h_j$$

所以

$$h_j = \frac{1}{\rho g}(p_1 - p_2) + \frac{1}{2g}(V_1^2 - V_2^2) \qquad (7\text{-}66d)$$

将式(7-66a)、式(7-66c)代入得

$$h_{\mathrm{j}} = \frac{V_2}{g}(V_2 - V_1) + \frac{1}{2g}(V_1^2 - V_2^2) = \frac{1}{2g}(V_1 - V_2)^2$$

$$= \frac{V_1^2}{2g}\left(1 - \frac{A_1}{A_2}\right)^2 = \frac{V_2^2}{2g}\left(\frac{A_2}{A_1} - 1\right)^2 \tag{7-66e}$$

将式(7-66e)写成与式(7-10)相同的形式，则有

$$h_{\mathrm{j}} = \zeta_1 \frac{V_1^2}{2g} = \zeta_2 \frac{V_2^2}{2g} \tag{7-66}$$

因此，按小截面流速计算的局部阻力系数

$$\zeta_1 = \left(1 - \frac{A_1}{A_2}\right)^2 \tag{7-67}$$

按大截面流速计算的局部阻力系数

$$\zeta_2 = \left(\frac{A_2}{A_1} - 1\right)^2 \tag{7-68}$$

若管道与大面积的水池相连，可知 $A_2 \gg A_1$，则由式(7-67)得，$\zeta_1 = 1$，$h_{\mathrm{j}} = V_1^2/2g$，即管道中水流的速度头完全消失在大池之中.

7.6　管内黏性流体流动的能量损失

7.5 节讨论了管内流动的沿程阻力系数和局部阻力系数，研究这两个阻力系数的目的是为了求取管内流动的阻力损失，以下按单一圆管、非圆形管道、虹吸、孔板流量计介绍管内流动能量损失的计算及其应用.

7.6.1　单一圆管内黏性流体流动的能量损失

所谓单一圆管，指的是黏性流体流经的圆管直径不变，且无分叉. 这时所产生的流动阻力损失为沿程阻力损失和局部阻力损失之和，即

$$h_{\mathrm{w}} = h_{\mathrm{f}} + h_{\mathrm{j}} = \lambda \frac{l}{d} \frac{V^2}{2g} + \sum \zeta \frac{V^2}{2g} \tag{7-69}$$

注意到式(7-69)中的沿程阻力系数 $\lambda = f_1(Re, \varepsilon/d)$，$Re$ 由流速 V(或流量 $Q_{\mathscr{V}}$)，管径 d，运动黏度 ν 决定，而 g 为常数，故流经单一圆管的流动阻力损失 h_{w} 是 $Q_{\mathscr{V}}$，d，ε，l，ν，ζ 六个变量的函数，即

$$h_{\mathrm{w}} = f(Q_{\mathscr{V}}, d, \varepsilon, l, \nu, \zeta) \tag{7-70}$$

式(7-70)包含了 h_{w}，$Q_{\mathscr{V}}$，d，ε，l，ν，ζ 七个变量，知道其中任意六个就可由式(7-69)，结合穆迪图和伯努利方程，求得第七个变量. 通常情况下，绝对粗糙度 ε、管长 l、运动黏度 ν、局部阻力系数 ζ 均已知，而流动阻力损失 h_{w}，流量 $Q_{\mathscr{V}}$ 和管径 d 则有可能未知，

这就构成了下列三种形式的待求问题：

形式一　已知 $Q_{\mathscr{V}}$、d（和 ε，l，ν，ζ），求 h_{w}。这是最简单的待求问题。此时，Re 和 ε/d 都可从给定的变量求得，从穆迪图查得沿程阻力系数 λ，然后由式(7-69)求得流动阻力损失 h_{w}。

形式二　已知 d，h_{w}（和 ε，l，ν，ζ），求 $Q_{\mathscr{V}}$。此时相对粗糙度 ε/d 可从已知值中求取，但 Re 则不能，故无法从穆迪图查得 λ。因此，必须通过试算求取 $Q_{\mathscr{V}}$。按照式(7-69)和流量公式 $Q_{\mathscr{V}}=\pi d^2 V/4$，可得

$$Q_{\mathscr{V}}=\sqrt{\dfrac{g\pi^2 d^4 h_{\mathrm{w}}}{8\left(\lambda\dfrac{l}{d}+\sum\zeta\right)}} \tag{7-71}$$

可试取 $Q_{\mathscr{V}1}$ 求得 Re_1，再由穆迪图求得 λ_1，然后代入式(7-71)求得 $Q_{\mathscr{V}2}$，若 $|Q_{\mathscr{V}1}-Q_{\mathscr{V}2}|<\Delta$（$\Delta$ 为预设的小量），则试算成功。否则，将 $Q_{\mathscr{V}2}$ 作为预测值，重复上述过程试算，直至得到满意的计算结果。

形式三　已知 $Q_{\mathscr{V}}$，h_{w}（和 ε，l，ν，ζ），求 d。此时，ε/d 和 Re 都不能直接求得，因此，也必须试算。按照式(7-69)和流量公式 $Q_{\mathscr{V}}=\pi d^2 V/4$，可导得一个关于直径 d 的方程

$$\dfrac{h_{\mathrm{w}}\pi^2 g}{8Q_{\mathscr{V}}^2}d^5-\sum\zeta d-\lambda l=0 \tag{7-72}$$

仿照形式二，先试取 d_1，求得 Re 和 ε/d_1，从而由穆迪图求得 λ_1，然后代入式(7-72)，看方程能否成立。若方程成立，则试算成功，否则另取 d_2 作为预测值，重复上述过程试算，直至得到满意的计算结果。

例 7-4　如图 7-18 所示，运动黏度 $\nu=2\times10^{-6}\mathrm{m}^2/\mathrm{s}$ 的煤油储存在一大容器中，煤油液面与底部管道出口中心的垂直距离为 4m，用一根长 $l=3\mathrm{m}$，内径 $d=6\mathrm{mm}$，绝对粗糙度 $\varepsilon=0.046\mathrm{mm}$ 的碳钢管将煤油从容器底部引出，管道中间有一曲率半径 $R=12\mathrm{mm}$ 直角弯管。试求煤油的体积流量。

解　这是一个典型的形式二的问题。在液面和出流口选择 1，2 两点，建立伯努利方程

$$\dfrac{V_1^2}{2g}+z_1+\dfrac{p_1}{\rho g}=\dfrac{V_2^2}{2g}+z_2+\dfrac{p_2}{\rho g}+h_{\mathrm{w}}$$

由题意，得

$$0+H+0=\dfrac{V_2^2}{2g}+0+\lambda\dfrac{l}{d}\dfrac{V_2^2}{2g}+\sum\zeta\dfrac{V_2^2}{2g}$$

所以

$$H=\dfrac{V_2^2}{2g}\left(1+\lambda\dfrac{l}{d}+\sum\zeta\right)$$

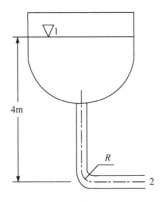

图 7-18　例 7-4 示意图

由 $Q_{\mathscr{V}}=\dfrac{\pi}{4}d^2 V_2$ 代入，得

$$Q_V = \sqrt{\frac{\pi^2 g d^4 H}{8\left(1 + \lambda \dfrac{l}{d} + \sum \zeta\right)}} \tag{7-71a}$$

式(7-71a)与式(7-71)形式上基本相同. 由已知条件, $\varepsilon/d = 0.0077$. 设管道入口处的局部阻力系数为 ζ_1, 则 $\zeta_1 = 0.5$, 设弯管的局部阻力系数为 ζ_2, 则因 $d/R = 0.5$, 所以 $\zeta_2 = 0.145$, 总局部阻力系数 $\zeta_1 + \zeta_2 = 0.645$.

先假定流量 $Q_{V1} = 0.001 \text{m}^3/\text{s}$,

$$Re_1 = \frac{4Q_{V1}}{\pi_V d} = \frac{4 \times 1 \times 10^{-3}}{\pi \times 2 \times 10^{-6} \times 6 \times 10^{-3}} = 1.06 \times 10^5$$

由穆迪图查得

$$\lambda_1 = 0.035$$

所以将已知数据代入式(7-71a), 得

$$Q_{V2} = \sqrt{\frac{9.81 \times \pi^2 \times (6 \times 10^{-3})^4 \times 4}{8 \times (1 + 0.035 \times 3/0.006 + 0.645)}} = 5.72 \times 10^{-5} (\text{m}^3/\text{s})$$

Q_{V2} 与假定流量 Q_{V1} 差距甚远, 故以 $Q_{V2} = 5.72 \times 10^{-5} \text{m}^3/\text{s}$ 作为预测值, 求得

$$Re_2 = \frac{4Q_{V2}}{\pi v d} = \frac{4 \times 5.72 \times 10^{-5}}{\pi \times 2 \times 10^{-6} \times 6 \times 10^{-3}} = 6.07 \times 10^3$$

由穆迪图查得 $\lambda_2 = 0.045$, 再将求得数据代入式(7-71a), 得

$$Q_{V3} = \sqrt{\frac{9.81 \times \pi^2 \times (6 \times 10^{-3})^4 \times 4}{8 \times (1 + 0.045 \times 3/0.006 + 0.645)}} = 5.10 \times 10^{-5} (\text{m}^3/\text{s})$$

Q_{V3} 与 Q_{V2} 基本接近, 若要进一步提高计算精度, 则以 $Q_{V3} = 5.10 \times 10^{-5} \text{m}^3/\text{s}$ 作为预测值, 再作一次试算, 求得

$$Q_{V4} = 5.07 \times 10^{-5} \text{m}^3/\text{s}$$

Q_{V4} 与 Q_{V3} 已基本相等, 所以煤油的体积流量

$$Q_V \approx 5.07 \times 10^{-5} \text{m}^3/\text{s}$$

例 7-5　如图 7-19 所示, 用功率 $P=10\text{kw}$, 效率 $\eta=72\%$ 的水泵将水从湖中通过图示管道抽至水塔中, 水塔中液面与湖面的垂直距离为 25m, 水塔中的相对压强(表压)为 150kPa, 流量为 0.012m³/s, 水的运动黏度假定为 $v = 1 \times 10^{-6} \text{m}^2/\text{s}$, 钢管的绝对粗糙度 $\varepsilon = 0.15\text{mm}$, 钢管总长 260m, 途中经过 3 个 90° 的直角弯管, 2 个 45° 的弯管, 一个局部阻力系数 $\zeta_1 = 2$ 的吸水罩和一个球阀. 试求所用管径.

解　这是一个典型的形式三问题, 在湖面和水塔液面选 1、2 两点, 在 1、2 点间建立伯努利方程

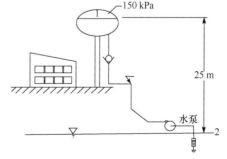

图 7-19　例 7-5 示意图

$$\frac{V_1^2}{2g} + z_1 + \frac{p_1}{\rho g} = \frac{V_2^2}{2g} + z_2 + \frac{p_2}{\rho g} + h_w - h_p$$

式中，h_p 为水泵抽水水头，物理意义为单位重量流体增加的能量(J/N)，而流动阻力损失 h_w 是单位重量流体的能量损耗，故 h_p 的量纲与 h_w 一致，而作用刚好相反，所以在 h_p 前加一负号表示能量的增加.

$$h_p = \frac{P\eta}{Q_{\mathscr{V}}\rho g} = \frac{10^4 \times 0.72}{12 \times 10^{-3} \times 10^3 \times 9.81} = 61.2\text{m}$$

由题意得

$$0 + 0 + 0 = 0 + H + \frac{p_2}{\rho g} + \lambda \frac{l}{d}\frac{V^2}{2g} + \sum \zeta \frac{V^2}{2g} - h_p$$

将 $Q_{\mathscr{V}} = \frac{\pi}{4}d^2 V$ 代入，得

$$\left(-h_p + H + \frac{p_2}{\rho g}\right)\frac{\pi^2 g}{8Q_{\mathscr{V}}^2}d^5 + \sum \zeta d + \lambda l = 0 \tag{7-72a}$$

式(7-72a)和式(7-72)形式上大致相同. 吸水罩局部阻力系数 $\zeta_1 = 2$；由表 7-3 得，90°弯管的局部阻力系数 $\zeta_2 = 0.291$，则 $3\zeta_2 = 0.291 \times 3 = 0.873$；45°弯管的局部阻力系数 $\zeta_3 = 0.73ab = 0.73 \times 0.62 \times 0.14 = 0.06335$，则 $2\zeta_3 = 0.06335 \times 2 = 0.127$；开度为 60%的球阀的局部阻力系数 $\zeta_4 = 4.8$；另有出口局部阻力系数 $\zeta_5 = 1$. 所以，总局部阻力系数

$$\sum \zeta = \zeta_1 + 3\zeta_2 + 2\zeta_3 + \zeta_4 + \zeta_5 = 2 + 0.873 + 0.127 + 4.8 + 1 = 8.8$$

将已知数据代入式(7-72a)得

$$\left(-61.2 + 25 + \frac{150 \times 10^3}{10^3 \times 9.81}\right)\frac{\pi^2 \times 9.81}{8 \times (12 \times 10^{-3})^2}d^5 + 8.8d + 260\lambda = 0$$

即

$$-1.76 \times 10^6 d^5 + 8.8d + 260\lambda = 0 \tag{7-72b}$$

试预测值 $d_1 = 0.1\text{m}$，则 $\varepsilon / d = 0.0015$

$$Re_1 = \frac{4Q_{\mathscr{V}}}{\pi v d_1} = \frac{4 \times 12 \times 10^{-3}}{\pi \times 10^{-6} \times 0.1} = 1.53 \times 10^5$$

由穆迪图查得 $\lambda_1 = 0.023$，代入式(7-62b)左边得

$$-1.76 \times 10^6 \times 0.1^5 + 8.8 \times 0.1 + 260 \times 0.023 = -10.74$$

等式(7-72b)不成立，再选预测值 $d_2 = 0.08\text{m}$，则 $\varepsilon / d = 0.0019$

$$Re_2 = \frac{4Q_{\mathscr{V}}}{\pi v d_2} = \frac{4 \times 12 \times 10^{-3}}{\pi \times 10^{-6} \times 0.08} = 1.91 \times 10^5$$

由穆迪图查得 λ_2= 0.0225，代入式(7-72b)左边得

$$-1.76\times10^6\times0.08^5+8.8\times0.08+260\times0.0225=0.786$$

等式(7-72b)仍不能成立，进一步选 d_3= 0.085m，则 $\varepsilon/d=0.0018$

$$Re_3=\frac{4Q_{\mathscr{V}}}{\pi\nu d_3}=\frac{4\times12\times10^{-3}}{\pi\times10^{-6}\times0.085}=1.80\times10^5$$

查穆迪图得 λ_3= 0.0225，代入式(7-72b)左边得

$$-1.76\times10^6\times0.085^5+8.8\times0.085+260\times0.0225=-1.21$$

若选 d_4= 0.082m，可知仍有 $\varepsilon/d=0.0018$，Re_4=1.8×10^5，得 λ_4=0.0225，代入式(7-72b)左边得

$$-1.76\times10^6\times0.082^5+8.8\times0.082+260\times0.0225=0.046$$

已基本能使等式(7-72b)成立，所以 $d=0.082$m 是最优设计管径. 但在实际工程设计中，要选择公称管径. 因此，应在最优管径基础上，结合工程运行的安全性和工程建设的经济性综合考虑. 由于管径与流体流动阻力损失成反比，从安全角度出发，应选择略大于最优管径的公称管径，如 $d=0.085$m；另外，由于球阀在其中起了调节流动阻力损失的作用，故从经济性出发，也可选用略小于最优管径的公称管径，如 $d=0.08$m.

7.6.2　非圆形管内流动的能量损失

非圆形管道内的流动在 3.1 节已经论述. 在那里，我们通过定义湿周 χ，水力半径 R_h，当量直径 D_e 等物理量，对非圆形管道内的流动进行讨论.

讨论非圆形管内流动的能量损失，即沿程阻力损失时，仍可沿用达西公式(7-9)进行计算，只是要将式(7-9)中的管径 d 用当量直径 D_e 代替，所以黏性流体在非圆形管道中流动的沿程阻力损失为

$$h_f=\lambda\frac{l}{D_e}\frac{V^2}{2g} \tag{7-73}$$

式(7-73)中的沿程阻力系数 λ 仍可从穆迪图查得，所不同的是，此时的相对粗糙度是以当量直径为基准的相对粗糙度 ε/D_e，Re 也要用当量直径 D_e 计算

$$Re=\frac{\rho VD_e}{\mu}=\frac{VD_e}{\nu} \tag{7-74}$$

应该看到，由于黏性流体沿非圆形管道流动时，流动产生的切向应力沿固体壁面的分布没有圆形管道均匀，故按当量直径求得的沿程阻力损失有一定误差，且截面形状越接近圆形，其误差越小，反之，则误差越大.

例 7-6　空气通过一根长 l=500m 的水平光滑管道，管道截面是 0.3m×0.2m 的矩形，流量 Q=0.24m³/s，空气密度 ρ=1.23kg/m³，运动黏度 ν=1.5×10⁻⁵m²/s，求管道压降.

解　矩形管道的当量直径

$$D_e = \frac{4 \times 0.3 \times 0.2}{2 \times (0.3 + 0.2)} = 0.24\text{m}$$

平均流速

$$V = \frac{0.24}{0.3 \times 0.2} = 4.0\text{m/s}$$

雷诺数

$$Re = \frac{VD_e}{\nu} = \frac{4.0 \times 0.24}{1.5 \times 10^{-5}} = 6.4 \times 10^4$$

查穆迪图光滑管区曲线，得沿程阻力系数

$$\lambda = 0.0196$$

沿程阻力损失

$$h_f = \lambda \frac{l}{D_e} \frac{V^2}{2g} = 0.0196 \times \frac{500}{0.24} \times \frac{4.0^2}{2 \times 9.81} = 33.3\text{m}$$

管道压降

$$\Delta p = \rho g h_f = 1.23 \times 9.81 \times 33.3 = 402\text{Pa}$$

7.6.3　虹吸

　　将液体通过管道从液位较高的一端经过高出液面的管段自动流向液位较低的另一端的作用称为虹吸作用. 如图 7-20 中通过管道将水渠中的水越过田埂流向水田就是虹吸的一个应用实例. 液体流经的管道称为虹吸管. 充满液体的虹吸管之所以能够引流至高出液面的管段，是因为管道 2-3 中的液体依靠重力向下流动时，会在截面 2 处形成一定的真空，从而把截面 1 处的液体吸上来. 显然，截面 2 处的真空越高，将液体向上吸的能力就越大. 但是截面 2 处的压强最低不能低于该液体所处温度下的饱和压强，否则液体将要汽化，形成的气泡将积聚在虹吸管的最高处，最后充满管道截面，把液体隔开，使虹吸中断. 因此，虹吸抽吸的高度有限制，能达到的最大抽吸高度称为允许抽吸高度. 下面计算允许抽吸高度 h_1 和饱和压强 p_s、落差 h_2 之间的关系.

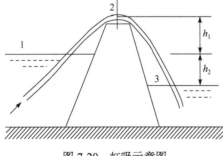

图 7-20　虹吸示意图

　　如图 7-20 所示，假定虹吸管中流体流速为 V，高、低液位间的落差为 h_2，截面 2 处的压强为 p_2，其真空为 $p_a - p_2$，虹吸管总长为 l，内径为 d，沿程阻力系数为 λ，局部阻力系数为 $\sum \zeta$，则对上、下游液面列伯努利方程，得

$$\frac{p_a}{\rho g} = -h_2 + \frac{p_a}{\rho g} + \left(\lambda \frac{l}{d} + \sum \zeta \right) \frac{V^2}{2g} \tag{7-75}$$

$$V = \sqrt{\dfrac{2gh_2}{\lambda\dfrac{l}{d} + \sum \zeta}} \tag{7-76a}$$

进一步设管段 1-2 之间的长度为 Δl，局部阻力系数为 ζ_1，则对 1 和 2 截面列伯努利方程，得

$$\frac{p_a}{\rho g} = h_1 + \frac{p_2}{\rho g} + \frac{V^2}{2g} + \left(\lambda\frac{\Delta l}{d} + \zeta_1\right)\frac{V^2}{2g}$$

$$\frac{p_a - p_2}{\rho g} = h_1 + \left(1 + \lambda\frac{\Delta l}{d} + \zeta_1\right)\frac{V^2}{2g} = h_1 + \frac{1 + \lambda\dfrac{\Delta l}{d} + \zeta_1}{\lambda\dfrac{l}{d} + \sum\zeta}h_2 \tag{7-76b}$$

若已知液体在所处温度下的饱和压力为 p_s，则可由式(7-76b)求得允许的吸水高度

$$h_1 < \frac{p_a - p_s}{\rho g} - \frac{1 + \lambda\dfrac{\Delta l}{d} + \zeta_1}{\lambda\dfrac{l}{d} + \sum\zeta}h_2 \tag{7-76}$$

例 7-7　图 7-21 所示虹吸管总长 $l = 21\text{m}$，坝顶中心前管长 $\Delta l = 8\text{m}$，管内径 $d = 0.25\text{m}$，坝顶中心与上游水面的高度差 $h_1 = 3.5\text{m}$，二水面落差 $h_2 = 4\text{m}$. 设沿程阻力系数 $\lambda = 0.03$. 虹吸管进口局部阻力系数 $\zeta_1 = 0.8$，出口局部阻力系数 $\zeta_2 = 1$，三个 45° 折管的局部阻力系数均为 0.3，试求虹吸管的吸水流量. 若当地的大气压强 $p_a = 10^5\text{Pa}$，水温 $t = 20℃$，所对应的水的密度 $\rho = 998\text{kg/m}^3$，水的饱和压强 $p_s = 2.42 \times 10^3\text{Pa}$，试求最大吸水高度.

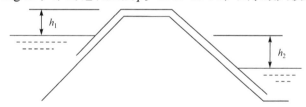

图 7-21　例 7-7 示意图

解　由式(7-76a)可求得管内流速

$$V = \sqrt{\frac{2gh_2}{\lambda\dfrac{l}{d} + \sum\zeta}} = \sqrt{\frac{2 \times 9.8 \times 4}{0.03 \times \dfrac{21}{0.25} + (0.8 + 1 + 0.3 \times 3)}} = 3.875(\text{m/s})$$

流量

$$Q_{\mathscr{V}} = \frac{\pi}{4}d^2 V = \frac{\pi}{4} \times 0.25^2 \times 3.875 = 0.19(\text{m}^3/\text{s})$$

最大吸水高度

$$h_1 < \frac{p_a - p_s}{\rho g} - \frac{1 + \lambda\dfrac{\Delta l}{d} + \zeta_1}{\lambda\dfrac{l}{d} + \sum\zeta}h_2 = 7.63\text{m}$$

可见最大吸水高度为 7.63m，现吸水高度为 3.5m，远小于最大吸水高度，所以不会出现水的汽化，故虹吸作用不会被破坏. 一般而言，虹吸管的吸水高度不能超过 7m.

7.6.4 孔板流量计

孔板流量计是一种广泛使用的差压式流量计，如图 7-22 所示. 孔板由不锈钢制成，中间圆孔与管道同心. 孔板流量计测量流体流量的基本原理与文丘里管基本一致，即流体通过孔板时流束收缩，流通截面变小，使流速增大，静压下降，同时，孔板作为一种局部阻力元件，流体流过时将产生能量损失，使总能降低. 所以，测出孔板前后的静压降 Δp，就能根据黏性流体总流的伯努利方程和连续性方程，求得通过孔板的流体流量. 孔板的取压方式选用 $d - d/2$ 取压. 即如图 7-22 所示，在孔板上游距孔板 d 处作为测压点 1，测得压强 p_1，孔板下游距孔板 $d/2$ 处作为测压点 2，测得压强 p_2，选择 1、2 两点，建立黏性流体总流的伯努利方程

$$\frac{V_1^2}{2g} + \frac{p_1}{\rho g} = \frac{V_2^2}{2g} + \frac{p_2}{\rho g} + \zeta \frac{V_2^2}{2g} \tag{7-77a}$$

由连续性方程，对管径为 d 的圆管和孔径为 d_0 的孔板，有

$$V_1 = \left(\frac{d_0}{d}\right)^2 V_2 \tag{7-77b}$$

代入式(7-77a)得

$$V_2 = \frac{1}{\sqrt{1 + \zeta - \left(\frac{d_0}{d}\right)^4}} \sqrt{\frac{2}{\rho}(p_1 - p_2)} \tag{7-77c}$$

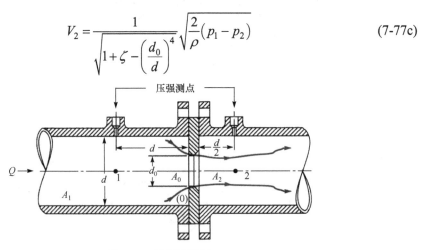

图 7-22　孔板流量计

考虑到孔板入口边缘不尖锐度的影响，由式(7-77c)求得的流速 V_2 应乘以修正系数 η，

$$V_2 = \frac{\eta}{\sqrt{1 + \zeta - \left(\frac{d_0}{d}\right)^4}} \sqrt{\frac{2}{\rho}(p_1 - p_2)} \tag{7-77d}$$

令

$$\alpha = \frac{\eta}{\sqrt{1 + \zeta - (\frac{d_0}{d})^4}}$$
(7-77e)

α 是孔板的流量系数，是面积比 $m = d_0^2/d^2$ 和 Re 的函数，可通过实验求取. 表 7-4 列出了在极限雷诺数 Re_1 下，孔板流量系数 α 与面积比 m 的关系. 所谓极限雷诺数 Re_1 指的是当 $Re \geqslant Re_1$ 时，α 不再随 Re 变化，而等于常数，因此，当管内流动的实际雷诺数 $Re < Re_1$ 时，由表 7-4 查得的流量系数 α 应乘以黏度校正系数 K_u，K_u 值可通过图 7-23 查得.

表 7-4 标准孔板的流量系数 α

m	管径 d				
	50mm	100mm	200mm	>300mm	Re_1
0.05	0.6128	0.6092	0.6043	0.6010	2.3×10^4
0.10	0.6162	0.6117	0.6069	0.6034	3.0×10^4
0.15	0.6220	0.6171	0.6119	0.6086	4.5×10^4
0.20	0.6293	0.6238	0.6183	0.6150	5.7×10^4
0.25	0.6387	0.6327	0.6269	0.6240	7.5×10^4
0.30	0.6492	0.6428	0.6368	0.6340	9.3×10^4
0.35	0.6607	0.6541	0.6479	0.6450	11.0×10^4
0.40	0.6764	0.6695	0.6631	0.6600	13.0×10^4
0.45	0.6934	0.6859	0.6794	0.6760	16.0×10^4
0.50	0.7134	0.7056	0.6987	0.6950	18.5×10^4
0.55	0.7335	0.7272	0.7201	0.7160	21.0×10^4
0.60	0.7610	0.7523	0.7447	0.7400	24.0×10^4
0.65	0.7909	0.7815	0.7733	0.7680	27.0×10^4
0.70	0.8270	0.8870	0.8079	0.8020	30.0×10^4

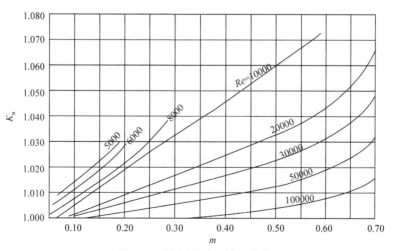

图 7-23 孔板的黏度校正系数

所以通过上述分析，得到

$$V_2 = K_u \alpha \sqrt{\frac{2}{\rho}(p_1 - p_2)} \tag{7-77}$$

而体积流量

$$Q_{\mathscr{V}} = V_2 A_2 = \frac{\pi}{4} d_0^2 K_u \alpha \sqrt{\frac{2}{\rho}(p_1 - p_2)} \tag{7-78}$$

质量流量

$$Q_M = \rho Q_{\mathscr{V}} = \frac{\pi}{4} d_0^2 K_u \alpha \sqrt{2\rho(p_1 - p_2)} \tag{7-78a}$$

7.7 管 路 计 算

7.6 节讨论了单一圆管内黏性流体流动的能量损失，在实际工程应用中，单一圆管内的流体流动是不多见的，更多的是由数段不同内径的管道连接在一起的串联管路；以及在上游某处分成几路，在下游某处又汇合成一路的并联管路。多根管道连接在一起还可构造出枝状管路、环状管路等其他复杂管路。

7.7.1 串联管路

由数段不同内径的管道依次连接而成的管系称为串联管路。通过串联管路各管段的流量是相同的，而串联管路的能量损失等于各管段能量损失之和。即

$$Q_{\mathscr{V}} = Q_{\mathscr{V}1} = Q_{\mathscr{V}2} = \cdots = Q_{\mathscr{V}n} = \frac{\pi}{4} d_1^2 V_1 = \frac{\pi}{4} d_2^2 V_2 = \cdots = \frac{\pi}{4} d_n^2 V_n \tag{7-79}$$

$$\begin{aligned} h_w &= h_{w1} + h_{w2} + \cdots + h_{wn} \\ &= \left(\sum \zeta_1 + \lambda_1 \frac{l_1}{d_1} \right) \frac{V_1^2}{2g} + \left(\sum \zeta_2 + \lambda_2 \frac{l_2}{d_2} \right) \frac{V_2^2}{2g} + \cdots + \left(\sum \zeta_n + \lambda_n \frac{l_n}{d_n} \right) \frac{V_n^2}{2g} \end{aligned} \tag{7-80}$$

串联管路的计算主要是下列两类问题：

(1) 已知流过串联管路的流量 $Q_{\mathscr{V}}$，求所需总水头 H；

(2) 已知总水头 H，求通过的流量 $Q_{\mathscr{V}}$。

以图 7-24 所示的串联管路为例。对图示 A，B 两截面列伯努利方程

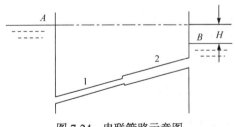

$$\begin{aligned} 0 = &-H + \zeta_1 \frac{V_1^2}{2g} + \lambda_1 \frac{l_1}{d_1} \frac{V_1^2}{2g} + \zeta_2 \frac{V_2^2}{2g} \\ &+ \lambda_2 \frac{l_2}{d_2} \frac{V_2^2}{2g} + \zeta_3 \frac{V_2^2}{2g} \end{aligned} \tag{7-81}$$

式中，ζ_1，ζ_2，ζ_3 分别为入口、管 1 和管 2 接口以及出口的局部阻力系数；下标 1、2 分

图 7-24 串联管路示意图

别代表两段不同的管道. 根据不可压缩流体的连续性方程

$$V_1 d_1^2 = V_2 d_2^2$$

代入式(7-81)消去 V_1，得

$$H = \frac{V_2^2}{2g}\left[\zeta_1 \left(\frac{d_2}{d_1}\right)^4 + \zeta_2 + \zeta_3 + \lambda_1 \frac{l_1}{d_1}\left(\frac{d_2}{d_1}\right)^4 + \lambda_2 \frac{l_2}{d_2}\right] = \frac{V_2^2}{2g}(c_1 + c_2\lambda_1 + c_3\lambda_2) \qquad (7\text{-}82)$$

所以，串联管路第一类问题的解题步骤如下：

(1) 计算各管的相对粗糙度、流速、雷诺数 Re；

(2) 查穆迪图和表 7-3，确定各管的沿程阻力系数和局部阻力系数；

(3) 将各管的损失相加，代入总流的伯努利方程，计算所需的总水头.

对于串联管路第二类问题，已知总水头 H，求通过的流量 $Q_{\mathscr{V}}$，由于无法预先求取 V_i 以及 Re_i，故不能确定沿程阻力系数 λ_i，因此和单一管路第二类问题一样，只能通过试算. 串联管路第二类问题的解题步骤如下：

(1) 假定串联管路流量 $Q_{\mathscr{V}}$；

(2) 计算各管的相对粗糙度、流速、雷诺数 Re；

(3) 查穆迪图和表 7-3，确定各管的沿程阻力系数和局部阻力系数；

(4) 将各管的损失相加，代入总流的伯努利方程及各管流量方程；

(5) 求出某根管子的流速，算出新流量 $Q'_{\mathscr{V}}$，如果 $|Q_{\mathscr{V}} - Q'_{\mathscr{V}}| > \Delta$（$\Delta$ 为一预设的小量回到步骤(2)，否则结束.

例 7-8　如图 7-25 所示，水泵通过图示串联管路将 20℃的水从液面恒定的大水箱中送到距水箱液面垂直高度 $H = 10\text{m}$ 的收缩喷嘴出口. 两种不同管径组成的串联管路由一个开启 50%的阀门连接. 细管长 $l_1 = 50\text{m}$，直径 $d_1 = 0.03\text{m}$，且有钟形入口一个（$\zeta_{11} = 0.05$），正规法兰直角弯头 3 个（$\zeta_{12} = 0.31 \times 3 = 0.93$），正规法兰反向弯头 10 个（$\zeta_{13} = 0.3 \times 10 = 3$），$\theta = 10°$的圆截面渐扩管 1 个（$\zeta_{14} = 0.05$）. 粗管长 $l_2 = 30\text{m}$，直径 $d_2 = 0.04\text{m}$，且有开启 50%的闸阀 1 个，（$\zeta_{21} = 2.06$），正规法兰直角弯头 1 个（$\zeta_{22} = 0.31$），收缩比 $d/d_2 = 0.6$ 的收缩喷嘴出口 1 个（$\zeta_{23} = 4$）. 整个管路采用不锈钢管，绝对粗糙度 $\varepsilon = 0.015\text{mm}$，流量 $Q = 0.003\text{m}^3/\text{s}$，效率 $\eta = 0.8$，试求泵功率.

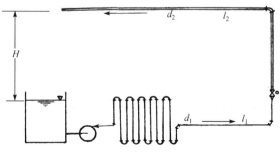

图 7-25　例 7-8 示意图

解 这是串联管路第一类问题. 20℃水, $\rho = 998\text{kg/m}^3$, $\nu = 1.0 \times 10^{-6}\text{m}^2/\text{s}$, 由所给数据得

$$V_1 = \frac{4Q_{\gamma}}{\pi d_1^2} = \frac{4 \times 0.003}{\pi \times (0.03)^2} = 4.24(\text{m/s})$$

$$V_2 = \frac{4Q_{\gamma}}{\pi d_2^2} = \frac{4 \times 0.003}{\pi \times (0.04)^2} = 2.39(\text{m/s})$$

$$Re_1 = \frac{V_1 d_1}{\nu} = \frac{4.24 \times 0.03}{1 \times 10^{-6}} = 1.27 \times 10^5$$

$$Re_2 = \frac{V_2 d_2}{\nu} = \frac{2.39 \times 0.04}{1 \times 10^{-6}} = 9.56 \times 10^4$$

$$\frac{\varepsilon}{d_1} = \frac{0.015}{30} = 0.0005, \quad \frac{\varepsilon}{d_2} = \frac{0.015}{40} = 0.000375$$

查穆迪图得

$$\lambda_1 = 0.0205, \quad \lambda_2 = 0.0196$$

$$\sum \zeta_{1n} = 0.05 + 0.93 + 3.0 + 0.05 = 4.03$$

$$\sum \zeta_{2n} = 2.06 + 0.31 + 4 = 6.37$$

$$h_{\text{w}1} = \left(\sum \zeta_{1n} + \lambda_1 \frac{l_1}{d_1}\right)\frac{V_1^2}{2g} = \left(4.03 + 0.0205\frac{50}{0.03}\right)\left(\frac{4.24^2}{2 \times 9.81}\right) = 35\text{m}(\text{H}_2\text{O})$$

$$h_{\text{w}2} = \left(\sum \zeta_{2n} + \lambda_2 \frac{l_2}{d_2}\right)\frac{V_2^2}{2g} = \left(6.37 + 0.0196\frac{30}{0.04}\right)\left(\frac{2.39^2}{2 \times 9.81}\right) = 6.13\text{m}(\text{H}_2\text{O})$$

在水箱液面和收缩出口处选择 1，2 两点，建立这两点间的伯努利方程

$$z_1 + \frac{p_1}{\rho g} + \frac{V_1^2}{2g} = z_2 + \frac{p_2}{\rho g} + \frac{V_2^2}{2g} + h_{\text{w}1} + h_{\text{w}2} - h_{\text{p}}$$

根据上述数据，求得

$$h_{\text{p}} = 51.42\text{m}(\text{H}_2\text{O})$$

水泵所需功率为

$$P = \frac{\rho g h_{\text{p}} Q}{\eta} = \frac{998 \times 9.81 \times 51.42 \times 0.003}{0.8}\text{W} = 1888\text{W} \approx 1.9\text{kW}$$

7.7.2 并联管路

由多根管道并联连接而成的管系称为并联管路. 与串联管路不同，并联管路的总流量等于各分管道流量的总和，而并联管道的能量损失等于各分管的能量损失，即

$$Q_{\gamma} = Q_{\gamma 1} + Q_{\gamma 2} + \cdots + Q_{\gamma n} = \frac{\pi}{4}d_1^2 V_1 + \frac{\pi}{4}d_2^2 V_2 + \cdots + \frac{\pi}{4}d_n^2 V_n \tag{7-83}$$

$$h_w = h_{w1} = h_{w2} = \cdots = h_{wn}$$

$$= \left(\sum \zeta_1 + \lambda_1 \frac{l_1}{d_1} \right) \frac{V_1^2}{2g} = \left(\sum \zeta_2 + \lambda_2 \frac{l_2}{d_2} \right) \frac{V_2^2}{2g} = \cdots = \left(\sum \zeta_n + \lambda_n \frac{l_n}{d_n} \right) \frac{V_n^2}{2g} \tag{7-84}$$

由式(7-84)知, 各并联分管道都在相同的能量损失下工作, 这是通过调整各分管道流量分配来达到的. 对于并联管路, 一般也是两类计算问题:

(1) 已知并联管路的允许压力损失, 求总流量 $Q_{\mathscr{V}}$;

(2) 已知总流量 $Q_{\mathscr{V}}$, 求各分管道的流量及能量损失.

并联管路第一类问题求解步骤:

(1) 对每根管子求解流量(单一圆管第二类问题);

(2) 把每根管子的流量相加, 得并联管路总流量.

并联管路第二类问题求解步骤:

(1) 假定第一根管子的流量 $Q'_{\mathscr{V}1}$;

(2) 求解第一根管子的流动损失, 也就是其余管子的流动损失;

(3) 求解其余管子的流量(单一圆管第二类问题);

(4) 求总流量 $Q_{\mathscr{V}}'$, 如果 $|Q_{\mathscr{V}} - Q_{\mathscr{V}}'| > \Delta$ (Δ 为一预设的小量), 回到步骤(1), 重新假定 $Q_{\mathscr{V}1}$, 即 $Q_{\mathscr{V}1} = Q'_{\mathscr{V}1} \cdot \dfrac{Q_{\mathscr{V}}}{\sum Q'_i}$; 否则结束.

例 7-9　试求通过如图 7-26 所示的水平并联管路的水的体积流量, 图中各分管路的参数如表 7-5 所示.

表 7-5　各分管路参数

管号	l/m	d/mm	ε/mm
1	800	400	0.4
2	500	600	0.4
3	700	400	0.4

解　这是并联管路的第一类问题. 先求相对粗糙度, $\varepsilon_1/d_1 = 0.001$, $\varepsilon_2/d_2 = 0.00067$, $\varepsilon_3/d_3 = 0.001$, 对常温下的水, 可取 $\nu = 1 \times 10^{-6}\,\text{m}^2/\text{s}$, $\rho = 1000\,\text{kg/m}^3$. 从 A 点到 B 点, 任何一条管路的能量损失都是相等的. 即

$$h_{f1} = h_{f2} = h_{f3} = h_f = \frac{\Delta p}{\rho g} = \frac{(440 - 120) \times 10^3}{10^3 \times 9.81}$$

$$= 32.6\,\text{m}\left(\text{H}_2\text{O}\right)$$

先假设流体流过每个管道时, 都处在湍流粗糙管区(后面再加以验证), 则由穆迪图得

$$\lambda_1 = 0.0196, \quad \lambda_2 = 0.0178, \quad \lambda_3 = 0.0196$$

按达西公式可得

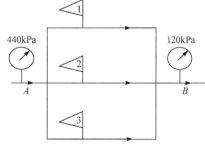

图 7-26　例 7-9 示意图

$$V_1 = \sqrt{\frac{h_f d_1 2g}{\lambda_1 l_1}} = \sqrt{\frac{32.6 \times 0.4 \times 2 \times 9.81}{0.0196 \times 800}} = 4.04(\text{m/s})$$

$$Re_1 = \frac{V_1 d_1}{\nu} = \frac{4.04 \times 0.4}{1 \times 10^{-6}} = 1.62 \times 10^6$$

可见处在湍流粗糙管区，前面的假设成立. 对第二根管道有

$$V_2 = \sqrt{\frac{h_f d_2 2g}{\lambda_2 l_2}} = \sqrt{\frac{32.6 \times 0.6 \times 2 \times 9.81}{0.0178 \times 500}} = 6.57(\text{m/s})$$

$$Re_2 = \frac{V_2 d_2}{\nu} = \frac{6.57 \times 0.6}{1 \times 10^{-6}} = 3.94 \times 10^6$$

也处在湍流粗糙管区. 对第三根管道有

$$V_3 = \sqrt{\frac{h_f d_3 2g}{\lambda_3 l_3}} = \sqrt{\frac{32.6 \times 0.4 \times 2 \times 9.81}{0.0196 \times 700}} = 4.32(\text{m/s})$$

$$Re_3 = \frac{V_3 d_3}{\nu} = \frac{4.32 \times 0.4}{1 \times 10^{-6}} = 1.73 \times 10^6$$

也处在湍流粗糙管区，前述假定均得以验证. 所以每条分管路的体积流量为

$$Q_{V1} = \frac{\pi}{4} d_1^2 V_1 = \frac{\pi \times 0.4^2 \times 4.04}{4} = 0.508(\text{m}^3/\text{s}); \quad Q_{V2} = \frac{\pi}{4} d_2^2 V_2 = \frac{\pi \times 0.6^2 \times 6.57}{4} = 1.858(\text{m}^3/\text{s})$$

$$Q_{V3} = \frac{\pi}{4} d_3^2 V_3 = \frac{\pi \times 0.4^2 \times 4.32}{4} = 0.543(\text{m}^3/\text{s}) ; \quad Q_V = Q_{V1} + Q_{V2} + Q_{V3} = 2.909(\text{m}^3/\text{s})$$

例 7-10　物料烘干器由粗管 1 和细管 2 组成，如图 7-27 所示. 粗管 1 内径 $D_1 = 25\text{mm}$，长 $L_1 = 8\text{m}$，管壁粗糙度 $\varepsilon = 0.25\text{mm}$. 细管 2 内径 $D_2 = 10\text{mm}$，长 $L_2 = 14\text{m}$，管壁粗糙度 $\varepsilon = 0.11\text{mm}$. 粗管和细管的局部阻力件所形成的局部阻力系数分别为 $\sum \zeta_1 = 4.2$ 和 $\sum \zeta_2 = 5.2$. 管内流动的蒸汽 $t = 180℃$，平均密度 $\rho = 5\text{kg/m}^3$，动力黏度 $\mu = 15.1 \times 10^{-6}\text{Pa} \cdot \text{s}$. 总的蒸汽流量 $Q_M = 0.01\text{kg/s}$，不计压缩性，求粗、细管的流量 Q_{M1} 和 Q_{M2} 及压损 Δp.

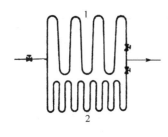

图 7-27　例 7-10 示意图

解　这是并联管路的第二类问题. 相对粗糙度 $\varepsilon_1/D_1 = 0.01$，$\varepsilon_2/D_2 = 0.011$. 总体积流量

$$Q_V = \frac{Q_M}{\rho} = \frac{0.01}{5} = 0.002(\text{m}^3/\text{s})$$

设流经粗管 1 的流量

$$Q_{V1}' = 0.0015(\text{m}^3/\text{s})$$

$$V_1' = \frac{4Q_{V1}'}{\pi D_1^2} = \frac{4 \times 0.0015}{\pi \times (0.025)^2} = 3.056(\text{m/s}), \quad Re_1' = \frac{\rho V_1' D_1}{\mu} = \frac{5 \times 3.056 \times 0.025}{15.1 \times 10^{-6}} = 2.53 \times 10^4$$

已知 $\varepsilon_1/D_1 = 0.01$，查穆迪图得 $\lambda_1 = 0.0405$，则

$$h_{f1} = \lambda_1 \frac{L_1}{D_1} \frac{V_1'^2}{2g} = \frac{0.0405 \times 8 \times (3.056)^2}{0.025 \times 2 \times 9.81} = 6.14(\text{J/N})$$

$$h_{j1} = \sum \zeta_1 \frac{V_1'^2}{2g} = 4.2 \frac{(3.056)^2}{2 \times 9.81} = 2.01(\text{J/N})$$

$$h_{w1} = 6.14 + 2.01 = 8.15(\text{J/N})$$

并联回路，阻力损失相等

$$h_{w2} = \left(\lambda_2 \frac{L_2}{D_2} + \sum \zeta_2 \right) \frac{V_2'^2}{2g} = h_{w1} = 8.15(\text{J/N})$$

因 $\varepsilon_2/D_2 = 0.011$，假定 $\lambda_2 = 0.04$，则

$$V_2'^2 = \frac{2gh_w}{\lambda_2 \dfrac{L_2}{D_2} + \sum \zeta_2} = \frac{2 \times 9.81 \times 8.15}{0.04 \times \dfrac{14}{0.01} + 5.2} = 2.63, \quad V_2' = 1.62(\text{m/s})$$

流经细管 2 的体积流量为

$$Q_{V2}' = \frac{\pi D_2^2 V_2}{4} = \frac{\pi \times (0.01)^2 \times 1.62}{4} = 0.000127(\text{m}^3/\text{s})$$

$$Q_{V1}' + Q_{V2}' = 0.0015 + 0.000127 = 0.001627(\text{m}^3/\text{s}) < 0.002(\text{m}^3/\text{s})$$

重新假定 Q_{V1}，令

$$Q_{V1} = Q_{V1}' \cdot \frac{Q_V}{\sum Q_{Vi}'} = \frac{0.0015 \times 0.002}{0.001627} = 0.001845(\text{m}^3/\text{s})$$

$$V_1 = \frac{4Q_{V1}}{\pi D_1^2} = \frac{4 \times 0.001845}{\pi \times (0.025)^2} = 3.76(\text{m/s}), \quad Re_1 = \frac{\rho V_1 D_1}{\mu} = \frac{5 \times 3.76 \times 0.025}{15.1 \times 10^{-6}} = 3.1 \times 10^4$$

结合 $\varepsilon_1/D_1 = 0.01$，查穆迪图得 $\lambda_1 = 0.04$，则

$$h_{f1} = \lambda_1 \frac{L_1}{D_1} \frac{V_1^2}{2g} = \frac{0.04 \times 8 \times (3.76)^2}{0.025 \times 2 \times 9.81} = 9.22(\text{J/N}), \quad h_{j1} = \sum \zeta_1 \frac{V_1^2}{2g} = 4.2 \frac{(3.76)^2}{2 \times 9.81} = 3.03(\text{J/N})$$

$$h_{w1} = 9.22 + 3.03 = 12.25(\text{J/N})$$

因 $\varepsilon_2/D_2 = 0.011$，仍假定 $\lambda_2 = 0.04$，则

$$V_2^2 = \frac{2gh_w}{\lambda_2 \dfrac{L_2}{D_2} + \sum \zeta_2} = \frac{2 \times 9.81 \times 12.25}{0.04 \times \dfrac{14}{0.01} + 5.2} = 3.96, \quad V_2 = 1.99(\text{m/s})$$

$$Q_{V2} = \frac{\pi D_2^2 V_2}{4} = \frac{\pi \times (0.01)^2 \times 1.99}{4} = 0.000156(\text{m}^3/\text{s})$$

$$Q_{V1} + Q_{V2} = 0.001845 + 0.000156 = 0.002001(\text{m}^3/\text{s}) \approx Q_V$$

验算

$$Re_2 = \frac{\rho V_2 D_2}{\mu} = \frac{5 \times 1.99 \times 0.010}{15.1 \times 10^{-6}} = 6549, \quad \varepsilon_2/D_2 = 0.011$$

查穆迪图得 $\lambda_2 = 0.044$，则

$$V_2^2 = \frac{2gh_w}{\lambda_2 \dfrac{L_2}{D_2} + \sum \zeta_2} = \frac{2 \times 9.81 \times 12.25}{0.044 \times \dfrac{14}{0.01} + 5.2} = 3.60, \quad V_2 = 1.90 (\text{m/s})$$

$$Q_{V2} = \frac{\pi D_2^2 V_2}{4} = \frac{\pi \times (0.01)^2 \times 1.90}{4} = 0.00015 (\text{m}^3/\text{s})$$

$$Q_{V1} + Q_{V2} \approx 0.00185 + 0.00015 = 0.002 (\text{m}^3/\text{s}) = Q_V$$

故

$$Q_{M_1} = \rho Q_{V1} = 5 \times 0.00185 = 0.00925 (\text{kg/s}), \quad Q_{M_2} = \rho Q_{V2} = 5 \times 0.00015 = 0.00075 (\text{kg/s})$$

$$\Delta p = \rho g h_w = 5 \times 9.81 \times 12.25 = 600.9 (\text{Pa})$$

7.7.3 其他复杂管路

除了串联管路和并联管路，工程上还会遇到更加复杂的管路形式，如枝状管路、环状管路等. 由于复杂管路的计算量较大，通常可通过编制计算机程序来完成计算.

枝状管路一般用于生活供水、农田灌溉等，如图 7-28 所示. 设计枝状管路时，已知各管段长度、各用户需要的流量和水头，管材和管径按工程条件和允许流速确定，而设计的主要任务是确定水塔高度或水泵扬程.

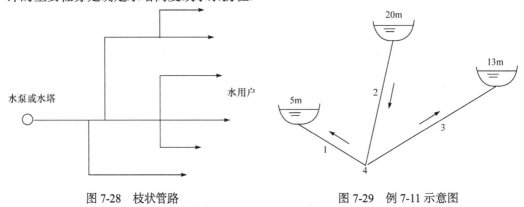

图 7-28 枝状管路　　　　　　　　图 7-29 例 7-11 示意图

设计计算枝状管路时，需要对每个管段逐一计算，沿流动方向水力损失逐渐叠加.

例 7-11　如图 7-29 所示枝状管路，不同标高的三个水箱通过三根管子连接，管道的相关数据如表 7-6，求通过各管道的流量.

表 7-6　例 7-11 用表

管号	l/m	d/m	λ	$\sum \zeta$
1	500	0.10	0.025	3
2	750	0.15	0.020	2
3	1000	0.13	0.018	7

解　设三根管子的交汇点为 4，高位水箱水面为 2，低位水箱水面 1，中位水箱水面 3，可建立以下三个能量平衡方程：

$$\left(\frac{p}{\rho g}+z\right)_2-\left(\frac{p}{\rho g}+z+\frac{V_2^2}{2g}\right)_4=\left(\lambda_2\frac{l_2}{d_2}+\sum\zeta_2\right)\frac{V_2^2}{2g} \tag{7-85a}$$

$$\left(\frac{p}{\rho g}+z+\frac{V_2^2}{2g}\right)_4-\left(\frac{p}{\rho g}+z\right)_1=\left(\lambda_1\frac{l_1}{d_1}+\sum\zeta_1\right)\frac{V_1^2}{2g} \tag{7-85b}$$

$$\left(\frac{p}{\rho g}+z+\frac{V_2^2}{2g}\right)_4-\left(\frac{p}{\rho g}+z\right)_3=\left(\lambda_3\frac{l_3}{d_3}+\sum\zeta_3\right)\frac{V_3^2}{2g} \tag{7-85c}$$

合并式(7-85a)和式(7-85b)，考虑水箱水面为大气压，有

$$z_2-z_1=\left(\lambda_2\frac{l_2}{d_2}+\sum\zeta_2\right)\frac{V_2^2}{2g}+\left(\lambda_1\frac{l_1}{d_1}+\sum\zeta_1\right)\frac{V_1^2}{2g} \tag{7-85d}$$

合并式(7-85a)和式(7-85c)，有

$$z_2-z_3=\left(\lambda_2\frac{l_2}{d_2}+\sum\zeta_2\right)\frac{V_2^2}{2g}+\left(\lambda_3\frac{l_3}{d_3}+\sum\zeta_3\right)\frac{V_3^2}{2g} \tag{7-85e}$$

由流量平衡 $Q_{V}=Q_{V}+Q_{V}$，即

$$\frac{\pi d_2^2}{4}V_2=\frac{\pi d_1^2}{4}V_1+\frac{\pi d_3^2}{4}V_3 \tag{7-85f}$$

这样，得到三个方程(7-85d)～(7-85f)，三个未知量，分别是 V_1、V_2、V_3. 代入已知数据，求解这个方程组，最后可得各管段的流量

$$Q_{V1}=0.0098(\mathrm{m}^3/\mathrm{s}),\quad Q_{V2}=0.0170(\mathrm{m}^3/\mathrm{s}),\quad Q_{V3}=0.0072(\mathrm{m}^3/\mathrm{s})$$

由于此例已预先给出沿程阻力系数和局部阻力系数，所以无须迭代计算.

环状管路(管网)在给水、暖通工程中广泛应用，如图 7-30 所示. 其显著优点是能自动分配流量，如果任一管段损坏，则可由其他管段保持供给，系统可靠性比枝状管路高. 环状管路结构更为复杂，计算过程也更加复杂. 在环状管路的设计计算中应遵守以下原则：

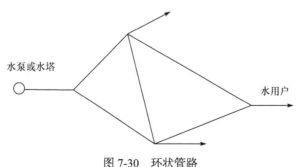

图 7-30　环状管路

（Ⅰ）在任一管段交汇点(节点)进出流量平衡;

（Ⅱ）从任一节点出发,沿着任一闭合回路绕一圈,总水头损失为零.

由上述原则建立的独立方程个数与未知量个数相等,理论上可解.但由于方程组是非线性的,理论求解困难,故通常采用迭代法,逐次逼近求解.设计计算步骤:

(1) 确定到达各用户的供水流量、压强;

(2) 根据经验预估各管段的流量和流向,同时要满足原则(Ⅰ);

(3) 按各管段的流量和经济流速,确定管径;

(4) 计算各管段的水头损失;

(5) 沿固定方向(如顺时针)计算各环路的总水头损失;

(6) 若顺时针总水头损失为正,说明顺时针流量偏大,反之亦然;

(7) 对各管段的流量进行调整,直到每一环路总水头精度达到要求.

入口段和充分发展段管内流动演示

习 题 七

7-1 输油管的直径 D =150mm,长 L=5000m,出口端比入口端高 h =10m,输送油的流量 Q_M= 15200kg/h,油的密度 ρ = 860kg/m³,入口端的油压 p_i = 49×10⁴Pa,沿程阻力系数 λ = 0.03,求出口端的油压 p_o.

7-2 喷水泉的喷嘴为一截头圆锥体,其长度 L= 0.5m,两端的直径 D_1= 40mm, D_2= 20mm,竖直安装.若把表压 p_1= 9.806×10⁴Pa 的水引入喷嘴,而喷嘴的水头损失 h_w=1.6mH₂O,如不计空气阻力,求喷出的流量 Q_r 和射流的上升高度 H.

7-3 半径为 r_0 的圆管中的流动是层流,流速恰好等于管内平均流速的地方距管轴的距离 r 为多少?

7-4 平板换热器水侧两平板间的宽度为 $2h$ = 10mm. 在其中作层流流动的水温 t=10℃,平均流速 V=0.12m/s,水的动力黏度 μ=1.308×10⁻³Pa·s,求两平板间单位宽度的流量 Q_r 和平板表面上的切应力 τ_w.

7-5 图 7-31 所示斜楔形滑块以 V=1.2m/s 的速度运动,假设滑块的宽度为 b=300mm,且在宽度方向(垂直图面)没有油流出,油的动力黏度 μ=0.784kg/m·s,求滑块能够支承的载荷和滑块的阻力.

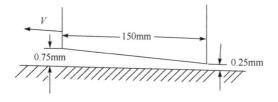

图 7-31 题 7-5 示意图

7-6　欲使雷诺数 $Re=3.5\times10^5$ 的镀锌铁管内的流动是水力光滑的,管子的直径 D 至少要等于多大?

7-7　在直径 $D=0.3\mathrm{m}$ 的管道上用水作沿程阻力实验，在相距 $L=120\mathrm{m}$ 的两点用水银测压计测得的压差为 $330\mathrm{mmHg}$，已知流量 $Q=0.23\mathrm{m}^3/\mathrm{s}$，沿程阻力系数等于多少?

7-8　密度 $\rho=680\mathrm{kg/m}^3$，运动黏度 $\nu=3.5\times10^{-7}\mathrm{m}^2/\mathrm{s}$ 的汽油在 $50\,^\circ\mathrm{C}$ 下流经一根内径 $d=150\mathrm{mm}$，绝对粗糙度 $\varepsilon=0.25\mathrm{mm}$，长 $l=400\mathrm{m}$ 的铸铁管，其体积流量为 $0.012\mathrm{m}^3/\mathrm{s}$，试求经过该管道的压降.

7-9　锅炉过热器由并联蛇形管组成，共有并联管 $n=176$ 根，每根长 $L=76\mathrm{m}$，通过蒸汽质量流量 $Q_M=176\times10^3\mathrm{kg/h}$. 蛇形管管材是合金钢,直径为 $D=28\mathrm{mm}$,粗糙度 $\varepsilon=0.1\mathrm{mm}$，各种局部阻力系数之和 $\Sigma\zeta=3.92$. 通过的蒸汽密度 $\rho=50.5\mathrm{kg/m}^3$，动力黏度 $\mu=22.95\times10^{-6}\mathrm{Pa}\cdot\mathrm{s}$. 设每根管内流量相等，求过热器的压强损失 Δp.

7-10　某种液体运动黏度 $\nu=4\times10^{-6}\mathrm{m}^2/\mathrm{s}$，要用长度 $L=35\mathrm{m}$，直径 $D=100\mathrm{mm}$，粗糙度 $\varepsilon=0.2\mathrm{mm}$ 的钢管输送，如果限制沿程能头损失 $h_f=4\mathrm{m}$ 液柱，试问能通过管道的流量 Q_v 为多少?

7-11　用钢板卷制的风管，内径 $D=500\mathrm{mm}$，管壁粗糙度 $\varepsilon=0.15\mathrm{mm}$，空气流的运动黏度 $\nu=15\times10^{-6}\mathrm{m}^2/\mathrm{s}$，密度 $\rho=1.2\mathrm{kg/m}^3$. 若流经的流量 $Q_v=1.2\ \mathrm{m}^3/\mathrm{s}$，求单位管长的压降 $\Delta p/L$.

7-12　矩形截面的钢板风管，总长 $L=40\mathrm{m}$，有 90° 弯头，活动百叶栅格等局部阻力件，总局部阻力系数 $\Sigma\zeta=3.2$. 管内空气密度 $\rho=1.2\mathrm{kg/m}^3$，运动黏度 $\nu=15\times10^{-6}\mathrm{m}^2/\mathrm{s}$. 管截面高 $h=300\mathrm{mm}$，宽 $b=200\mathrm{mm}$，平均风速 $V=12.4\mathrm{m/s}$，试求整个管长的压损 Δp.

7-13　一个钢管换热器，在进水室管板和出水室管板上，共并列地安装了长度 $L=5\mathrm{m}$，内径 $D=16\mathrm{mm}$ 的钢管 250 根. 水从进水室流入钢管，后流至出水室，水流量 $Q=360\mathrm{m}^3/\mathrm{h}$，设每根管中流量相等，试求水通过换热器的压降 Δp. (已知水的密度 $\rho=998\mathrm{kg/m}^3$，运动黏度 $\nu=9\times10^{-7}\mathrm{m}^2/\mathrm{s}$，钢管管壁的粗糙度 $\varepsilon=0.1\mathrm{mm}$.)

7-14　密度 $\rho=1000\mathrm{kg/m}^3$ 的液体，通过一根倾斜安装、内径 $D=15\mathrm{mm}$，长 $L=200\mathrm{m}$ 的管道，从标高 $h_1=27\mathrm{m}$ 的截面，流向标高 $h_2=40\mathrm{m}$ 的截面. 若测得两截面间压差 $p_1-p_2=264870\mathrm{Pa}$，试求管壁上的切应力 τ_w.

7-15　一根无缝钢管，内径 $D=100\mathrm{mm}$，管壁粗糙度 $\varepsilon=0.2\mathrm{mm}$，管内平均风速 $V=14\mathrm{m/s}$，在距入口 $L=4\mathrm{m}$ 的截面上测得表压 $P_g=-10\mathrm{mmH_2O}$. 设空气流的密度 $\rho=1.2\mathrm{kg/m}^3$，运动黏度 $\nu=15\times10^{-6}\mathrm{m}^2/\mathrm{s}$. 试按照湍流粗糙管区的速度分布对数式，求 u 等于平均流速 V 处的位置 y_r.

7-16　一条输油管总长 $L=7000\mathrm{m}$，内径 $D=500\mathrm{mm}$，埋于地下，设油温 $t=10\,^\circ\mathrm{C}$，密度 $\rho=925\mathrm{kg/m}^3$，动力黏度 $\mu=0.13\mathrm{Pa}\cdot\mathrm{s}$，试求保持层流的最大流速 $V_{\max}$ 和沿程压力损失 Δp.

7-17　要在 24h 内输送 $1000\mathrm{m}^3$ 的水，所用输水管内径 $D=100\mathrm{mm}$，长度 $L=1500\mathrm{m}$，管壁粗糙度 $\varepsilon=0.25\mathrm{mm}$，水的密度 $\rho=1000\ \mathrm{kg/m}^3$，运动黏度 $\nu=1.2\times10^{-6}\mathrm{m}^2/\mathrm{s}$，求沿程

压力损失Δp.

7-18   20℃的水流过一个内径 d=0.3m，绝对粗糙度 ε =1.7mm 的水泥管，每流过 1km 所产生的能头损失为 41m，试求质量流量.

7-19   自来水厂的供水管全长 L= 4500m，供水量 Q_V=2000 m³/h，允许的沿程损失能头 h_f=25m 水柱. 若用管壁粗糙度 ε=0.45mm 的铸铁管，水温 t=20℃，试确定管道内径 D.

7-20   一条长 L=30m 的水泥管，管壁粗糙度 ε=3mm，有局部阻力件，其局部阻力系数 ζ=2.6，这条水泥管被埋在水坝中，入口距水库液面 H=10m，流量 Q_V =0.5m³/s，出口的水排向大气. 设水温 t=20℃，求管内径 D.

7-21   图 7-32 是用水平的串联管将两个水箱连起来. 通过对高水位的水位控制和串联管上调节阀的调节，使两箱水位差保持 H=8m. 串联管管壁的粗糙度一样，都是 ε =0.2mm，粗管 D_1=200mm，L_1=10m，$\sum \zeta_1 = 0.5$，细管 D_2=100mm，L_2=20m，$\sum \zeta_2 = 4.42$，已知水的 ν=1.3×10⁻⁶m²/s，求通过该串联水管的流量 Q_V.

7-22   图 7-33 为工厂的工业水箱，标高 12m，水箱水位可通过调节保持不变. 出水管由粗细两种钢管串联而成，管壁粗糙度都是 ε=0.5mm，粗管 D_1=75mm，L_1=20m，$\sum \zeta_1 = 1.4$，细管 D_2=50mm，L_2=10m，$\sum \zeta_2 = 4.3$，管水口距地面 h_1=0.5m，水箱液位 h_2=1m. 若要串联管道的流量 Q_V =21.6m³/h，试问水箱 12m 的标高是否够用.

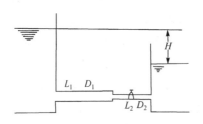

图 7-32   题 7-21 示意图

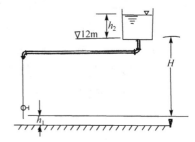

图 7-33   题 7-22 示意图

7-23   图 7-34 所示的钢管内径 D=100mm，管壁粗糙度 ε=0.5mm，从大气中流入的空气 ρ =1.2kg/m³，运动黏度 ν=13×10⁻⁶m²/s. 管道上测量流量的孔板的局部阻力系数 ζ=7.8，在距离入口处 L=5m 的断面上用装水的 U 型管测压计测得流动的压损 Δh=500mmH₂O，水的密度 ρ_f=998 kg/m³，试求管内空气的流量 Q_V.

7-24   对通风机进行性能测试的装置如图 7-35 所示. 风机入口的测量管长 L=6m，管内径 D=100mm，粗糙度 ε=0.15. 测量管的局部阻力系数为，入口 ζ_1 = 0.5；孔板流量计 ζ_2 = 7.8；θ= 8° 的渐扩管 ζ_3 = 0.4，若测得流量为 Q_V =1090m³/h，不考虑空气的压缩性，而空气的密度 ρ=1.2 kg/m³，运动黏度 ν=15×10⁻⁶m²/s，求风管末端即风机入口端内径 D_2=200mm 处的绝对压强 p.

7-25   蒸汽锅炉尾部受热面的省煤器蛇形管如图 7-36 所示. 上、下联箱之间并联着内径

D=28mm 的无缝钢管 n=59 根，管壁粗糙度 ε=0.12mm，每根蛇形管长 L=36m，上有 R/D=2 的 θ=120°弧形弯头一个($\zeta_1 = 0.07$)；θ=90°的弧形弯头一个($\zeta_2 = 0.145$)；管入口一个($\zeta_3 = 0.8$)；管出口一个($\zeta_4 = 1$)；θ=180°弯头六个($\zeta_5 = 6 \times 0.21$)；R/D=6 的 180°弯头一个($\zeta_6 = 0.12$). 设省煤器蛇形管内水的平均密度 ρ=833 kg/m^3，动力黏度 μ =10.9×9.81×10^{-6}Pa·s. 各蛇形管流量分配相等，省煤器总流量 Q_M=90000kg/h. 求该省煤器的压损Δp.

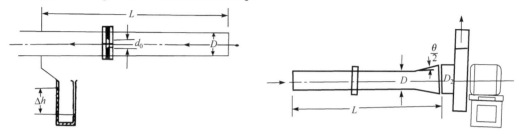

图 7-34　题 7-23 示意图　　　　　　　图 7-35　题 7-24 示意图

7-26　图 7-37 所示虹吸管管径 D=100mm，虹吸管总长 L=20m，B 点以前的管段长 L_1=8m，虹吸管的最高点 B 至上游水面的高度 h=4m，两水面水位高差 H=5m. 设沿程阻力系数λ=0.04，虹吸管进口局部阻力系数 $\zeta_1 = 0.8$，出口局部阻力系数 $\zeta_2 = 1$，单个弯头的局部阻力系数 $\zeta_3 = 0.9$，求虹吸管的吸水流量 Q_V.

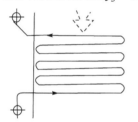　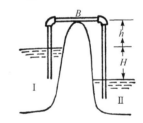

图 7-36　题 7-25 示意图　　　　　　　图 7-37　题 7-26 示意图

7-27　并联输水管路总流量 Q_V =3×10^{-2}m^3/s，并联的管道 1 长 L_1=500m，内径 D_1=75mm；并联的管道 2 长 L_2=400m，内径 D_2=50mm. 设并联的两条管道的沿程阻力系数相等，为λ=0.024，不计局部能量损失，求并联管道 1 和 2 的流量 Q_{V1} 和 Q_{V2} 及沿程流动的能量损失 h_f.

7-28　通风管长 L=150m，内径 D=250mm，管壁粗糙度 ε=0.15mm. 已知空气密度 ρ=1.2kg/m^3，动力黏度 μ=18.08×10^{-6}Pa·s，沿程损失 h_f=100m 空气柱，求通过风管的流量 Q_V.

7-29　管径 D=25mm，长 L=5m 的光滑有机玻璃管. 管内水温 t=20℃，总局部阻力系数 $\Sigma \zeta$=6.8，能量损失 h_w=1m 水柱. 求通过的水流量 Q_V.

7-30　矩形截面风管高 h=800mm，宽 b=400mm，管壁粗糙度 ε=0.15mm. 管内空气流的密度 ρ=1.16kg/m^3，运动黏度 ν=15.95×10^{-6}m^2/s. 在长 L=40m 的距离上，测得沿程阻力损失压降Δp=784.5Pa. 试计算管内空气平均流速 V 和流量 Q_V.

7-31　从液位不变的水箱底部接出一根水管. 总长 L=18.5m，管壁粗糙度 ε=0.39mm.管道上局部阻力件的局部阻力系数 $\sum \zeta$=11.34，水温 t=10℃时密度 ρ=999.7kg/m³，运动黏度 ν=1.308×10⁻⁶m²/s. 水箱液面到管出口垂直高度 h=5m. 通过水管的流量 Q_V=1.2×10⁻³ m³/s，求需要的管内径 D.

7-32　粗、细串联水管路总长 L=3000m，管壁粗糙度 ε=0.38mm，粗管内径 D_1=400mm，细管内径 D_2=350mm. 水的运动黏度 ν=1×10⁻⁶m²/s，在水流量 Q_V=0.19 m³/s 时，沿程损失为 h_f=25m 水柱. 不计局部阻力损失，求细管的长度.

第8章

不可压缩黏性流体的外部流动

第7章讨论了不可压缩黏性流体的内部流动,在此条件下,流体被固体壁面所包围,并受周围固体壁面的限制,可视为沿主流的一维流动.因此,通过建立不可压缩黏性流体总流的伯努利方程,就可解决不可压缩黏性流体的内部流动问题.本章要讨论的不可压缩黏性流体的外部流动则与此相反,为流体绕流固体物面的流动.例如,江水绕桥墩的流动;飞机飞行时,气流绕飞机的流动;船舶航行时,水流绕船舶的流动;以及尘埃周围空气的流动等.这种流动,不再是一维流动,而是二维、三维的流动,因此,这类流动问题原则上要依靠求解黏性流体的纳维-斯托克斯(N-S)方程才能解决,但由第4章的讨论可知,N-S 方程是一个二阶非线性偏微分方程,不易得到解析解.为此,斯托克斯等通过 N-S 方程中惯性项与黏性项的数量级比较,发现当 Re 很小时,惯性项远小于黏性项,此时可忽略惯性项,从而使 N-S 方程得以求解,解决了绕小圆球的蠕流这一类流动问题.而普朗特等则发现,当 Re 很大时,除了紧贴物面的一薄层(称为边界层)外,N-S 方程中的惯性项远大于黏性项.这样,可将物体周围的流场分成两部分:紧贴物面的边界层流动和边界层外的势流流动.对边界层流动可采用简化了的 N-S 方程——边界层方程予以求解,而对势流流动,则完全可应用理想流体的欧拉方程予以求解,从而成功地解决了大 Re 下不可压缩黏性流体的外部流动问题.

本章将着重介绍这两方面的内容,讨论大 Re 下绕流固体物面的边界层流动和小 Re 下绕小圆球的蠕流流动.研究绕平板流动时边界层的近似计算和绕曲面流动时边界层的分离现象,探讨黏性流体绕流固体物面时产生阻力的原因以及减小这类阻力的措施.

8.1 边 界 层

边界层,又称附面层,这一概念是普朗特于 1904 年在德国举行的第三届国际数学家大会上首先提出的.他认为,对于水和空气这些黏性较小的流体,虽然其绕流物体时黏性的影响不能忽略,但在大 Re 下,黏性的影响仅限于紧贴物面的薄层中,薄层之外黏性可以不考虑.普朗特把这一薄层称为边界层.在对边界层作了仔细的分析研究后,他通过数量级比较,对 N-S 方程作了重大简化,提出了著名的普朗特边界层微分方程.1908 年,他的学生布拉休斯(Blasius)成功地用边界层方程求解了平板纵向绕流问题,得到了与实验一致的计算结果.从此,边界层理论成为流体力学的一个重要分支,得到迅速发展.普朗特的这一贡献具有划时代的意义，它不仅开辟了黏性流体力学解决实际问题的新途径，赋予 N-S 方程新的生命力，而且进一步明确了研究理想流体的实际意义，是流体力学发展史上的一个重要里程碑.

8.1.1　边界层的基本概念和基本特征

普朗特的边界层概念完全可以通过实验得到证实. 用微型测速管测量机翼周围的速度分布，就可以发现边界层的存在，如图 8-1 所示. 此时，整个流场可以分为三个区域：(Ⅰ)边界层区，(Ⅱ)尾流区，(Ⅲ)外部势流区.

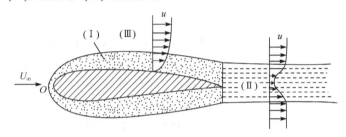

图 8-1　绕流机翼流场的三个区域
(Ⅰ)边界层区；(Ⅱ)尾流区；(Ⅲ)外部势流区

在边界层内，流速由物面上的零值迅速增加到与来流速度 U_∞ 同数量级的值. 因此，边界层很薄，通常边界层厚度仅为机翼弦长的几百分之一；沿物面法向的速度梯度 $\dfrac{\partial u}{\partial y}$ 很大，即使是黏性系数较小的流体，所反映的黏性力也与惯性力基本上处于同一数量级，因而不能忽略. 此外，由于速度梯度 $\dfrac{\partial u}{\partial y}$ 很大，比 $\dfrac{\partial v}{\partial x}$ 大几个数量级，使得涡量 $\Omega = \left(\dfrac{\partial v}{\partial x} - \dfrac{\partial u}{\partial y}\right) \neq 0$，故边界层内是黏性流体的有旋流动.

当边界层内的黏性有旋流体离开物体流入下游时，在物体后面形成尾流. 在这个区域中，随着流体远离物体，原有的涡漩将逐渐扩散和衰减，速度分布渐趋均匀，直至在下游较远处尾流完全消失.

边界层和尾流区以外的流动，由于速度梯度很小，即使是黏性系数较大的流体，其黏性力的影响也是很小的，可以忽略. 另外，由于这一区域速度梯度很小，涡量 $\Omega \to 0$，流动是无旋的，故边界层区和尾流区以外的流场可以视为理想流体的无旋流动，无旋即有势，所以简称为外部势流.

应该指出，边界层和外部势流之间没有一个明显的分界线(或分界面). 所谓边界层的外边界，或者说边界层的厚度 δ，是按一定条件人为规定的. 而且边界层的厚度取决于惯性力和黏性力之比，即取决于 Re. Re 越大，边界层越薄. 另外，如图 8-1 所示，流体在前驻点 O 处的速度为零，从前驻点开始，边界层沿流动方向逐渐增厚.

边界层内流动, 可以是层流, 也可以是湍流. 判别层流和湍流的准则仍为 *Re*. *Re* 中表征几何定性尺寸的量在这里是离开物体前缘点的距离 x, 特征速度为势流速度 U_e, 即

$$Re_x = \frac{U_e x}{\nu} \qquad (8\text{-}1)$$

对平板边界层, 层流转变为湍流的临界雷诺数为 $Re_x = 3 \times 10^5 \sim 10^6$. 全部边界层内都是层流的, 称为层流边界层. 仅在边界层的起始部分是层流, 而在其他部分为湍流的, 称为混合边界层.

综上所述, 边界层的基本特征为:

(1) 与物体的特征长度 L 相比, 边界层的厚度 δ 很小, 即 $\delta/L \ll 1$;

(2) 边界层内沿物面法向的速度变化剧烈, 即速度梯度 $\dfrac{\partial u}{\partial y}$ 很大;

(3) 边界层内黏性力和惯性力为同一数量级;

(4) 边界层沿流动方向逐渐增厚;

(5) 边界层内是黏性流体的有旋流动, 也分为层流和湍流两种流态, 用 Re_x 判别;

(6) 边界层内压强 p 与 y 无关, 即 $p = p(x)$, 故边界层各横截面上的压强等于同一截面上边界层外边界上的压强(这一条在后面证明).

8.1.2 边界层的厚度

1. 名义厚度 δ

8.1.1 节已经指出, 当黏性流体绕物体流动时, 速度由物面上的零值增加到外部势流速度 U_e, 这一紧贴物面且速度增加的区域称为边界层. 在边界层和外部势流间没有明显的分界线(或分界面). 所谓边界层的外边界, 或者说边界层的名义厚度 δ, 是按一定条件人为规定的. 定义为: 当边界层内速度达到外部势流速度的 99% 时, 从物面到该处的垂直距离为边界层的名义厚度 δ, 简称为边界层厚度. 随着流体从物体的前缘沿物面流向下游, 该厚度一般是逐渐增加的. 若以物体的前缘点为坐标原点, 物面边界为 x 轴, 物面的外法线方向为 y 轴, 则可设 $\delta = \delta(x)$, 即边界层名义厚度是 x 的函数.

根据边界层名义厚度的定义, 要确定 δ 的值, 必须精确了解边界层内速度 u 的分布. 一般说来很难做到. 因此, 在实际计算中, 常采用一些更确切的边界层厚度, 如排挤厚度、动量损失厚度.

2. 排挤厚度(位移厚度) δ^*

如图 8-2 中虚线所示, 以 $x = 0$ 处和 $x = x_1$ 处平行于 y 轴的直线为前后边界, 以外部势流中的某一流线为上边界, 物面为下边界, 建立控制体. 由于没有质量穿过流线流进、流出, 在定常条件下, 由质量守恒定律可得, 由前边界流入的流体质量, 将全部从后边界流出, 即

$$\int_0^Y \rho u \, \mathrm{d}y - \int_0^{H_b} \rho u \, \mathrm{d}y = 0 \qquad (8\text{-}2)$$

式中，积分上限 H_b 和 Y 分别取自控制体上边界与前后边界的交界，位于势流中的某一处．对不可压缩流体，有

$$\rho U_e H_b = \rho \int_0^Y u\,\mathrm{d}y = \rho \int_0^Y (U_e - U_e + u)\,\mathrm{d}y = \rho U_e Y - \rho \int_0^Y (U_e - u)\,\mathrm{d}y \tag{8-3}$$

所以

$$\rho U_e (Y - H_b) = \rho \int_0^Y (U_e - u)\,\mathrm{d}y \tag{8-4}$$

令

$$Y - H_b = \delta^*$$

$$\rho U_e \delta^* = \rho \int_0^Y (U_e - u)\,\mathrm{d}y \tag{8-5}$$

即

$$\delta^* = \int_0^Y \left(1 - \frac{u}{U_e}\right)\mathrm{d}y \tag{8-6}$$

δ^* 就是排挤厚度，或称为位移厚度．排挤厚度的称呼很形象，因为 δ^* 的物理意义可以这样来理解：由于黏性的影响，贴壁处流体减速，为了满足连续性方程，流道就得扩张，流线就要向外偏移．从 $x = 0$ 处的 $y = H_b$ 外偏到 $x = x_1$ 处的 $y = H_b + \delta^*$，向外位移了 δ^* 的距离．因而，δ^* 称为排挤厚度或位移厚度．δ^* 是 x 的函数，即 $\delta^* = \delta^*(x)$．

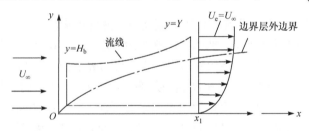

图 8-2　沿薄平板的层流边界层

3. 动量损失厚度 θ

由于沿平板纵向压力不变，在 x 方向的合力就是阻力，对图 8-2 所示的控制体应用动量守恒定律，得控制体所受的阻力等于控制体内动量的减少

$$\sum F_x = -D_f = \int_0^Y u(\rho u\,\mathrm{d}y) - \int_0^{H_b} U_e(\rho U_e\,\mathrm{d}y) \tag{8-7}$$

对不可压缩流体，式(8-7)成为

$$D_f = \rho \int_0^{H_b} U_e^2\,\mathrm{d}y - \rho \int_0^Y u^2\,\mathrm{d}y = \rho U_e^2 H_b - \rho \int_0^Y u^2\,\mathrm{d}y \tag{8-8}$$

由式(8-3)，

$$\rho U_e H_b = \int_0^Y \rho u\,\mathrm{d}y$$

$$H_{\mathrm{b}} = \int_0^Y \frac{u}{U_{\mathrm{e}}} \mathrm{d}y$$

$$D_{\mathrm{f}} = \rho U_{\mathrm{e}}^2 \int_0^Y \frac{u}{U_{\mathrm{e}}}\left(1 - \frac{u}{U_{\mathrm{e}}}\right)\mathrm{d}y \tag{8-9}$$

如令动量损失为 $\rho U_{\mathrm{e}}^2 \theta$，则

$$D_{\mathrm{f}} = \rho U_{\mathrm{e}}^2 \theta \tag{8-10}$$

即所受阻力与动量损失相平衡.

结合式(8-9)、式(8-10)，可设

$$\theta = \int_0^Y \frac{u}{U_{\mathrm{e}}}\left(1 - \frac{u}{U_{\mathrm{e}}}\right)\mathrm{d}y \tag{8-11}$$

θ 的物理意义为，由于边界层的存在，损失了厚度为 θ 的理想流体的动量.

4. δ，δ^*，θ 的图解

图 8-3 列出了 δ，δ^* 和 θ 的图解，从图可知 $\delta > \delta^* > \theta$. 我们把 δ^* 与 θ 的比值令为 H，称为形状因子，即

$$H = \frac{\delta^*}{\theta} \tag{8-12}$$

可见 H 恒大于 1.

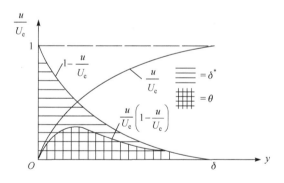

图 8-3 排挤厚度和动量损失厚度

8.1.3 普朗特边界层微分方程

根据 8.1.1 节所述的六条边界层基本特征，普朗特通过数量级比较，对 N-S 方程作了重大简化，提出了著名的普朗特边界层微分方程. 为简单起见，我们只讨论流体沿水平壁面作定常的二维流动，且壁面与 x 轴重合的情况，如图 8-4 所示. 我们假定边界层内的流动为层流，忽略质量力，则二维定常不可压缩黏性流体的 N-S 方程和连续性方程为

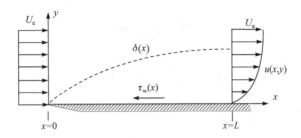

图 8-4 沿水平壁面流动的层流边界层

$$
\begin{cases}
u\dfrac{\partial u}{\partial x}+v\dfrac{\partial u}{\partial y}=-\dfrac{1}{\rho}\dfrac{\partial p}{\partial x}+\nu\left(\dfrac{\partial^2 u}{\partial x^2}+\dfrac{\partial^2 u}{\partial y^2}\right)\\[2mm]
u\dfrac{\partial v}{\partial x}+v\dfrac{\partial v}{\partial y}=-\dfrac{1}{\rho}\dfrac{\partial p}{\partial y}+\nu\left(\dfrac{\partial^2 v}{\partial x^2}+\dfrac{\partial^2 v}{\partial y^2}\right)\\[2mm]
\dfrac{\partial u}{\partial x}+\dfrac{\partial v}{\partial y}=0
\end{cases}
\tag{8-13}
$$

边界条件

$$
y=0,\ u=v=0;\quad y=\delta,\ u=U_e
$$

对方程(8-2)第一式、第二式各项分别乘 $\left(\dfrac{L}{U_e^2}\right)$，第三式各项乘 $\left(\dfrac{L}{U_e}\right)$，则可将方程(8-13)量纲一化

$$
\begin{cases}
\left(\dfrac{u}{U_e}\right)\dfrac{\partial(u/U_e)}{\partial(x/L)}+\left(\dfrac{v}{U_e}\right)\dfrac{\partial(u/U_e)}{\partial(y/L)}=-\dfrac{\partial\left(\dfrac{p}{\rho U_e^2}\right)}{\partial(x/L)}+\left(\dfrac{\nu}{U_e L}\right)\left(\dfrac{\partial^2(u/U_e)}{\partial(x/L)^2}+\dfrac{\partial^2(u/U_e)}{\partial(y/L)^2}\right)\\[3mm]
\left(\dfrac{u}{U_e}\right)\dfrac{\partial(v/U_e)}{\partial(x/L)}+\left(\dfrac{v}{U_e}\right)\dfrac{\partial(v/U_e)}{\partial(y/L)}=-\dfrac{\partial\left(\dfrac{p}{\rho U_e^2}\right)}{\partial(y/L)}+\left(\dfrac{\nu}{U_e L}\right)\left(\dfrac{\partial^2(v/U_e)}{\partial(x/L)^2}+\dfrac{\partial^2(v/U_e)}{\partial(y/L)^2}\right)\\[3mm]
\dfrac{\partial(u/U_e)}{\partial(x/L)}+\dfrac{\partial(v/U_e)}{\partial(y/L)}=0
\end{cases}
\tag{8-14}
$$

令 $x^*=\dfrac{x}{L}$，$y^*=\dfrac{y}{L}$，$u^*=\dfrac{u}{U_e}$，$v^*=\dfrac{v}{U_e}$，$p^*=\dfrac{p}{\rho U_e^2}$，则式(8-14)成为

$$
\begin{cases}
u^*\dfrac{\partial u^*}{\partial x^*}+v^*\dfrac{\partial u^*}{\partial y^*}=-\dfrac{\partial p^*}{\partial x^*}+\dfrac{1}{Re_L}\left[\dfrac{\partial^2 u^*}{\partial x^{*2}}+\dfrac{\partial^2 u^*}{\partial y^{*2}}\right]\\[2mm]
u^*\dfrac{\partial v^*}{\partial x^*}+v^*\dfrac{\partial v^*}{\partial y^*}=-\dfrac{\partial p^*}{\partial y^*}+\dfrac{1}{Re_L}\left[\dfrac{\partial^2 v^*}{\partial x^{*2}}+\dfrac{\partial^2 v^*}{\partial y^{*2}}\right]\\[2mm]
\dfrac{\partial u^*}{\partial x^*}+\dfrac{\partial v^*}{\partial y^*}=0
\end{cases}
\tag{8-15}
$$

根据边界层的基本特征(1)，边界层的厚度 δ 远小于平板的长度 L，即 $\delta/L \ll 1$. 而 y 的数值限制在边界层内，且满足不等式 $0 \leqslant y \leqslant \delta$，可见，$y$ 与 δ 同数量级，即 $y \sim \delta$，故 y 与 L 相比，则为小量 δ^*，即 $y/L \sim \delta^*$. 另外，x 被限制在板长 L 范围内，即 $0 \leqslant x \leqslant L$，或者说，$x$ 与 L 同数量级，即 $x \sim L$. 在边界层内，速度 u 从壁面处零值增加到边界层外边界上的 U_e，即 $0 \leqslant u \leqslant U_e$，故 u 与势流速度 U_e 具有相同的数量级，即 $u \sim U_e$. 因此，x^*，u^* 具有 1 的数量级，y^* 具有 δ^* 的数量级，由此可得式(8-15)中一些相关项的数量级.

$$\frac{\partial u^*}{\partial x^*} \sim 1, \quad \frac{\partial^2 u^*}{\partial x^{*2}} \sim 1, \quad \frac{\partial u^*}{\partial y^*} \sim \frac{1}{\delta^*}, \quad \frac{\partial^2 u^*}{\partial y^{*2}} \sim \frac{1}{\delta^{*2}}$$

而由连续性方程

$$\frac{\partial u^*}{\partial x^*} = -\frac{\partial v^*}{\partial y^*} \sim 1$$

所以 $v^* \sim \delta^*$，由此又得到下列各项的数量级：

$$\frac{\partial v^*}{\partial x^*} \sim \delta^*, \quad \frac{\partial^2 v^*}{\partial x^{*2}} \sim \delta^*, \quad \frac{\partial v^*}{\partial y^*} \sim 1, \quad \frac{\partial^2 v^*}{\partial y^{*2}} \sim \frac{1}{\delta^*}$$

将上述各项的数量级列在式(8-15)相应项下面，则有

$$\begin{cases} u^* \dfrac{\partial u^*}{\partial x^*} + v^* \dfrac{\partial u^*}{\partial y^*} = -\dfrac{\partial p^*}{\partial x^*} + \dfrac{1}{Re_L}\left[\dfrac{\partial^2 u^*}{\partial x^{*2}} + \dfrac{\partial^2 u^*}{\partial y^{*2}} \right] \\ \quad 1 \cdot 1 \qquad \delta^* \cdot \dfrac{1}{\delta^*} \qquad\qquad 1 \qquad\quad \dfrac{1}{\delta^{*2}} \\[2mm] u^* \dfrac{\partial v^*}{\partial x^*} + v^* \dfrac{\partial v^*}{\partial y^*} = -\dfrac{\partial p^*}{\partial y^*} + \dfrac{1}{Re_L}\left[\dfrac{\partial^2 v^*}{\partial x^{*2}} + \dfrac{\partial^2 v^*}{\partial y^{*2}} \right] \\ \quad 1 \cdot \delta^* \qquad \delta^* \cdot 1 \qquad\qquad\quad \delta^* \qquad \dfrac{1}{\delta^*} \\[2mm] \dfrac{\partial u^*}{\partial x^*} + \dfrac{\partial v^*}{\partial y^*} = 0 \\ \quad 1 \qquad\quad 1 \end{cases} \tag{8-16}$$

下面对式(8-16)中各项的数量级作分析比较，以简化这一方程. 首先，比较式(8-16)中惯性项的数量级，可知第一式中的惯性项 $u^* \dfrac{\partial u^*}{\partial x^*}$ 和 $v^* \dfrac{\partial u^*}{\partial y^*}$，具有相同的数量级 1，而第二式中的惯性项 $u^* \dfrac{\partial v^*}{\partial x^*}$ 和 $v^* \dfrac{\partial v^*}{\partial y^*}$，则具有另一相同的数量级 δ^*，两两比较，第二式中各惯性项被忽略. 其次，比较各黏性项的数量级，第一式中的 $\dfrac{\partial^2 u^*}{\partial x^{*2}}$ 是 1 的数量级而 $\dfrac{\partial^2 u^*}{\partial y^{*2}}$ 为 $\dfrac{1}{\delta^{*2}}$ 的数量级，$\dfrac{\partial^2 u^*}{\partial x^{*2}}$ 被略去；而第二式中的 $\dfrac{\partial^2 v^*}{\partial x^{*2}}$ 为 δ^* 的数量级，$\dfrac{\partial^2 v^*}{\partial y^{*2}}$ 为 $\dfrac{1}{\delta^*}$ 的数量级，

与第一式中 $\dfrac{\partial^2 u^*}{\partial y^{*2}}$ 的数量级 $\dfrac{1}{\delta^{*2}}$ 比较均可略去．于是式(8-16)中黏性项仅剩下 $\dfrac{\partial^2 u^*}{\partial y^{*2}}$ 一项．

根据边界层的基本特征(3)，边界层内惯性项与黏性项具有相同的数量级，由式(8-16)可知，必须让 $\dfrac{1}{Re_{\mathrm{L}}}$ 具有 δ^{*2} 的数量级才能满足，由于 δ^* 是小量，故 Re_{L} 必然是一个大量，所以只有在大 Re_{L} 下，才能满足边界层的基本要求，从而使 N-S 方程得以简化．

由于要反映流动中压强的影响，压强项不能随便忽略，故假定式(8-16)第一式中的压强项 $\dfrac{\partial p^*}{\partial x^*}$ 与惯性力、黏性力同数量级．而对式(8-16)中的第二式，则由于惯性项与黏性项已分别略去，则可认为压强项 $\dfrac{\partial p^*}{\partial y^*} \to 0$，写成有量纲形式，为

$$\frac{\partial p}{\partial y} = 0 \tag{8-17}$$

这就得到了边界层的基本特征(6)：沿物面法线方向，边界层内的压强是不变的，且等于边界层外边界上势流的压强．同时也说明 p 只是 x 的函数，即 $p = p(x)$．因此，$\dfrac{\partial p}{\partial x} = \dfrac{\mathrm{d}p}{\mathrm{d}x}$．

所以，经过数量级比较，简化得到的普朗特边界层方程为

$$\begin{cases} u\dfrac{\partial u}{\partial x} + v\dfrac{\partial u}{\partial y} = -\dfrac{1}{\rho}\dfrac{\partial p}{\partial x} + \nu\dfrac{\partial^2 u}{\partial y^2} \\[2mm] \dfrac{\partial p}{\partial y} = 0 \\[2mm] \dfrac{\partial u}{\partial x} + \dfrac{\partial v}{\partial y} = 0 \end{cases} \tag{8-18}$$

边界条件为

$$y = 0, \quad u = v = 0; \quad y = \delta, \quad u = U_{\mathrm{e}}$$

根据理想流体势流流动的伯努利方程

$$\frac{p}{\rho} + \frac{1}{2}U_{\mathrm{e}}^2 = C$$

得

$$-\frac{1}{\rho}\frac{\mathrm{d}p}{\mathrm{d}x} = U_{\mathrm{e}}\frac{\mathrm{d}U_{\mathrm{e}}}{\mathrm{d}x} \tag{8-19a}$$

而根据牛顿切应力公式

$$\tau = \mu\frac{\partial u}{\partial y}$$

故

$$\nu \frac{\partial^2 u}{\partial y^2} = \frac{1}{\rho} \frac{\partial \tau}{\partial y} \tag{8-19b}$$

因此普朗特边界层方程还可简化为

$$\begin{cases} u \dfrac{\partial u}{\partial x} + v \dfrac{\partial u}{\partial y} = U_e \dfrac{\mathrm{d} U_e}{\mathrm{d} x} + \dfrac{1}{\rho} \dfrac{\partial \tau}{\partial y} \\[2mm] \dfrac{\partial u}{\partial x} + \dfrac{\partial v}{\partial y} = 0 \end{cases} \tag{8-19}$$

8.2　绕平板流动边界层的近似计算

虽然普朗特边界层微分方程(8-18)或(8-19)大大简化了二维不可压缩黏性流体的 N-S 方程,但本质上还是一个非线性偏微分方程,求解起来仍然十分困难. 前面提到的平板层流的布拉休斯解,是布拉休斯通过相似分析,将偏微分方程转化为常微分方程,然后再通过数值计算得到的. 详细讨论该求解方法,已超出本书的范围. 布拉休斯的求解是建立在对普朗特边界层微分方程本身的分析研究基础上的,因此,认为其对边界层内的任一流体微团都适用,故一般将布拉休斯解称为精确解. 与此对应,卡门等则致力于在控制体的尺度上,对边界层进行研究,发展了边界层动量积分关系式,得到了与布拉休斯解基本一致的求解结果. 由于卡门边界层动量积分关系式的着眼点是控制体,而不去细究控制体内每个流体质点流动的细节,故卡门动量积分关系式解法又称为近似解法. 但它成功地解决了绕流固体物面的阻力问题,而且求解方法又相对简单.

8.2.1　卡门边界层动量积分关系式

本节用动量定理推导卡门边界层动量积分关系式. 如图 8-5 所示,在不可压缩黏性流体沿物面作定常流动的边界层上取一控制体. 该控制体在垂直纸面方向为单位宽度,在纸面内的投影由作为 x 轴的物体表面微元段 ab,边界层的外边界微元段 cd 和彼此相距 $\mathrm{d}x$ 的两直线 ac 和 bd 所围成. ab 段长度为 $\mathrm{d}x$,ac 和 bd 段长度分别为该处的边界层厚度 δ_1 和 δ_2. 下面用动量定理研究单位时间内该控制体内的流体沿 x 方向的动量变化和外力冲量之间的关系.

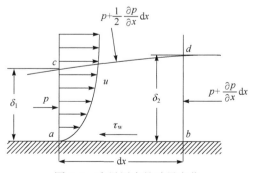

图 8-5　边界层内的动量变化

根据质量守恒定理, 对定常流动, 流入、流出控制体的净质量通量为零, 因此单位时间内通过边界层外边界 cd 段流入的质量为

$$\dot{m}_{cd} = \int_0^{\delta_2} \rho u_2 \mathrm{d}y - \int_0^{\delta_1} \rho u_1 \mathrm{d}y \tag{8-20}$$

由于在外边界上流速为势流速度 U_e, 故这些质量带入的动量为

$$\dot{K}_{cd} = U_e \left(\int_0^{\delta_2} \rho u_2 \mathrm{d}y - \int_0^{\delta_1} \rho u_1 \mathrm{d}y \right) \tag{8-21}$$

而由 ac 段流入的动量为

$$\dot{K}_{ac} = \int_0^{\delta_1} \rho u_1^2 \mathrm{d}y \tag{8-22}$$

由 bd 段流出的动量为

$$\dot{K}_{bd} = \int_0^{\delta_2} \rho u_2^2 \mathrm{d}y \tag{8-23}$$

所以对不可压缩流体, 单位时间内该控制体内流体沿 x 方向的动量的变化为

$$
\begin{aligned}
\Delta K &= \dot{K}_{bd} - \dot{K}_{ac} - \dot{K}_{cd} \\
&= \int_0^{\delta_2} \rho u_2^2 \mathrm{d}y - \int_0^{\delta_1} \rho u_1^2 \mathrm{d}y - U_e \left(\int_0^{\delta_2} \rho u_2 \mathrm{d}y - \int_0^{\delta_1} \rho u_1 \mathrm{d}y \right) \\
&= \rho \left[\int_0^{\delta_2} (u_2^2 - U_e u_2) \mathrm{d}y - \int_0^{\delta_1} (u_1^2 - U_e u_1) \mathrm{d}y \right] \\
&= \rho U_e^2 \left\{ \int_0^{\delta_2} \left[\left(\frac{u_2}{U_e} \right)^2 - \frac{u_2}{U_e} \right] \mathrm{d}y - \int_0^{\delta_1} \left[\left(\frac{u_1}{U_e} \right)^2 - \frac{u_1}{U_e} \right] \mathrm{d}y \right\}
\end{aligned}
\tag{8-24}
$$

另一方面, 作用在 ac, bd, cd 诸面上的总压力沿 x 方向的分量分别为

$$P_{ac} = p \delta_1 \tag{8-25a}$$

$$P_{bd} = \left(p + \frac{\mathrm{d}p}{\mathrm{d}x} \mathrm{d}x \right) \delta_2 \tag{8-25b}$$

$$P_{cd} = \left(p + \frac{1}{2} \frac{\mathrm{d}p}{\mathrm{d}x} \mathrm{d}x \right) (\delta_2 - \delta_1) \tag{8-25c}$$

式中, $p + \frac{1}{2} \frac{\mathrm{d}p}{\mathrm{d}x} \mathrm{d}x$ 为 c 点与 d 点的平均压强. 物体表面 ab 段作用在流体上的切向应力的合力为

$$F_{ab} = -\tau_w \mathrm{d}x \tag{8-25d}$$

因此, 单位时间内作用在该控制体上沿 x 方向诸外力的冲量之和为

$$p \delta_1 + \left(p + \frac{1}{2} \frac{\mathrm{d}p}{\mathrm{d}x} \mathrm{d}x \right) (\delta_2 - \delta_1) - \left(p + \frac{\mathrm{d}p}{\mathrm{d}x} \mathrm{d}x \right) \delta_2 - \tau_w \mathrm{d}x$$

$$= -\frac{1}{2}(\delta_1 + \delta_2)\frac{\mathrm{d}p}{\mathrm{d}x}\mathrm{d}x - \tau_\mathrm{w}\mathrm{d}x = -\delta\frac{\mathrm{d}p}{\mathrm{d}x}\mathrm{d}x - \tau_\mathrm{w}\mathrm{d}x \tag{8-26}$$

式中，第二个等号是令 $\delta = \frac{1}{2}(\delta_1 + \delta_2)$ 为控制体内边界层的平均厚度. 根据动量定理：单位时间内控制体内流体动量的变化等于外力冲量之和，结合式(8-24)和式(8-26)，得

$$\delta\frac{\mathrm{d}p}{\mathrm{d}x}\mathrm{d}x + \tau_\mathrm{w}\mathrm{d}x = \rho U_\mathrm{e}^2\left[\int_0^{\delta_2}\frac{u_2}{U_\mathrm{e}}\left(1 - \frac{u_2}{U_\mathrm{e}}\right)\mathrm{d}y - \int_0^{\delta_1}\frac{u_1}{U_\mathrm{e}}\left(1 - \frac{u_1}{U_\mathrm{e}}\right)\mathrm{d}y\right] \tag{8-27}$$

由边界层动量损失厚度

$$\theta = \int_0^{\delta}\frac{u}{U_\mathrm{e}}\left(1 - \frac{u}{U_\mathrm{e}}\right)\mathrm{d}y \tag{8-11}$$

令

$$\theta_2 = \int_0^{\delta_2}\frac{u_2}{U_\mathrm{e}}\left[1 - \left(\frac{u_2}{U_\mathrm{e}}\right)\right]\mathrm{d}y \tag{8-28}$$

为控制体后界面 bd 处的边界层动量损失厚度

$$\theta_1 = \int_0^{\delta_1}\frac{u_1}{U_\mathrm{e}}\left(1 - \frac{u_1}{U_\mathrm{e}}\right)\mathrm{d}y \tag{8-29}$$

为控制体前界面 ac 处的边界层动量损失厚度，当这两个界面间的距离 $\mathrm{d}x \to 0$ 时，应用微分的定义 $\theta_2 - \theta_1 = \mathrm{d}\theta$，得

$$\delta\frac{\mathrm{d}p}{\mathrm{d}x} + \tau_\mathrm{w} = \rho U_\mathrm{e}^2\frac{\mathrm{d}\theta}{\mathrm{d}x} \tag{8-30}$$

即

$$\delta\frac{\mathrm{d}p}{\mathrm{d}x} + \tau_\mathrm{w} = \rho U_\mathrm{e}^2\frac{\mathrm{d}}{\mathrm{d}x}\int_0^{\delta}\frac{u}{U_\mathrm{e}}\left(1 - \frac{u}{U_\mathrm{e}}\right)\mathrm{d}y \tag{8-31}$$

式(8-30)或式(8-31)就是卡门边界层动量积分关系式. 由于在推导中未对流动特性及壁面上的切应力提出任何假定，故式(8-30)、式(8-31)对层流和湍流边界层都适用.

8.2.2　平板层流边界层的近似计算

　　绕平板流动的黏性流体层流边界层是边界层中最简单的一种. 当年布拉休斯就是率先应用普朗特边界层方程，采用相似性解法求解了绕平板流动的层流边界层，得到了与实验一致的计算结果,使普朗特边界层理论被整个流体力学界所接受. 由于布拉休斯的相似性解法超出了本书的范围，我们在这里不介绍布拉休斯的精确解，而是应用卡门边界层动量积分关系式对平板层流边界层作近似计算，并将计算结果与布拉休斯精确解作比较.

　　如图 8-6 所示，来流速度为 U_∞ 的不可压缩黏性流体定常纵向流过一块极薄的平板，在平板上、下形成边界层. 为简单起见，考虑平板上层的边界层. 设原点与平板前缘点重合，x 轴沿平板表面且与来流方向一致，y 轴垂直于平板. 由于是极薄的平板，且边界层

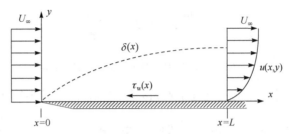

图 8-6　沿平板流动的层流边界层

厚度很薄，可认为边界层不致引起势流区的流速变化，故势流区流速 $U_e(x) \approx U_\infty =$ 常数.

根据伯努利方程，$\dfrac{p}{\rho} + \dfrac{U_\infty^2}{2} = C$ ，故 $\dfrac{\mathrm{d}p}{\mathrm{d}x} = 0$. 因此，卡门边界层动量积分关系式(8-30)就成为

$$\frac{\mathrm{d}\theta}{\mathrm{d}x} = \frac{\tau_{\mathrm{w}}}{\rho U_\infty^2} \tag{8-32}$$

或

$$\frac{\mathrm{d}}{\mathrm{d}x} \int_0^\delta \frac{u}{U_e}\left(1 - \frac{u}{U_e}\right)\mathrm{d}y = \frac{\tau_{\mathrm{w}}}{\rho U_\infty^2} \tag{8-32a}$$

式(8-32)中，有两个未知数 $\tau_{\mathrm{w}}, \theta$ ，而 θ 又是 u ，δ 的函数，故共有 u、τ_{w} 和 δ 三个未知数，因此要求解式(8-32)，还需补充两个关系式 $u = u(y)$ 和 $\tau_{\mathrm{w}} = \tau_{\mathrm{w}}(\delta)$.

1. 速度分布 $u = u(y)$

假定层流边界层内的速度分布用 y 的幂级数表示

$$u(y) = a_0 + a_1 y + a_2 y^2 + a_3 y^3 \tag{8-33a}$$

式中，a_0, a_1, a_2, a_3 为待定系数，由边界条件确定.

由 $y = 0$ ，$u = 0$ 得

$$a_0 = 0 \tag{8-33b}$$

$y = \delta$ ，$u = U_\infty$ 得

$$U_\infty = a_1\delta + a_2\delta^2 + a_3\delta^3 \tag{8-33c}$$

$y = \delta$ ，$\dfrac{\partial u}{\partial y} = 0$ 得

$$0 = a_1 + 2a_2\delta + 3a_3\delta^2 \tag{8-33d}$$

对沿平板流动 $\dfrac{\mathrm{d}p}{\mathrm{d}x} = 0$ ；$y = 0$ ，$u = 0$ ，$v = 0$. 根据普朗特边界层方程(8-18)，$\left.\dfrac{\partial^2 u}{\partial y^2}\right|_{y=0} = 0$ ，得

$$0 = 2a_2 \tag{8-33e}$$

联立式(8-33b)～式(8-33e)，解得 $a_1 = \dfrac{3}{2}\dfrac{U_\infty}{\delta}$，$a_3 = -\dfrac{U_\infty}{2\delta^3}$，所以

$$u(y) = \frac{3U_\infty}{2}\left(\frac{y}{\delta}\right) - \frac{U_\infty}{2}\left(\frac{y}{\delta}\right)^3 \tag{8-33}$$

2. 切应力 $\tau_{\mathrm{w}} = \tau_{\mathrm{w}}(\delta)$

$$\tau_{\mathrm{w}} = \mu\left(\frac{\mathrm{d}u}{\mathrm{d}y}\right)_{y=0} = \mu\left(\frac{3U_\infty}{2\delta} - \frac{3U_\infty y^2}{2\delta^3}\right)_{y=0} = \frac{3\mu U_\infty}{2\delta} \tag{8-34}$$

3. 边界层名义厚度 $\delta = \delta(x)$

将速度分布式(8-33)和切应力表达式(8-34)代入平板层流边界层动量积分关系式(8-32)就能求得边界层的名义厚度 δ.

先计算边界层动量损失厚度 θ

$$\begin{aligned}
\theta &= \int_0^\delta \frac{u}{U_\infty}\left(1 - \frac{u}{U_\infty}\right)\mathrm{d}y \\
&= \int_0^\delta \left[\frac{3}{2}\left(\frac{y}{\delta}\right) - \frac{1}{2}\left(\frac{y}{\delta}\right)^3\right]\left[1 - \frac{3}{2}\left(\frac{y}{\delta}\right) + \frac{1}{2}\left(\frac{y}{\delta}\right)^3\right]\mathrm{d}y \\
&= \int_0^\delta \left[\frac{3}{2}\left(\frac{y}{\delta}\right) - \frac{9}{4}\left(\frac{y}{\delta}\right)^2 - \frac{1}{2}\left(\frac{y}{\delta}\right)^3 + \frac{3}{2}\left(\frac{y}{\delta}\right)^4 - \frac{1}{4}\left(\frac{y}{\delta}\right)^6\right]\mathrm{d}y = \frac{39}{280}\delta
\end{aligned} \tag{8-35a}$$

将式(8-35a)和式(8-34)一起代入式(8-32)得

$$\frac{39}{280}\frac{\mathrm{d}\delta}{\mathrm{d}x} = \frac{3\nu}{2U_\infty\delta} \tag{8-35b}$$

即

$$\delta\,\mathrm{d}\delta = \frac{140\nu}{13U_\infty}\mathrm{d}x \tag{8-35c}$$

积分得

$$\delta^2 = \frac{280\nu}{13U_\infty}x + C \tag{8-35d}$$

因为在平板前缘点处边界层厚度为零，即 $x = 0$，$\delta = 0$，所以 $C = 0$，这样就求得边界层厚度

$$\delta = \sqrt{\frac{280\nu x}{13U_\infty}} = 4.64x Re_x^{-\frac{1}{2}} \tag{8-35}$$

4. 摩擦阻力系数 C_D

将式(8-35)代入式(8-34)，得切应力

$$\tau_w = \frac{3\mu U_\infty}{2\delta} = \sqrt{\frac{117\mu\rho U_\infty^3}{1120x}} = 0.3232\rho U_\infty^2\sqrt{\frac{\nu}{U_\infty x}} = 0.3232\rho U_\infty^2 Re_x^{-\frac{1}{2}} \tag{8-36}$$

若平板宽度为 b，长度为 L，则在平板一个壁面上由黏性力引起的总摩擦阻力为

$$F_D = b\int_0^L \tau_w dx = 0.3232b\sqrt{\mu\rho U_\infty^3}\int_0^L \frac{dx}{\sqrt{x}} = 0.6464b\sqrt{\mu\rho L U_\infty^3}$$

$$= 0.6464bL\rho U_\infty^2\sqrt{\frac{\nu}{U_\infty L}} = 0.6464bL\rho U_\infty^2 Re_L^{-\frac{1}{2}} \tag{8-37}$$

为了便于比较，工程上习惯用量纲一阻力系数 C_D 代替总摩擦阻力 F_D，C_D 定义为

$$C_D = \frac{F_D}{\frac{1}{2}\rho U_\infty^2 A} \tag{8-38a}$$

式中，A 为边界层物面的总面积. 对本例，$A = bL$，所以摩擦阻力系数为

$$C_D = \frac{F_D}{\frac{1}{2}\rho U_\infty^2 bL} = 1.293 Re_L^{-\frac{1}{2}} \tag{8-38}$$

5. 比较与分析

平板层流流动的布拉休斯精确解是 $C_D = 1.328 Re_L^{-\frac{1}{2}}$，式(8-38)的计算结果与之相比，误差小于 3%.

产生误差的原因在于卡门边界层动量积分关系式求解平板层流边界层时，需假定边界层内的速度分布 $u(y)$，而 $u(y)$ 确定时，仅保证其在界面上满足边界条件，至于在边界层内部是否与实际情况符合，就不作要求，由此产生了误差. 因此，边界层内的速度分布 $u(y)$ 设置得越符合实际情况，所得求解结果就越正确. 另外，正因为卡门边界层动量积分关系式在应用时，只在控制体表面受到已知条件的约束，而不去细究控制体内部的流动细节，所以将其称为近似解法.

8.2.3　平板湍流边界层的近似计算

对于平板湍流边界层的近似计算，卡门动量积分关系式仍能应用，但由于湍流和层流的结构特点不同，平板层流边界层计算时提出的两个补充关系式(8-33)和式(8-34)在此就不适用了，而且推导这两个关系式时用到的牛顿内摩擦定律等也不再适用，需要根据湍流流动的新特点，提出新的补充关系式.

1. **速度分布** $u = u(y)$

普朗特认为沿平板湍流边界层内的流动特点与管内湍流流动的特点具有相似性，所以假定平板湍流边界层内速度分布也符合七分之一次方指数规律，即

$$\frac{u}{U_\infty} = \left(\frac{y}{\delta}\right)^{\frac{1}{7}} \tag{8-39}$$

2. **切应力**

切应力符合由施利希廷(Schlichting)根据实验提出的半经验公式

$$\tau_w = 0.0225\rho U_\infty^2 \left(\frac{\nu}{U_\infty \delta}\right)^{\frac{1}{4}} \tag{8-40}$$

3. **边界层名义厚度** $\delta = \delta(x)$

将式(8-39)和式(8-40)代入动量积分关系式(8-32a)得

$$0.0225\left(\frac{\nu}{U_\infty \delta}\right)^{\frac{1}{4}} = \frac{\mathrm{d}}{\mathrm{d}x}\int_0^\delta \left(\frac{y}{\delta}\right)^{\frac{1}{7}}\left[1-\left(\frac{y}{\delta}\right)^{\frac{1}{7}}\right]\mathrm{d}y \tag{8-41a}$$

化简得

$$0.0225\left(\frac{\nu}{U_\infty \delta}\right)^{\frac{1}{4}} = \frac{7}{72}\frac{\mathrm{d}\delta}{\mathrm{d}x} \tag{8-41b}$$

积分得

$$\delta = 0.37\left(\frac{\nu}{U_\infty}\right)^{\frac{1}{5}} x^{\frac{4}{5}} + C \tag{8-41c}$$

在平板前缘处边界层厚度为零，即 $x = 0$，$\delta = 0$，故 $C = 0$. 所以边界层厚度

$$\delta = 0.37\left(\frac{\nu}{U_\infty}\right)^{\frac{1}{5}} x^{\frac{4}{5}} = 0.37 x Re_x^{-\frac{1}{5}} \tag{8-41}$$

4. **摩擦阻力系数** C_D

将式(8-41)代入式(8-40)，得切应力

$$\tau_w = 0.0289\rho U_\infty^2 \left(\frac{\nu}{U_\infty x}\right)^{\frac{1}{5}} = 0.0289\rho U_\infty^2 Re_x^{-\frac{1}{5}} \tag{8-42}$$

在平板一个壁面上产生的总摩擦阻力(假定平板宽为 b，长为 L)

$$F_D = b \int_0^L \tau_w dx = 0.0289 \rho U_\infty^2 \left(\frac{\nu}{U_\infty}\right)^{\frac{1}{5}} b \int_0^L x^{-\frac{1}{5}} dx$$

$$= 0.036 bL \rho U_\infty^2 \left(\frac{\nu}{U_\infty L}\right)^{\frac{1}{5}} = 0.036 bL \rho U_\infty^2 Re_L^{-\frac{1}{5}}$$

(8-43)

摩擦阻力系数为

$$C_D = \frac{F_D}{\frac{1}{2} \rho U_\infty^2 bL} = 0.072 Re_L^{-\frac{1}{5}}$$

(8-44a)

杰纳(Janna)根据实验结果建议 C_D 的系数应改为 0.074，所以得

$$C_D = 0.074 Re_L^{-\frac{1}{5}}$$

(8-44)

这一公式的适用范围为 $5 \times 10^5 \leqslant Re_L \leqslant 10^7$.

当 $Re_L > 10^7$ 时，湍流边界层内的速度分布符合对数规律

$$\frac{u}{u_*} = 5.85 \lg \frac{y u_*}{\nu} + 5.56$$

(8-45)

式中，$u_* = \sqrt{\dfrac{\tau_0}{\rho}}$ 为摩擦速度. 施利希廷提出此时的摩擦阻力系数 C_D 符合下列经验公式：

$$C_D = \frac{0.455}{(\lg Re_L)^{2.58}}$$

(8-46)

在 $5 \times 10^5 \leqslant Re_L \leqslant 10^9$ 内，式(8-46)可以和实验结果较好吻合.

例 8-1 水的来流速度 $U_\infty = 0.3 \text{m/s}$，纵向绕过一块平板. 已知水的运动黏度 $\nu = 1.145 \times 10^{-6} \text{m}^2/\text{s}$，试求距平板前缘 5m 处的边界层厚度，以及在该处与平板垂直距离为 10mm 的点的水流速度.

解 先计算 $x = 5\text{m}$ 处的水流雷诺数

$$Re_x = \frac{U_\infty x}{\nu} = \frac{0.3 \times 5}{1.145 \times 10^{-6}} = 1.31 \times 10^6 > 10^6$$

处在湍流边界层区.

$$\delta = 0.37 x Re_x^{-\frac{1}{5}} = 0.1106 \text{m}$$

$y = 10\text{mm} = 0.01\text{m}$ 的点位于边界层内，符合七分之一次方指数规律

$$\frac{u}{U_\infty} = \left(\frac{y}{\delta}\right)^{\frac{1}{7}} = \left(\frac{0.01}{0.1106}\right)^{\frac{1}{7}} = 0.7094$$

所以

$$u = 0.7094 U_\infty = 0.2128 \text{m/s}$$

8.2.4　平板混合边界层的近似计算

1. 混合边界层的阻力系数 C_{DM}

边界层的基本特征(5)指出：边界层内是黏性流体的有旋流动，也分为层流和湍流两种流态，用 Re_x 判别. 对绕平板的边界层流动，层流转变为湍流的临界雷诺数为 $Re_x = 3 \times 10^5 \sim 10^6$. 因此，在绕流平板的边界层前部，是层流边界层；只是流经一定长度后，层流中会猝发产生一些不规则的小涡，使层流失稳，而这些小涡又逐渐演变成湍流斑，湍流斑不断长大，最后在边界层的后部，成为完全湍流，这一转变过程称为层流向湍流的转捩. 所以，一般绕流平板的边界层，既非全层流边界层，又非全湍流边界层，而是前部是层流，后部是湍流的混合边界层. 如图 8-7 所示.

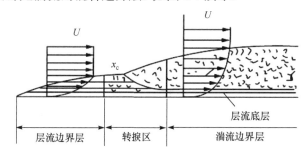

图 8-7　绕流平板的混合边界层

由以上分析可见，混合边界层内的流动十分复杂，在对平板混合边界层作近似计算时，为简单起见，我们避开转捩区流动的计算. 假定，在临界转换点 x_c 处层流边界层突然完全转变成湍流边界层. 因此，若用 F_{DM} 表示混合边界层的总摩擦阻力，F_{DL} 表示层流边界层的总摩擦阻力，F_{DT} 表示湍流边界层的总摩擦阻力，则有

$$F_{DM} = F_{DT}|_{0 \leqslant x \leqslant L} - F_{DT}|_{0 \leqslant x \leqslant x_c} + F_{DL}|_{0 \leqslant x \leqslant x_c} \tag{8-47}$$

由 8.2.2 节和 8.2.3 节有关层流边界层和湍流边界层总摩擦阻力计算结果可得

$$F_{DT}|_{0 \leqslant x \leqslant L} = \left(\frac{1}{2}\rho U_\infty^2 bL\right)\left(0.074 Re_L^{-\frac{1}{5}}\right) \tag{8-47a}$$

$$F_{DT}|_{0 \leqslant x \leqslant x_c} = \left(\frac{1}{2}\rho U_\infty^2 bx_c\right)\left(0.074 Re_x^{-\frac{1}{5}}\right) \tag{8-47b}$$

$$F_{DL}|_{0 \leqslant x \leqslant x_c} = \left(\frac{1}{2}\rho U_\infty^2 bx_c\right)\left(1.29 Re_x^{-\frac{1}{2}}\right) \tag{8-47c}$$

式(8-47b)、式(8-47c)中 x_c 为临界转换点长度，Re_x 为临界转换点雷诺数，将式(8-47a)～式(8-47c)代入式(8-47)，得

$$F_{DM} = C_{DM}\left(\frac{1}{2}\rho U_\infty^2 bL\right)$$

$$= \frac{1}{2}\rho U_\infty^2 bL\left[0.074Re_L^{-\frac{1}{5}} - 0.074Re_x^{-\frac{1}{5}}\frac{x_c}{L} + 1.29Re_x^{-\frac{1}{2}}\frac{x_c}{L}\right] \tag{8-48}$$

所以，混合边界层的阻力系数

$$C_{DM} = 0.074Re_L^{-\frac{1}{5}} - \left[0.074Re_x^{-\frac{1}{5}}\frac{x_c}{L} - 1.29Re_x^{-\frac{1}{2}}\frac{x_c}{L}\right] \tag{8-49a}$$

因为

$$\frac{x_c}{L} = \frac{Re_x}{Re_L} \tag{8-49b}$$

所以

$$C_{DM} = 0.074Re_L^{-\frac{1}{5}} - \left[\frac{0.074}{Re_x^{\frac{1}{5}}}\left(\frac{Re_x}{Re_L}\right) - \frac{1.29}{Re_x^{\frac{1}{2}}}\left(\frac{Re_x}{Re_L}\right)\right] \tag{8-49c}$$

即

$$C_{DM} = \frac{0.074}{Re_L^{\frac{1}{5}}} - \frac{1}{Re_L}\left[0.074(Re_x)^{\frac{4}{5}} - 1.29(Re_x)^{\frac{1}{2}}\right] \tag{8-49}$$

令

$$I = \left[0.074(Re_x)^{\frac{4}{5}} - 1.29(Re_x)^{\frac{1}{2}}\right] \tag{8-49d}$$

式(8-49d)中 $I = I(Re_x)$ 为临界转换点雷诺数 Re_x 的函数，可根据式(8-49d)计算. 这样，式(8-49)可写成

$$C_{DM} = \frac{0.074}{Re_L^{\frac{1}{5}}} - \frac{I}{Re_L} \tag{8-50}$$

式(8-50)的适用范围为 $5\times10^5 \leqslant Re_L \leqslant 10^7$.

对 $5\times10^5 \leqslant Re_L \leqslant 10^9$，则可采用

$$C_{DM} = \frac{0.455}{(\lg Re_L)^{2.58}} - \frac{I}{Re_L} \tag{8-51}$$

例 8-2　高速列车以 252km/h 的速度行驶，空气的运动黏度 $\nu = 15\times10^{-6}\,\text{m}^2/\text{s}$，空气密度 $\rho = 1.205\text{kg/m}^3$，每节车厢可视为长 25m、宽 3.4m、高 4.5m 的立方体. 试计算为克服 8 节车厢的顶部和两侧面的边界层摩擦阻力所需的功率(设 $Re_{x_c} = 5.5\times10^5$).

解　车厢的总长 $L = 200\text{m}$，每节车厢三侧面展开的总宽 $b = 12.4\text{m}$，车速 $U_\infty = 70\text{m/s}$.

$$Re_L = \frac{U_\infty L}{\nu} = \frac{70 \times 200}{15 \times 10^{-6}} = 933.3 \times 10^6$$

$$F_D = \frac{1}{2}\rho U_\infty^2 bL\left[C_{\text{DT}_L} - (C_{\text{DT}_{x_c}} - C_{\text{DL}_{x_c}})\frac{Re_{x_c}}{Re_L} \right]$$

$$C_{\text{DT}_L} = \frac{0.455}{(\lg Re_L)^{2.58}} = 1.584 \times 10^{-3}$$

$$C_{\text{DT}_{x_c}} = \frac{0.074}{Re_{x_c}^{0.2}} = 5.262 \times 10^{-3}$$

$$C_{\text{DL}_{x_c}} = \frac{1.29}{Re_{x_c}^{\frac{1}{2}}} = 1.79 \times 10^{-3}$$

$$\begin{aligned} F_D &= \frac{1}{2}\rho U_\infty^2 bL\left[C_{\text{DT}_L} - (C_{\text{DT}_{x_c}} - C_{\text{DL}_{x_c}})\frac{Re_{x_c}}{Re_L} \right] \\ &= \frac{1}{2} \times 1.205 \times 4900 \times 12.4 \times 200 \times 1.582 \times 10^{-3} \\ &= 11584(\text{N}) \end{aligned}$$

$$P = U_\infty F_D = 70 \times 11584 = 810.9(\text{kW})$$

2. 层流边界层和湍流边界层特性比较

在这一部分，我们将从边界层内的速度分布规律，边界层的厚度以及摩擦阻力系数三个方面，对层流边界层与湍流边界层作比较，从中了解各自的特点.

1) 边界层速度分布规律

层流　　　$\dfrac{u}{U_\infty} = \dfrac{3}{2}\left(\dfrac{y}{\delta}\right) - \dfrac{1}{2}\left(\dfrac{y}{\delta}\right)^3$　　　　　　　　　　　　　(8-33)

湍流　　　$\dfrac{u}{U_\infty} = \left(\dfrac{y}{\delta}\right)^{\frac{1}{7}}$　　　　　　　　　　　　　　　　　　(8-39)

比较这两个速度分布公式，可知式(8-39)表示的湍流边界层沿平板壁面法向的速度增长要比式(8-33)表示的层流边界层的速度增长快得多，即湍流边界层的速度剖面比层流边界层的速度剖面饱满得多，如图 8-7 所示. 在圆管中黏性流体流动的速度剖面同样也具有这一特征.

2) 边界层名义厚度 δ

层流　　　$\delta = \sqrt{\dfrac{30\nu x}{U_\infty}} = 4.64 x Re_x^{-\frac{1}{2}}$　　　　　　　　　　　　　(8-35)

湍流 $\qquad \delta = 0.37 \left(\dfrac{v}{U_\infty} \right)^{\frac{1}{5}} x^{\frac{4}{5}} = 0.37 x Re_x^{-\frac{1}{5}}$ $\qquad\qquad$ (8-41)

比较这两个边界层厚度的表达式，可知，层流的 δ 是随 $x^{\frac{1}{2}}$ 增长，而湍流的 δ 是随 $x^{\frac{4}{5}}$ 增长. 因此，沿平板流动湍流边界层的厚度比层流边界层的厚度增长得快，图 8-7 显示了这一特点.

3) 摩擦阻力系数 C_D

层流 $\qquad C_D = 1.293 Re_L^{-\frac{1}{2}}$ $\qquad\qquad\qquad\qquad\qquad\qquad$ (8-38)

(或布拉休斯精确解: $C_D = 1.328 Re_L^{-\frac{1}{2}}$)

湍流 $\qquad C_D = 0.074 Re_L^{-\frac{1}{5}}$ $\qquad\qquad\qquad\qquad\qquad\qquad$ (8-44)

虽然式(8-38)显示边界层的摩擦阻力系数 C_D 的系数为 1.293(或 1.328)，而式(8-44)显示湍流边界层的摩擦阻力系数 C_D 的系数为 0.074，但由于层流摩擦阻力系数 C_D 与 $Re_L^{-\frac{1}{2}}$ 成正比，而湍流摩擦阻力系数 C_D 与 $Re_L^{-\frac{1}{5}}$ 成正比. 当 $Re_L > 2.2 \times 10^4$ 时，湍流摩擦阻力系数就大于层流摩擦阻力系数. 由于对平板而言，转捩点雷诺数为 $3 \times 10^5 \leqslant Re_x \leqslant 10^6$，故认为在转捩点附近湍流边界层的摩擦阻力系数大于层流边界层的摩擦阻力系数. 在绕流平板的流动中，希望减小流动阻力，因此，若使层流边界层至湍流边界层的转捩点离平板前缘点的距离 x_c 越长，则平板的摩擦阻力就越小.

例 8-3 不可压缩黏性流体纵向流过平板，在平板上形成混合边界层. 已知流过整块平板流体的雷诺数 $Re_L = 2.6 \times 10^6$，如把层流边界层转变为湍流边界层的位置从 $x_{c1} = 0.2L$ 后移至 $x_{c2} = 0.8L$，试问摩擦阻力将减少百分之几?

解 根据混合边界层阻力系数公式(8-50)

$$C_{DM} = \frac{0.074}{Re_L^{\frac{1}{5}}} - \frac{I}{Re_L}$$

根据式(8-49d)，有

$$I = \left[0.074 \left(Re_x \right)^{\frac{4}{5}} - 1.29 \left(Re_x \right)^{\frac{1}{2}} \right]$$

当 $x_{c1} = 0.2L$，则至转捩点时

$$Re_{x1} = \frac{x_{c1} U_\infty}{v} = \frac{0.2 L U_\infty}{v} = 0.2 \times 2.6 \times 10^6 = 5.2 \times 10^5$$

当 $x_{c1} = 0.8L$，则至转捩点时雷诺数

$$Re_{x2} = \frac{x_{c2} U_\infty}{v} = \frac{0.8 L U_\infty}{v} = 0.8 \times 2.6 \times 10^6 = 2.08 \times 10^6$$

代入式(8-49d)求得

$$I_1 = \left[0.074\left(5.2\times10^5\right)^{\frac{4}{5}} - 1.29\left(5.2\times10^5\right)^{\frac{1}{2}} \right] = 1837$$

$$I_2 = \left[0.074\left(2.08\times10^6\right)^{\frac{4}{5}} - 1.29\left(2.08\times10^6\right)^{\frac{1}{2}} \right] = 6528$$

$$C_{DM1} = \frac{0.074}{\left(2.6\times10^6\right)^{\frac{1}{5}}} - \frac{1837}{2.6\times10^6} = 0.00315$$

$$C_{DM2} = \frac{0.074}{\left(2.6\times10^6\right)^{\frac{1}{5}}} - \frac{6528}{2.6\times10^6} = 0.00135$$

阻力减少百分数为

$$\frac{F_{D1}-F_{D2}}{F_{D1}} = \frac{C_{DM1}A\dfrac{\rho U_\infty^2}{2} - C_{DM2}A\dfrac{\rho U_\infty^2}{2}}{C_{DM1}A\dfrac{\rho U_\infty^2}{2}} = \frac{0.00315-0.00135}{0.00315} = 57.1\%$$

所以, 摩擦阻力将减少 57.1%.

8.3　绕曲面流动及边界层的分离

8.2 节讨论的不可压缩黏性流体绕平板的流动, 其特点之一是边界层外势流的流速保持 U_∞ 不变, 使整个势流区和边界层内的压强都处处相同. 而当黏性流体绕曲面流动时, 情况就大不一样了. 由于此时边界层外势流的流速 U_e 沿曲面要发生变化, 使势流区和边界层内的压强也沿曲面发生变化, 最后将导致一种新的物理现象——边界层分离的出现.

8.3.1　绕曲面流动边界层的分离

下面我们通过对一种特殊曲面——圆柱体外黏性流体绕流边界层内压强变化、速度变化的分析, 来观察边界层的分离是怎样产生的.

如图 8-8 所示, 黏性流体绕圆柱体流动, 由普朗特边界层理论, 绕流圆柱体的流体将分为边界层区和势流区两部分. 对势流区内的流动, 可将其视为理想流体的流动, 因此, 当流体从 O 点流至 M 点时, 流速增加, 压强下降, 即降压加速; 而从 M 点至 F 点, 则流速降低, 压强上升, 即升压减速. 由于边界层内的压强分布与边界层外势流区相同, 故边界层内从 O 点至 M 点, 也是压强下降, 即 $\dfrac{\mathrm{d}p}{\mathrm{d}x} < 0$. 这种下游压强低于上游压强的压强分布, 有利于流动的进行, 故我们将 $\dfrac{\mathrm{d}p}{\mathrm{d}x} < 0$ 的流动称为顺压强梯度的流动; 而从 M 点至 F 点, 则是压强升高, 即 $\dfrac{\mathrm{d}p}{\mathrm{d}x} > 0$, 这种下游压强高于上游压强的压强分布, 不利于流体流动, 故我们将 $\dfrac{\mathrm{d}p}{\mathrm{d}x} > 0$ 的流动称为逆压强梯度的流动. 由于边界层内的流动阻力消耗能量, F 点的压强低于 O 点的压强.

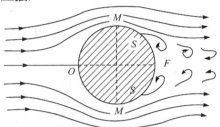

图 8-8　黏性流体绕圆柱体流动

根据普朗特边界层方程, 在物面上($y = 0$, $u = v = 0$)有

$$\left(\frac{\partial^2 u}{\partial y^2}\right)_{y=0} = \frac{1}{\mu}\frac{\mathrm{d}p}{\mathrm{d}x} \tag{8-52}$$

可见, 在物面上, 速度梯度 $\frac{\partial u}{\partial y}$ 的变化率由 $\frac{\mathrm{d}p}{\mathrm{d}x}$ 决定.

在 OM 段, 为顺压强梯度流动, $\frac{\mathrm{d}p}{\mathrm{d}x} < 0$, 所以在物面上 $\left(\frac{\partial^2 u}{\partial y^2}\right)_{y=0} < 0$, 表示从物面起, 随着 y 的增加, $\frac{\partial u}{\partial y}$ 不断减小, 故速度剖面在物面附近向下游凸出; 另外, 在接近边界层外缘时, 随着 y 的增加, $\frac{\partial u}{\partial y}$ 也在不断减小, 变化趋势与物面附近相同, 最后当 $y \to \delta$ 时, $\frac{\partial u}{\partial y} \to 0$. 所以在整个边界层内 $\frac{\partial^2 u}{\partial y^2} < 0$, $\frac{\partial u}{\partial y}$ 一直在减小, 边界层内的速度剖面是一条没有拐点的向下游凸起的光滑曲线, 如图 8-9(a)所示.

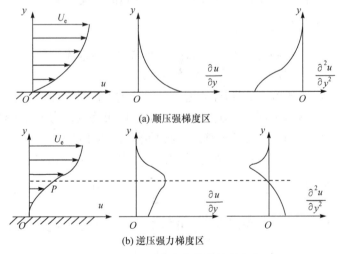

(a) 顺压强梯度区

(b) 逆压强力梯度区

图 8-9　边界层内速度分布及其变化

在 MF 段, 为逆压强梯度流动, $\dfrac{\mathrm{d}p}{\mathrm{d}x} > 0$, 所以在物面上 $\left(\dfrac{\partial^2 u}{\partial y^2}\right)_{y=0} > 0$, 表示从物面起, 随着 y 增加, $\dfrac{\partial u}{\partial y}$ 不断增加, 故速度剖面在物面附近向下游内凹; 而在接近边界层外缘时, 随着 y 增加, $\dfrac{\partial u}{\partial y}$ 不断减小, 最后当 $y \to \delta$ 时, $\dfrac{\partial u}{\partial y} \to 0$, 所以, 在边界层外缘 $\dfrac{\partial^2 u}{\partial y^2} < 0$, 故在边界层外缘, 速度剖面向下游凸出. 因此, 在 $0 \leqslant y \leqslant \delta$ 的范围内, $\dfrac{\partial^2 u}{\partial y^2}$ 由大于零逐渐变为小于零, 中间必存在 $\dfrac{\partial^2 u}{\partial y^2} = 0$ 的点, 该点在数学上称为拐点, 如图 8-9(b)中的 P 点. 另外, 在拐点处, $\dfrac{\partial u}{\partial y}$ 取得最大值, 因为在拐点以下 $\dfrac{\partial u}{\partial y}$ 随 y 不断增加, 速度剖面内凹, 而在拐点以上, $\dfrac{\partial u}{\partial y}$ 随 y 不断降低, 速度剖面外凸.

这些绕流圆柱体边界层的特点, 为一般绕流曲面的边界层所共有, 而且拐点离开物面的距离随着 x 的增加而增加. 如图 8-10 所示, 在势流取得最大速度的 M 点, $\dfrac{\mathrm{d}p}{\mathrm{d}x} = 0$, 根据式(8-52), $\left(\dfrac{\partial^2 u}{\partial y^2}\right)_{y=0} = 0$, 故此时拐点位置在物面上, 即 $y = 0$ 处. 在 M 点后, 随着 x 的增加, $\dfrac{\mathrm{d}p}{\mathrm{d}x} > 0$ 的程度越甚, 使物面上 $\left(\dfrac{\partial^2 u}{\partial y^2}\right)_{y=0} > 0$ 的程度也越甚, 故速度剖面内凹程度越严重; 而在边界层外缘处, 总有 $\left(\dfrac{\partial^2 u}{\partial y^2}\right)_{y=0} < 0$, 即速度剖面在此附近总是外凸. 这就导致拐点位置从 M 点的 $y = 0$, 越往后越向上移, 速度剖面越来越瘦削. 其结果是, 物面上的速度梯度 $\left(\dfrac{\partial u}{\partial y}\right)_{y=0}$ 随着 x 增加不断降低, 逐渐由 $\left(\dfrac{\partial^2 u}{\partial y^2}\right)_{y=0} > 0$ 降到 S 点处的 $\left(\dfrac{\partial^2 u}{\partial y^2}\right)_{y=0} = 0$, 再往下游, $\left(\dfrac{\partial u}{\partial y}\right)_{y=0}$ 继续降低, 成为 $\left(\dfrac{\partial u}{\partial y}\right)_{y=0} < 0$. 由黏性流体的壁面无滑移条件, 在物面上, 即 $y = 0$ 时, $u = 0$, 现在由于逆压强梯度的影响, 使得 $\left(\dfrac{\partial u}{\partial y}\right)_{y=0} < 0$, 表明从物面起, 随着 y 增加, u 将不断变小, $y = 0$ 时, u 已经为零, 再不断变小, 只能为负. 即这部分流体向主流的反方向运动. 这些反向运动流体的出现就称为边界层的分离. 而开始出现分离运动的 S 点则称为分离点.

如图 8-10 所示, 在物面与曲线 ST 之间的区域内, 速度 u 为负值, 使流体反向流动, 而曲线 ST 上各点的流速 $u = 0$, 在曲线 ST 以上, u 又大于零, 所以曲线 ST 以下为分离区.

在 S 点，物面附近的流体停滞不前，下游的流体在逆压强梯度的作用下倒流过来，又在来流的冲击下顺流回去. 这样就在分离点附近形成明显的大漩涡, 像楔子一样将边界层和物面分离开来.

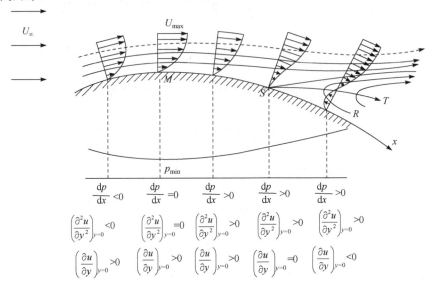

图 8-10　边界层分离的形成过程

8.3.2　边界层分离的原因和后果

由上述分析可见，造成边界层分离的原因，在于逆压强梯度 $\left(\dfrac{\mathrm{d}p}{\mathrm{d}x}>0\right)$ 作用和物面黏性滞止效应的共同影响，使物面附近的流体不断减速，最终由于惯性力不能克服上述阻力而停滞，边界层开始脱离物面.

对顺压强梯度 $\left(\dfrac{\mathrm{d}p}{\mathrm{d}x}<0\right)$ 作用，由压强梯度引起的作用力将推动流体质点前进，具有加速作用，这时只有物面黏性阻滞作用与流体运动方向相反，但黏性阻滞作用只能使流速减慢，不可能引起流体反向运动，所以不会出现分离，另外，若只有逆压强梯度 $\left(\dfrac{\mathrm{d}p}{\mathrm{d}x}>0\right)$ 作用，而没有物面黏性阻滞的作用，则流体中的流体质点不会滞止下来，也不会出现分离.

边界层分离后将产生漩涡，并不能被主流带走，在物体后面形成尾涡区，尾涡区内的流体由于漩涡的存在，产生很大的摩擦损失，消耗能量，所以边界层分离产生很大的阻力损失.

若逆压强梯度作用很小 $\left(\text{即}\dfrac{\mathrm{d}p}{\mathrm{d}x}>0\text{很小}\right)$，则不一定出现边界层的分离或分离区很小，这样可减小压强损失，减小阻力. 例如，将钝头体的后部改为细长形的尾部(如飞机的机翼)，则可使主流的减速大大降低，也就是逆压强梯度的作用大大降低，避免出现分离或使分离区很小，从而减小阻力损失，这种细长形的尾部就是通常所称的流线型，流线型物体阻力小的原因就在于此.

最后需要指出的是, 普朗特边界层方程仅适用于分离点以前的区域. 在分离点以后, 由于回流的出现, u、v 的数量级关系发生了很大变化, 因此, 推导边界层方程的基本假定不再适用, 这时只能从完整的 N-S 方程出发考虑问题.

8.3.3　卡门涡街

黏性流体绕曲面流动, 在逆压强梯度和物面黏性滞止效应的共同影响下, 会产生边界层分离, 分离点的位置则主要与边界层的流态有关. 湍流边界层因横向脉动剧烈, 动量交换充分, 不像层流那样容易分离, 故湍流边界层的分离点靠后, 层流边界层的分离点靠前. 因此, 边界层的分离与 Re 有关. 图 8-11 显示了绕圆柱体流动的流场随 Re 的变化.

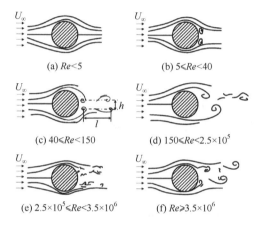

图 8-11　绕流圆柱体后的尾迹和卡门涡街

当 $Re < 5$ 时, 流体附着在圆柱体表面, 不发生边界层分离(图 8-11(a)). $5 < Re < 40$ 时, 层流边界层开始在圆柱体后部发生分离, 并形成一对旋转方向相反的、稳定的漩涡, 称为驻涡(图 8-11(b)). $40 < Re < 150$ 时, 圆柱体后面的漩涡交替脱落, 在尾迹中排成涡列, 称为卡门涡街, 此时边界层的分离属于层流分离, 分离点的位置在 84°附近(图 8-11(c)). $150 < Re < 2.5 \times 10^5$ 时, 尾流中的层流漩涡逐渐转变成湍流漩涡, 并形成湍流涡街, 但圆柱面上边界层的分离仍然是层流分离, 为亚临界区(图 8-11(d)). $2.5 \times 10^5 < Re < 3.5 \times 10^6$ 为超临界区, 边界层从层流分离变为湍流分离, 分离点延至 120°附近, 尾流涡街结构消失, 漩涡脱落不规则, 流动呈随机性(图 8-11(e)). $Re > 3.5 \times 10^6$, 湍流涡街再度出现, 尾流又呈现周期性的特征, 分离点依然在 120°附近(图 8-11(f)).

卡门经过研究指出, 若两涡列间的间距为 h, 前后涡之间的间隔为 l (图 8-11(c)), 则对稳定的涡街, 涡列间的几何关系为

$$\frac{h}{l} = 0.281 \tag{8-53}$$

涡街以小于主流的速度 u_s 向下游运动, 卡门证明, 单位长度圆柱体上的阻力为

$$F_D = \rho U_\infty^2 h \left[2.83 \frac{u_s}{U_\infty} - 1.12 \left(\frac{u_s}{U_\infty} \right)^2 \right] \tag{8-54}$$

式中，U_∞ 为来流流速.

在圆柱体后面的卡门涡街中，两列旋转方向相反的漩涡周期性地交替脱落，其脱落频率 n 与流体的来流速度 U_∞ 成正比，而与圆柱体的直径 d 成反比，即

$$n = Sr \frac{U_\infty}{d} \tag{8-55}$$

式中，Sr 为式(5-9)给出的斯特劳哈尔(Strouhal)数，是离心力与惯性力的比值，与 Re 有关，其关系近似为

$$Sr = 0.21 \left(1 - \frac{21}{Re} \right) \tag{8-55a}$$

当 $Re > 10^3$ 时，斯特劳哈尔数近似等于常数 $0.21(2.5 \times 10^5 < Re < 3.5 \times 10^6$ 除外). 根据这一性质，可制成卡门涡街流量计. 在管道中与流体流动垂直的方向插入一段直径为 d 的圆柱体检测棒，则在检测棒下游产生卡门涡街. 若测得漩涡脱落频率 n，则可由式(8-55)求得流速 U_∞，进而确定流量. 漩涡脱落频率可用超声波束法测得.

若脱落频率正好与圆柱体横向振动的自然频率相近或相等，就会产生共振. 输电线在一定风速下会发出"嗡嗡"响声，正是由这种共振引起；一些热力设备的管束，被流体横向绕流，如果发生共振，将损坏设备，应设法避免.

8.4 黏性流体绕小圆球的蠕流流动

前面几节我们讨论了边界层流动的特点以及绕平板流动边界层的近似计算. 形成边界层流动的条件之一就是 Re 很大，只有在此条件下，才能将不可压缩黏性流体的绕流流动分成边界层流动和势流流动，并在边界层流动中，将 N-S 方程简化成普朗特边界层方程，从而得到求解. 因此边界层理论是在大 Re 条件下简化 N-S 方程的成功范例. 而本节介绍的黏性流体绕小圆球的蠕流流动，则是在小 Re 下简化 N-S 方程的经典佳作. 由第 5 章量纲分析可知，Re 是惯性力和黏性力的比值，Re 很小，就是惯性力远小于黏性力，斯托克斯认为这时可忽略惯性项而使 N-S 方程得以简化并求得解析解. 而且求解的结果与实验在一定 Re 下吻合得很好，从而成功地解决了黏性流体绕小圆球的缓慢流动问题.

研究黏性流体绕小圆球的蠕流流动具有实际意义. 从粉料的气力输送到除尘器中灰尘的沉积，从煤粉在炉膛中的离析沉降到汽包中蒸汽的带水等，无一不与固体微粒或液体细滴在黏性流体中的运动有关，而研究黏性流体绕小圆球的蠕流流动就能解决这些问题.

8.4.1 斯托克斯阻力系数

由于灰尘(或细液滴)这些微粒的尺寸以及流体与微粒的相对运动速度都很小，当这些微粒在黏性流体中运动时，Re 小于 1，使其惯性力远小于黏性力，可以忽略；又由于微

粒的质量很小, 质量力也可忽略. 若将这些微粒视为形状规整的小圆球, 并将坐标系固定在小圆球上, 则将微粒在静止黏性流体中的运动转换成来流速度为 U_∞ 的黏性流体绕静止小圆球的缓慢运动, 且流动成为定常的. 这样, N-S 方程就简化成

$$\begin{cases} \dfrac{\partial p}{\partial x} = \mu\left(\dfrac{\partial^2 u}{\partial x^2} + \dfrac{\partial^2 u}{\partial y^2} + \dfrac{\partial^2 u}{\partial z^2}\right) \\[2mm] \dfrac{\partial p}{\partial y} = \mu\left(\dfrac{\partial^2 v}{\partial x^2} + \dfrac{\partial^2 v}{\partial y^2} + \dfrac{\partial^2 v}{\partial z^2}\right) \\[2mm] \dfrac{\partial p}{\partial z} = \mu\left(\dfrac{\partial^2 w}{\partial x^2} + \dfrac{\partial^2 w}{\partial y^2} + \dfrac{\partial^2 w}{\partial z^2}\right) \end{cases} \tag{8-56}$$

由于是绕小圆球的缓慢运动, 采用球坐标系求解简单. 如图 8-12 所示, 让 x 轴与来流方向一致, 坐标原点建在球心. 由于流动是轴对称的, 在球坐标系中所有流动参数均与坐标 φ 无关, 这样, 在球坐标下的 N-S 方程(4-85)可简化成如下形式:

$$\begin{cases} \dfrac{\partial u_r}{\partial r} + \dfrac{2u_r}{r} + \dfrac{1}{r}\dfrac{\partial u_\theta}{\partial \theta} + \dfrac{u_\theta \cot\theta}{r} = 0 \\[2mm] \dfrac{\partial p}{\partial r} = \mu\left(\dfrac{\partial^2 u_r}{\partial r^2} + \dfrac{1}{r^2}\dfrac{\partial^2 u_r}{\partial \theta^2} + \dfrac{2}{r}\dfrac{\partial u_r}{\partial r} + \dfrac{\cot\theta}{r^2}\dfrac{\partial u_r}{\partial \theta} - \dfrac{2}{r^2}\dfrac{\partial u_\theta}{\partial \theta} - \dfrac{2u_r}{r^2} - \dfrac{2\cot\theta}{r^2}u_\theta\right) \\[2mm] \dfrac{1}{r}\dfrac{\partial p}{\partial \theta} = \mu\left(\dfrac{\partial^2 u_\theta}{\partial r^2} + \dfrac{1}{r^2}\dfrac{\partial^2 u_\theta}{\partial \theta^2} + \dfrac{2}{r}\dfrac{\partial u_\theta}{\partial r} + \dfrac{\cot\theta}{r^2}\dfrac{\partial u_\theta}{\partial \theta} + \dfrac{2}{r^2}\dfrac{\partial u_r}{\partial \theta} - \dfrac{u_\theta}{r^2\sin^2\theta}\right) \end{cases} \tag{8-57}$$

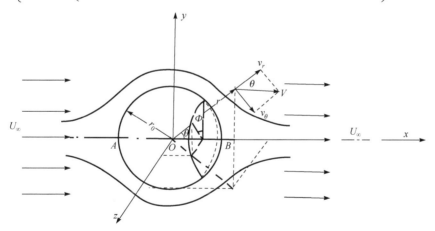

图 8-12　绕小球的缓慢流动

边界条件为

在球面上: $\quad r = r_0, \quad\quad u_r = u_\theta = 0$

无穷远处: $\quad r \to \infty, \quad\quad u_r = U_\infty\cos\theta, \quad u_\theta = -U_\infty\sin\theta$ $\qquad(8\text{-}58)$

根据边界条件的形式及方程的性质, 可设方程(8-57)有以下形式的解:

$$\begin{cases} u_r = f_1(r)\cos\theta \\ u_\theta = -f_2(r)\sin\theta \\ p = \mu f_3(r)\cos\theta + p_0 \end{cases} \tag{8-59a}$$

式(8-59a)中 p_0 为无穷远来流的压强. 将式(8-59a)代入式(8-57), 得

$$f_1' + \frac{2(f_1 - f_2)}{r} = 0 \tag{8-59b}$$

$$f_3' = f_1'' + \frac{2}{r}f_1' - \frac{4(f_1 - f_2)}{r^2} \tag{8-59c}$$

$$\frac{f_3}{r} = f_2'' + \frac{2}{r}f_2' + \frac{2(f_1 - f_2)}{r^2} \tag{8-59d}$$

边界条件为

$$\begin{cases} f_1(r_0) = f_2(r_0) = 0 \\ f_1(\infty) = U_\infty, \quad f_2(\infty) = U_\infty \end{cases} \tag{8-59e}$$

由式(8-59b)得

$$f_2 = \frac{1}{2}rf_1' + f_1 \tag{8-59f}$$

求式(8-59f)对 r 的一阶导数和二阶导数, 有

$$f_2' = \frac{1}{2}rf_1'' + \frac{3}{2}f_1' \tag{8-59g}$$

$$f_2'' = \frac{1}{2}rf_1''' + 2f_1'' \tag{8-59h}$$

由式(8-59b)和式(8-59d)求得

$$f_3 = \frac{1}{2}r^2 f_1''' + 3rf_1'' + 2f_1' \tag{8-59i}$$

求式(8-59i)对 r 的一阶导数, 有

$$f_3' = \frac{1}{2}r^2 f_1^{(4)} + 4rf_1''' + 5f_1'' \tag{8-59j}$$

将式(8-59j)代入式(8-59c), 得

$$r^4 f_1^{(4)} + 8r^3 f_1''' + 8r^2 f_1'' - 8rf_1' = 0 \tag{8-59k}$$

这是典型的欧拉方程, 其特征方程为

$$k(k-2)(k+1)(k+3) = 0$$

特征根 $k = -3$, -1, 0, 2, 由此可得

$$\begin{cases} f_1 = \dfrac{A}{r^3} + \dfrac{B}{r} + C + Dr^2 \\[2mm] f_2 = -\dfrac{A}{2r^3} + \dfrac{B}{2r} + C + 2Dr^2 \\[2mm] f_3 = \dfrac{B}{r^2} + 10Dr \end{cases} \tag{8-59l}$$

根据边界条件式(8-59e)可定出各个系数

$$A = \frac{1}{2}r_0^3 U_\infty, \quad B = -\frac{3}{2}r_0 U_\infty, \quad C = U_\infty, \quad D = 0$$

将各系数代入式(8-59l)求得函数 $f_1(r), f_2(r), f_3(r)$ ，代回式(8-59a)，得速度分布及压强分布公式

$$\begin{cases} u_r = U_\infty \cos\theta \left(1 - \frac{3}{2}\frac{r_0}{r} + \frac{1}{2}\frac{r_0^3}{r^3} \right) \\[2mm] u_\theta = -U_\infty \sin\theta \left(1 - \frac{3}{4}\frac{r_0}{r} - \frac{1}{4}\frac{r_0^3}{r^3} \right) \\[2mm] p(r,\theta) = p_0 - \frac{3}{2}\mu\frac{U_\infty r_0}{r^2}\cos\theta \end{cases} \tag{8-59}$$

为计算流体对圆球的作用力，先确定圆球表面的正应力和切应力. 在球面上

$$u_r = u_\theta = 0$$

$$\frac{\partial u_r}{\partial r} = \frac{\partial u_r}{\partial \theta} = 0$$

在球坐标系中的正应力 τ_{rr} 和切应力 $\tau_{r\theta}$ 为

$$\begin{cases} (\tau_{rr})_{r=r_0} = -p + 2\mu\frac{\partial u_r}{\partial r} = -p = -p_0 + \frac{3}{2}\mu\frac{U_\infty}{r_0}\cos\theta \\[2mm] (\tau_{r\theta})_{r=r_0} = \mu\left(\frac{1}{r}\frac{\partial u_r}{\partial \theta} + \frac{\partial u_\theta}{\partial r} - \frac{u_\theta}{r} \right) = \mu\frac{\partial u_\theta}{\partial r} = -\frac{3}{2}\mu\frac{U_\infty}{r_0}\sin\theta \end{cases} \tag{8-60}$$

将式(8-60)表示的球面上的正应力 τ_{rr} 和切应力 $\tau_{r\theta}$ 沿球面积分，就可求得流体作用在球面上的正应力和切应力的合力沿 x 方向的分量 F_{nx} 和 $F_{\tau x}$ ，为此，如图 8-13 所示，在球面上取微分面积

$$\mathrm{d}A = 2\pi r_0 \sin\theta r_0 \mathrm{d}\theta$$

正应力作用在圆球上的合力在 x 方向的分量为

$$\begin{aligned} F_{nx} &= \int_A (\tau_{rr})_{r=r_0} \cos\theta \mathrm{d}A \\ &= \int_0^\pi \left(-p_0 + \frac{3}{2}\mu U_\infty \frac{\cos\theta}{r_0} \right)\cos\theta \cdot 2\pi r_0 \sin\theta r_0 \mathrm{d}\theta \\ &= 2\pi\mu r_0 U_\infty \end{aligned} \tag{8-61a}$$

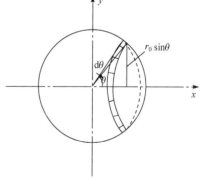

图 8-13　球面微分面积的选取

切应力的合力在 x 方向的分量为

$$F_{\tau x} = -\int_A (\tau_{r\theta})_{r=r_0}\sin\theta \mathrm{d}A = -\int_0^\pi \left(-\frac{3}{2}\mu U_\infty \frac{\sin\theta}{r_0} \right)\sin\theta \cdot 2\pi r_0 \sin\theta r_0 \mathrm{d}\theta = 4\pi\mu r_0 U_\infty \tag{8-61b}$$

圆球所受总阻力为

$$F_D = F_{nx} + F_{\tau x} = 6\pi \mu r_0 U_\infty = 3\pi \mu d_0 U_\infty \tag{8-61}$$

式(8-61)是斯托克斯在 1851 年导出的,称为圆球的斯托克斯阻力公式. 若用量纲一阻力系数表示, 则有

$$C_D = \frac{F_D}{\frac{1}{2}\rho U_\infty^2 A} = \frac{6\pi \mu r_0 U_\infty}{\frac{1}{2}\rho U_\infty^2 \pi r_0^2} = \frac{24}{\frac{U_\infty d}{\nu}} = \frac{24}{Re} \tag{8-62}$$

当 $Re < 1$ 时, 由式(8-62)求得的阻力系数与实验结果符合得很好；但当 $Re > 1$ 时, 就出现误差, 其原因在于斯托克斯解中完全忽略了流体的惯性力. 事实上, 只有在靠近圆球表面的流动区域内才是正确的, 而在远离圆球的区域中惯性力并不比黏性力小. 考虑到这一原因, 奥森(Oscen)对斯托克斯解作了一些修正. 奥森认为, 当圆球的尺寸远小于流场的尺度时, 圆球引起的速度变化很小. 因此, 他假定

$$u = U_\infty + u_1, \quad v = v_1, \quad w = w_1 \tag{8-63a}$$

式中, U_∞ 为无穷远处来流速度, u_1, v_1, w_1 与 U_∞ 相比都是小量, 这样 N-S 方程的惯性项成为

$$\begin{cases} u\dfrac{\partial u}{\partial x} + v\dfrac{\partial u}{\partial y} + w\dfrac{\partial u}{\partial z} = (U_\infty + u_1)\dfrac{\partial u_1}{\partial x} + v_1\dfrac{\partial u_1}{\partial y} + w_1\dfrac{\partial u_1}{\partial z} \\[2mm] u\dfrac{\partial v}{\partial x} + v\dfrac{\partial v}{\partial y} + w\dfrac{\partial v}{\partial z} = (U_\infty + u_1)\dfrac{\partial v_1}{\partial x} + v_1\dfrac{\partial v_1}{\partial y} + w_1\dfrac{\partial v_1}{\partial z} \\[2mm] u\dfrac{\partial w}{\partial x} + v\dfrac{\partial w}{\partial y} + w\dfrac{\partial w}{\partial z} = (U_\infty + u_1)\dfrac{\partial w_1}{\partial x} + v_1\dfrac{\partial w_1}{\partial y} + w_1\dfrac{\partial w_1}{\partial z} \end{cases} \tag{8-63b}$$

式(8-63b)等式右边各项相比, 可知 $U_\infty\dfrac{\partial u_1}{\partial x}$, $U_\infty\dfrac{\partial v_1}{\partial x}$, $U_\infty\dfrac{\partial w_1}{\partial x}$ 为一阶小量, 而其他各项为二阶小量, 仅需保留这三项, 其他项都可略去, 代入 N-S 方程, 得

$$\begin{cases} U_\infty\dfrac{\partial u}{\partial x} = -\dfrac{1}{\rho}\dfrac{\partial p}{\partial x} + \nu\left(\dfrac{\partial^2 u}{\partial x^2} + \dfrac{\partial^2 u}{\partial y^2} + \dfrac{\partial^2 u}{\partial z^2}\right) \\[2mm] U_\infty\dfrac{\partial v}{\partial x} = -\dfrac{1}{\rho}\dfrac{\partial p}{\partial x} + \nu\left(\dfrac{\partial^2 v}{\partial x^2} + \dfrac{\partial^2 v}{\partial y^2} + \dfrac{\partial^2 v}{\partial z^2}\right) \\[2mm] U_\infty\dfrac{\partial w}{\partial x} = -\dfrac{1}{\rho}\dfrac{\partial p}{\partial x} + \nu\left(\dfrac{\partial^2 w}{\partial x^2} + \dfrac{\partial^2 w}{\partial y^2} + \dfrac{\partial^2 w}{\partial z^2}\right) \end{cases} \tag{8-63c}$$

作此修正后, 奥森解得的阻力系数为

$$C_D = \frac{24}{Re}\left(1 + \frac{3}{16}Re\right) \tag{8-63}$$

在 Re 为 $0\sim10^3$ 范围内, 怀特(White)通过实验得到的阻力系数的经验公式为

$$C_D = \frac{24}{Re} + \frac{6}{\sqrt{Re}} + 0.4 \tag{8-64}$$

图 8-14 为斯托克斯解、奥森解与怀特给出的实验结果的比较. 从对问题分析的深入

程度考虑，奥森解要比斯托克斯解更精确，但从图 8-14 可以看到，和实验结果相比，奥森解并无明显的改进. 怀特通过实验所得到的圆球阻力系数刚好位于斯托克斯解和奥森解之间.

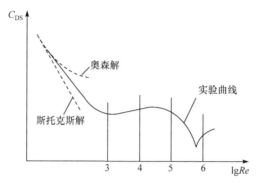

图 8-14　斯托克斯解和奥森解与实验结果的比较

奥森解虽然没有提高计算精度，但奥森的假定拓宽了近似解应用的范围，使得按奥森解求得的流场分布，与斯托克斯解相比，不仅在贴近小圆球附近，而且在较远处，也能与实验比较接近. 奥森解不仅使解得的流场更贴近实际，而且其解题的方法为后人继续开展研究提供了一条思路. 例如，陈景尧(1975 年)详细研究了奥森的求解过程，将奥森解作为 N-S 方程的一级近似解，然后用迭代方法依次求出了逐级近似解. 所求得的阻力系数可在 $0 \leqslant Re \leqslant 6$ 范围内与实验结果很好吻合.

8.4.2　颗粒在静止流体中的自由沉降

8.4 节开始时提到的煤粉、灰尘的沉降都与这些颗粒在运动中受到周围流体对它的阻力有关. 为此,我们利用上面导出的斯托克斯阻力系数来研究这些颗粒在静止流体中的沉降. 为简单起见，先假定这些颗粒是直径为 d 的圆球，我们来考察一个直径为 d 的圆球从静止开始在静止流体中的自由降落过程. 在降落过程中，由于重力的作用，下降速度不断增大，使圆球受到的流体阻力也不断增大. 当圆球的重量 W 与作用在圆球上的流体的浮力 F_B、流体的阻力 F_D 相等时，圆球将在流体中以速度 V_f 自由沉降，V_f 就称为圆球的自由沉降速度. 对直径为 d 的圆球，其重力 $W = \frac{1}{6}\pi d^3 \rho_s g$，流体的浮力 $F_B = \frac{1}{6}\pi d^3 \rho g$，流体的阻力 $F_D = C_D \frac{1}{4}\pi d^2 \cdot \frac{1}{2}\rho V_f^2$，当重力的作用和浮力、阻力的作用相平衡时，有

$$\frac{1}{6}\pi d^3 \rho_s g = \frac{1}{6}\pi d^3 \rho g + C_D \frac{1}{4}\pi d^2 \frac{1}{2}\rho V_f^2 \tag{8-65a}$$

由此求得自由沉降速度

$$V_f = \sqrt{\frac{4gd(\rho_s - \rho)}{3C_D \rho}} \tag{8-65}$$

式中，ρ_s 为固体圆球的密度；ρ 为流体的密度；C_D 为流体阻力系数，将随 Re 的变化而

变化. 因此, 颗粒的自由沉降速度 V_f 可分为下列三种情况考虑.

(1) 当 $Re \leqslant 1$ 时, 符合斯托克斯阻力公式的条件, $C_D = \dfrac{24}{Re}$, 代入式(8-65), 得

$$V_f = \frac{1}{18} \frac{g}{\nu} \frac{\rho_s - \rho}{\rho} d^2 \tag{8-66}$$

(2) 当 $1 \leqslant Re \leqslant 1000$ 时, 圆球的阻力系数可用修正的怀特经验公式计算

$$C_D = \frac{24}{Re} + \frac{6}{\sqrt{Re}} + 0.4 \tag{8-64}$$

代入式(8-65)得

$$0.4 U_f^2 + 6\sqrt{\frac{\nu V_f^3}{d}} + \frac{24\nu}{d} V_f - \frac{4}{3} gd \frac{\rho_s - \rho}{\rho} = 0 \tag{8-67}$$

(3) 当 $1000 \leqslant Re \leqslant 2 \times 10^5$ 时, 圆球的阻力系数趋近于常数, $C_D = 0.48$, 代入式(8-65)得

$$V_f = \sqrt{2.8 gd \frac{\rho_s - \rho}{\rho}} \tag{8-68}$$

圆球在气体中沉降时, 由于气体的密度 ρ 比圆球的密度 ρ_s 小得多, 故式(8-66)、式(8-67)和式(8-68)中分子上的($\rho_s - \rho$)都可近似地用 ρ_s 代替.

若垂直上升的流体速度 V 与圆球的自由沉降速度 V_f 相等, 则圆球的绝对速度 $V_a = V - V_f = 0$, 圆球悬浮在流体中静止不动. 而当流体的上升速度大于圆球的自由沉降速度时, 圆球将被流体带走. 因此, 在垂直管道中作粉料的气力提升输送时, 气流的流速应大于颗粒的自由沉降速度.

例 8-4 鼓泡流化床锅炉是在炉排上加一层劣质细煤颗粒, 从炉排下部鼓风, 使炉排上的细煤颗粒在悬浮状态下燃烧. 假设细煤粒径为 $d = 1.2 \text{mm}$ 的球体, 密度 $\rho_s = 2250 \text{kg/m}^3$. 悬浮燃烧层的温度 $t = 1000 ℃$, 此时烟气的运动黏度 $\nu = 1.67 \times 10^{-6} \text{m}^2/\text{s}$. 而烟气在 0℃ 时的密度为 $\rho_0 = 1.34 \text{kg/m}^3$. 试问烟气速度应为多少才能使颗粒处于悬浮状态?

解 根据状态方程, 计算在 $t = 1000℃$ 时的烟气密度

$$\rho = \frac{\rho_0 T_0}{T} = \frac{1.34 \times (273 + 0)}{273 + 1000} = 0.287 (\text{kg/m}^3)$$

要使细煤处在悬浮状态, 则应使烟气速度 V 恰好与煤粒的自由沉降速度 V_f 相等. 假定 $Re \leqslant 1, C_D = \dfrac{24}{Re}$, 得

$$V_f = \frac{1}{18} \frac{g}{\nu} \frac{\rho_s - \rho}{\rho} d^2 = \frac{9.8(2250 - 0.287)}{18 \times 1.67 \times 10^{-6} \times 0.287} \times (1.2 \times 10^{-3})^2 = 3680 (\text{m/s})$$

校验

$$Re = \frac{U_f d}{\nu} = \frac{3680 \times 1.2 \times 10^{-3}}{1.67 \times 10^{-6}} = 2.64 \times 10^6$$

可见所选 Re 范围不对，重新假定 $Re = 10^3 \sim 2 \times 10^5, C_D = 0.48$ ，得

$$V_f = \sqrt{\frac{2.8gd(\rho_s - \rho)}{\rho}} = \sqrt{\frac{2.8 \times 9.8 \times 1.2 \times 10^{-3}(2250 - 0.287)}{0.287}} = (16.1\text{m/s})$$

校验

$$Re = \frac{U_f d}{\nu} = \frac{16.1 \times 1.2 \times 10^{-3}}{1.67 \times 10^{-6}} = 1.15 \times 10^4$$

与假定相符. 故应使烟气速度为 16.1m/s 才能使细煤粒悬浮.

例 8-5　气球质量 $m = 0.32\text{kg}$ ，直径 $d = 1\text{m}$ ，以 $V_0 = 3.7\text{m/s}$ 的速度在静止空气中上升. (1) 求阻力系数；(2) 若用绳子固定(图 8-15)，气流水平速度为 $V = 3.5\text{m/s}$ ，求绳子的张力和倾角. 空气密度 $\rho = 1.25\text{kg/m}^3$ ，运动黏度 $\nu = 14.7 \times 10^{-6}\text{m}^2/\text{s}$.

解　(1) 气球匀速上升时重力、阻力与浮力平衡

$$mg + C_D \frac{1}{2}\rho V_0^2 \frac{\pi d^2}{4} = \frac{1}{6}\rho g \pi d^3$$

代入已知数据，得阻力系数

$$C_D = 0.488$$

此时雷诺数

$$Re_1 = \frac{V_0 d}{\nu} = 2.5 \times 10^5$$

(2) 气球被绳子固定时，流动雷诺数

$$Re_2 = \frac{Vd}{\nu} = 2.38 \times 10^5$$

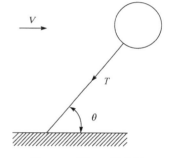

图 8-15　例 8-5 示意图

与(1)情况类似，阻力系数大致相等，气球受到空气向右的推力为

$$F_D = C_D \frac{\rho V^2}{2} \frac{\pi d^2}{4} = 2.93(\text{N})$$

在水平方向，气球受力平衡

$$T\cos\theta = F_D$$

在竖直方向，气球受力平衡

$$mg + T\sin\theta = \frac{\pi}{6}\rho g d^3$$

联立求解，得

$$T = 4.4\text{N}, \quad \theta = 48.2°$$

8.5　黏性流体绕流物体的阻力

通过前面几节的讨论，我们看到不可压缩黏性流体绕物体流动时，物体表面的切应力引起摩擦阻力；另外，由于边界层分离产生能量损失，使得沿曲壁面流动时，物体前后总压强不平衡而引起压差阻力，故不可压缩黏性流体绕流物体时会引起摩擦阻力和压差阻力两种阻力损失.

8.5.1　摩擦阻力和压差阻力

摩擦阻力是黏性直接作用的结果. 当黏性流体绕流物体时，流体对物体表面有切向应力的作用，由切向应力产生摩擦阻力. 对摩擦阻力，可以将壁面切应力沿物体表面积分得到. 如果边界层分离在某处发生，则该计算只能在分离点前进行，如果边界层从某处由层流转变为湍流，则应分为层流段和湍流段分别计算，然后再相加.

压差阻力是黏性间接作用的结果. 例如，黏性流体绕流圆柱体流动时，由于边界层在逆压强梯度流动区域发生分离，形成漩涡，消耗能量，使从分离点开始的圆柱体后部的流体压强和分离点的压强基本相同，而不能恢复到绕流前势流的压强，这样就形成了圆柱体前后的压强差，产生了压差阻力. 而漩涡所携带的动能则在尾涡区中由漩涡内部的摩擦变成热量而耗散掉. 可见，压差阻力受边界层分离的影响很大，所以压差阻力的大小与物体的形状有很大的关系，故又称形状阻力. 摩擦阻力和压差阻力之和即为黏性流体绕流物体的阻力，简称物体阻力.

虽然物体阻力形成的物理机制，在边界层理论发展以后，已变得很清楚，但要从理论上计算一个任意形状物体的阻力，至今还非常困难，故物体阻力目前大多是通过实验测到的. 为了使实验结果具有更宽的应用范围，工程上用量纲一阻力系数 C_D 代替阻力 F_D. 对几何形状相似的物体，流体绕流的阻力系数 C_D 都仅与 Re 有关，这一点不管是从绕流平板的阻力系数还是绕流圆球的阻力系数来看都已得到证明. 因此，在不可压缩黏性流体绕流物体时，对于与来流方向相同方位角的几何相似物体，其阻力系数 $C_D = f(Re)$.

图 8-16 给出了圆球和无限长圆柱体的阻力系数 C_D 与 Re 的关系曲线. 以光滑圆球的阻力系数为例，对直径不同的圆球，在不同 Re 下测得的阻力系数都呈现在同一条曲线上. 在 Re 很小时，如 $Re < 1$，流动无分离，主要的阻力是摩擦阻力，用斯托克斯公式计算阻力系数. 随着 Re 的增大，到了 10 左右，边界层发生分离，分离区位于圆球后部小范围内，阻力变成由摩擦阻力和压差阻力两部分组成. 随着 Re 进一步增大，分离区随之加大，阻力系数减小，而压差阻力在总阻力中所占的比例越来越大，当 Re 达到 1000 时，压差阻力占到总阻力的 95%左右.

在 $1000 < Re < 2×10^5$ 范围内，圆球的阻力系数基本不变，而当 Re 近似于 $2×10^5$ 时，阻力系数突然下降. 实验证明，当 $Re < 2×10^5$ 时，圆球前半部的边界层为层流，边界层分离发生在前半部，分离点与前驻点间的圆心角大约为 80°，漩涡区较宽，压差阻力较大. 当 $Re > 2×10^5$ 时，边界层较早地转变为湍流，由于湍流边界层中流体质点相互掺混，发生剧烈的动量交换，能较好地克服逆压强梯度，所以湍流边界层的分离发生得要迟一些，分离点与前驻点间的圆心角大约为 105°，这样，就使漩涡区变窄，压差阻力大为降低，故阻力系数突然下降. 可见，这种阻力的突然降低是边界层较早地由层流转变为湍流的结果. 8.3.3 节给出的绕圆柱体流动的边界层的分离情况与此相似，所以圆柱体的阻力系数也有类似的变化规律. 如果圆球或圆柱表面比较粗糙，阻力系数突然开始下降的雷诺数将提前到 8×10^4. 在圆球或圆柱后部加一个流线型尾部，则阻力系数明显下降.

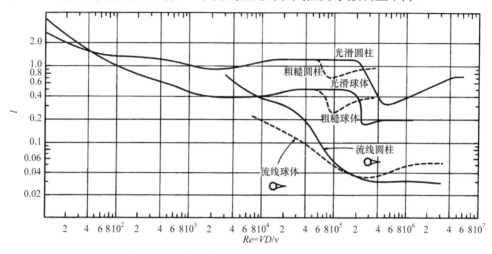

图 8-16　圆球和圆柱的阻力系数 C_D 与 Re 的关系

8.5.2　减小黏性流体绕流物体阻力的措施

虽然摩擦阻力和压差阻力都是黏性引起的，但两种阻力形成的物理机制不同，因此减小这两种阻力采取的措施也是不同的.

对摩擦阻力，由于层流边界层作用在物体表面上的切向应力要比湍流边界层小得多，为了减小摩擦阻力，应使绕流物体表面的层流边界层尽可能长，即让层流边界层转变为湍流边界层的转捩点尽可能往后推移.

对压差阻力，则要尽量减小分离区. 这可采用减小逆压强梯度的方法，即采用具有圆头尖尾细长外形的流线型物体，使分离点位置尽量往后推移. 一般流线型物体的阻力系数与非流线型物体相比要小一个数量级. 当 $Re > 100$ 时，物体表面形状对阻力大小有着显著的影响.

图 8-17 给出了减小阻力系数的例子，图中的三个方柱体的横截面是相同的. (a)是一个方柱，阻力系数最大；(b)是在方柱体的迎风面加装一个半圆柱体，阻力几乎降了一半；(c)是在(b)的基础上增加一个细长的流线型尾部，阻力再次明显降低；(d)表示与(c)的阻力大小相同的圆柱体，可见该圆柱体直径非常小，这说明减小阻力的措施非常有效. 表 8-1 给出了几种典型的三维物体的阻力系数的实验结果.

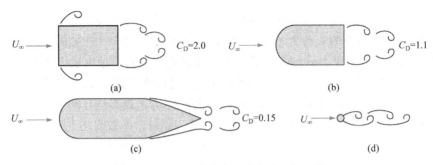

图 8-17　采用流线型表面减小阻力的图例

表 8-1　三维物体阻力系数 $(Re \geqslant 10^4)$

形状	C_D	形状	C_D 层流	C_D 湍流
圆盘	1.17	60°圆锥体	0.80	0.36
半球体	0.38			
	1.17	旋转椭球体　　长径比 1	0.47	0.20
半球罩	0.38	2	0.27	0.13
	1.42	4	0.25	0.10
立方体	1.07	8	0.20	0.08
	0.81			
长方板　　$b/a=1$	1.18	圆柱体　　长径比 0.5	1.15	0.65
$b/a=5$	1.2	1	0.95	0.50
$b/a=10$	1.3	2	0.85	0.40
$b/a=20$	1.5	4	0.80	0.30

　　另外，对于形状确定的非流线型物体，如前述圆球或圆柱体，则可采用人为增加表面粗糙度的方法，促使层流边界层较早地转变为湍流边界层，使分离点后移而减小压差阻力. 虽然增加粗糙度会增大摩擦阻力，但分离点后移却大大降低了压差阻力，这种方法对压差阻力占主的非流线型物体非常有效. 除此以外，边界层流体的吸出和向边界层注入

高速流体也可以阻止边界层的分离.

总之, 当摩擦阻力和压差阻力两种阻力同时存在时, 应分清哪种阻力起主要作用, 从而抓住主要矛盾, 有的放矢, 重点减小起主要作用的阻力, 取得事半功倍的效果.

例 8-6 一质量 M 为 2000kg 的小型旅行车, 车长 L 为 4m, 假定其为长径比 L/D 为 2 的圆柱体, 初始速度 V_i 为 100km/h, 轮子的滚动摩擦阻力系数 α 为 0.5mm, 轮胎直径 d 为 500mm, 求汽车关闭油门减速到 V_o 为 50km/h 所走过的路程. 其中空气温度为 20℃, 不计风速.

解 轮子的滚动摩擦阻力为

$$F_r = \frac{P\alpha}{d/2} = \frac{2000 \times 9.81 \times 0.5 \times 10^{-3}}{0.25} = 39.2(\text{N})$$

式中, P 为轮子上的正压力.

空气阻力 F_D 的求解过程如下:

空气密度

$$\rho = \frac{p}{RT} = \frac{101.3 \times 10^3}{287 \times 293} = 1.2(\text{kg/m}^3)$$

迎风面积

$$A = \pi \left(\frac{D}{2} \right)^2 = 3.14 \text{m}^2$$

20℃下的空气运动黏度

$$\nu = 1.5 \times 10^{-5} \text{m}^2/\text{s}$$

车子运行的雷诺数

$$Re = \frac{V_i D}{\nu} = \frac{\dfrac{100 \times 10^3}{3600} \times 2}{1.5 \times 10^{-5}} = 3.704 \times 10^6 > 2 \times 10^5$$

处在湍流区. 查表 8.1, 处在湍流区 $L/D = 2$ 的圆柱体 $C_D = 0.40$, 空气阻力

$$F_D = C_D \frac{1}{2} \rho V^2 A = 0.40 \times \frac{1}{2} \times 1.2 V^2 \times 3.14 = 0.739 V^2 (\text{N})$$

汽车的运动方程为

$$F = M \frac{dV}{dt}$$

即

$$-0.739 V^2 - 39.2 = 2000 \frac{dV}{dt} = 2000 \frac{dV}{dx} \frac{dx}{dt} = 2000 V \frac{dV}{dx}$$

分离变量

$$\frac{2000 V dV}{0.739 V^2 + 39.2} = -dx$$

令

$$U = 0.739 V^2 + 39.2, \quad dU = 1.478 V dV$$

代入上式，得

$$\frac{2000}{1.478} \times \frac{\mathrm{d}U}{U} = -\mathrm{d}x$$

积分得

$$1353\ln U = -x + C$$

即

$$1353\ln(0.739V^2 + 39.2) = -x + C$$

当 $x = 0$ 时，$V = 27.78\text{m/s}$ 得 $C = 8676$，有

$$1353\ln(0.739V^2 + 39.2) = -x + 8676$$

当 $V = 50\text{km/h} = 13.89\text{m/s}$ 时，$x = 1637\text{m}$；即汽车运行 1637m 后，会减速至 50km/h. 实际上，若包括车轮的旋转动能，汽车会运行得更远.

卡门涡街演示　　　　绕流固体的流场

习　题　八

8-1　20℃的空气以 25m/s 的速度流过一薄平板. 当边界层名义厚度为 100mm 和 1mm 时，求距平板前缘的距离 x.

8-2　空气以 20m/s 的速度沿平板前进，温度为 20℃，求离平板前缘 200mm 处的边界层名义厚度 δ.

8-3　20℃的空气以 30m/s 的速度吹向一块平板，假定边界层转捩的临界雷诺数 $Re_{x_c} = 5 \times 10^5$，试求离平板前缘距离 $x = 0.2\text{m}$ 及 1.2m 处的边界层名义厚度 δ.

8-4　假定平板层流边界层内速度分布规律为 $\dfrac{u}{U_\infty} = 2\left(\dfrac{y}{\delta}\right) - \left(\dfrac{y}{\delta}\right)^2$，试求边界层厚度和摩擦阻力系数与雷诺数 Re_x 的关系式，并求取所得摩擦阻力系数与布拉休斯解的误差.

8-5　假定平板层流边界层内速度分布满足正弦曲线 $\dfrac{u}{U_\infty} = \sin\left(\dfrac{\pi y}{2\delta}\right)$，试求边界层厚度和摩擦阻力系数与雷诺数 Re_x 的关系式，并求取所得摩擦阻力系数与布拉休斯解的误差.

8-6　若平板湍流边界层内速度分布符合指数规律 $\dfrac{u}{U_\infty} = \left(\dfrac{y}{\delta}\right)^{\frac{1}{9}}$，且切应力 $\tau_w = 0.018\rho U_\infty^2 \left(\dfrac{\nu}{U_\infty \delta}\right)^{\frac{1}{5}}$，试求湍流边界层的厚度 δ.

8-7　空气温度为 40℃，沿着长 6m，宽 2m 的光滑平板，以 60m/s 的速度流动，设平板边界层由层流转变为湍流的条件是 $Re_x = 10^6$，求平板两侧所受的总摩擦阻力.

8-8　一平行放置于流速为 60m/s 的空气流中的薄平板, 长 1.5m, 宽 3m, 空气绝对压强为 10^5Pa, 温度为 25℃, 试求在假定平板表面分别为层流边界层和湍流边界层两种情况下, 平板末端的边界层厚度和平板两侧所受的总阻力.

8-9　薄平板宽 2.5m, 长 30m, 水平地在静水中拖曳, 速度为 5m/s, 求所需的拖曳力.

8-10　一平驳船(长 40m, 宽 14m)以 1.543m/s 的速度在 20℃的海水上航行. 假定海水为静止的, 求作用在驳船底面上的摩擦阻力.

8-11　一薄平板长 3m, 宽 0.3m, 其上流过速度为 12m/s 的空气(运动黏度 $\nu = 15 \times 10^{-6}$m²/s), 边界层由层流转变为湍流的条件为 $Re_x = 5 \times 10^5$, 求沿长度方向和沿宽度方向的流动阻力.

8-12　水渠底面是一长 30m、宽 3m 的矩形平板放在 20℃水流中, 水流速度 $U_\infty = 6$m/s, 假定水的运动黏度 $\nu = 10^{-6}$m²/s, 平板边界层转捩临界雷诺数 $Re_{x_c} = 5 \times 10^5$, 试求:
(1) 平板前部 $x = 3$m 一段板面的摩擦阻力; (2) 整个板面的摩擦阻力.

8-13　一平底船的底面可视为宽 10m, 长 50m 的平板, 以 14.45km/h 的速度行驶, 水的运动黏度 $\nu = 10^{-6}$m²/s, 假定平板边界层转捩临界雷诺数 $Re_{x_c} = 5 \times 10^5$, 试求克服边界层摩擦阻力所需的功率.

8-14　在 Re 相等的条件下, 20℃的水和 30℃的空气各平行流过长度为 L 的平板时, 其摩擦阻力之比是多少?

8-15　一直径为 150mm 的气球, 用绳索拉住, 以抵抗水平方向的风力, 若绳索所受水平拉力为 1.1N, 求风速.

8-16　风洞实验中的平均风速为 10m/s, 吹向一直径 $d = 500$mm 的圆盘(圆盘平面垂直于风速), 空气温度为 20℃, 求圆盘所受推力.

8-17　球形尘粒密度为 1500kg/m³, 在 20℃的大气中匀速沉降, 可使用斯托克斯公式计算沉降速度的最大粒径为多少? 相应的沉降速度有多大?

8-18　水银密度 $\rho = 13600$kg/m³, 内含直径 $d = 0.4$mm, 密度 $\rho* = 4500$kg/m³ 的杂质, 若杂质在水银中匀速上浮, 求在水银中上升 200mm 所需的时间. (水银的动力黏度 $\mu = 1.5 \times 10^{-3}$Pa·s.)

8-19　铅球的密度 $\rho = 11420$kg/m³, 直径为 25mm, 在密度为 930kg/m³ 的油中以 0.375m/s 的速度匀速沉降, 求油的动力黏度 μ.

8-20　一直径 $d = 12$mm 的固体小球, 在油中以 $u = 0.035$m/s 的速度上浮, 油的密度 $\rho = 930$kg/m³, 动力黏度 $\nu = 0.034$Pa·s, 求球的密度.

8-21　已知煤粉炉炉膛中上升烟气流的最小流速为 0.5m/s, 烟气密度为 $\rho* = 0.2$ kg/m³, 运动黏度为 $\nu = 230 \times 10^{-6}$m²/s, 煤粉密度 $\rho = 1.3 \times 10^3$kg/m³, 问 0.1mm 的煤粉将沉降下来还是被上升气流带走?

8-22　某气力输送管道, 为输送一定数量的悬浮固体颗粒, 要求流速为颗粒沉降速度的 5 倍. 已知悬浮颗粒直径 $d = 0.3$mm, 密度为 2650 kg/m³, 空气温度为 20℃, 求管内流速.

8-23　沙尘暴在 20℃下把平均粒径 $d = 10^{-4}$m 的形如小圆球的细沙粒吹到 $H = 1000$m

的高空，当地的水平风速 $U_\infty = 10\text{m/s}$，沙粒密度 $\rho = 2000 \text{ kg/m}^3$，空气密度 $\rho^* = 1.25 \text{ kg/m}^3$，空气动力黏度 $\mu = 1.5 \times 10^{-4} \text{Pa} \cdot \text{s}$，试求沙粒落地时所漂移的水平距离.

8-24　小钢球在油中自由降落以测定油的动力黏度. 已知油的密度 $\rho = 900\text{kg/m}^3$，直径 $d = 3\text{mm}$ 的小钢球密度 $\rho' = 7800\text{kg/m}^3$，若测得的沉降速度 $u = 0.11\text{m/s}$，求油的动力黏度 μ.

8-25　在一花车巡游的队列中，有一辆花车前部正面图标的形状近似为一直径 $d = 2.0\text{m}$ 的圆盘，花车在 3m/s 的逆风中以 12.6km/h 的速度行进. 当地的大气温度 $t = 20℃$，问为克服作用在该图标圆盘上的阻力而消耗的功率是多少?

第9章

可压缩流体的流动

严格地说，任何实际流体都是可压缩的，密度都是可变化的. 在前面的章节中，我们假定流体不可压缩，也就是假定流体的密度为常数，都是为了简化问题分析，但这是有条件的. 通常，当流动马赫数小于 0.3 时可将流体视为不可压缩流体，这一假定是合理的，因为此时流场中流体密度的变化小于 5%；然而，当流动马赫数较高时，流体密度就会产生不可忽略的变化. 例如，速度为 170m/s 的飞行器在静止大气中飞行时，其前端点的气体密度可增加 12%，当速度更高时，气体密度的变化将更为显著. 遇到这类问题就必须考虑流体的压缩性. 由于在可压缩流体的流场中密度不均匀，可压缩流体的流动与不可压缩流体的流动相比，具有一些特殊的性质，如流动阻塞和激波等.

可压缩流体流动也是气体动力学的研究内容，主要研究可压缩流体流动特性及其与物体壁面的相互作用，也分成内部流动和外部绕流两类，例如，喷管内部流动、飞行器外形的确定. 此外还包含一些其他问题，如爆炸波系的相互作用、地球大气对流等. 本章将就可压缩流体的流动进行流动特性和热力学特性分析，介绍若干在不可压缩流动中不曾见到的流动特性.

9.1 音速与马赫数

9.1.1 音速

从物理学知道，对于弹性介质，包含固体和流体，只要对它施加一个微小扰动，就会在介质中产生微小的压强增量，以波的形式向周围传播，这种微小扰动波称为音波或声波，微小扰动波的传播速度就是音速或声速.

接下来考虑一种获得音速的方法. 观察在长的直管道中初始条件为静止的流体，管中有一活塞，如图 9-1 所示. 使活塞以微小速度 dV 向右移动，则活塞面附近的一层流体被压缩，压强升高 dp. 这层流体受压后又作用于右侧的下一层流体，这样依次向右传播下去，在直管中形成一道波阵面为 mn 的微小压缩波，以速度 a 向右推进. 为了确定压缩波的传播速度，应采用质量守恒和动量守恒原理. 如果将观察位置固定在压缩波上，则看到流体是从右向左定常地流过波面. 波面右侧的流体密度为 ρ，压强为 p，速度为 a，流经波面后密度为 $\rho+d\rho$，压强为 $p+dp$，速度为 $a-dV$. 取波面为控制体，其左右侧为控制面，显然控制体体积为零.

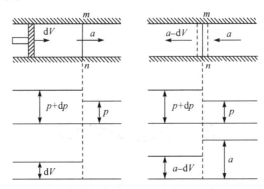

图 9-1　微小扰动波在直管中的传播

对控制体应用连续性方程，流入和流出控制面的流量相等，有

$$\rho A a = (\rho + \mathrm{d}\rho) A (a - \mathrm{d}V)$$

整理后

$$\mathrm{d}V = \frac{a\mathrm{d}\rho}{\rho + \mathrm{d}\rho} \tag{9-1a}$$

再对控制体使用动量方程，有

$$(p + \mathrm{d}p)A - pA = \rho A a (-a + \mathrm{d}V) - \rho A a (-a)$$

即

$$\mathrm{d}V = \frac{\mathrm{d}p}{a\rho} \tag{9-1b}$$

合并式(9-1a)和式(9-1b)，有

$$\frac{\mathrm{d}p}{\mathrm{d}\rho} = \frac{a^2}{1 + \mathrm{d}\rho / \rho}$$

由于是微小扰动，$\mathrm{d}\rho / \rho \to 0$，得音速表达式

$$a = \sqrt{\frac{\mathrm{d}p}{\mathrm{d}\rho}} \tag{9-1c}$$

式(9-1c)适用于任意的连续介质，包括气体、液体和固体. 流体的可压缩性越大，音速越小. 例如，0℃时可压缩性小的水中的音速为 1450m/s，而可压缩性大的空气中的音速为 332m/s.

对于完全气体而言，微小扰动波的传播可近似认为是一可逆绝热过程，即等熵过程. 由等熵过程关系式 $p / \rho^k = \mathrm{const}$ 和完全气体方程 $p = \rho R T$，有

$$a = \sqrt{\frac{\mathrm{d}p}{\mathrm{d}\rho}} = \sqrt{k\frac{p}{\rho}} = \sqrt{kRT} \tag{9-1}$$

可见，完全气体的音速只与温度有关，温度越高，音速越大.

9.1.2 马赫数

气体流场中的状态参数是变化的，所以各处的音速也是变化的. 各点的状态参数不同，各点的音速也不同. 音速指的是某一点在某一时刻的音速，即所谓当地音速，通常用气流速度与当地音速的比值

$$Ma = \frac{V}{a} \tag{9-2}$$

来判断气体压缩性对流动影响的标准，Ma 称为马赫数，也是气体动力学的一个基本参数. 根据马赫数的大小，可压缩流体的流动可这样划分：亚音速流动($Ma < 1$)，跨音速流动($Ma \approx 1$)，超音速流动($Ma > 1$)，高超音速流动($Ma \gg 1$).

9.1.3 微小扰动波的传播

下面研究微小扰动源在静止的气体空间中的传播，分四种情况讨论.

(1) 扰动源静止不动($V = 0$). 微小扰动波以音速 a 从扰动源 0 点向各个方向传播，波面在空间中为一系列的同心的球面，如图 9-2 所示.

(2) 扰动源以亚音速向左运动($V < a$). 当扰动源和球面扰动波同时从 0 点出发，经过一段时间，因 $V < a$，扰动源必然落后于扰动波面一段距离，波面在空间中为一系列不同心的球面，如图 9-3 所示.

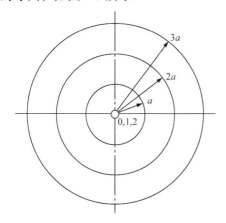

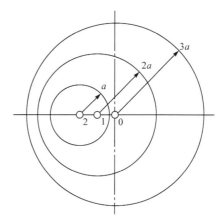

图 9-2 静止扰动源产生的音波　　　　图 9-3 亚音速扰动源产生的音波

(3) 扰动源以音速向左运动($V = a$). 扰动源和扰动波面总是同时到达，有无数的球面扰动波面在同一点相切，如图 9-4 所示. 在扰动源尚未到达的左侧区域是未被扰动过的，称寂静区域.

(4) 扰动源以超音速向左运动($V > a$). 扰动源总是赶到扰动波面的前面，如图 9-5 所示. 这时扰动波面所覆盖的区域在空间中形成一个圆锥面，圆锥面以外的区域未受到扰动，为寂静区域. 这一圆锥面称为马赫锥，锥顶就是扰动源. 锥面与运动方向的夹角称为

马赫角,马赫角最大值为 90°,相当于 $V=a$ 时的情况. 马赫角随着马赫数的增大而减小,关系为

$$\sin\theta = \frac{a}{V} = \frac{1}{Ma} \tag{9-3}$$

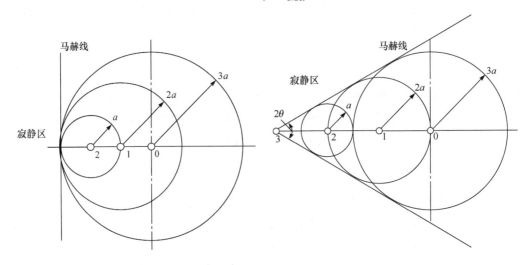

图 9-4　音速扰动源产生的音波　　　　图 9-5　超音速扰动源产生的音波

举一个生活中的例子:当超音速飞机低空飞行时,前方地面上的人总是先看到飞机,等飞机飞过头顶之后才能听到其噪声.

换一个角度,当扰动源静止不动,气体作反向的流动时,研究微小扰动波的传播. 显然,当气体作亚音速流动时,由于音速大于气流速度,扰动波既可以顺流传播,又可以逆流传播. 当气流作音速或超音速流动时,扰动波只能在马赫锥内部顺流传播,上游的流场不受扰动波的影响. 这两种情况的差别,导致亚音速气流和超音速气流在数学方程和流动规律上都具有不同的性质.

9.2　气体一维定常等熵流动

一维定常流动指的是气流的物理量只是某一个坐标的函数. 在三维定常流场中,气体沿微元流管的运动类似于一维定常流动. 气体在变截面管道中的流动可简化为一维流动,只要截面面积变化缓慢,管道曲率半径远大于管径,这时气流参数可认为仅仅沿轴线变化. 研究一维流动的重要性还在于容易推导出解析解,具有理论指导意义. 长期以来,因三维流动的复杂性,许多内部流动问题都是简化成一维流动来处理,对于三维流动效应则采用经验系数加以修正. 研究气体一维定常等熵流动需要用到以下基本方程.

9.2.1 基本方程

连续性方程为

$$\rho VA = \text{const}$$

式中，A 为通道截面积. 对上式取对数后微分，有

$$\frac{\mathrm{d}\rho}{\rho} + \frac{\mathrm{d}V}{V} + \frac{\mathrm{d}A}{A} = 0 \tag{9-4}$$

由一维定常欧拉运动微分方程，有

$$V\frac{\mathrm{d}V}{\mathrm{d}x} = -\frac{1}{\rho}\frac{\mathrm{d}p}{\mathrm{d}x}$$

或

$$V\mathrm{d}V + \frac{\mathrm{d}p}{\rho} = 0 \tag{9-5}$$

能量方程为

$$h + \frac{V^2}{2} = \text{const}$$

或

$$\mathrm{d}h + V\mathrm{d}V = 0 \tag{9-6}$$

完全气体状态方程

$$\frac{p}{\rho} = RT \tag{9-7}$$

能量方程也可从运动方程导出. 对运动方程(9-5)积分，有

$$\int\frac{\mathrm{d}p}{\rho} + \frac{V^2}{2} = \text{const}$$

代入等熵过程关系式 $p/\rho^k = \text{const}$，得气体一维定常等熵流动的能量方程

$$\frac{k}{k-1}\frac{p}{\rho} + \frac{V^2}{2} = \text{const} \tag{9-8}$$

式(9-8)等号左边第一项为单位质量气体的焓，即

$$\frac{k}{k-1}\frac{p}{\rho} = \frac{c_p}{c_p - c_v}\frac{p}{\rho} = \frac{c_p}{R}\frac{p}{\rho} = c_p T = h \tag{9-8a}$$

能量方程(9-8)适用于绝热过程，而不论该过程是否等熵. 因为在绝热过程中即使有摩擦，也只能使机械能转变为热能，而总能量不变. 式(9-8)可改写为

$$\frac{1}{k-1}\frac{p}{\rho}+\frac{p}{\rho}+\frac{V^2}{2}=\text{const} \tag{9-8b}$$

式(9-8b)等号左边第一项为单位质量气体的内能，即

$$\frac{1}{k-1}\frac{p}{\rho}=\frac{c_v}{c_p-c_v}\frac{p}{\rho}=\frac{c_v}{R}\frac{p}{\rho}=c_vT=u \tag{9-8c}$$

所以，气体一维定常等熵流动的能量方程的物理意义是：在气体一维定常等熵流动中，在气流通道任一截面上，单位质量气体的压强势能、动能、内能之和保持为常数. 考虑气体音速表达式(9-1)，能量方程又可写为

$$\frac{a^2}{k-1}+\frac{V^2}{2}=\text{const} \tag{9-9}$$

对于完全气体，气流动能与内能之比为

$$\frac{\frac{V^2}{2}}{u}=\frac{\frac{V^2}{2}}{\frac{RT}{k-1}}=\frac{k(k-1)V^2}{2a^2}=\frac{k(k-1)}{2}Ma^2 \tag{9-10}$$

由式(9-10)可见，气体宏观流动动能与气体分子热运动内能之比与马赫数的平方成正比. 这表明，Ma 较小时，气体宏观流动动能小于气体分子的内能，其对与系统热力学状态密切相关的系统总能的影响较小，可忽略流速变化对系统热力学状态变化的影响；但随着 Ma 增大，特别当 $Ma>1$，进入超音速流动，气体宏观流动动能将超越气体分子的内能，其对系统总能的影响将十分显著，此时，宏观流速的变化将引起系统热力状态的很大改变，故超音速流动中一定要考虑系统热力状态的变化，热力学定律就成为气体动力学不可分割的基础. 因此，本章后面导出的气流关系式一般表示为 Ma 的函数.

9.2.2　三种特定状态

定义几种具有特定物理意义的状态.

(1) 滞止状态. 设想以可逆和绝热的方式使气体的速度降低到零，该截面上的状态称为滞止状态，相应参数称为滞止参数或驻点参数，以下标 0 表示. 例如，气体绕流物体时，在驻点处受到阻滞，气流速度降为零，气体在该点的状态是滞止状态. 滞止状态下，能量方程为

$$\frac{k}{k-1}\frac{p}{\rho}+\frac{V^2}{2}=\frac{k}{k-1}\frac{p_0}{\rho_0}=\frac{a_0^2}{k-1}=h_0 \tag{9-11}$$

在滞止状态下，气体的动能全部转变为热能. 式(9-11)用滞止焓表示单位质量气体具有的总能量.

(2) 最大速度状态. 与滞止状态相反，使气流在绝热的条件下压强降低到零、温度降低到零，速度达最大值，得到最大速度状态. 它相当于气流进入完全真空的空间可能达到的速度. 最大速度状态下，能量方程为

$$\frac{k}{k-1}\frac{p}{\rho}+\frac{V^2}{2}=\frac{V_{\max}^2}{2} \tag{9-12}$$

在最大速度状态下，气流的热能全部转化为动能，这实际上是做不到的，仅仅具有理论意义. 式(9-12)以动能的形式表示气体的总能量.

(3) 临界状态. 设想通过某种方式，使气体按照可逆而且绝热方式变化到这样一种状态，气体的流速等于当地音速，相应的音速称为临界音速，相应的状态就称为临界状态. 临界状态下的参数用上标*表示. 由临界状态的定义，有

$$\frac{a^2}{k-1}+\frac{V^2}{2}=\frac{a^{*2}}{k-1}+\frac{a^{*2}}{2}=\frac{k+1}{k-1}\frac{a^{*2}}{2} \tag{9-13}$$

式(9-13)以临界音速的形式表示气体的总能量.

由于三种状态对应着同一气体总能量，所以各种状态参数之间的关系是确定的. 由三种状态的能量方程可得

$$h_0=\frac{k}{k-1}\frac{p_0}{\rho_0}=\frac{k}{k-1}RT_0=\frac{a_0^2}{k-1}=\frac{V_{\max}^2}{2}=\frac{k+1}{k-1}\frac{a^{*2}}{2}$$

所以可用滞止参数表示最大速度

$$V_{\max}=\sqrt{2h_0}=\sqrt{\frac{2k}{k-1}\frac{p_0}{\rho_0}}=\sqrt{\frac{2}{k-1}}a_0$$

也可用滞止参数表示临界音速

$$a^*=\sqrt{\frac{2k}{k+1}\frac{p_0}{\rho_0}}=\sqrt{\frac{2}{k+1}}a_0=\sqrt{\frac{k-1}{k+1}}V_{\max}$$

可见，最大速度和临界音速都取决于滞止参数和绝热指数 k，与实际的流动过程无关. 常见气体的物理参数见表 1-7.

9.2.3 沿流线的等熵流动关系式

下面利用一维定常绝热流动的能量方程、完全气体状态方程和等熵关系式，推导沿流线的气流参数与当地 Ma 的关系式. 将能量方程改写为

$$c_pT+\frac{V^2}{2}=c_pT_0$$

则

$$\frac{T}{T_0}=1-\frac{V^2}{2c_pT_0}$$

合并以上两式，有

$$\frac{T}{T_0}=1-\frac{V^2}{V_{\max}^2}=1-\frac{k-1}{k+1}\frac{V^2}{a^{*2}}=1-\frac{k-1}{k+1}M^{*2} \tag{9-14}$$

式中

$$M^* = \frac{V}{a^*}$$

M^* 是与 Ma 类似的量纲一速度. 由式(9-13)，左右两边同除以 V^2，整理后可得 M^* 与 Ma 的关系

$$M^{*2} = \frac{Ma^2}{1 + \dfrac{k-1}{k+1}\left(Ma^2 - 1\right)} \tag{9-15}$$

如图 9-6 所示，当 $Ma < 1$ 时，$M^* < 1$，气流为亚音速；当 $Ma = 1$ 时，$M^* = 1$，气流为音速；当 $Ma > 1$ 时，$M^* > 1$，气流为超音速. 当 $Ma = 0$ 时，$M^* = 0$，对应滞止状态；当 $Ma \to \infty$ 时，$M^* = \sqrt{\dfrac{k+1}{k-1}}$，对应最大速度状态. 温度比又可写为马赫数的函数

$$\frac{T}{T_0} = 1 - \frac{k-1}{k+1} M^{*2} = \frac{1}{1 + \dfrac{k-1}{2} Ma^2} \tag{9-16}$$

气流状态变化为等熵过程，则

$$\frac{p}{p_0} = \left(\frac{T}{T_0}\right)^{\frac{k}{k-1}}, \quad \frac{\rho}{\rho_0} = \left(\frac{T}{T_0}\right)^{\frac{1}{k-1}} \tag{9-17}$$

于是

$$\frac{p}{p_0} = \left(1 - \frac{k-1}{k+1} M^{*2}\right)^{\frac{k}{k-1}} = \left(1 + \frac{k-1}{2} Ma^2\right)^{\frac{-k}{k-1}} \tag{9-18}$$

$$\frac{\rho}{\rho_0} = \left(1 - \frac{k-1}{k+1} M^{*2}\right)^{\frac{1}{k-1}} = \left(1 + \frac{k-1}{2} Ma^2\right)^{\frac{-1}{k-1}} \tag{9-19}$$

由此可见，气体一维定常等熵流动，随着 Ma 或 M^* 的增加，气流的温度、压强、密度、音速都要降低.

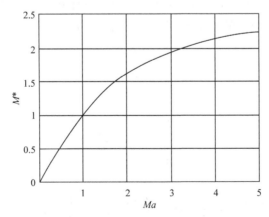

图 9-6 量纲一速度与马赫数的关系

9.3　喷管中的等熵流动

在工程上常会遇到喷管中的流动问题，可近似为一维定常等熵流动，例如，喷气发动机进口扩压管、涡轮机静叶和动叶通道、火箭发动机尾部喷管中的流动.

9.3.1　气流参数与截面的关系

先来研究气体在管道中的速度与管道截面大小的关系. 由运动方程(9-5)，有

$$V\mathrm{d}V = -\frac{\mathrm{d}p}{\rho} = -\frac{\mathrm{d}p}{\mathrm{d}\rho}\frac{\mathrm{d}\rho}{\rho} = -a^2\frac{\mathrm{d}\rho}{\rho}$$

则

$$\frac{\mathrm{d}\rho}{\rho} = -\frac{V}{a^2}\mathrm{d}V = -Ma^2\frac{\mathrm{d}V}{V}$$

代入连续性方程(9-4)，得截面积变化率与速度变化率关系

$$\frac{\mathrm{d}A}{A} = \left(Ma^2 - 1\right)\frac{\mathrm{d}V}{V} \tag{9-20}$$

对运动方程两边同除以 V^2，有

$$\frac{\mathrm{d}V}{V} = -\frac{\mathrm{d}p}{\rho V^2} = -\frac{\mathrm{d}p}{\rho Ma^2 a^2} = -\frac{1}{Ma^2}\frac{\mathrm{d}p}{\rho kp/\rho} = -\frac{1}{kMa^2}\frac{\mathrm{d}p}{p}$$

将上式代入式(9-20)，得截面积变化率与压强变化率关系

$$\frac{\mathrm{d}A}{A} = \frac{1-Ma^2}{kMa^2}\frac{\mathrm{d}p}{p} \tag{9-21}$$

根据 Ma 的大小，分三种情况分析如下.

(1) 亚音速流动($Ma<1$). 当压强降低时，气流截面积减小，流速增加，根据该条件可得到亚音速喷管；相反，当压强增大时，气流截面积增大，流速减小，这是亚音速扩压管的条件. 亚音速流动时，密度的减小率小于速度的增大率，所以截面缩小才能使气流加速，截面增大才能使气流减速.

(2) 超音速流动($Ma>1$). 当压强降低时，气流截面积增大，流速增加，由此条件可得超音速喷管；相反，当压强增大时，气流截面积减小，流速降低，这是超音速扩压管的条件. 超音速流动时，密度的减小率大于速度的增大率，所以截面增大才能使气流加速，截面缩小才能使气流减速.

(3) 音速流动($Ma=1$). 此时 $\mathrm{d}A=0$，说明音速流动只能发生在管道的等截面部分. 对于亚音速气流而言，气流降压加速时，截面必须缩小，而对超音速气流截面必须增大，所以当气流连续地由亚音速加速到超音速时，气流截面先缩小后增大，在最小截面处达到音速. 对于超音速气流，当由超音速连续地减速到亚音速时，截面也是先缩小后增大，在最小截面处达到音速. 这一最小截面称为临界截面，也称为喉部. 由式(9-16)、式(9-18)和

式(9-19)，令 $Ma = 1$，得临界截面气流参数与滞止参数的关系

$$T^* = \frac{2}{k+1} T_0 \tag{9-22}$$

$$p^* = \left(\frac{2}{k+1}\right)^{\frac{k}{k-1}} p_0 \tag{9-23}$$

$$\rho^* = \left(\frac{2}{k+1}\right)^{\frac{1}{k-1}} \rho_0 \tag{9-24}$$

以上三种情况可归纳为表 9-1.

表 9-1　截面面积变化对流动速度的影响

来流状况	马赫数	渐缩管中速度的变化趋势 (dA < 0)	等截面管中速度的变化趋势(dA = 0)	渐扩管中速度的变化趋势 (dA > 0)
亚音速	Ma< 1	加速流动	匀速流动	减速流动
音速	Ma= 1	来流不可能音速	匀速流动	来流不可能音速
超音速	Ma > 1	减速流动	匀速流动	加速流动

9.3.2　喷管

　　现在我们已经能够得到一种使气流加速的喷管. 它利用管道截面面积的变化使气流加速, 在涡轮机械中得到广泛应用. 喷管分为两种, 渐缩喷管和缩放喷管, 如图 9-7 所示. 喷管的最小截面称为喉部. 缩放喷管是由瑞典工程师拉伐尔(Laval)发明的, 也称为拉伐尔喷管. 使用渐缩喷管可得到亚音速、音速气流, 使用缩放喷管可得到超音速气流.

　　1. 渐缩喷管

　　假定气体从一具有很大容积的容器中从渐缩喷管流出, 不计流动中的损失, 则容器中气体的参数可当作滞止参数. 下面求出喷管出口的流速和流量. 出口参数用下标 2 表示. 由能量方程, 有

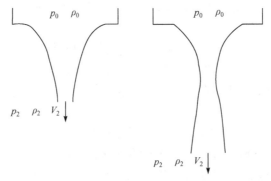

图 9-7　渐缩喷管和缩放喷管

$$\frac{k}{k-1}\frac{p_0}{\rho_0} = \frac{k}{k-1}\frac{p_2}{\rho_2} + \frac{V_2^2}{2}$$

因流动过程等熵

$$\frac{\rho_0}{\rho_2} = \left(\frac{p_0}{p_2}\right)^{\frac{1}{k}}$$

故喷管出口速度

$$V_2 = \sqrt{\frac{2k}{k-1}\frac{p_0}{\rho_0}\left[1-\left(\frac{p_2}{p_0}\right)^{\frac{k-1}{k}}\right]} \qquad (9\text{-}25)$$

通过喷管的质量流量为

$$Q_M = \rho_2 A_2 V_2$$

$$= \rho_0 \left(\frac{p_2}{p_0}\right)^{\frac{1}{k}} A_2 \sqrt{\frac{2k}{k-1}\frac{p_0}{\rho_0}\left[1-\left(\frac{p_2}{p_0}\right)^{\frac{k-1}{k}}\right]} \qquad (9\text{-}26)$$

$$= \rho_0 A_2 \sqrt{\frac{2k}{k-1}\frac{p_0}{\rho_0}\left[\left(\frac{p_2}{p_0}\right)^{\frac{2}{k}}-\left(\frac{p_2}{p_0}\right)^{\frac{k+1}{k}}\right]}$$

质量流量与压力 p_2 的关系曲线，如图 9-8 所示. 当 p_2 从 p_0 减小到 0 时，流量先增加到最大值再减小到 0 ，最大流量也称为临界流量. 达到最大流量时的 p_2 可由 $\mathrm{d}Q_M/\mathrm{d}p_2 = 0$ 得到

$$p_2 = p_0\left(\frac{2}{k+1}\right)^{\frac{k}{k-1}} = p^* \qquad (9\text{-}27)$$

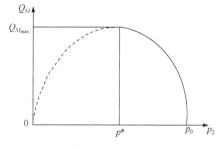

图 9-8 渐缩喷管流量与出口压力关系

当出口截面上压强为临界压强时，流量达最大值，出口速度为音速

$$V_2 = a^* = \sqrt{\frac{2k}{k+1}\frac{p_0}{\rho_0}} \qquad (9\text{-}28)$$

最大流量或临界流量为

$$Q_M^{\ *} = \rho_0 A_2 \sqrt{\frac{2k}{k-1}\frac{p_0}{\rho_0}\left[\left(\frac{2}{k+1}\right)^{\frac{2}{k-1}}-\left(\frac{2}{k+1}\right)^{\frac{k+1}{k-1}}\right]} \qquad (9\text{-}29)$$

$$= A_2 \left(\frac{2}{k+1}\right)^{\frac{k+1}{2k-2}}\sqrt{kp_0\rho_0}$$

重新分析一下出口压力 p_2 从 p_0 开始降低的过程. 起初流量逐渐增加, 气流逐渐加速, 直到 $p_2 = p^*$, 流量达最大值. 继续降低 p_2, 由 9.3.1 节知道, 亚音速气流在渐缩喷管中不可能达到超音速, 所以气流在喷管内部只能膨胀到 p^*, 从 p^* 到 p_2 的膨胀只能在喷管外进行. 所以, 当 $p_2 < p^*$ 时, 喷管的流量保持不变, 为临界流量. 换句话说, 出口压力一旦达到临界压力, 出口截面就达到临界状态, 即使出口压力再降低, 扰动波也无法逆流传播至喷管内, 流量总保持为最大值, 这种流量不再变化的流动称为阻塞.

2. 缩放喷管

为了充分利用出口压力低于临界压力的这部分可用能, 得到超音速气流, 可在渐缩喷管后接上一段渐扩形管, 成为缩放喷管, 使气流继续膨胀加速, 在喷管出口得到超音速. 出口截面上的流速计算与渐缩喷管使用的公式相同. 当最小截面上流速达到音速, 同时初始参数不变, 缩放喷管的流量就一直保持为最大流量. 当喷管流量达到临界流量, 任意截面上的喷管质量流量也可写成

$$Q_M = \rho A V = \rho A Ma \sqrt{kRT}$$

而临界流量

$$Q_M^* = \rho^* A^* \sqrt{kRT^*}$$

流量比

$$\frac{Q_M}{Q_M^*} = \frac{\rho A}{\rho^* A^*} \sqrt{\frac{T}{T^*}} Ma = 1$$

代入临界参数公式

$$\frac{\rho}{\rho_0} \left(\frac{2}{k+1} \right)^{\frac{-1}{k-1}} \frac{A}{A^*} \sqrt{\frac{k+1}{2} \frac{T}{T_0}} Ma = 1$$

代入密度比、温度比公式, 得面积比与马赫数关系

$$\frac{A}{A^*} = \frac{1}{Ma} \left[\frac{2 + (k-1)Ma^2}{k+1} \right]^{\frac{k+1}{2(k-1)}} \tag{9-30}$$

例 9-1 已知喷管入口处过热蒸汽的滞止参数为 $p_0 = 30 \times 10^5 \text{Pa}$, $t_0 = 500\text{℃}$, 质量流量为 $Q_M = 8.5 \text{kg/s}$, 出口压强为 $p_2 = 10 \times 10^5 \text{Pa}$. 过热蒸汽的气体常数为 $R = 462 \text{ J/kg·K}$, $p^*/p_0 = 0.546$, $k = 1.30$. 设喷管内为等熵流动, 确定喷管的直径.

解 压强比为

$$\frac{p_2}{p_0} = \frac{1}{3} < 0.546 = \frac{p^*}{p_0}$$

说明在喉部已达临界状态, 需采用缩放喷管.

$$\rho_0 = \frac{p_0}{RT_0} = \frac{30 \times 10^5}{462 \times (500 + 273)} = 8.40 \left(\text{kg/m}^3 \right)$$

出口速度为

$$V_2 = \sqrt{\frac{2k}{k-1}\frac{p_0}{\rho_0}\left[1-\left(\frac{p_2}{p_0}\right)^{\frac{k-1}{k}}\right]} = 833\text{m/s}$$

喉部临界速度为

$$V^* = \sqrt{\frac{2k}{k+1}\frac{p_0}{\rho_0}} = 635\text{m/s}$$

喉部截面积为

$$A^* = \frac{Q_M}{\rho^* V^*} = \frac{Q_M}{\left(\dfrac{2}{k+1}\right)^{\frac{1}{k-1}}\rho_0 V^*} = 0.00254\text{m}^2$$

出口截面积为

$$A_2 = \frac{Q_M}{\rho_2 V_2} = \frac{Q_M}{\rho_0\left(\dfrac{p_2}{p_0}\right)^{\frac{1}{k}} V_2} = 0.00283\text{m}^2$$

喉部直径为

$$d^* = \sqrt{\frac{4A^*}{\pi}} = 0.0569\text{m}$$

出口直径为

$$d_2 = \sqrt{\frac{4A_2}{\pi}} = 0.0600\text{m}$$

9.4 有摩擦的绝热管流

9.3 节讨论了气体在喷管中的一维等熵流动，由于实际气体有黏性，在流动中存在摩擦，使气流发生熵增，而且气流有可能经管壁与外界发生热交换，变为非绝热流动. 这一节仅讨论有摩擦的绝热管流.

9.4.1 气体一维定常运动微分方程

在一等截面直管道中取一长度为 dx 的微小管段作为控制体，对管段中作定常流动的气流作受力分析，如图 9-9 所示.

由动量定理，有

$$\left[p-(p+\text{d}p)\right]\frac{\pi}{4}D^2 - \tau_0\pi D\text{d}x = \rho V\frac{\pi}{4}D^2(V+\text{d}V-V)$$

化简，得

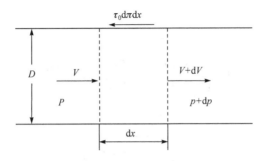

图 9-9　气体一维定常运动微分方程推导用图

$$V\mathrm{d}V + \frac{\mathrm{d}p}{\rho} + \frac{4\tau_0\mathrm{d}x}{\rho D} = 0$$

管壁切向应力可借用第 7 章公式导出

$$\left.\begin{array}{l} \tau_0 = \dfrac{\Delta p D}{4l} \\[2mm] \Delta p = \rho\lambda\dfrac{l}{D}\dfrac{V^2}{2} \end{array}\right\} \Rightarrow \tau_0 = \frac{\lambda}{8}\rho V^2$$

式中，λ 为沿程阻力系数. 于是，有摩擦绝热的气体一维定常运动微分方程为

$$V\mathrm{d}V + \frac{\mathrm{d}p}{\rho} + \lambda\frac{\mathrm{d}x}{D}\frac{V^2}{2} = 0 \tag{9-31}$$

式(9-31)中第三项的意义为单位质量气体在微小管段 $\mathrm{d}x$ 上的摩擦功.

9.4.2 摩擦的影响

能量方程的适用条件为绝热. 因

$$h = \frac{k}{k-1}\frac{p}{\rho}$$

代入能量方程(9-6)有

$$\frac{\mathrm{d}p}{\rho} = \frac{p}{\rho}\frac{\mathrm{d}\rho}{\rho} - \frac{k-1}{k}V\mathrm{d}V$$

由连续性方程，有

$$\frac{\mathrm{d}\rho}{\rho} = -\frac{\mathrm{d}A}{A} - \frac{\mathrm{d}V}{V}$$

消去 $\mathrm{d}\rho/\rho$，有

$$\frac{\mathrm{d}p}{\rho} = \left(\frac{V^2}{k} - \frac{p}{\rho}\right)\frac{\mathrm{d}V}{V} - \frac{p}{\rho}\frac{\mathrm{d}A}{A} - V\mathrm{d}V$$

将上式代入式(9-31)，有

$$\left(\frac{V^2}{k}-\frac{p}{\rho}\right)\frac{\mathrm{d}V}{V}-\frac{p}{\rho}\frac{\mathrm{d}A}{A}+\lambda\frac{\mathrm{d}x}{D}\frac{V^2}{2}=0$$

两边同时乘以 k，有

$$\left(V^2-a^2\right)\frac{\mathrm{d}V}{V}-a^2\frac{\mathrm{d}A}{A}+k\lambda\frac{\mathrm{d}x}{D}\frac{V^2}{2}=0$$

或

$$\left(Ma^2-1\right)\frac{\mathrm{d}V}{V}=\frac{\mathrm{d}A}{A}-\lambda\frac{kMa^2}{2}\frac{\mathrm{d}x}{D} \tag{9-32}$$

对比式(9-32)和式(9-20)，容易看出，摩擦的作用相当于使截面缩小．在渐缩管中，摩擦使亚音速气流加速得更快，使超音速气流减速得更快．在渐扩管中，摩擦使亚音速气流减速变慢，使超音速气流加速变慢．在有摩擦的等截面管道中流动，相当于在渐缩管中流动，使亚音速气流加速，使超音速气流减速，不可能使气流从亚音速连续地加速到超音速，也不可能使气流从超音速连续地减速到亚音速，所以极限速度只能是音速．

在临界截面上 $Ma=1$，故有

$$\frac{\mathrm{d}A}{A}=\lambda\frac{k}{2}\frac{\mathrm{d}x}{D}$$

则 $\mathrm{d}A>0$，也就是说，由于摩擦的影响，缩放喷管中气流的临界截面并不在最小截面处，不论来流是否超音速，气流总是在最小截面后的扩张段中才能达到音速．

接下来推导马赫数沿管长的分布规律．由能量方程(9-6)，有

$$\frac{\mathrm{d}V}{V}=-\frac{\mathrm{d}h}{V^2}=-\frac{\dfrac{k}{k-1}R\mathrm{d}T}{Ma^2kRT}=-\frac{1}{Ma^2\left(k-1\right)}\frac{\mathrm{d}T}{T} \tag{9-33a}$$

对 $V^2=Ma^2kRT$ 求微分，得

$$2\frac{\mathrm{d}V}{V}=2\frac{\mathrm{d}Ma}{Ma}+\frac{\mathrm{d}T}{T} \tag{9-33b}$$

合并式(9-33a)和式(9-33b)，消去 $\mathrm{d}T/T$，得速度与马赫数关系

$$\frac{\mathrm{d}V}{V}=\frac{\mathrm{d}Ma/Ma}{Ma^2(k-1)/2+1} \tag{9-33c}$$

由式(9-32)，对于等截面管道，$\mathrm{d}A=0$，有

$$\left(Ma^2-1\right)\frac{\mathrm{d}V}{V}=-\lambda\frac{kMa^2}{2}\frac{\mathrm{d}x}{D} \tag{9-33d}$$

合并式(9-33c)和式(9-33d)，消去 $\mathrm{d}V/V$，有

$$\lambda\frac{\mathrm{d}x}{D}=\frac{2\left(1-Ma^2\right)\mathrm{d}Ma}{kMa^3\left(\dfrac{k-1}{2}Ma^2+1\right)} \tag{9-33e}$$

对上式积分可得马赫数沿管长的分布. 积分上下限为 $x = 0$, $Ma = Ma_i$; $x = l$, $Ma = Ma$, 有

$$\lambda \frac{l}{D} = \frac{1}{k}\left(\frac{1}{Ma_i^2} - \frac{1}{Ma^2}\right) + \frac{k+1}{2k}\ln\left[\frac{Ma_i^2}{Ma^2}\frac{(k-1)Ma^2+2}{(k-1)Ma_i^2+2}\right] \tag{9-33}$$

当 $Ma = 1$ 时, 管道长度达最大值, 有

$$\lambda \frac{l_{\max}}{D} = \frac{1}{k}\left(\frac{1}{Ma_i^2} - 1\right) + \frac{k+1}{2k}\ln\left[\frac{(k+1)Ma_i^2}{(k-1)Ma_i^2+2}\right] \tag{9-34}$$

显然, 最大管长与进口马赫数有关. 当管长小于最大管长, 气流在出口处达不到临界状态. 当管长大于最大管长时, 对于进口为亚音速的流动, 附加的这部分管长所产生的摩擦阻塞作用使可通过的最大质量流量降低, 即进口处的马赫数要下降; 而对于管子进口为超音速的流动, 沿管长马赫数先逐渐降低, 中途产生一道激波, 气流速度瞬间降为亚音速, 压强、密度、温度增加, 然后气流逐渐加速, 最后在出口处的另一最大管长达到音速.

下面推导气流参数沿管长的分布, 以马赫数为变量.

由式(9-16), 绝热流动管内各温度之间的关系

$$T_0 = T_i\left(1 + \frac{k-1}{2}Ma_i^2\right) = T\left(1 + \frac{k-1}{2}Ma^2\right)$$

所以, 任意管长处温度与进口温度之比为

$$\frac{T}{T_i} = \frac{1 + \dfrac{k-1}{2}Ma_i^2}{1 + \dfrac{k-1}{2}Ma^2} \tag{9-35}$$

由连续性方程 $\rho V = \text{const}$, 有

$$\frac{p_i}{RT_i}Ma_i\sqrt{kRT_i} = \frac{p}{RT}Ma\sqrt{kRT}$$

所以, 任意管长处压强与进口压强之比为

$$\frac{p}{p_i} = \frac{Ma_i}{Ma}\sqrt{\frac{1 + \dfrac{k-1}{2}Ma_i^2}{1 + \dfrac{k-1}{2}Ma^2}} \tag{9-36}$$

由完全气体状态方程得密度之比为

$$\frac{\rho}{\rho_i} = \frac{Ma_i}{Ma}\sqrt{\frac{1 + \dfrac{k-1}{2}Ma^2}{1 + \dfrac{k-1}{2}Ma_i^2}} \tag{9-37}$$

当 $Ma = 1$, 代入式(9-35)、式(9-36)和式(9-37), 可得临界截面上的气流状态参数.

例 9-2 空气在直径 $D = 0.03\text{m}$ 的圆管中作绝热流动, 沿程阻力系数 $\lambda = 0.02$, 管道进口气流参数为 $Ma_i = 0.2$, $T_i = 280\text{K}$, $p_i = 2\times10^5\text{Pa}$, 求气流达到临界状态的最大长度 $l_{\max}$ 和出口压强、温度 p^*、T^*.

解　管道进口处气流的速度为

$$V_i = Ma_i\sqrt{kRT_i} = 67.1\text{m/s}$$

最大长度为

$$l_{\max} = \frac{D}{\lambda k}\left(\frac{1}{Ma_i^2} - 1\right) + \frac{D}{\lambda}\frac{k+1}{2k}\ln\left[\frac{(k+1)Ma_i^2}{(k-1)Ma_i^2 + 2}\right] = 21.8\text{m}$$

出口处的压强、温度为

$$p^* = p_i Ma_i\sqrt{\frac{(k-1)Ma_i^2 + 2}{k+1}} = 3.66\times10^4\text{Pa}$$

$$T^* = T_i\frac{(k-1)Ma_i^2 + 2}{k+1} = 235\text{K}$$

9.5　超音速气流的绕流与激波的形成

9.5.1　超音速气流绕凸壁面的流动(膨胀波)

超音速气流在流动过程中遇到扰动点，就会将微小扰动波叠加起来形成马赫波. 考虑流经壁面的速度为 V_1 超音速气流，如果壁面上 A 点处有一微小的向外折转角 $d\delta$，那么气流经 A 点后方向将产生微小的偏转，气流在此产生马赫波(马赫线)AB，马赫角为 $\theta_1 = \arcsin Ma_1^{-1}$，显然马赫波为直线，如图 9-10 所示. 由于气流通道略有增大，气流通过马赫波以后将发生微小的膨胀，速度有微小的增加，压强、密度、温度有微小的降低，这种马赫波也称为微小膨胀波.

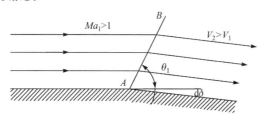

图 9-10　超音速气流绕微小凸钝角的流动

如果壁面 A 点处的折转角为一有限值 δ，形成一个有限的凸钝角，那么气流将连续膨胀和偏转，产生无数条马赫波，形成膨胀波组，如图 9-11 所示. 气流的膨胀过程可以看成是无数个微小膨胀的组合，所以在膨胀区 B_1ABz 中流线是弯曲的.

当超音速气流沿着多次向外折转的壁面流动，则在每一个折转角处都要产生一组膨胀波，气流在每组膨胀波内发生膨胀、加速和偏转，如图 9-12 所示.

超音速气流进入低压区时也会产生膨胀波. 例如，超音速气流从喷管流出，当出口截面的压强高于外部的压强时，气流将在喷管外部继续膨胀，在出口处产生膨胀波组，气流离开喷管后向外侧偏转一个角度 δ，如图 9-13 所示. 当喷管后的压强为零时，理论上

的最大偏转角为

$$\delta_{\max} = \frac{\pi}{2}\left(\sqrt{\frac{k+1}{k-1}} - 1\right)$$

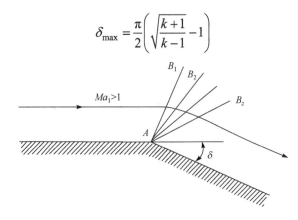

图 9-11　超音速气流绕凸钝角的膨胀波组

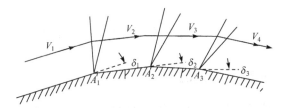

图 9-12　超音速气流沿多次折转的壁面的流动

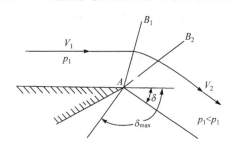

图 9-13　超音速气流进入低压区的流动

　　以上分析是针对完全气体作无摩擦绝热均匀流动这一情况的, 每一条马赫波都是直线, 在马赫波上所有参数相等, 故马赫线也是等压线. 普朗特和迈耶最早研究这种超音速流动现象并得到解析解, 故这种流动也称为普朗特–迈耶(Prantdl-Meyer)流动.

9.5.2　超音速气流绕凹壁面的流动(激波)

　　超音速气流绕凹壁面流动时, 气流由于通道面积缩小而受到压缩, 将会产生激波. 激波是一种压缩波, 也称为冲波, 激波的强度可远远大于膨胀波. 当超音速气流经过凹曲壁时, 曲面上的每一点都是扰动源, 将产生无数条马赫波, 如图 9-14 所示. 气流受压缩后速度降低, 压强、温度增加, 沿曲面马赫数降低, 而马赫角增大, 所以无数条马赫波将叠加, 形成一条强压缩波 BK. 气流通过这条强压缩波后, 参数将发生突跃变化, 速度突跃地降低, 压强、温度、密度突跃地增大. 这个突跃面或强间断面称为激波. 炸弹爆炸时产生的气浪是一种强激波，物体在空气中作超音速飞行时也会产生激波．根据激波与气流方向的相对位置，可将激波分为三种：正激波、斜激波和曲线脱体激波，如图 9-15 所示．

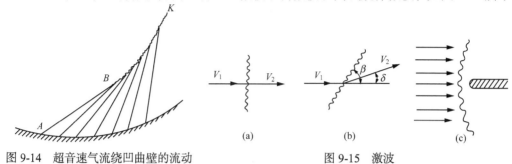

图 9-14　超音速气流绕凹曲壁的流动　　　　　　　　图 9-15　激波

当超音速气流在有限折转角 δ 的凹壁中流动时，便产生一条斜激波 AB，如图 9-16 所示．激波与来流方向的夹角 β 称为激波角．

当超音速气流流经有两倍折转角 2δ 的楔形物体时，在其尖端处产生两条斜激波，如图 9-17(a)图所示．随着折转角的增大，楔形物体的尖头变为钝头，斜激波就变为一条脱离钝头物体的曲线脱体激波，如图 9-17(b) 所示．

另外，当超音速气流流入高压区域，也会由于受到压缩而产生激波．例如，缩放喷管在非设计工况下工作时，有可能在渐扩段中产生正激波．

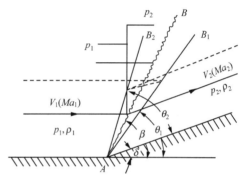

图 9-16　超音速气流绕凹钝角壁面的流动

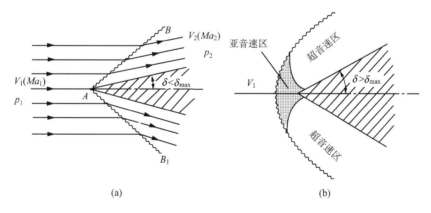

图 9-17　超音速气流绕楔形和钝头物体的流动

激波的厚度很小，只有气体分子平均自由行程的大小．在标准状态时，空气分子的平均自由行程约为 10^{-7}m．气流通过激波时受到突跃压缩，参数变化剧烈而时间短暂，显然是一个不可逆的绝热过程．在这一过程中气体的熵增加，一部分动能将转化为热能而损失，这种损失称为波阻．

随着现代航空航天技术的发展和对强爆炸的实验研究，人们对各种激波现象有了较充分的认识，建立了完整的激波理论. 利用激波使气体强烈压缩的特性，可以研究激波结构和波后气体在高温高压下的物理化学性质. 激波理论还用于陨石运动、宇宙形成与进化、气体和液体的输送管路设计等方面.

9.5.3　正激波与斜激波的形成

激波面与气流方向垂直的激波称为正激波. 激波面与气流的夹角称为激波角. 正激波的激波角为直角. 管道中发生的平面激波或强爆炸在均匀静止的空气中产生的球形激波都是正激波.

正激波的形成可用图 9-18 说明，直管中的活塞向右突然加速运动，经一段时间后达到速度 V，再作匀速运动. 将这一段时间离散化，分为无数个无穷小的时间间隔. 在第一个时间间隔，活塞速度从零变为 dV，紧靠活塞的气体 A 的压力升高了 dp，第一个微小压缩波以音速 a_0 向右运动，气体 A 以速度 dV 向右运动. 在第二个时间间隔，活塞速度从 dV 变为 $2dV$，产生第二个微小压缩波，以 $dV+a_1$ 向右运动，使气体 A 的压强变为 $2dp$，速度变为 $2dV$. 据此类推，活塞每次加速产生的微小压缩波都以当地音速相对于气流向右运动，靠近活塞的气体受压缩程度大，当地音速大于离活塞较远的气体. 经过一段时间，后面的微小压缩波逐渐追上前面的波，叠加的波强度增大，直到形成一个垂直面的压缩波，就是正激波，所以激波是具有一定强度的以超音速传播的压缩波.

斜激波的激波角不为直角. 斜激波的形成可用图 9-16 来说明. 因 A 点的折转角是一个有限值，则在 A 点处产生无数条微小的压缩波，现在需要说明这些压缩波是如何叠加起来的. 第一条压缩波 AB_1 与气流速度 V_1 的夹角为 $\theta_1 = \arcsin Ma_1^{-1}$. 最后一条压缩波 AB_2 与 V_2 的夹角 $\theta_2 = \arcsin Ma_2^{-1}$. 因 $V_2 < V_1$，$a_2 > a_1$，故 $Ma_2 < Ma_1$，$\theta_2 > \theta_1$. 也就是说，最后一条压缩波不仅要在已扰动过的区域内，而且要在 AB_1 之前，显然是不可能的. 所以唯一的可能是所有的压缩波叠加起来，形成一条斜激波.

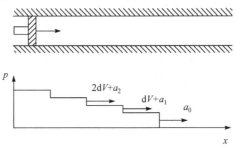

图 9-18　在直管中正激波的形成

9.6　激波前后气流参数的关系

9.6.1　正激波前后气流参数的关系

从 9.5 节知道，正激波在直管道中的前进是一个不定常的流动. 设正激波的运动速度为常数, 就可以将坐标系固定在激波面上, 气流则是以相反的速度通过激波面, 就得到了一个定常流动, 如图 9-19 所示.

超音速气流通过正激波时, 速度从 V_1 降低到 V_2, 压强从 p_1 升高到 p_2, 密度从 ρ_1 升高到 ρ_2. 连续性方程为

$$\rho_1 V_1 = \rho_2 V_2 \tag{9-38a}$$

动量方程为

$$p_1 - p_2 = \rho_1 V_1 (V_2 - V_1)$$

即

$$p_1 + \rho_1 V_1^2 = p_2 + \rho_2 V_2^2 \tag{9-38b}$$

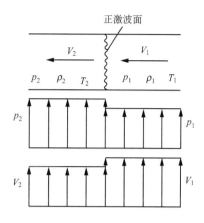

图 9-19　正激波示意图

气流通过激波面满足绝热条件, 因此能量方程为

$$\frac{k}{k-1}\frac{p_1}{\rho_1} + \frac{V_1^2}{2} = \frac{k}{k-1}\frac{p_2}{\rho_2} + \frac{V_2^2}{2} = \frac{k+1}{k-1}\frac{a^{*2}}{2} \tag{9-38c}$$

由状态方程, 有

$$p_2 - p_1 = R(\rho_2 T_2 - \rho_1 T_1) \tag{9-38d}$$

将式(9-38b)与式(9-38a)相除, 有

$$\frac{p_1}{\rho_1} + V_1^2 = \left(\frac{p_2}{\rho_2} + V_2^2\right)\frac{V_1}{V_2} \tag{9-38e}$$

由式(9-38c)得

$$\frac{p_1}{\rho_1} = \frac{k-1}{2k}\left(\frac{k+1}{k-1}a^{*2} + V_1^2\right) \tag{9-38f}$$

$$\frac{p_2}{\rho_2} = \frac{k-1}{2k}\left(\frac{k+1}{k-1}a^{*2} + V_2^2\right) \tag{9-38g}$$

将式(9-38f)、式(9-38g)代入式(9-38e), 整理得

$$(V_2 - V_1)V_1 V_2 = (V_2 - V_1)a^{*2}$$

因 $V_2 - V_1 \neq 0$, 有

$$V_1 V_2 = a^{*2}$$

两边除以 a^{*2}, 可写成量纲一速度形式

$$M_1^* M_2^* = 1 \tag{9-38}$$

式(9-38)称为普朗特关系式. 可见, 超音速气流通过正激波后一定变为亚音速气流. 激波前速度 V_1 越大, 波后速度 V_2 越小, 反之亦然. 正激波前后速度关系也可用激波前马赫数表示

$$\frac{V_2}{V_1} = \frac{a^{*2}}{V_1^2} = \frac{1}{M_1^{*2}} = \frac{2+(k-1)Ma_1^2}{(k+1)Ma_1^2}$$

由连续性方程得密度比

$$\frac{\rho_2}{\rho_1} = \frac{V_1}{V_2} = \frac{(k+1)Ma_1^2}{2+(k-1)Ma_1^2} \tag{9-39a}$$

由式(9-38b)得

$$p_2 - p_1 = \rho_1 V_1^2 \left(1 - \frac{V_2}{V_1}\right)$$

$$\rho_1 = k\frac{p_1}{a_1^2}$$

得压强比

$$\frac{p_2}{p_1} = 1 + \frac{2k}{k+1}\left(Ma_1^2 - 1\right) \tag{9-39b}$$

由状态方程和密度比,可得温度比

$$\frac{T_2}{T_1} = 1 + \frac{2(k-1)}{(k+1)^2}\frac{kMa_1^2+1}{Ma_1^2}\left(Ma_1^2 - 1\right) \tag{9-39c}$$

马赫数之比

$$\frac{Ma_2^2}{Ma_1^2} = \frac{V_2^2 a_1^2}{V_1^2 a_2^2} = \frac{V_2^2 T_1}{V_1^2 T_2} = \frac{1}{Ma_1^2}\frac{2+(k-1)Ma_1^2}{2kMa_1^2-(k-1)} \tag{9-40}$$

式(9-39a)~式(9-39c)称为兰金-于戈尼奥(Rankine-Hugoniot)关系式,也称激波绝热曲线. 正激波前后参数之比都是用波前参数表示的,都是激波前马赫数的函数. 我们可用这些公式来计算正激波后的气流参数.

例 9-3 一正激波在静止大气中的传播速度为 700m/s,气温 15°C,试求气流通过激波后速度减少了多少.

解 将坐标建立在正激波上,波前马赫数为

$$Ma_1 = \frac{V_1}{\sqrt{kRT_1}} = \frac{700}{\sqrt{1.4 \times 287 \times 288}} = 2.06$$

由式(9-40),得激波后马赫数

$$Ma_2 = \sqrt{\frac{2+0.4 \times Ma_1^2}{2.8 \times Ma_1^2 - 0.4}} = 0.567$$

激波后温度

$$T_2 = T_1 + T_1 \times \frac{0.8}{2.4^2} \times \frac{1.4Ma_1^2+1}{Ma_1^2} \times \left(Ma_1^2 - 1\right) = 500K$$

激波后速度

$$V_2 = Ma_2\sqrt{kRT_2} = 254\text{m/s}$$

故气流通过激波后速度减小了 $700-254 = 446(\text{m/s})$.

9.6.2 斜激波前后气流参数的关系

设斜激波前的气流参数为 V_1、p_1、ρ_1、T_1，波后参数为 V_2、p_2、ρ_2、T_2，将速度沿垂直于激波面和平行于激波面方向分解，分量用下标 n 和 t 表示，如图 9-20 所示. 连续性方程为

$$\rho_1 V_{1n} = \rho_2 V_{2n} \tag{9-41}$$

垂直于激波面方向上的动量方程为

$$p_1 - p_2 = \rho_1 V_{1n}(V_{2n} - V_{1n})$$

即

$$p_1 + \rho_1 V_{1n}^2 = p_2 + \rho_2 V_{2n}^2 \tag{9-42}$$

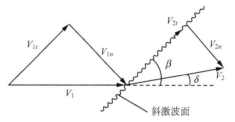

图 9-20 斜激波示意图

因 $p_2 > p_1$，$\rho_2 > \rho_1$，故 $V_{2n} < V_{1n}$，气流通过斜激波后法向分速度必然减小. 因在平行于激波面方向上压强无变化，有 $V_{2t} = V_{1t}$，气流通过斜激波后切向分速度不变. 这样就可将斜激波作为对于法向分速度的正激波来处理，利用 9.6.1 节的公式求出斜激波前后气流参数的关系. 以法向分速度计算的马赫数

$$Ma_{1n} = Ma_1 \sin\beta = \frac{V_1}{a_1}\sin\beta = \frac{V_{1n}}{a_1}$$

代入兰金-于戈尼奥关系式，得斜激波前后气流参数之比

$$\frac{\rho_2}{\rho_1} = \frac{(k+1)Ma_1^2\sin^2\beta}{2+(k-1)Ma_1^2\sin^2\beta} \tag{9-43a}$$

$$\frac{p_2}{p_1} = \frac{2k}{k+1}Ma_1^2\sin^2\beta - \frac{k-1}{k+1} \tag{9-43b}$$

$$\frac{T_2}{T_1} = 1 + \frac{2(k-1)}{(k+1)^2}\frac{kMa_1^2\sin^2\beta+1}{Ma_1^2\sin^2\beta}\left(Ma_1^2\sin^2\beta-1\right) \tag{9-43c}$$

斜激波后的法向马赫数为

$$Ma_{2n} = \frac{V_{2n}}{a_2} = \frac{V_2\sin(\beta-\delta)}{a_2} = Ma_2\sin(\beta-\delta)$$

则斜激波前后马赫数关系为

$$Ma_2^2\sin^2(\beta-\delta) = \frac{2+(k-1)Ma_1^2\sin^2\beta}{2kMa_1^2\sin^2\beta-(k-1)} \tag{9-44}$$

下面研究斜激波前后气流速度的关系. 由压强比

$$\frac{p_2}{p_1} = \frac{2k}{k+1} Ma_1^2 \sin^2\beta - \frac{k-1}{k+1} > 1$$

容易导出

$$Ma_{1n} = \frac{V_{1n}}{a_1} > 1$$

也就是说，斜激波前的法向分速度必定超音速. 由连续性方程和密度比公式得

$$V_{1n}V_{2n} = \frac{\rho_1}{\rho_2} V_{1n}^2 = \frac{(k-1)V_{1n}^2 + 2a_1^2}{k+1}$$

由能量方程得

$$\frac{V_{1n}^2 + V_{1t}^2}{2} + \frac{a_1^2}{k-1} = \frac{k+1}{k-1}\frac{a^{*2}}{2}$$

两式合并，有

$$V_{1n}V_{2n} = a^{*2} - \frac{k-1}{k+1}V_{1t}^2$$

$$M_{1n}^* M_{2n}^* = 1 - \frac{k-1}{k+1}\left(\frac{V_{1t}}{a^*}\right)^2 \tag{9-45}$$

$M_{1n}^* > 1$，则 $M_{2n}^* < 1$，即斜激波后的法向分速度必为亚音速. 然而，波后法向分速度与切向分速度合成 V_2，有可能是亚音速的，也有可能是超音速的.

9.6.3　气流转折角与斜激波角间的关系

超音速气流通过斜激波后速度方向会发生一定的偏转，如图 9-20 所示，偏转的角度称为气流折转角. 从图中可见

$$\tan(\beta - \delta) = \frac{V_{2n}}{V_{2t}}, \quad \tan\beta = \frac{V_{1n}}{V_{1t}}$$

由连续性方程和 $V_{1t} = V_{2t}$，有

$$\frac{V_{2n}}{V_{2t}} = \frac{\rho_1 V_{1n}}{\rho_2 V_{1t}}$$

将上面三个式子合并，代入密度之比公式，有

$$\tan(\beta - \delta) = \frac{2 + (k-1)Ma_1^2 \sin^2\beta}{(k+1)Ma_1^2 \sin\beta\cos\beta}$$

故气流折转角

$$\tan\delta = \cot\beta \frac{Ma_1^2 \sin^2\beta - 1}{1 + Ma_1^2\left(\dfrac{k+1}{2} - \sin^2\beta\right)} \tag{9-46}$$

将上式绘成曲线，如图 9-21 所示. 图中每条曲线对应于一个不同的马赫数 Ma_1. 由上式和图 9-21 可得如下结论.

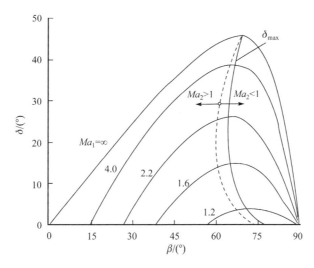

图 9-21　斜激波角与气流折转角关系曲线($k = 1.4$)

(1) 当 $Ma_1^2\sin^2\beta-1 = 0$，即 $\sin\beta = 1/Ma_1 = \sin\theta_1$，斜激波角等于马赫角时，斜激波减弱为微小扰动波，气流折转角为零. 当 $\cot\beta = 0$，即 $\beta = \pi/2$ 时，斜激波增强为正激波，气流折转角为零.

(2) 每条曲线都有一个顶点，表示超音速气流通过斜激波所能达到的最大折转角 δ_{max}. 折转角相同时，斜激波角有两个解，大 β 值对应的是强激波，小 β 值对应的是弱激波，而在实验中通常得到弱激波.

(3) 超音速气流绕流顶角为 2δ 的楔形物体，当 $\delta < \delta_{max}$ 时，从物体的尖端出现两条斜激波；当 $\delta > \delta_{max}$ 时，激波离开物体尖端，在前面形成一条曲线脱体激波，如图 9-22 所示. 激波面的中间部分为正激波，后面是亚音速区. 离开中间部分以后，波面的角度逐渐趋近于马赫角. 脱体激波可造成较大的损失. 当超音速气流经 $\delta > \delta_{max}$ 的凹钝角时，也会产生脱体激波，如图 9-22 所示.

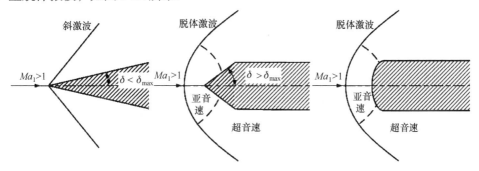

图 9-22　超音速气流流经凹钝角($\delta > \delta_{max}$)

(4) 在图 9-21 中有一条激波后马赫数为 1 的虚线，虚线右方代表波后为亚音速，左方代表波后为超音速. 对于斜激波而言，在大部分斜激波角范围内，波后仍为超音速，只是在接近最大折转角 δ_{max} 的小范围内才为亚音速. 因虚线与最大折转角连线非常靠近，所以可近似地认为，当斜激波后的速度接近音速时，气流的折转角达到最大值 δ_{max}.

9.6.4　突跃压缩与等熵压缩的比较

气流通过激波时受到的突跃压缩与气流等熵压缩过程有区别. 完全气体的等熵压缩过程是一可逆过程，压强比与密度比、温度比的关系为

$$\frac{\rho_2}{\rho_1}=\left(\frac{p_2}{p_1}\right)^{\frac{1}{k}}, \quad \frac{T_2}{T_1}=\left(\frac{p_2}{p_1}\right)^{\frac{k-1}{k}}$$

突跃压缩过程密度比与压强比关系为

$$\frac{\rho_2}{\rho_1}=\frac{(k+1)\dfrac{p_2}{p_1}+(k-1)}{(k-1)\dfrac{p_2}{p_1}+(k+1)}$$

代入气体状态方程，得温度比与压强比关系

$$\frac{T_2}{T_1}=\frac{(k+1)\dfrac{p_2}{p_1}+(k-1)\left(\dfrac{p_2}{p_1}\right)^2}{(k+1)\dfrac{p_2}{p_1}+(k-1)}$$

将上述四个式子绘成曲线，如图 9-23 所示. 从图中可见，在压强比 p_2/p_1 相等的条件下，突跃压缩后的温度高于等熵压缩，而密度小于等熵压缩. 当压强比 $p_2/p_1 \to \infty$ 时，密度比 $\rho_2/\rho_1 \to (k+1)/(k-1)$. 也就是说，超音速气流通过激波时，密度只能增大有限倍，如对于空气是 6 倍. 这是由于气流通过激波时，部分动能不可逆地变为热能，使温度升高而密度减小，在总体上使密度的增大受到限制. 当压强比减小时，突跃压缩与等熵压缩的区别减小，也就是说微小扰动波相当于等熵压缩波.

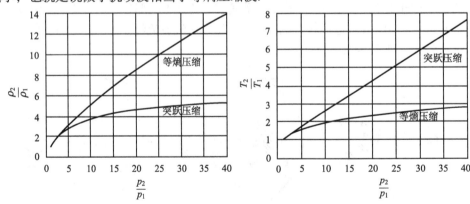

图 9-23　突跃压缩与等熵压缩的比较曲线($k = 1.4$)

接下来讨论突跃压缩引起的熵增 Δs. 假定气体的初始状态为 p_1、ρ_1，等熵压缩后变为 p_2、ρ_2，突跃压缩后变为 p_{2s}、ρ_2. 气流经突跃压缩过程熵增为

$$\Delta s = s_{2s}-s_2 = c_v\ln\frac{p_{2s}}{\rho_2^k}-c_v\ln\frac{p_2}{\rho_2^k}=c_v\ln\frac{p_{2s}}{p_2} \tag{9-47}$$

在密度比相等的条件下，$p_{2s}>p_2$，故熵增 $\Delta s>0$. 上式可改写为

$$\Delta s = c_v \ln \frac{p_{2s} p_1}{p_1 p_2}$$

$$= c_v \ln \left[\frac{p_{2s}}{p_1} \left(\frac{\rho_1}{\rho_2} \right)^k \right]$$

$$= c_v \ln \left[\left(\frac{k-1}{k+1} \right)^{k+1} \left(\frac{2k}{k-1} Ma_1^2 \sin^2 \beta - 1 \right) \left(\frac{2}{k-1} \frac{1}{Ma_1^2 \sin^2 \beta} + 1 \right)^k \right] \tag{9-48}$$

当 $\sin\beta = 1/Ma_1 = \sin\theta_1$，即斜激波退化为微小扰动波时，$\Delta s = 0$. 当 $\beta = \pi/2$ 时，斜激波变为正激波，Δs 达到最大值.

超音速气流通过激波时受到突跃压缩，产生熵增，部分动能不可逆地转化为热能，这就是波阻的来源. 波阻是指阻滞气流的阻力，因超音速气流通过激波时动量减小，故必然受到与流动方向相反的阻力. 另外，引起激波的物体要受到与气流同方向的反作用力，即物体受到流体的阻力. 这一阻力与摩擦无关，由激波引起，所以称为波阻. 最大的波阻发生在正激波中.

9.7　喷管在非设计工况下的流动

在 9.3 节中讨论了喷管在设计工况下的流动. 实际上在喷管的工作中，经常会发生进出口参数偏离设计值的情况，称为变工况. 这一节我们来分析在无摩擦、绝热的条件下，缩放喷管在非设计工况下的气体流动.

在设计工况下，缩放喷管中气体压强按照如图 9-24 所示的曲线 ACB 变化. 压强为设计值 p_1 的气体进入喷管后膨胀、加速，到最小截面处达到临界状态，接着在渐扩段中继续膨胀加速，达超音速，出口压强为设计值 p_2. 假定进口压强 p_1 不变，分三种情况讨论背压 p_b 变化时喷管的工作.

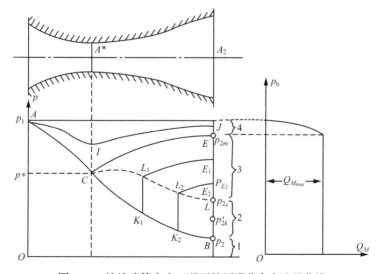

图 9-24　缩放喷管在变工况下的压强分布和流量曲线

9.7.1　背压低于出口设计压强

当 $p_b<p_2$ 时，超音速气流从出口截面进入低压空间，在出口边缘 A 和 A_1 处产生两组扇形膨胀波，气流向外侧偏转 δ 角，在喷管出口外形成自由膨胀，这种流动称为膨胀不足，如图 9-25(a) 所示. 尽管背压 p_b 小于设计压强 p_2，喷管内部的气流参数和设计工况下完全一致.

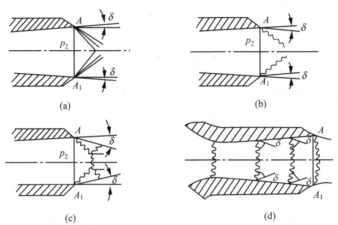

图 9-25　在非设计工况下缩放喷管超音速流动图形

9.7.2　背压高于出口设计压强

这时再分为两种情况.

(1) $p_2<p_b<p_{2k}$，即背压高于出口设计压强 p_2，而不高于在出口截面上形成正激波时的背压 p_{2k}. 当背压略高于出口设计压强时，超音速气流在出口受到压缩，在出口边缘 A 和 A_1 处产生两条斜激波，如图 9-25(b) 所示. 气流经斜激波后速度降低、压强升高，并向内侧偏转 δ 角. 当背压继续升高，气流向内偏转角增大，超过某一限值，形成拱桥形激波系，如图 9-25(c) 所示. 当背压 $p_b=p_{2k}$ 时，在出口截面形成正激波. 激波位于喷管外部，喷管内部的气流参数仍和设计工况下一致.

(2) $p_{2k}<p_b<p_{2m}$，即背压大于在出口截面形成正激波时的压强，小于激波在喉部消失的压强. 当背压略高于 p_{2k} 时，为了适应正激波后压强的升高，正激波开始向喷管内移动，如图 9-25(d) 所示. 当激波进入喷管内，激波前的马赫数与设计工况相比减小，故激波强度降低，波阻减小. 气流通过正激波后变为亚音速，在渐扩管段内继续减速、升压. 喷管中气流压强的变化按照图 9-24 中的曲线 $ACK_2L_2E_2$ 变化. 相对于背压而言，气流在喷管中的膨胀是过度的. 这种喷管的设计出口压强低于实际背压的情况称为气流的膨胀过度. 当背压进一步升高，激波强度逐渐降低，位置向喉部移动. 当背压升高到时 p_{2m} 时，激波移动到喉部并且消失，气流参数达到临界值. 由于背压高于喉部压强，气流在渐扩管段中减速、升压，为亚音速，在出口处达到 p_{2m}，如图 9-24 中的曲线 ACE 所示.

9.7.3　激波在喉部消失后的流动

这时背压高于激波在喉部消失的压强 p_{2m}，并且低于喷管的进口压强 p_1. 气流在渐缩管段中降压、加速，在喉部达到亚临界的最大速度，在渐扩管段中减速、升压到背压，整个喷管内为亚音速气流. 喷管中的压强分布如图 9-24 中的曲线 *AIJ* 所示. 此时缩放喷管的作用相当于文丘里管. 当背压升高，直到等于进口压强 p_1 时，喷管中的气流将静止下来.

9.7.4　背压对喷管中气体流量的影响

背压对喷管中气体流量的影响，如图 9-24 所示. 从上面的讨论得知，只要喷管的喉部达到临界状态，喷管的流量就保持为临界流量不变，即要满足 $p_b<p_{2m}$ 这一条件. 当 $p_b>p_{2m}$ 时，流量减小. 当 $p_b = p_1$ 时，流量为零.

对于渐缩喷管而言，情况要简单一些. 假定渐缩喷管的出口设计压强为临界压强. 如果背压等于临界压强，则气流参数将按照设计参数变化. 如果背压低于临界压强，则气流在喷管出口处达到临界状态，在喷管外部边缘发生突然膨胀，膨胀波不能逆流传到喷管内部，喷管内气流参数与设计工况相同. 如果背压高于临界压强，气流在喷管出口只能为亚音速，则在喷管出口处产生的微小扰动波将传播到喷管内，引起压强、速度等气流参数的变化.

例 9-4　20℃空气从 $p_0 = 200\text{kPa}$ 的容器经缩放喷管流入另一容器，缩放喷管喉部直径 5cm，出口直径 10cm，在扩张段直径 7.5cm 处产生一道正激波，求另一容器压强 p_e.

解　滞止空气的密度为

$$\rho_0 = \frac{p_0}{RT_0} = 2.38\text{kg/m}^3$$

因扩张段内直径小于 7.5cm 处必为超音速，故喉部为临界流动，面积比

$$\frac{A_1}{A^*} = \left(\frac{7.5}{5}\right)^2 = 2.25$$

代入式(9-30)，得激波前马赫数

$$Ma_1 = 2.33$$

喷管流量为

$$Q_M = A^*\left(\frac{2}{k+1}\right)^{\frac{k+1}{2k-2}}\sqrt{kp_0\rho_0} = 0.927\text{kg/s}$$

激波前参数的密度、压强为

$$\rho_1 = \rho_0\left(1 + \frac{k-1}{2}Ma_1^2\right)^{\frac{-1}{k-1}} = 0.379\text{kg/m}^3$$

$$p_1 = p_0 \left(1 + \frac{k-1}{2} Ma_1^2\right)^{\frac{-k}{k-1}} = 15.3 \text{kPa}$$

激波后参数为

$$Ma_2 = \sqrt{\frac{2 + (k-1)Ma_1^2}{2kMa_1^2 - (k-1)}} = 0.531$$

$$\rho_2 = \rho_1 \frac{(k+1)Ma_1^2}{2 + (k-1)Ma_1^2} = 1.18 \text{kg/m}^3$$

$$p_2 = p_1 + p_1 \frac{2k}{k+1}\left(Ma_1^2 - 1\right) = 94.3 \text{kPa}$$

激波后滞止参数为

$$p_{02} = p_2 \left(1 + \frac{k-1}{2} Ma_2^2\right)^{\frac{k}{k-1}} = 114 \text{kPa}$$

$$\rho_{02} = \rho_2 \left(1 + \frac{k-1}{2} Ma_2^2\right)^{\frac{1}{k-1}} = 1.36 \text{kg/m}^3$$

写出激波后喷管内的流量方程

$$Q_M = \rho_{02} A_e \sqrt{\frac{2k}{k-1} \frac{p_{02}}{\rho_{02}} \left[\left(\frac{p_e}{p_{02}}\right)^{\frac{2}{k}} - \left(\frac{p_e}{p_{02}}\right)^{\frac{k+1}{k}}\right]}$$

代入上面的数据，用试凑法可得另一容器压强为

$$p_e = 109 \text{kPa}$$

微弱扰动波演示

习　题　九

9-1　飞机模型在温度 $T = 348$K，密度 $\rho = 1.8$kg/m^3 的空气中做试验，马赫数为 $Ma = 0.7$，求模型前驻点处的滞止参数 ρ_0、p_0、t_0.

9-2　$p = 1.0 \times 10^5$Pa，$T = 20$℃的空气以音速经过微小扰动波，压强略有升高，$\Delta p = 40$Pa，则密度、温度、速度各变化了多少？

9-3　空气在截面积为 60cm^2 的通道中流动，马赫数为 $Ma = 0.2$，驻点处的压强、温度为 $p_0 = 3.0 \times 10^5$Pa，$t_0 = 50$℃，求空气的质量流量 Q_M.

9-4　空气在渐缩喷管入口处的滞止参数为 $p_0 = 2.67 \times 10^5$Pa，$T_0 = 1110$K，喷管出口面积

为 $A = 6.45\text{cm}^2$. 已知在出口达到临界状态, 求质量流量 Q_M.

9-5　用一个渐缩形喷管使容器中的空气等熵地膨胀到大气压 $1.01 \times 10^5\text{Pa}$, 容器中空气的滞止参数为 $p_0 = 1.47 \times 10^5\text{Pa}$, $T_0 = 5\text{℃}$, 希望得到的质量流量 $Q_M = 0.5\text{kg/s}$, 求喷管的出口直径.

9-6　空气进入喉部直径为 0.1m 的缩放喷管, 初速度可忽略, 进口处的参数为 $p_0 = 3.0 \times 10^5$ Pa, $T_0 = 60\text{℃}$, 经等熵膨胀, 出口温度为 $T_2 = -10\text{℃}$, 求喷管出口马赫数 Ma_2 和质量流量 Q_M.

9-7　空气在缩放喷管中作等熵流动, 在截面 1 处, $Ma_1 = 0.6$, $T_1 = 523\text{K}$, $p_1 = 300\text{kPa}$, 在截面 2 处, $Ma_2 = 3.0$, 求截面 2 处的压强 p_2、温度 T_2.

9-8　喷气发动机的喷管进口气流速度 $V_1 = 30\text{m/s}$, 压强 $p_1 = 2.5 \times 10^5\text{Pa}$, 温度 $T_1 = 700\text{K}$, 进口截面积为 1.0m^2, 设计背压为 $0.7 \times 10^5\text{Pa}$, 求喉部截面积 A^* 与出口截面积 A_2.

9-9　空气在绝热条件下流经直径为 $D = 0.1\text{m}$ 的等截面管道, 要求空气从 $Ma_i = 0.5$ 到 $Ma = 0.7$, 沿程阻力系数 $\lambda = 0.01$, $k = 1.4$, 求所需的管子长度 l.

9-10　空气在绝热条件下流经直径为 $D = 0.1\text{m}$ 的等截面管道, 进口处的参数为 $p = 1.0 \times 10^5$ Pa, $t = 15.5\text{℃}$, $Ma_i = 3$, $\lambda = 0.02$, 求最大管长 $l_{\max}$ 和相应的临界出口参数 V^*、p^*、T^*, 并求 $Ma_i = 2$ 截面处的管长 l 和参数 V_1、p_1、T_1.

9-11　已知空气通过正激波后密度增大为原来的 2.1 倍, 激波前空气压强为 $p_1 = 1.01 \times 10^5\text{Pa}$, 温度为 $t_1 = 20\text{℃}$, 求空气来流的速度 V_1、马赫数 Ma_1 和压强升高率 p_2/p_1.

9-12　超音速气流以马赫数 $Ma_1 = 2$ 绕流半顶角为 14° 的楔形物体. 求产生斜激波的激波角 β、激波后的马赫数 Ma_2 和激波前后气流参数的比值 ρ_2 / ρ_1、p_2/p_1、T_2/T_1.

9-13　超音速气流流经一个与水平线成折转角 $\delta = 10°$ 的斜壁面, 产生与水平线成 β 角的斜激波. 激波前气流的参数为 $p_1 = 1.013 \times 10^5\text{Pa}$、$T_1 = 20\text{℃}$、$Ma_1 = 2$, 求激波后气流的参数 p_2、T_2、Ma_2.

9-14　渐缩喷管前的滞止参数 $p_0 = 7 \times 10^5\text{Pa}$, $T_0 = 313\text{K}$, 出口直径 $d_2 = 25\text{mm}$. 喷管出口压强分别为 $p_2 = 5 \times 10^5\text{Pa}$ 和 $p_2 = 2 \times 10^5\text{Pa}$ 时, 求通过喷管出口的流速 V_2 和马赫数 Ma_2.

9-15　超音速空气绕流钝头物体, 在前部产生脱体激波. 已知来流压强 $p_1 = 0.8 \times 10^5\text{Pa}$, 温度 $T_1 = 254\text{K}$, 流速 $V_1 = 480\text{m/s}$. 求脱体激波中间部分的流速 V_2、滞止压强 p_{02}、滞止温度 T_{02}.

9-16　核爆炸波以波速 15000m/s 在静止大气中传播, 大气压 101kPa, 温度 293K. 试求: (1) 波后空气的绝对速度; (2) 波后空气的压强和温度.

9-17　大气压强 0.1013MPa, 温度 273.15K, 爆炸产生 1.379MPa 高压和球形激波, 求激波速度 V_1 和激波内空气速度 V_a.

第 10 章

计算流体力学简介

在流体力学的学科发展和原理性研究中,计算流体力学(computational fluid dynamics, CFD)建立了一种新的研究方法.17 世纪,在法国和英国奠定了实验流体力学的基础.18 世纪和 19 世纪, 还是在欧洲, 理论流体力学也逐渐发展起来. 直到 20 世纪 60 年代, 随着高速计算机的出现以及精确数值算法的发展, 计算流体力学方法成为流体力学研究的第三种方法. 目前在流体力学问题的研究中, 计算流体力学已成为与理论和实验平等的角色, 它综合了理论和实验两个分支的长处, 可以模拟复杂几何形状下的非线性复杂流动, 并部分代替实验工作. 用计算手段还可以发现一些理论解不出、实验测不到的流动中的新现象. 数十年来计算流体力学获得了很大的成功, 解决了流体力学学科中的许多难题, 已广泛应用于能源、化工、航空、气象、海洋、流体机械、建筑、环境、生物、医疗等各个领域.

本章的主要内容是介绍有关这一学科的一些基本概念、基本数值计算方法和计算模型, 并通过给出一些实例来展示这一学科的概貌和最新进展, 引领初学者快速接触到相关软件投入学习. 欲深入学习者必须参阅相关书籍.

10.1 计算流体力学概念和相关软件

10.1.1 计算流体力学概念

计算流体力学是什么? 从理论流体力学知道, 流体的流动必须遵守三个基本定律: 质量守恒定律、牛顿第二定律和能量守恒定律. 这三个定律都可以用数学方程表达, 形式上可以是积分方程, 也可以是偏微分方程, 这些方程通常被称为"CFD 的控制方程". CFD 将这些积分方程或偏微分方程转换成离散代数方程, 然后求解这些代数方程, 得到离散的空间或时间点上的数值. 事实上, CFD 的最终结果是一堆数字的集合, 而不是解析表达式. 为了便于分析, 通常用图形方式把数值计算结果展示出来.

理论流体力学研究流体的流动和静止问题, 而 CFD 只研究流体动力学, 以及流动中发生的热交换和化学反应. 在电子计算机广泛应用以前, 只能采用理论流体力学和实验流体力学解决流体动力学问题. 高性能计算机的应用, 促使数值计算成为一种新的方法. 20 世纪 60 年代, CFD 在解决超音速气流绕流钝头物体的流场问题中一鸣惊人, 展现了非凡的能力. 在工业设计中, CFD 数值方法发展尤为迅速, 特别是面对极其复杂的流动问题时. CFD 作为设计工具得到广泛应用, 通过对设备和流程内部的流动分析, 减少了实验工作成本, 实现了增加产量, 提高质量, 带来了新的工业革命.

10.1.2　计算流体力学相关软件

通过 CFD 计算获得一组数据, 用来近似地描述真实的流动状态. 研究 CFD 的主要目的在于获得经验, 全面了解流动的物理过程、数值模型和数值方法. 以往学习 CFD 需要投入大量精力用于自己编写计算程序. 现在有许多软件公司已经开发和测试了 CFD 程序, CFD 使用者避免了自己编程的麻烦, 可以直接使用这些程序解决流动问题. 商业计算机软件的功能增强和推广, 促进了 CFD 在工业上的广泛应用.

CFD 使用者可以通过互联网访问 http: //www. Cfdnet. com 自由进入即时开通的 CFD 交互式程序, 可以求解简单的流动问题. CFD 使用者也可以从互联网下载大量可用的免费软件, 例如, http: //www. cfd-online. com/Links/. 目前市场上流行的商业软件, 见表 10-1.

表 10-1　商业 CFD 软件网址

软件商	软件名	网址
ANSYS	CFX	http: //www.ansys.com/products/fluids
ANSYS	FLUENT	http: //www.ansys.com/products/fluids
CD-Adapco	STAR-CD	http: //www.plm. automation. Siemens. com/global/en/products/simcenter/STAR-ccm. html
CFD Research Corporation	CFD-ACE	http: //www. cfd-research.com/
CHAM	PHOENICS	http: //www.cham.co.uk
Flow Science	FLOW-3D	http: //www.flow3d.com

在使用这些 CFD 软件时, 必须完成流动问题的设置和求解等诸多步骤, 最后获得计算结果. 一般分成三个阶段: 前处理、数值求解和后处理. 第一个阶段是前处理, 就是对流动问题的确定: 创建流场的几何模型, 生成网格, 选择物理特性和流动特性, 设定边界条件. 第二个阶段是数值求解: 设定初值、插值格式、求解器, 监视计算是否收敛. 第三阶段是后处理, 通常是将计算结果以图形方式表示, 常见的有直角坐标图、矢量图、云图、迹线图、动画等.

尽管 CFD 取得了巨大的成功, 我们也必须认识到它的局限性. 客观来说, CFD 提供了一种新方法, 并不能替代理论和实验两种传统的方法, 未来流体力学的发展将建立在这三种方法的平衡上, CFD 有助于解释理论和实验的结果, 反之亦然. 我们尤其要注意, 因为 CFD 的模型和计算存在误差, 计算结果看起来很好, 但是可能与真正的流动状态不相符. CFD 采用云图、矢量图或非定常 0 流动的动画对计算结果的可视化, 是描述海量数值计算数据的最有效的方法. 丰富多彩的图像给人以真实的流动感, 但是如果计算数据与实际不符则没有意义. 因此, 在把 CFD 的结果投入实际应用之前, 必须要经过认真检验.

10.2　离散化方法

流体力学的基本控制方程：连续性方程、动量方程和能量方程. 有的是积分型的，有的是微分型的，其中的一些方程在数学上没有给出解析解. 为了求解这些方程，发展了离散化方法，即利用离散点上函数的信息求函数导数和积分近似值的方法，通常称为数值微分与数值积分. 积分型方程的离散被称为有限体积，微分型方程的离散被称为有限差分.

10.2.1　数值微分

由函数 $f(x)$ 导数的定义

$$f'(x) = \lim_{h \to 0} \frac{f(x+h) - f(x)}{h} \tag{10-1}$$

容易知道，当 h 足够小时，可用差商近似导数，这是最简单的数值微分公式.

1. 差商型求导公式

利用差商求倒数的近似公式常有以下几种.

(1) 向前差商公式

$$f'(x) \approx \frac{f(x+h) - f(x)}{h} \tag{10-2}$$

(2) 向后差商公式

$$f'(x) \approx \frac{f(x) - f(x-h)}{h} \tag{10-3}$$

(3) 中心差商公式

$$f'(x) \approx \frac{f(x+h) - f(x-h)}{2h} \tag{10-4}$$

用 Talor 公式可得到上述三种差商的余项公式

$$f'(x) - \frac{f(x+h) - f(x)}{h} = -\frac{f''(x + \theta_1 h)}{2} h = O(h)$$

$$f'(x) - \frac{f(x) - f(x-h)}{h} = \frac{f''(x - \theta_2 h)}{2} h = O(h)$$

$$f'(x) - \frac{f(x+h) - f(x-h)}{2h} = -\frac{f'''(x + \theta_1 h) - f'''(x - \theta_2 h)}{2} h^2 = O(h^2)$$

其中，$0 < \theta_1, \theta_2 < 1$. 从余项公式可见，用差商近似导数，精度与步长 h 有关，h 越小精度越高. 中心差商公式的余项与 h^2 同阶，应比向前、向后差商公式精度高. 实际计算中，步长 h 不宜取得过小，否则会因有效数字损失而使误差增大.

2. 插值型求导公式

已知函数在一些离散点上的值时, 可用插值多项式近似函数, 所以可用插值多项式的导数作为函数导数的近似值. 假设已知函数 $f(x)$ 在 $[a, b]$ 内 $n+1$ 个节点 x_i $(i = 0, 1, \cdots, n)$ 处的函数值, 如果其插值多项式为 $L_n(x)$, 则可用 $L_n(x)$ 的导数近似函数 $f(x)$ 的导数, 称为插值型求导公式.

下面给出等距节点条件下, 求一阶导数的几个常用公式.

1) 两点公式

对于函数 $f(x)$, 过节点 x_0, $x_1 = x_0 + h$ 的 Lagrange 插值多项式为

$$L_1(x) = \frac{x - x_1}{-h} f(x_0) + \frac{x - x_0}{h} f(x_1)$$

求导得两点公式

$$f'(x_0) = f'(x_1) \approx \frac{f(x_1) - f(x_0)}{h} \tag{10-5}$$

截断误差为

$$\begin{cases} f'(x_0) - L_1'(x_0) = -\dfrac{h}{2} f''(\xi_0) \\ f'(x_1) - L_1'(x_1) = -\dfrac{h}{2} f''(\xi_1) \end{cases}, \quad \xi_0, \xi_1 \in (a, b)$$

2) 三点公式

对于函数 $f(x)$, 过节点 $x_i = x_0 + ih (i = 0, 1, 2)$ 的 Lagrange 插值多项式为

$$L_2(x) = \frac{(x - x_1)(x - x_2)}{2h^2} f(x_0) + \frac{(x - x_0)(x - x_2)}{-h^2} f(x_1)$$
$$+ \frac{(x - x_0)(x - x_1)}{2h^2} f(x_2)$$

求导得

$$L_2'(x) = \frac{2x - x_1 - x_2}{2h^2} f(x_0) - \frac{2x - x_0 - x_2}{h^2} f(x_1) + \frac{2x - x_0 - x_1}{2h^2} f(x_2)$$

分别代入 x_0, x_1, x_2 得三点公式

$$\begin{cases} f'(x_0) \approx \dfrac{1}{2h} \left[-3f(x_0) + 4f(x_1) - f(x_2) \right] \\ f'(x_1) \approx \dfrac{1}{2h} \left[-f(x_0) + f(x_2) \right] \\ f'(x_2) \approx \dfrac{1}{2h} \left[f(x_0) - 4f(x_1) + 3f(x_2) \right] \end{cases} \tag{10-6}$$

截断误差为

$$\begin{cases} f'(x_0) - L_2'(x_0) = \dfrac{h^2}{3} f'''(\xi_0) \\[2mm] f'(x_1) - L_2'(x_1) = -\dfrac{h^2}{6} f'''(\xi_1), \quad \xi_i \in (a,b), i = 0,1,2 \\[2mm] f'(x_2) - L_2'(x_2) = \dfrac{h^2}{3} f'''(\xi_2) \end{cases}$$

求二阶导数的三点公式为

$$f''(x_i) \approx L_2''(x_i) = \frac{1}{h^2} \big[f(x_0) - 2f(x_1) + f(x_2) \big], \quad i = 0,1,2 \tag{10-7}$$

除了差商型求导和插值型求导两种方法以外，还有一种利用样条函数求导的数值微分方法，不再赘述.

10.2.2 数值积分

构造数值积分方法的基本思想是：已知被积函数在积分区间上的某些节点处的函数值，可将这些函数值的线性组合作为定积分的近似值，即

$$I(f) = \int_a^b f(x)\,\mathrm{d}x \approx \sum_{k=0}^{n} A_k f(x_k) \tag{10-8}$$

其中，A_k 称为求积系数，它只与节点 x_k 有关，与被积函数 $f(x)$ 无关. 节点和求积系数可用多种方法确定，这样就可得到不同的求积公式. 下面仅介绍 Newton-Cotes 求积公式.

Newton-Cotes 公式取等距节点. 取节点 $x_k = a+kh(k = 0,1,2,\cdots,n)$，其中 $h = (b-a)/n$，而 $x = a+th$. 求积公式为

$$I(f) = \int_a^b f(x)\,\mathrm{d}x \approx (b-a) \sum_{k=0}^{n} C_k^{(n)} f(x_k) \tag{10-9}$$

上式称为 n 阶 Newton-Cotes 公式，$C_k^{(n)}$ 称为 Cotes 系数

$$C_k^{(n)} = \frac{(-1)^{n-k}}{k!(n-k)!n} \int_0^n \prod_{\substack{j=0 \\ j \neq k}}^{n} (t-j)\,\mathrm{d}t \tag{10-10}$$

当 $n = 1$ 时，$C_0^{(1)} = C_1^{(1)} = 1/2$，有梯形公式

$$I(f) = \int_a^b f(x)\,\mathrm{d}x \approx \frac{b-a}{2} \big[f(a) + f(b) \big] \tag{10-11}$$

当 $n = 2$ 时，有 Simpson 公式

$$I(f) = \int_a^b f(x)\,\mathrm{d}x \approx \frac{b-a}{b} \left[f(a) + 4f\left(\frac{a+b}{2}\right) + f(b) \right] \tag{10-12}$$

梯形公式和 Simpson 公式都是常用的求积公式.

10.2.3　有限差分法

有限差分法又称为网格法,是求偏微分方程定解问题的数值解中应用最广泛的方法之一.它的基本思想是:先对求解区域作网格剖分,将自变量的连续变化区域用有限离散点(网格点)集代替.将问题中出现的连续变量的函数,用定义在网格点上离散变量的函数代替.通过用网格点上函数的差商代替导数,将含连续变量的偏微分方程定解问题化为只含有限个未知数的代数方程组,称差分格式.若差分格式有解,且当网格无限变小时其解收敛于原微分方程定解问题的解,则差分格式的解就作为原问题的近似解(数值解).

因此用差分法求解偏微分方程定解问题一般需有下列步骤:

(1) 选取网格;

(2) 对微分方程和定解条件选择差分近似,列出差分格式;

(3) 求解差分格式;

(4) 讨论差分格式解对于微分方程解的收敛性及误差估计.

下面通过一个简单的例子说明用差分法求解偏微分方程的一般过程和差分法的基本概念.

设有一阶双曲型方程初值问题

$$\begin{cases} \dfrac{\partial u}{\partial t} + a\dfrac{\partial u}{\partial x} = 0, & t>0, -\infty < x < +\infty \\ u(x,0) = \varphi(x) \end{cases} \tag{10-13}$$

首先,对定解区域 $D = \{(x,t)|-\infty<x<+\infty, t\geqslant 0\}$ 作网格剖分,最简单的一种网格是用两族分别平行于 x 轴和 t 轴的等距直线

$$x = x_k = kh, \quad t = t_j = j\tau, \quad k = 0, \pm1, \pm2, \cdots, \ j = 0,1,2,\cdots \tag{10-14}$$

将 D 分为许多矩形区域,如图 10-1 所示.这些直线称为网格线,其交点称为网格点,也称为节点,h 和 τ 分别称为 x 方向和 t 方向的步长.这种网格称为矩形网格.

若用向前差商表示一阶偏导数,即

$$\left.\frac{\partial u}{\partial x}\right|_{(x_k,t_j)} = \frac{u(x_{k+1},t_j)-u(x_k,t_j)}{h} - \frac{h}{2}u_x''(x_k+\theta_1 h,t_j) \tag{10-15}$$

$$\left.\frac{\partial u}{\partial t}\right|_{(x_k,t_j)} = \frac{u(x_{k+1},t_{j+1})-u(x_k,t_j)}{\tau} - \frac{\tau}{2}u_t''(x_k,t_j+\theta_2\tau) \tag{10-16}$$

其中,$0<\theta_1, \theta_2<1$. 待解方程在节点 (x_k, t_j) 处可表示成

$$\frac{u(x_k,t_{j+1})-u(x_k,t_j)}{\tau} + a\frac{u(x_{k+1},t_j)-u(x_k,t_j)}{h} \tag{10-17}$$

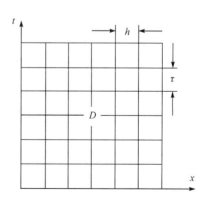

图 10-1　矩形网格

$$= \frac{\tau}{2}u_t''\left(x_k, t_j + \theta_2\tau\right) + \frac{ah}{2}u_x''\left(x_k + \theta_1 h, t_j\right)$$

$$= R\left(x_k, t_j\right), \quad k = 0, \pm 1, \pm 2, \cdots, \quad j = 0, 1, 2, \cdots$$

其中，$u(x_k, 0) = \varphi(x_k)$. 由于当 h、τ 足够小时，$R(x_k, t_j)$ 是小量，可忽略，于是得到一差分方程

$$\frac{u_{k, j+1} - u_{k, j}}{\tau} + a\frac{u_{k+1, j} - u_{k, j}}{h} = 0 \tag{10-18}$$

这里，$u_{k, j}$ 可看作方程的解在节点 (x_k, t_j) 处的近似值. 由初始条件有

$$u_{k, 0} = \varphi(x_k), \quad k = 0, \pm 1, \pm 2, \cdots \tag{10-19}$$

将上两式相结合，就得到求问题数值解的差分格式. $R(x_k, t_j) = O(\tau + h)$ 称差分方程的截断误差.

如果一个差分方程的截断误差为 $R = O\left(\tau^q + h^p\right)$，则称差分方程对 t 是 q 阶精度，对 x 是 p 阶精度的. 显然，截断误差的阶数越大，差分方程对微分方程的逼近越好. 当网格步长趋于 0 时，差分格式的截断误差也趋于 0，则称差分方程与相应的微分方程是相容的. 这是用差分法求解偏微分方程的必要条件. 当网格步长趋于 0 时，差分格式的解收敛到相应微分方程定解问题的解，则称这种差分格式是收敛的.

用差分格式求解时，除了截断误差外，每步计算都会产生舍入误差. 在递推计算过程中，误差还会传播. 对计算过程中误差传播的讨论就是差分格式的稳定性问题. 如果利用某种差分格式求解，计算过程中误差越来越大，以致所求的解完全失真，则称该差分格式是数值不稳定的. 差分格式的稳定性不仅与差分格式本身有关，而且与网格步长之比(网格比)的大小有关. 如果一种差分格式对任意网格比都稳定，则称该差分格式是无条件稳定的. 若只对某些网格比的值稳定，则称为条件稳定；若对任意网格比都不稳定，则称完全不稳定，这种差分格式是无效的. 稳定性与微分方程无关.

一般而言，差分格式的收敛性讨论较为困难. Lax 等价定理指出，在一定的条件下，差分格式的稳定性与收敛性等价.

10.3 流动问题数值求解例

10.3.1 流场中小球的运动轨迹

当小球以速度 V_p 在流速为 V 的空气中运动时，它会受到与相对速度方向相反的阻力. 对于质量为 m，直径为 D 的小球，写出牛顿第二定律

$$m\frac{\mathrm{d}V_p}{\mathrm{d}t} = \frac{1}{2}C_D\rho\left|V - V_p\right|^2\frac{\pi D^2}{4}\frac{V - V_p}{\left|V - V_p\right|} - mgk \tag{10-20a}$$

式中，$\dfrac{V - V_p}{\left|V - V_p\right|}$ 表示相对速度方向上的单位向量；k 是重力反方向的单位向量. 上式忽略了浮力的影响. 注意到松弛时间为

$$\tau = \frac{m}{3\pi D\mu}$$

雷诺数为

$$Re = \frac{\rho |V - V_{\mathrm{p}}| D}{\mu}$$

因此式(10-20a)可写成

$$\frac{\mathrm{d}V_{\mathrm{p}}}{\mathrm{d}t} = \frac{C_{\mathrm{D}}Re}{24}\frac{V - V_{\mathrm{p}}}{\tau} - gk \tag{10-20b}$$

式(10-20b)为一矢量方程，可改写为标量方程

$$\frac{\mathrm{d}u_{\mathrm{p}}}{\mathrm{d}t} = \frac{C_{\mathrm{D}}Re}{24}\frac{u - u_{\mathrm{p}}}{\tau} \tag{10-20c}$$

$$\frac{\mathrm{d}v_{\mathrm{p}}}{\mathrm{d}t} = \frac{C_{\mathrm{D}}Re}{24}\frac{v - v_{\mathrm{p}}}{\tau} \tag{10-20d}$$

$$\frac{\mathrm{d}w_{\mathrm{p}}}{\mathrm{d}t} = \frac{C_{\mathrm{D}}Re}{24}\frac{w - w_{\mathrm{p}}}{\tau} - g \tag{10-20e}$$

由于

$$u_{\mathrm{p}} = \frac{\mathrm{d}x}{\mathrm{d}t}, \quad v_{\mathrm{p}} = \frac{\mathrm{d}y}{\mathrm{d}t}, \quad w_{\mathrm{p}} = \frac{\mathrm{d}z}{\mathrm{d}t}$$

于是可得到一组常微分方程. 当初始位置和初始速度已知时，就可对这一常微分方程组进行数值求解，得到小球的运动轨迹.

例 10-1　质量为 $m = 46.55\mathrm{g}$，直径为 $D = 44.45\mathrm{mm}$ 的高尔夫球，在 xz 平面内与 x 轴成 30°角，以初始速度 $V_{\mathrm{p}} = 36.60\mathrm{m/s}$ 飞出. 求该球的飞行时间 t 和轨迹. 设高尔夫球不旋转，空气密度 $\rho = 1.21\mathrm{kg/m^3}$，空气动力黏度 $\mu = 1.81 \times 10^{-5}\mathrm{kg/(m \cdot s)}$. 为计算简单，假定当雷诺数小于临界雷诺数 9.0×10^4 时，阻力系数 $C_{\mathrm{D}} = 0.40$，否则 $C_{\mathrm{D}} = 0.10$.

解　由已知的小球参数和空气参数求出松弛时间

$$\tau = \frac{m}{3\pi D\mu} = \frac{0.04655}{3\pi \times 0.04445 \times 1.81 \times 10^{-5}} = 6139(\mathrm{s})$$

阻力系数 C_{D} 与雷诺数和速度有关，设风速为常数. 利用中心差商公式，有

$$u_{\mathrm{p}}(t) = u_{\mathrm{p}}(t - \Delta t) + \frac{C_{\mathrm{D}}Re}{24\tau}\left[u - \frac{u_{\mathrm{p}}(t) - u_{\mathrm{p}}(t - \Delta t)}{2} \right]\Delta t$$

$$v_{\mathrm{p}}(t) = v_{\mathrm{p}}(t - \Delta t) + \frac{C_{\mathrm{D}}Re}{24\tau}\left[v - \frac{v_{\mathrm{p}}(t) - v_{\mathrm{p}}(t - \Delta t)}{2} \right]\Delta t$$

$$w_{\mathrm{p}}(t) = w_{\mathrm{p}}(t - \Delta t) + \frac{C_{\mathrm{D}}Re}{24\tau}\left[w - \frac{w_{\mathrm{p}}(t) - w_{\mathrm{p}}(t - \Delta t)}{2} \right]\Delta t - g\Delta t$$

式中

$$Re = \frac{D}{\nu}\sqrt{\left(u-u_p\right)^2 + \left(v-v_p\right)^2 + \left(w-w_p\right)^2}$$

设 $\alpha = \dfrac{C_D Re\Delta t}{24\tau}$，则向量方程可改写为

$$V_p(t) = V_p(t-\Delta t) + \alpha V - \frac{\alpha}{2}V_p(t) - \frac{\alpha}{2}V_p(t-\Delta t) - g\Delta t k$$

或

$$V_p(t) = \frac{\alpha V - g\Delta t k + \left(1-\dfrac{\alpha}{2}\right)V_p(t-\Delta t)}{1+\dfrac{\alpha}{2}}$$

t 时刻小球的位置，可用差分式给出，且用向量式

$$R(t) = R(t-\Delta t) + \frac{\left[V_p(t-\Delta t) + V_p(t)\right]\Delta t}{2}$$

取时间步长 $\Delta t = 0.04$s，计算结果列于表 10-2.

表 10-2　例 10-1 计算结果

t/s	u/(m/s)	w/(m/s)	V/(m/s)	s_x/m	s_z/m
0.04	31.60	17.85	36.30	1.266	0.723
0.28	31.06	15.21	34.59	10.03	5.291
0.64	30.32	11.37	32.38	19.83	9.472
1.00	29.63	7.620	30.59	30.62	12.89
1.72	25.54	0.0362	25.54	50.53	15.60
2.08	23.76	−3.372	24.00	59.39	14.99
2.44	22.19	−6.559	23.14	67.66	13.19
2.76	20.91	−9.226	22.86	74.56	10.66
3.00	20.00	−11.13	22.89	79.46	8.220
3.32	18.85	−13.53	23.20	85.68	4.271
3.56	18.02	−15.23	23.59	90.11	0.818
3.60	17.88	−15.51	23.67	90.82	0.203
3.64	17.74	−15.77	23.75	91.53	-0.423

由表内数据可知，小球飞行 3.64s 落地，最大水平距离 91m，速度由 36.6m/s 降至 23.7m/s，当 1.72s 时达最大高度 15.6m.

10.3.2　矩形管道中不可压缩流体的层流

在前面的章节中我们已得到圆管中黏性不可压缩流体层流速度剖面的解析解. 当管

道的截面不是圆形轴对称时，问题就很复杂，需利用数值方法求解.

现考虑等截面管道中定常层流流动，x 轴与管轴平行，在 y 轴、z 轴方向速度为 0，$v = 0, w = 0$. 由连续性方程知 $\dfrac{\partial u}{\partial x} = 0$，则 x 方向的 N-S 方程为

$$0 = -\frac{\partial p}{\partial x} + \mu\left(\frac{\partial^2 u}{\partial y^2} + \frac{\partial^2 u}{\partial z^2}\right)$$

式中，$\dfrac{\partial p}{\partial x}$ 为常数. 这一方程称为泊松方程.

现研究关于 y 轴、z 轴对称的矩形截面管道. 取第一象限为 1/4 截面，其边界条件如图 10-2 所示，沿对称轴取垂直于对称轴的速度导数为 0，即 $\dfrac{\partial u}{\partial y} = 0$ 和 $\dfrac{\partial u}{\partial z} = 0$. 将方程量纲一化，就可用于所有几何相似的截面. 引入量纲一变量

$$y^* = \frac{y}{\dfrac{A}{2}}, \quad z^* = \frac{z}{\dfrac{A}{2}}, \quad u^* = \frac{\mu u}{\left(\dfrac{A}{2}\right)^2\left(-\dfrac{\mathrm{d}p}{\mathrm{d}x}\right)}$$

将量纲一变量引入泊松方程，有

$$\frac{\partial^2 u^*}{\partial y^{*2}} + \frac{\partial^2 u^*}{\partial z^{*2}} = -1$$

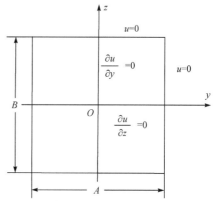

图 10-2　矩形管道第一象限 1/4 截面的边界条件

式中，$0 \leqslant y^* \leqslant 1$，$0 \leqslant z^* \leqslant B/A$. 利用求二阶导数的三点公式，将上面的方程改写成差分格式，有

$$\frac{u^*_{i-1,j} - 2u^*_{i,j} + u^*_{i+1,j}}{\Delta z^{*2}} + \frac{u^*_{i,j-1} - 2u^*_{i,j} + u^*_{i,j+1}}{\Delta y^{*2}} = -1$$

经整理，求出 $u^*_{i,j}$ 表达式

$$u^*_{i,j} = \frac{\left(\dfrac{\Delta z^*}{\Delta y^*}\right)^2\left(u^*_{i,j-1} + u^*_{i,j+1}\right) + \left(u^*_{i-1,j} + u^*_{i+1,j}\right) + \Delta y^{*2}}{2\left[1 + \left(\dfrac{\Delta z^*}{\Delta y^*}\right)^2\right]}$$

令 $\Delta z^* = \Delta y^*$，有

$$u^*_{i,j} = \frac{1}{4}\left(u^*_{i,j-1} + u^*_{i,j+1} + u^*_{i-1,j} + u^*_{i+1,j} + \Delta y^{*2}\right)$$

下面考虑第一象限 1/4 截面的边界条件. 在右、上边界 $u = 0$，$u^* = 0$. 在左、下边界上

$\dfrac{\partial u}{\partial y} = 0$ ， $\dfrac{\partial u}{\partial z} = 0$ ，同时 $\dfrac{\partial u^*}{\partial y^*} = 0$ ， $\dfrac{\partial u^*}{\partial z^*} = 0$ ，对应的差分方程为

$$\frac{u_{i,1}^* - u_{i,2}^*}{\Delta y^*} = 0, \quad \frac{u_{1,j}^* - u_{2,j}^*}{\Delta z^*} = 0$$

即

$$u_{i,1}^* = u_{i,2}^*, \quad u_{1,j}^* = u_{2,j}^*$$

显然在对称边界上 u^* 值是未知的，但对称边界不改变总的未知数的数目，求解过程也无大的变化，只需考虑上式提供的条件. 注意到 u 的平均值

$$\bar{u} = -\frac{\mathrm{d}p}{\mathrm{d}x} \frac{A^2}{4\mu} \bar{u}^*$$

已知体积流量 Q ，则 $\bar{u} = \dfrac{Q}{AB}$. 另外

$$\bar{u}^* = \frac{1}{B/A} \int_0^{B/A} \int_0^1 u^* \mathrm{d}y^* \mathrm{d}z^*$$

利用数值积分方法求解得 $\bar{u}^*$ ，则可得到 $\dfrac{\mathrm{d}p}{\mathrm{d}x}$ 的值，再根据 $u_{i,j}^*$ 求出 $u_{i,j}$.

例 10-2 矩形截面管道 $A = B = 1\mathrm{m}$ ，将整个管道截面分成 10 等份，共有 $11\times 11 = 121$ 个节点. 取间距 $\Delta y^* = 0.05$ ，精度 $\varepsilon = 0.001$ ，计算 1/4 截面内 $5\times 5 = 25$ 个节点上的量纲一速度 $u_{i,j}^*$ 的值.

解 计算结果如表 10-3 所示.

表 10-3 例 10-2 计算结果

0.000	0.000	0.000	0.000	0.000	0.000
0.113	0.111	0.101	0.083	0.052	0.000
0.193	0.188	0.170	0.173	0.083	0.000
0.245	0.239	0.215	0.170	0.101	0.000
0.274	0.266	0.239	0.188	0.111	0.000
0.281	0.274	0.245	0.193	0.113	0.000

10.3.3 平板层流边界层的布拉修斯解

平板层流边界层的布拉修斯公式可写为

$$f''' + \frac{1}{2} f f'' = 0$$

式中， f 是 $\eta = \dfrac{y}{g(x)}$ 的函数

$$f(\eta) = \frac{\psi}{\sqrt{\nu x U}}$$

式中，ψ 为流函数；U 为来流速度；x 为长度坐标. 边界条件为

$$f(0)=0, \quad f'(0)=0, \quad f'(\infty)=1$$

将布拉修斯公式改写为等价的一阶微分方程组

$$\begin{cases} f'=G \\ G'=H \\ H'=fH/2 \end{cases}$$

边界条件 $f(0)=0$ 仍保留，$f'(0)=0$，即 $G(0)=0$；而 $f'(\infty)=1$，即 $G(\infty)=1$. 这样上面的方程组对 f 和 G 存在初始条件，但 $H(0)$ 未知. 通过选择 $H(0)$，就可将它当作初值问题来处理. 一般来说，一次性选择 $H(0)$ 的值难以满足初始条件 $G(\infty)=1$，但经过不断调整 $H(0)$ 的值，就可使数值解满足初始条件 $G(\infty)=1$. 该方法称为打靶法.

为使猜测值 $H(0)$ 更系统、更有效，考虑两条具有两个不同 $H(0)$ 值的 G-η 曲线，如图 10-3 所示. $H(0)$ 代表曲线原点的斜率，$G(\infty)$ 值由 G-η 曲线求导并画在图上. 用直线连接点 1 和点 2，$H(0)$ 的希望值 $\bar{H}(0)$ 就可通过直线 12 和 $G(\infty)=1$ 的交点得到. 由三角形相似原理，有

$$\frac{\bar{H}(0)-H(0)_1}{1-G(\infty)_1}=\frac{H(0)_2-H(0)_1}{G(\infty)_2-G(\infty)_1}$$

利用 $H(0)_1$ 和 $\bar{H}(0)$ 求 $H(0)$，再用 $H(0)_1$ 和 $H(0)_2$ 中较好的一个和 $H(0)$ 求出另一个改进值 $H(0)_k$，重复上面的过程，直到两次计算结果的差小于某一值 ε 为止.

$$\frac{H(0)_{k+1}-H(0)_k}{H(0)_k} \leqslant \varepsilon$$

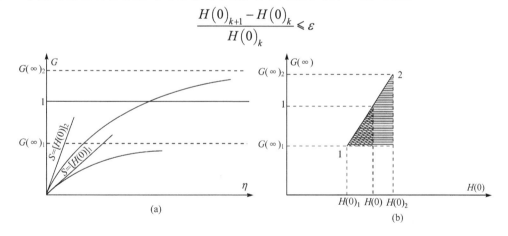

图 10-3　G-η 曲线和 G-H 曲线

现在的问题是对任意给定的 $H(0)$ 值怎样求 $G(\infty)$ 值. 注意到

$$u(x,y)=Uf'=G(\eta)$$

式中，$G(\eta)$ 是由层流边界层流动而定的相似速度剖面. 理论上，当 $\eta \to \infty$ 时，$u \to U$，因此 $G(\infty)=1$. 事实上当 η 趋于边界层外缘时，$u(x,y) \to U$，故可用 η 的有限值而不必用无穷. 由于

$$\eta = y\sqrt{\frac{U}{\nu x}}$$

层流边界层厚度的近似值为

$$\delta = \sqrt{\frac{30\nu x}{U}}$$

当 $y = \delta$ 时，有

$$\eta = y\sqrt{\frac{U}{\nu x}} = \sqrt{\frac{30\nu x}{U}}\sqrt{\frac{U}{\nu x}} = \sqrt{30} \approx 6$$

因此有

$$G(\eta) = G(6) \approx G(\infty) = 1$$

作为 $H(0)$ 的初始估计，假定 $G(\eta)$ 是一条从 $G(0) = 0$ 到 $G(6) = 1$ 的直线，其斜率为 1/6，这是斜率 $H(0)$ 的第一个估计值 $H(0)_1 = 1/6$，第二个估计值是 $H(0)_2 = 1/6+1/10$. 用这两个初始值可得到两个数值解 $G|_{\eta=6}$，然后求出新的 $H(0)$ 值.

对 $f(\eta)$ 和 $G(\eta)$ 用中心差分格式建立方程

$$f(\eta) = f(\eta - \Delta\eta) + \frac{G(\eta - \Delta\eta) + G(\eta)}{2}\Delta\eta$$

$$G(\eta) = G(\eta - \Delta\eta) + \frac{H(\eta - \Delta\eta) + H(\eta)}{2}\Delta\eta$$

对 $H(\eta)$ 有

$$H(\eta) = H(\eta - \Delta\eta) + H'(\eta - \Delta\eta)\Delta\eta$$

或

$$H(\eta) = H(\eta - \Delta\eta) - \frac{f(\eta - \Delta\eta)H(\eta - \Delta\eta)}{2}\Delta\eta$$

例 10-3 利用上述三个方程求解布拉修斯方程，$\varepsilon = 1.0\times10^{-5}$，平板上流动的空气为 15℃，$\nu = 151.2\times10^{-6}\mathrm{m}^2/\mathrm{s}$，空气来流速度 $V = 6.1\mathrm{m/s}$. 确定速度 $U(y)$ 在 $x = 0.915\mathrm{m}$ 处的速度剖面 $G(\eta)$ 和 H. 取 201 个网格点.

解 计算结果列于表 10-4.

表 10-4 例 10-3 计算结果

网格点	η	F	G	H
1	0.00	0.000	0.000	0.000
11	0.30	0.01493	0.09951	0.33155
21	0.60	0.05969	0.19879	0.32993
41	1.20	0.2378	0.39365	0.31686
61	1.80	0.5294	0.57495	0.28372

续表

网格点	η	F	G	H
81	2.40	0.9224	0.72974	0.22913
101	3.00	1.3976	0.84738	0.16216
121	3.60	1.9312	0.92499	0.09832
141	4.20	2.5007	0.96859	0.050256
161	4.80	3.0889	0.98920	0.021444
181	5.40	3.6853	0.99733	0.007594
201	6.00	4.2846	1.00000	0.003224

10.4　计算流体力学新进展

早在 20 世纪 70 年代, 由于当时计算机和算法水平较低, CFD 求解的问题被限制在二维流动的范围内, 而流体动力机械(涡轮机、压缩机、飞行器)所处的真实世界都是三维的. 到了 20 世纪 90 年代以后, 这种情况有了实质性改变. 现在的 CFD, 已经得到大量的三维流场结果. 不仅如此, 一些计算三维流动的计算机程序已经成为工业标准, 成为设计过程的常用工具.

10.4.1　计算流体力学分支

经过数十年的发展, CFD 出现了多种数值解法. 这些方法之间的主要区别在于对控制方程的离散方式. 根据离散方式, CFD 大体上可分为三个分支: 有限差分法(finite difference method)、有限元法(finite element method)和有限体积法(finite volume method).

有限差分法是应用最早的 CFD 方法, 它将求解域划分为差分网格, 用有限个网格节点代替连续流场, 将偏微分方程的导数用差商代替, 推导出离散点上有限个未知量的差分方程组. 求出差分方程组的解, 就是微分方程定解问题的数值近似解. 有限差分法直接将微分方程求解变为代数方程的求解, 较多地用于求解双曲型和抛物型问题. 在此基础上发展起来的方法有 PIC(particle in cell)、MAC(marker and cell)、FAM(finite analytic method)等.

有限元法吸收了有限差分法中离散处理的内核, 又采用了变分计算中选择逼近函数对区域进行积分的合理方法. 有限元法因求解速度较慢, 应用并不广泛.

有限体积法是将求解域划分为一系列控制体积, 将微分方程对每个控制体积积分得出离散方程. 在导出离散方程的过程中, 需要对界面上的被求函数及其导数做出某种形式的假定. 有限体积法导出的离散方程保证具有守恒特性, 物理意义明确, 计算量小, 得到广泛应用. 目前的 CFD 商业软件大多采用有限体积法.

10.4.2　湍流数值模拟

湍流研究的最终目的是在理论的指导下成功预测和控制湍流, 以解决工程实际问题.

从经典统计理论到计算机直接数值模拟,从热线风速仪的单点速度脉动测量到湍流脉动场的粒子图像测速法,从简单湍流流动的涡粘模型到复杂流动的精细模型,在探索湍流的历程中,国内外学者们创造了先进的研究手段,设计出各种精细的流动及其流场测量的实验方法,有效利用计算机技术和近代数学工具的数值模拟方法,使湍流研究在近代有了长足进步,目前人们已能够采用某些数值方法进行数值模拟,所得计算结果和实验结果比较吻合. 湍流数值模拟方法可以分成两类,一类是直接数值模拟(direct numerical simulation,DNS),另一类是非直接数值模拟,包含大涡模拟(large eddy simulation,LES)、雷诺平均模拟(Reynolds average numerical simulation,RANS)、分离涡模拟(detached eddy simulation,DES)等.

直接数值模拟,就是直接用瞬时的 N-S 方程对湍流进行计算,无需对湍流流动作任何简化和假定,理论上可得相对准确的计算结果. 然而有实验表明,在一个 0.01m^2 的正方形流动区域内,高雷诺数的湍流中包含尺度为 $10\sim100\mu\text{m}$ 的涡,要描述所有尺度的涡,计算网格的节点数将达到 $10^9\sim10^{12}$. 同时湍流的脉动频率约为 10kHz,必须将时间步长取为 10^{-4}s 以下. 在这么小的空间和时间步长下,才能分辨出湍流的空间结构和时变特性. 这就对计算机的内存及运算速度提出了很高的要求,以目前的计算机性能来看,直接数值模拟尚不能广泛投入工程应用.

在湍流问题的科学研究中,湍流直接数值模拟已取得了重要的进展. 图 10-4 所示为各向同性湍流射流直接数值模拟结果,通过高精度差分方法对湍射流进行直接数值模拟,捕捉到了各向同性湍流的拟序结构——涡管结构和湍流的小尺度结构. 在医学上,湍流的直接数值模拟也受到了重视,图 10-5 为血管内血液湍流流动的直接数值模拟,该模拟旨在认识血管内血液的流动及流型随血管截面变化的规律,为动脉硬化等疾病的治疗提供参考.

图 10-4　各向同性湍流射流直接数值模拟结果(涡管结构、湍射流轴截面的涡量分布)

大涡模拟的主要思想可以概括为:把包括脉动运动在内的湍流瞬时运动通过某种滤波方法分解成大尺度运动和小尺度运动两部分:大尺度量通过数值求解运动微分方程直接计算出来,小尺度量对大尺度量的影响将通过建立模型来模拟. 这种新方法的优点是:对空间分辨率的要求远小于直接数值模拟方法;在现有的计算机条件下,可以模拟较高雷诺数和较复杂的湍流运动;另外,它可以获得比雷诺平均模拟更多的湍流信息,例如,大尺度的速度和压强脉动,这些动态信息对于自然环境预报和工程设计是非常重要的.

大涡模拟方法适用于平面射流、圆柱、方柱绕流、翼型绕流、湍流燃烧、槽道流、管道内流、平面尾迹流以及气固两相流等众多领域,具有适用性强、模拟精度高等优点,从

20 世纪 90 年代开始，大涡数值模拟方法已成为湍流数值模拟的热门课题. 图 10-6 是风力发电机大气流场的 LES 模拟. 大涡模拟有以下局限：针对高雷诺数流动提出，并不适用于低雷诺数模型，无法准确模拟壁面区域的流动；由于大涡模拟对网格精度要求高，需要在超级计算机或是网络机群的并行环境下进行，使它难以得到广泛应用；为了避免产生假扩散现象，至少需要二阶精度的离散格式，大大增加了计算机的负担.

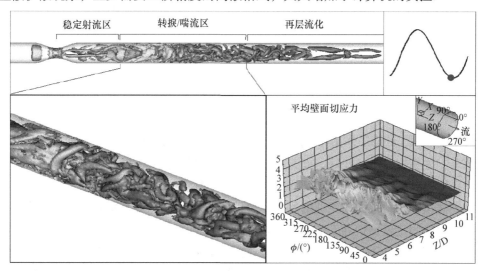

图 10-5　血管内血液湍流流动的直接数值模拟

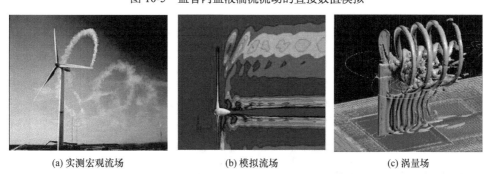

(a) 实测宏观流场　　　　　　　(b) 模拟流场　　　　　　　(c) 涡量场

图 10-6　风力发电风机大气流场的 LES 模拟

　　许多流体力学研究和数值模拟的结果表明，虽然瞬时的 N-S 方程可以用于描述湍流，但其非线性使得用解析的方法精确描述三维时间相关的全部细节极端困难，从工程实践的角度来说，重要的是湍流所引起的整体的效果，即平均流场的变化，由此产生了基于求解雷诺时均方程及关联量输运方程的湍流模拟方法，即湍流的雷诺平均模拟方法.

　　2000 年 Adam Opel AG 公司采用 FLUENT 软件对 OPEL ASTRA 型号轿车进行了外流场的雷诺平均数值模拟，如图 10-7 所示. 整个模拟过程分为前处理、解算和后处理三个阶段. 在前处理阶段，采用 CAD 软件 UG 进行建模. 整个模拟过程大致需 5～11d 时间，共用了 300 万网格单元. 计算得到的风阻系数与实验误差在 5%～10%之内. 计算结果为设计人员提供了可靠的设计依据，并为后续的结构分析提供了必需的压力、温度数据. 有关设计人员认为, 计算结果是可靠的, 可以有效地减少风洞的实验次数, 降低设计成本, 加快新型车的研发过程.

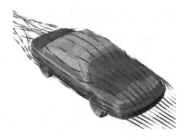

图 10-7　OPEL ASTRA 型号轿车进行了外流场的雷诺平均数值模拟结果

由于雷诺平均模拟只计算平均运动, 不需要计算各种尺度的湍流脉动, 因此它的空间分辨率要求低, 计算工作量小, 因此在航空航天、旋转机械、能源、石油化工、机械制造、汽车、生物技术、水处理、火灾安全、冶金、环保等领域工程上得到了广泛的应用. 但是它只能提供湍流的平均信息, 这对于近代自然环境的预报和工程设计是远远不够的.

分离涡模拟是一种面向工业应用的复合湍流模型, 主要用于解决雷诺平均数值模拟无法精确提供固定壁面边界上的复杂非稳定分离湍流, 以及大涡数值模拟在模拟低雷诺数近壁面区域流动的不足. 其基本思想是: 在低雷诺数的近壁面区域采用雷诺平均数值模拟, 而在远壁面采用大涡数值模拟. 分离涡模拟最重要环节是如何适当选取合适的壁面区特征长度.

分离涡模拟被认为是最具有前景的工程湍流模拟手段之一, 已经广泛地应用于航空航天和军事等高新高尖领域(图 10-8), 目前成为工业空气动力学的新模拟技术体系.

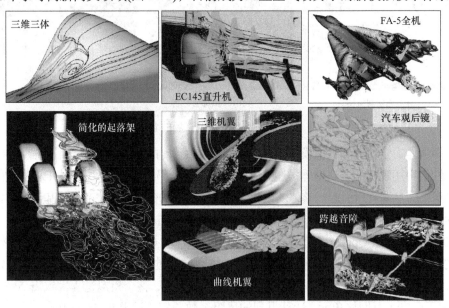

图 10-8　DES 在空气动力学相关工业和工程中的典型应用示例

10.4.3　展望

CFD 在数值方法和计算模型方面已经取得了重要进步. 然而到目前为止，关于跨音速流动，高超音速流动中的强激波，多相流中的气泡机理，生物体中的复杂流动，这些大量的流体流动和过程问题仍然未得到解决，随着方法和模型的进一步发展，CFD 必然会成为科研和开发的前沿，其发展还将持续.

超高层建筑上空大气绕流演示

习 题 答 案

习题一

1-1 $\rho = 844.5\text{kg/m}^3$, $S = 0.84$

1-2 $\rho = 1.389\text{kg/m}^3$

1-3 $\rho = 32.35\text{kg/m}^3$

1-4 $\rho = 8\text{kg/m}^3$, $\upsilon = 0.125\text{ m}^3/\text{kg}$, $p = 6.84 \times 10^5\text{Pa}$

1-5 $S = 0.79$

1-6 $\upsilon = 5.56 \times 10^{-4}\text{m}^3/\text{kg}$

1-7 $\rho = 1.193\text{kg/m}^3$

1-8 $K_p = 2.5 \times 10^8\text{N/m}^2$

1-9   略

1-10 $\beta_p = 5.03 \times 10^{-9}\text{m}^2/\text{N}$

1-11 $\mathcal{V}_3 = 0.997\text{m}^3$

1-12 $K_p = 10^5\text{Pa}$, $K_p = 1.4 \times 10^5\text{Pa}$, $\beta_T = 1/298\text{K}^{-1}$

1-13 $\mathcal{V} = 3.69 \times 10^{-3}\text{m}^3$

1-14 $p_2 = 1.991 \times 10^7\text{Pa}$

1-15 $\Delta\mathcal{V} = 6.125\text{L}$

1-16 $\nu = 5.88 \times 10^{-6}\text{m}^2/\text{s}$

1-17 $\mu = 15.95 \times 10^{-6}\text{Pa} \cdot \text{s}$, $\nu = 11.82 \times 10^{-6}\text{m}^2/\text{s}$

1-18 $\mu = 4 \times 10^{-3}\text{Pa} \cdot \text{s}$

1-19 $\mu = 0.051\text{Pa} \cdot \text{s}$

1-20 $F = 886.7\text{N}$, $P = 1.77\text{kW}$

1-21 $\tau = 0.4(5-y)$, 当 $y = 0$ 时, $\tau_{max} = 2\text{Pa}$

1-22 $M = 1/2[\pi\mu(\omega/\delta)r_1^4]$

1-23 $F = 8.67\text{N}$

1-24 $M = 39.6\text{N} \cdot \text{m}$

1-25 $M = 0.8\text{N} \cdot \text{m}$, $P = 125.4\text{W}$

1-26 $\mu = 64.66 \times 10^{-3}\text{Pa} \cdot \text{s}$

1-27 $y = \delta/2$, $\tau_w = 192\text{Pa}$

1-28 $h = 2.96\text{mm}$

1-29 $d_1 = 0.0299\text{m}$, $d_2 = 0.0117\text{m}$

1-30　h=29m

1-31　σ = 0.125N/m

习题二

2-1　p =1.78×10^{5}Pa

2-2　h=340m

2-3　p=1121atm

2-4　h=50.97m

2-5　H=9.5m

2-6　p_v=4800Pa,　Δh=0.036m

2-7　H=0.39m

2-8　$p_A- p_B$ = −1372Pa

2-9　h=1.52m

2-10　p_B=75.44kPa,　error=0.03%

2-11　h=648.8cm,　p_B =251.3kPa

2-12　p_a=1.02×10^{5}Pa,　p_b=1.16×10^{5}Pa,　p_c=1.82×10^{5}Pa,　F=2.49×10^{5}N

2-13　S=1.56

2-14　H=22.6cm

2-15　p_B=123.47kPa,　p_B'=148.3kPa

2-16　p_A-p_B=594Pa

2-17　p_B=7.48×10^{4}Pa

2-18　p_A=8.91×10^{4}Pa,　p_v=1.22×10^4 Pa

2-19　W=1.086N

2-20　H=0.213m

2-21　(1) a=1.27m/s^2;　(2) p_A=3461Pa

2-22　(1) h=0.16m;　(2) F=15.7N

2-23　(1) a_1=9.81m/s^2;　(2) a_2= 516.5m/s^2

2-24　h=0.055m

2-25　h=0.08m

2-26　(1) n_1=224.2r/min;　(2) n_2=274.7r/min

2-27　n=138.1r/min

2-28　n=77.18r/min

2-29　(1) n_1=178r/min;　(2) n_2=199r/min,　h_2=0.25m

2-30　F=130N

2-31　r_1=0.218m,　r_2=0.45m

2-32　$F=\rho gbL^2\sin\theta/6$

2-33 $y<0.33$m

2-34 $F=1.3\times10^5$N, $y_{CP}=3.75$m

2-35 $h=39.8$cm

2-36 $x=0.8$m

2-37 $M=2437$N·m

2-38 $F=2156$N

2-39 (1) $F=6.03\times10^6$N; (2) $F_x=4.61\times10^6$N; (3) $F_{B_x}=998.3$kN, $F_{B_z}=482.4$kN

2-40 $F=0.625\rho g\pi r^3$, $h_D=43r/40$

2-41 $F=895$kN

2-42 $F=11.3$kN

2-43 $F_x=7.06\times10^5$N, $F_z=6.38\times10^5$N

2-44 $F=1.82\times10^8$N, $x_{C_P}=10.74$m, $y_{C_P}=16.87$m

2-45 $F=3.76$N

2-46 $F_H=3.675\times10^4$N, $F_V=3.8\times10^3$N

2-47 (1) $F_1=83.2$N; (2) $F_2=416$N

2-48 $H=0.174$m

2-49 $F_H=0$, $F_V=297$kN

2-50 $G=5.0$N

2-51 (1) $F=39$N; (2) $S=0.64$，不能确定倾角

2-52 $a/b\approx0.834$

习题三

3-1 $a=(4x, 4y)$, $a(1, 1)=(4, 4)$

3-2 (1) $a_x=35$, $a_y=15$; (2) $\tan\alpha|_V=-1$, $\tan\alpha|_a=3/7$

3-3 $a(1,2,5,0.1)=100i+400j+100k$

3-4 $a_\tau=11.57i+15.35j$, $a_n=12.43i-9.37j$

3-5 $x^2y-y^3/3=C$

3-6 $xy=2$, 略

3-7 $xy^{1/2}=2$, $(5-z)/x=2$

3-8 $y=x\tan\theta+C$

3-9 $x^2+y^2=C$, 略

3-10 (1) $u=2x$, $v=-2y$, $w=2zt/(1+t)$; (2) $x=\mathrm{e}^{2t}$, $y=\mathrm{e}^{-2t}$, $z=\mathrm{e}^{-2t}(1+t)^{-2}$: (3) $xy=1$, $z=1$

3-11 $Q_\mathcal{T}=4.33$m^3/s, $Q_M=4330$kg/s

3-12 (1) $Q_\mathcal{T}=\pi R^2u_{max}/2$, $V=u_{max}/2$; (2) $Q_\mathcal{T}=0.0113$m^3/s; (3) $Q_M=11.3$kg/s

3-13 (1) $u_{max}=Br_0^2/\mu$; (2) $Q_M=\rho B\pi r_0^4/(2\mu)$

3-14　$Q_{\mathcal{V}} = 3.09\mathrm{m}^3/\mathrm{s}$,　$V = 2.57\mathrm{m/s}$

3-15　(1) 无旋;　(2) 无旋;　(3) 有旋;　(4) 无旋

3-16　(1) $\boldsymbol{a} = 60\boldsymbol{i} + 81\boldsymbol{j} - 40\boldsymbol{k}$;　(2) 有旋,　$\boldsymbol{\omega} = 2y\boldsymbol{i} + 0\boldsymbol{j} + 1/2(3 - 2x)\boldsymbol{k}$

3-17　$\omega_x = 3/2$,　$\omega_y = -2$,　$\omega_z = -1/2$

3-18　$\boldsymbol{a} = -800\boldsymbol{i}$ m/s, $\boldsymbol{\omega} = 30\boldsymbol{k}$ rad/s, $\varepsilon_{xy} = -10\mathrm{rad/s}$, $\varepsilon_{yy} = -20\mathrm{rad/s}$

3-19　$\omega_x = \omega_y = \omega_z = 1/2$,　$\varepsilon_{yz} = \varepsilon_{xz} = \varepsilon_{xy} = 5/2$,　涡线方程:$x = y + c$, $x = z + c$

3-20　(1) $\omega_x = \omega_y = \omega_z = 1/2$, $z - x = c_1$,　$z - y = c_2$,　$z = x + c_1 = y + c_2$;

　　　(2) $J = 2\omega_z \mathrm{d}A = 10^{-6}$ m^2/s

3-21　$-\pi/2$

3-22　-8

3-23　水的 $Re = 40000$, 湍流;　油的 $Re = 1290$, 层流

3-24　$Q_{\mathcal{V}} = 0.1127\mathrm{m}^3/\mathrm{s}$

3-25　(1) 二维流动;　(2) $\boldsymbol{a} = 16/3\boldsymbol{i} + 32/3\boldsymbol{j} + 16/3\boldsymbol{k}$;　(3) 有旋,　$\boldsymbol{\omega} = x/2\boldsymbol{i} - y/2\boldsymbol{j} - xy\boldsymbol{k}$

3-26　(1) 三维流动;　(2) $\boldsymbol{a} = -15\boldsymbol{i} + 9\boldsymbol{j} + 64\boldsymbol{k}$

3-27　(1) 三维流动;　(2) $\boldsymbol{a} = 1996\boldsymbol{i} - 132\boldsymbol{j}$

3-28　(1) 定常;　(2) 二维流动;　(3) $\boldsymbol{V} = 3\boldsymbol{i} - 4\boldsymbol{j}$, $\boldsymbol{a} = -24\boldsymbol{i} - 6\boldsymbol{j}$

3-29　(1) 不定常;　(2) 三维流动;　(3) $\boldsymbol{a} = \left(9t^2 + 3\right)\boldsymbol{i} + \left(2t - t^4\right)\boldsymbol{j} + 0\boldsymbol{k}$

3-30　(1) 二维三向流动;　(2) $\boldsymbol{a} = 12\boldsymbol{i} + \boldsymbol{j} + 3\boldsymbol{k}$

习题四

4-1　$V_2 = 32\mathrm{m/s}$, $Q_M = 53.4\mathrm{kg/s}$

4-2　$V = 10.67\mathrm{m/s}$

4-3　(2) $Q_{\mathcal{V}} = 0.106\mathrm{m}^3/\mathrm{s}$,　$Q_M = 106\mathrm{kg/s}$

4-4　$Q_H = 0.0823\mathrm{kg/s}$,　$\rho = 0.652\mathrm{kg/m}^3$

4-5　$V = 1.84\mathrm{m/s}$,　$\rho = 954\mathrm{kg/m}^3$

4-6　$V = 2.15\mathrm{m/s}$,　$Q_{\mathcal{V}} = 0.00152\mathrm{m}^3/\mathrm{s}$,　流出

4-7　$V = 3.1\mathrm{m/s}$

4-8　$V_1 = 1.592\mathrm{m/s}$,　$V_2 = 17.68\mathrm{m/s}$

4-9　流出,　$Q_M = 0.002\mathrm{kg/s}$

4-10　减少,下降速度为　$\Delta V_h = 0.0065\mathrm{m/s}$

4-11　$Q_{\mathcal{V}} = \pi/4[(2g\Delta h\rho_f/\rho - 2g\Delta h)/(d^{-4} - D^{-4})]^{0.5}$

4-12　$x = 2(hH - h^2)^{0.5}$;　$h/H = 0.5$ 时,　x 最大

4-13　$h = 400/3\mathrm{mm}$

4-14　$Q_{\mathcal{V}} = 0.0929\mathrm{m}^3/\mathrm{s}$

4-15　$H = 2.6\mathrm{m}$,　$p_M = 2.036 \times 10^4\mathrm{Pa}$, 略

4-16　$Q_{\mathscr{V}} = 1.936\mathrm{m}^3/\mathrm{s}$

4-17　$P = 13.5\mathrm{kW}$

4-18　$\Delta p = 7.54\times10^4\mathrm{Pa}$

4-19　$P = 3.42\mathrm{kW}$

4-20　$Q_{\mathscr{V}} = 37.5\mathrm{L/s}$

4-21　$Q_{\mathscr{V}} = 0.235\mathrm{m}^3/\mathrm{s}$

4-22　$F_x = 500\mathrm{N}$，　方向向左

4-23　$V = 21.4\mathrm{m/s}$

4-24　$F_x = 4736\mathrm{N}$，　方向向左

4-25　$F = 1.26\times10^4\mathrm{N}$

4-26　$F = 3264\mathrm{N}$，　$\beta = 30°$

4-27　$F_x = 41.13\mathrm{N}$，　方向向右

4-28　$F_x = 46.9\mathrm{N}$，　方向向右

4-29　$F = 1394\mathrm{N}$，　$\alpha = 18.7°$

4-30　$F_x = 988.8\mathrm{N}$，　$F_y = 814.2\mathrm{N}$

4-31　$F_1 = 706\mathrm{N}$，　$F_2 = 628\mathrm{N}$

4-32　$F_x = 0.242\mathrm{kN}$，　方向向右；　$F_y = -0.026\mathrm{kN}$，方向向下

4-33　(1) $T = 0.355\mathrm{N}\cdot\mathrm{m}$;　(2) $T = 0$，　$\omega = 14.14\mathrm{rad/s}$

4-34　$H = 132.3\mathrm{m}$ (空气柱)

4-35　$n = 573.4\mathrm{r/min}$

4-36　(1) $P = 1279\mathrm{kW}$;　(2) $H = 144\mathrm{m}$

4-37　$n = 102.8\mathrm{r/min}$

4-38　$T = 2550\mathrm{N}\cdot\mathrm{m}$

4-39　$u = x - 2xy$

4-40　$A + D = 0$，　$B - C = 0$

4-41　$v = -2axy$

4-42　略

4-43　$V_\theta = -A\sin\theta/r^2 + f(r)$

习题五

5-1　$[C] = ML^{-1}t^{-2}$

5-2　(5) 是量纲一量组合

5-3　$\lambda = f(Re, \varepsilon/D)$

5-4　$F/(\rho V^2 l^2) = f(\rho Vl/\mu, V^2/(gl))$

5-5　$Re = \rho Vl/\mu$

5-6　$F_l/(\rho V^2 b^2) = f(l/b, \mu/(\rho Vb), \alpha)$

5-7　$Q_\mathscr{V}/(Vd^2)=f(\mu/(\rho Vb),\ \Delta p/\rho V^2)$

5-8　$\Delta p=f(Re,\ \varepsilon/D,\ Fr,\ Ma,\ We)(l/D)\cdot(\rho V^2/2)$;　　$\Delta p'=f(Re,\ \varepsilon/D)(l/D)\cdot(\rho V^2/2)$

5-9　$\tau=f(\mu/(\rho VD),\ \varepsilon/D)\ \rho V^2$

5-10　$F_D=C_D(\rho V^2/2)A$，其中 $C_D=f(Re)$，　$A=\pi d^2/4$

5-11　$F_L=f(\alpha)\ \rho V^2 b$

5-12　$V^2/(gl)=Fr$，　$p/(\rho V^2)=Eu$，　　$Vl/\nu=Re$

5-13　fl/V

5-14　gl/V^2

5-15　$Q_\mathscr{V}=3.79\text{m}^3/\text{s}$，　　$V=3.16\text{m/s}$,　　$F=4\times10^4\text{N}$，　$H'=0.2\text{m}$

5-16　$t'=23.53\text{min}$

5-17　(1) $V=28.28\text{m/s}$，$F=2499\text{kN}$;　(2) $V=0.08\text{m/s}$，$F=20N$;　(3) $V=0.566\text{m/s}$，
　　　$F=1000\text{N}$

5-18　$V'=0.6\text{m/s}$，　$F=6800\text{N}$，　　$t=15.8\text{s}$

5-19　(1) $Q_{\mathscr{V}\ \min}=0.128\text{m}^3/\text{s}$；　(2) $\Delta h=84\text{mmH}_2\text{O}$

5-20　$V=10.4\text{m/s}$，　$F=0.865\text{N}$

5-21　$p_1=900\text{mmH}_2\text{O}$，　　$p_2=-45\ \text{mmH}_2\text{O}$

5-22　$V=2.3\text{m/s}$，　　$P=32.2\text{kW}$

5-23　$h'=1.2\text{mm}$，　$D'=12\text{mm}$，　　$\Delta p=0.256\text{MPa}$，　　$F=480\text{N}$

5-24　$Q_\mathscr{V}=875\text{m}^3/\text{s}$，　　$\Delta p=5099\text{Pa}$，　　$F=50990\text{N}$，　　$P=5948\text{kW}$

5-25　$V=57.3\text{m/s}$;　　$F=1.458\text{kN}$

5-26　$V=3.4\text{m/s}$，　　$F=11.08\text{kN}$

5-27　(1) $V'=31.4\text{m/s}$;　　(2) $\Delta p=23.3\text{kPa}$

5-28　3600s

5-29　$V'=0.16\text{mm/s}$

5-30　$V'=425.6\text{m/s}$，　　$F=79.2\text{kN}$

习题六

6-1　$\Gamma=2\pi r^2/k$

6-2　$\Gamma=-\pi/2$

6-3　$\Gamma=-6\pi$

6-4　$\varphi=2x+3y$，　$\psi=-3x+2y$

6-5　$u=y$，　　$v=x$,　　$\psi=(y^2-x^2)/2$，　略

6-6　$\psi=2xy+y$

6-7　$\varphi=x^2/2-3x-y^2/2-2y$

6-8　$\varphi=3x-2xy$，　　$\Delta p=-30\rho$

6-9　(1) $\varphi=k/2(x^2-y^2)$；　　(2) $\varphi=-2xy$；　　(3) 有旋

6-10 0, 2*j*, −2*j*, 0.8*i*+2.4*j*

6-11 V_1=17.3m/s, ΔV=8.7m/s

6-12 $r = (\pi - \theta)/(2\pi\sin\theta)$

6-13 Γ =21.3m²/s; 驻点位置 r=0.6m, $\theta_1 = 187.3°$, $\theta_2 = 352.7°$; F_L=28.5kN

6-14 $F_L = 45.2\text{kN}$, $F_D = 0\text{N}$

6-15 $F_x = r_0(-p_\infty + \rho V_\infty^2 / 6)$, $F_y = r_0(-p_\infty + 5\rho V_\infty^2 / 6)$

6-16 (1) $\Gamma = -100\pi\text{m}^2/\text{s}$; (2) $u = 20$ m/s, $v = 0$; (3) $\ln[(x^2+y^2)^{0.5}/5]+y/5+1= 0$

6-17 (4.14m/s, 0.318m/s), p_1=21Pa; (4.14m/s, −2.55m/s), p_2=12.8Pa

6-18 (1) $Q_{\mathcal{V}} = 96.0\text{m}^2/\text{s}$; (2) (−1.91m, 0)

6-19 (1) Γ= 22.2m²/s; (2) p =112.5kPa; (3) v_r= 0, v_θ=−2.93m/s; p =108kPa;
(4) F_L=1.11×10⁵N/m

习题七

7-1 $p_0 = 3.73\times10^5\text{Pa}$

7-2 $Q_{\mathcal{V}} = 0.00404\text{m}^3/\text{s}$, $H = 8.42\text{m}$

7-3 $r = r_0 /(2^{1/2})$

7-4 $\tau = 9.42\times10^{-2}\text{N/m}^2$

7-5 $F_N = 15027\text{N}$ F=118.5N

7-6 $D = 1.52\text{m}$

7-7 $\lambda = 0.021$

7-8 $\Delta p = 9.61\text{kPa}$

7-9 $\Delta p = 1.56\times10^5\text{Pa}$

7-10 $Q_{\mathcal{V}} = 23.1\times10^{-3}\text{m}^3/\text{s}$

7-11 $\Delta p/L = 0.8\text{Pa/m}$

7-12 Δp =595.1Pa

7-13 Δp =2.159×10⁴Pa

7-14 τ_w=2.58N/m²

7-15 y_r= 17.2mm

7-16 $V_{max} = 0.562\text{m/s}$, $\Delta p = 65.4\text{kPa}$

7-17 $\Delta p = 424\text{kPa}$

7-18 $Q_M = \rho Q_{\mathcal{V}}$ =194kg/s

7-19 $D = 0.61\text{m}$

7-20 $D = 0.33\text{m}$

7-21 $Q_{\mathcal{V}} = 0.0303\text{m}^3/\text{s}$

7-22 $H = 6.6\text{m}$, 12m 的标高够用

7-23 $Q_{\mathcal{V}} = 0.232\text{m}^3/\text{s}$

7-24　$p = 9.23 \times 10^4 \text{Pa}$

7-25　$\Delta p = 11.9 \text{kPa}$

7-26　$Q_{\not{V}} = 0.0228 \text{m}^3/\text{s}$

7-27　$Q_1 = 0.0213 \text{m}^3/\text{s}$，　$Q_2 = 0.0087 \text{m}^3/\text{s}$，　$h_\text{f} = 190.5\text{m}$

7-28　$Q_{\not{V}} = 0.64 \text{m}^3/\text{s}$

7-29　$Q_{\not{V}} = 7.10 \times 10^{-4} \text{m}^3/\text{s}$

7-30　$V = 34.5 \text{m/s}$，　$Q_{\not{V}} = 11.06 \text{m}^3/\text{s}$

7-31　$D = 31\text{mm}$

7-32　$l = 1280\text{m}$

习题八

8-1　$x = 6.92\text{m}$

8-2　$\delta = 1.94\text{mm}$

8-3　$\delta_{x=0.2\text{m}} = 0.00147\text{m}$,　$\delta_{x=1.2\text{m}} = 0.0235\text{m}$

8-4　$C_D = 1.46 Re_\text{L}^{-0.5}$，　$\eta = 9.9\%$

8-5　$C_D = 1.309 Re_\text{L}^{-0.5}$，　$\eta = 1.4\%$

8-6　$\delta = 0.33 x Re_x^{-1/6}$

8-7　$F_D = 116 \text{ N}$

8-8　$\delta_1 = 0.0035\text{m}$，　$C_{D1} = 0.000618$，　$F_{D1} = 11.9N$；　$\delta_2 = 0.0248\text{m}$，　$C_{D2} = 0.00331$，　$F_{D2} = 63.5 \text{ N}$

8-9　$F_D = 1871\text{N}$

8-10　$F_D = 1411\text{N}$

8-11　沿长度方向 $F_D = 0.74\text{N}$,　沿宽度方向 $F_D = 0.536\text{N}$

8-12　(1) $F_D = 427.96\text{N}$；　(2) $F_D = 3163.82\text{N}$

8-13　30.82kW

8-14　3.39

8-15　$U_\infty = 14.71\text{m/s}$

8-16　$F_D = 14.1\text{N}$

8-17　$d = 0.0713\text{mm}$;　$V_\text{f} = 0.22\text{m}$

8-18　$t = 3.02\text{s}$

8-19　$\mu = 9.48\text{Pa} \cdot \text{s}$

8-20　$\rho_\text{s} = 899\text{kg/m}^3$

8-21　$V_\text{f} = 0.154\text{m/s}$, 煤粉将被带走

8-22　$U_\infty = 10.7\text{m/s}$

8-23　137.7km

8-24　$\mu = 0.308\text{Pa} \cdot \text{s}$

8-25 $P = 326.5\text{W}$

习题九

9-1 $\rho_0 = 2.275\text{kg/m}^3$, $p_0 = 2.496 \times 10^5\text{Pa}$, $t_0 = 109.3\,^\circ\text{C}$

9-2 $\Delta\rho = 3.4 \times 10^{-4}\text{kg/m}^3$, $\Delta T = 0.033\,^\circ\text{C}$, $\Delta V = -0.098\text{m/s}$

9-3 $Q_M = 1.34\text{kg/s}$

9-4 $Q_M = 0.2087\text{kg/s}$

9-5 $D = 0.0435\text{m}$

9-6 $Ma_2 = 1.153$, $Q_M = 5.218\text{kg/s}$

9-7 $p_2 = 12.14\text{kPa}$, $T_2 = 200\text{K}$

9-8 $A^* = 0.0977\text{m}^2$, $A_2 = 0.114\text{m}^2$

9-9 $l = 13.45\text{m}$

9-10 $l_{max} = 2.61\text{m}$, $V^* = 520\text{m/s}$, $p^* = 4.58 \times 10^5\text{Pa}$, $T^* = 673\text{K}$; $l = 1.08\text{m}$, $V_1 = 848\text{m/s}$, $p_1 = 1.87 \times 10^5\text{Pa}$, $T_1 = 448\text{K}$

9-11 $V_1 = 563\text{m/s}$, $Ma_1 = 1.64$, $p_2/p_1 = 2.974$

9-12 $\beta = 44.05^\circ$, $Ma_2 = 1.05$, $\rho_2/\rho_1 = 1.67$, $p_2/p_1 = 2.089$, $T_2/T_1 = 1.249$

9-13 $p_2 = 1.703 \times 10^5\text{Pa}$, $T_2 = 341.3\text{K}$, $Ma_2 = 1.67$

9-14 $V_2 = 240\text{m/s}$, $Ma = 0.71$; $V_2 = 324\text{m/s}$, $Ma = 1.0$

9-15 $V_2 = 256.8\text{m/s}$, $p_{02} = 273\text{kPa}$, $T_{02} = 368.2\text{K}$

9-16 (1) $V = 1.25 \times 10^4\text{m/s}$; (2) $p = 2.25 \times 10^5\text{kPa}$, $T = 1.09 \times 10^5\text{K}$

9-17 $V_1 = 1170\text{m/s}$, $V_a = 895\text{m/s}$

参 考 文 献

陈玉璞, 王惠民. 2013. 流体动力学. 2 版. 北京: 清华大学出版社.

黄卫星, 李建明, 肖泽仪. 2009. 工程流体力学. 北京: 化学工业出版社.

贾宝贤, 周军伟. 2014. 流体力学, 北京: 化学工业出版社.

孔珑. 2010. 工程流体力学. 4 版. 北京: 中国电力出版社.

罗惕乾. 2017. 流体力学. 4 版. 北京: 机械工业出版社.

齐鄂荣, 曾玉红. 2012. 工程流体力学. 武汉: 武汉大学出版社.

闻德逊. 2010. 工程流体力学(水力学). 3 版. 北京: 高等教育出版社.

吴望一. 1983. 流体力学. 北京: 北京大学出版社.

夏泰淳. 2006. 工程流体力学. 上海: 上海交通大学出版社.

熊鳌魁, 王献孚, 吴静萍, 等. 2016. 流体力学. 北京: 科学出版社.

休斯·布赖顿. 2002. 流体动力学. 徐燕侯, 等译. 北京: 科学出版社.

徐正坦, 马金花. 2009. 流体力学. 北京: 化学工业出版社.

于荣宪, 王文琪, 蔡体菁, 等. 1994. 工程流体力学. 南京: 东南大学出版社.

禹华谦. 2008. 工程流体力学新型习题集. 天津: 天津大学出版社.

张兆顺, 崔桂香. 2015. 流体力学. 3 版. 北京: 清华大学出版社.

章梓雄, 董曾南. 1998. 粘性流体力学. 北京: 清华大学出版社.

Agarwal S K. 2011. Fundamentals of Fluid Dynamics. New Delhi: A.K. Pub.

Cengel Y A, Cimbala J M. 2006. Fluid Mechanics: Fundamentals and Applications. Boston: McGraw-Hill Higher Education.

Cengel Y A, Cimbala J M. 2006. Fluid Mechanics: Fundamentals and Applications. Boston:McGraw-Hill Higher Education.

Kundu P K, Cohen I M, Dowling D R. 2012. Fluid Mechanics. 5th ed. Waltham:Academic Press.

Kundu P K, Cohen I M, Dowling D R. 2016. Fluid Mechanics. 6th ed. Waltham: Elsevier.

Mahmood A. 2017. Viscous Flows. Switzerland: Springer.

Potter M C. 2009. Fluid Mechanics Demystified. New York: McGraw-Hill.

Potter M C. 2009. Fluid Mechanics Demystified. New York: McGraw-Hill.

Streeter V L. 2003. Fluid Mechanics. 北京: 清华大学出版社.

White F M. 2011. Fluid Mechanics. 7th ed. New York: Mcgraw-hill.

Yamaguchi H. 2008. Engineering Fluid Mechanics. Dordrecht: Springer.